景观设计要素
图解及创意表现

江西美术出版社
JIANGXI FINE ARTS PUBLISHING HOUSE

图书在版编目（CIP）数据

景观设计要素图解及创意表现 / 刘佳编著. 一南昌：江西美术出版社，2016.1

ISBN 978-7-5480-4054-5

Ⅰ.①景… Ⅱ.①刘… Ⅲ.①景观艺术一绘画技法 Ⅳ.①TU986.2

中国版本图书馆CIP数据核字（2016）第001613号

编　　著：刘　佳

装帧设计：过宏雷

责任编辑：蒋　博　李　佳

责任印制：谭　勋

景观设计要素图解及创意表现

JINGGUAN SHEJI YAOSU TUJIE JI CHUANGYI BIAOXIAN

出版发行：江西美术出版社

地　　址：南昌市子安路66号

网　　址：www.jxfinearts.com

E-mail：jxms@jxpp.com

经　　销：新华书店

印　　刷：浙江海虹彩色印务有限公司

开　　本：889mm×1194mm　1 / 16

印　　张：16

字　　数：200千字

版　　次：2016年1月第1版

印　　次：2016年1月第1次印刷

印　　数：3000

书　　号：ISBN 978-7-5480-4054-5

定　　价：58.00元

赣版权登字-06-2016-752

Preface
前　言

良好的景观可以改善人的生存环境、提升人的生活品质、促进人与自然的交流，转变人的生活行为方式。景观设计是融艺术和科学于一体的一门学科，所涉及的知识和内容众多，因此对于初学者来说，可能会感觉景观设计的学习体系相当庞大、繁杂，无从下手。当今社会已经进入到“读图时代”，图片不仅信息量大、易于理解，而且生动形象。特别是对于景观设计来说，用图示的方法进行知识的解读是十分必要的。因此，本书以景观设计要素的设计基础和基本原理为主要内容，运用大量图解进行说明阐释，并在设计要素的创意表现方面进行了具体方法的介绍。希望能够帮助读者轻松地理解和掌握景观设计的基本要点、方法及表现。

本书编写过程中，力求做到知识体系全面、图文并茂、文字深入浅出、言简意赅、举例恰当。主要特点体现在以下 4 个方面：

1. 从景观各主要组成要素的角度为读者解析景观设计，全书力求做到思路清晰、简单明了，易于理解。景观设计要素组成了丰富多彩的户外景观，对它们的了解、对设计手法的掌握是从事景观设计的基础。本书以景观设计各要素的介绍作为整体构思框架，有助于读者理解景观设计的一般原则和方法，但必须明确地认识到，任何一种景观元素都是存在于整体景观环境之中的，景观设计是各个要素相互作用、协调的过程。因此，作者在编著和配图的过程中，注意了景观元素与整体、元素之间的配合关系。

2. 以大量生动的图解配合文字，充分运用设计图示语言说明问题，使读者通过简单易懂的图像来学习景观设计。景观设计的图示语言是作为设计师与其他设计人员、设计委托人、相关从业者、包括与社会公众交流的一种重要的信息交流手段。随着当代信息技术和计算机技术的发展，设计师似乎已经被各种僵硬的“电脑图库”“制图模块”所“绑架”，越来越多的设计及其表现变得雷同、乏味，缺乏清晰、明确、独特的图示语言表达。

3. 以图示语言对景观各要素的创意表现技法进行了解。全书配以许多“创意小贴士”，介绍了笔者在设计表现过程中总结的一些小技巧，对学习者有较为直接的帮助。全书图片均为手绘，大量精美的插图也是学习者临摹、练习设计表现的直接素材。作为一名景观设计的学习者或者从业者，除了要具备眼光、艺术审美能力、良好的设计思维、卓越的设计能力之外，还需要掌握必要的手绘技能，锻炼自己脑、眼、手、图统一协调的本领。手绘图解也是许多学生在面试、升学、各种考试中经常碰到的问题，或是设计师在工作过程中的瓶颈，本书希望能为他们的学习和工作起到一定的借鉴和参考作用。

4. 本书的第五部分以创意表现实训的方式，对初学者如何有效地练习、思考和设计进行了说明。在景观设计教学过程中，同学们不仅要学习各种知识点，还要通过设计实践来加深对设计理论的学习，这样才能更加快速、有效、扎实地学好景观设计。

希望此书能对广大的景观设计学习者有所帮助，从图解语言中体会到景观设计的乐趣。

本书的编写参阅了其他相关研究者的许多研究成果，引用了许多设计师的优秀作品，在此一并表示感谢。由于水平及编著时间有限，书中难免有错误及不妥之处，敬请各位读者批评指正。

刘佳

2015 年秋于蠡湖畔

Contents
目　录

第一章　景观设计要素及其图解　001

第一节　景观设计要素的内容　002

一、景观设计及其要素　002

二、景观要素的设计原则　005

第二节　景观设计要素图解基础　011

一、工具与方法　011

二、图解表现的训练　019

三、景观设计常用的图解符号　024

第三节　景观设计的图解表现　025

一、构思草图和分析图　025

二、平面图　027

三、立面图和剖面图　031

四、透视图、轴测图和鸟瞰图　038

五、节点详图　050

第二章　景观场地与空间设计及创意表现　051

第一节　景观场地设计及创意表现　052

一、地形　052

二、道路　061

三、特殊场地　067

四、硬质场地　073

第二节　景观空间设计及创意表现　081

一、空间的认知　081

二、景观空间的设计要点　082

三、景观空间设计程序　116

第三章　景观植物、水体与山石设计及创意表现　121

第一节　景观植物设计及创意表现　122

一、景观植物及其种类　122

二、景观植物种植设计　129

三、景观植物平面的创意表现　141

四、景观植物立面的创意表现　147

五、景观透视图中植物的创意表现　149

第二节　景观水体设计及创意表现　150

一、水体的设计　150

二、水体的表现　160

第三节　景观山石设计及创意表现　162

一、山石的设计　162

二、山石的表现　168

第四章　景观构筑物、设施与公共艺术设计及创意表现　169

第一节　景观构筑物设计及创意表现　170

一、景观构筑物的类型及设计　170

二、景观构筑物的表现　178

第二节　景观设施设计及创意表现　180

第三节　景观公共艺术设计及创意表现　199

第五章　景观设计创意表现实训　209

第一节　从空间到设计：根据指定模型构件进行空间营造　210

第二节　从功能到形式：根据平面图草稿绘制一套完整的景观设计图　222

第三节　公园景观设计实训　227

附　录　248

参考文献　250

第一章
景观设计要素及其图解

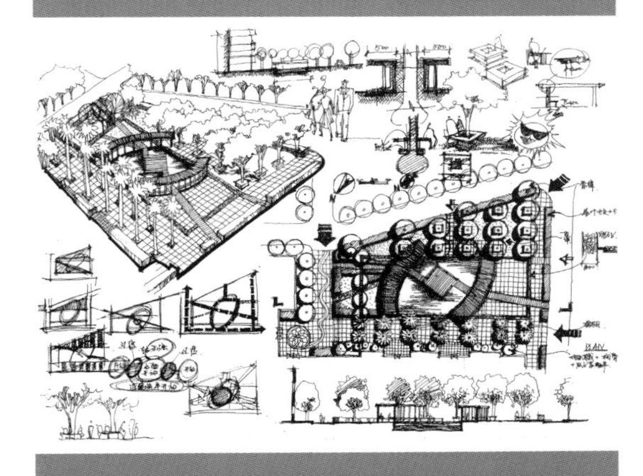

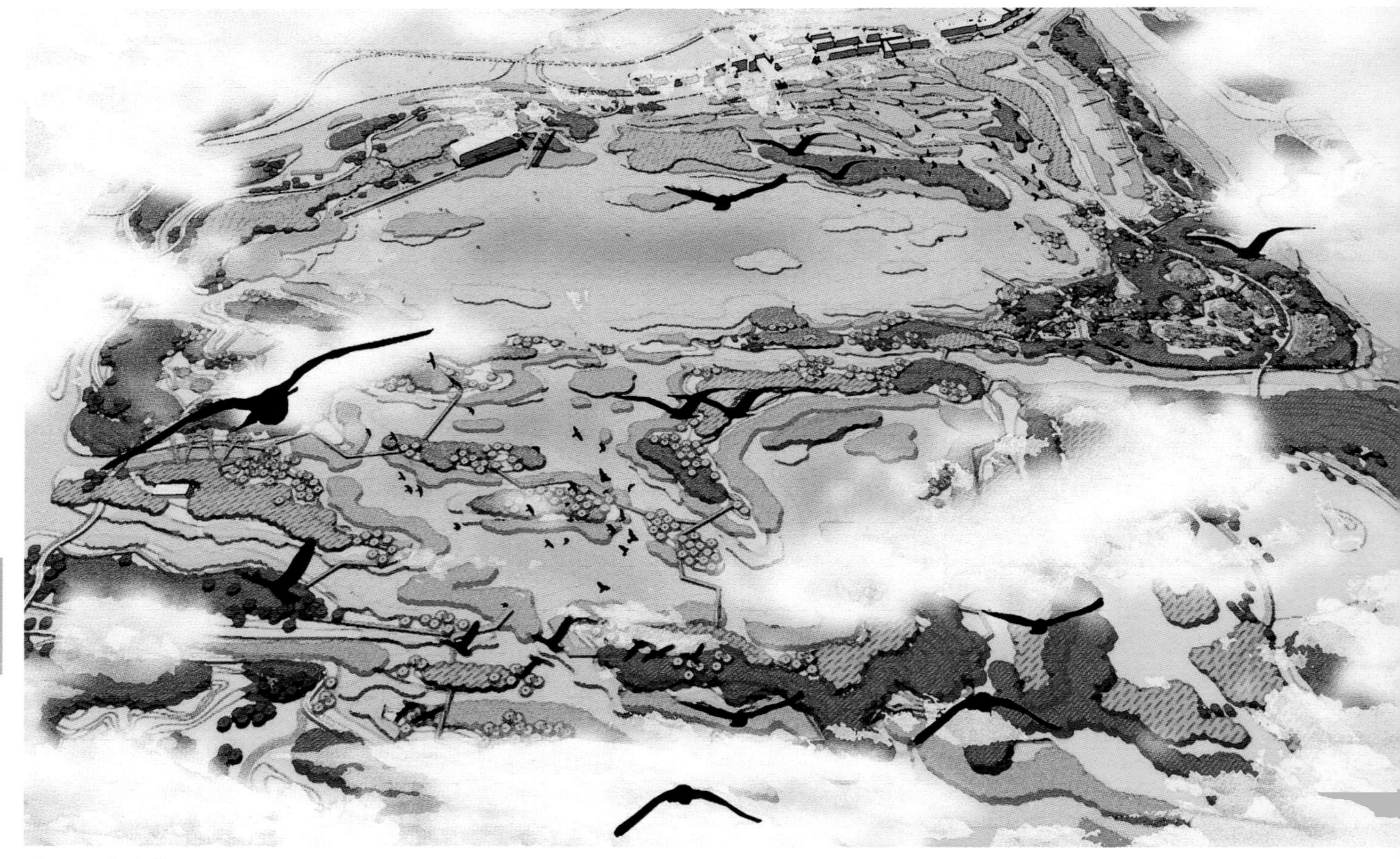

图 1.1.1 自然景观

第一节　景观设计要素的内容

一、景观设计及其要素

景观是一个综合的、宽泛的、多义的概念，人类在认识自然和改造自然的过程中，对景观这一概念的认知也在不断地发生着变化。景观有广义与狭义之分，广义上看，景观是一个具有时间属性的、动态的、生态的整体系统，包括人所能看到的一切自然物与人造物的总和；狭义上讲，景观是土地及土地上的空间及其物质所构成的综合体。景观既是复杂的自然生态过程的结果，又是由人类改造或创造而形成的（图 1.1.1、图 1.1.2）。

城市规划设计、景观规划设计、园林设计、景观设计，这些词是我们经常听到的专业名词，它们之间既有联系，又有各自的设计领域。城市规划设计是国家对城市发展的具体战略部署，包括城市总体空间发展规划和社会经济产业发展规划，是宏观层面的土地二维平衡，包括总体规划和详细规划两个层次，良好的城市空间和景观空间是城市规划的主要目的之一。景观规划是指在较大尺度范围内，基于对自然和人文过程的认识，协调人与自然关系的过程，是在景观环境建设前所做的宏观的、长远的谋划和策划，其成果以较小比例尺的平面图和文字概述、评估文件等组成（图 1.1.3）。园林设计是在一定地域，运用工程技术和艺术手段，通过改造地形、治山理水、种植花木、营造建筑、布置园路等手段，来创作和谐的自然环境和游憩境域（图 1.1.4）。景观设计是以

图 1.1.2 人造景观（意大利卡布里岛）

园林设计为基础的现代发展，具有公共性、开放性的要求，主要关注的是土地与人类户外活动空间的生态和设计问题，是在景观规划的基础上，对一个景区或景点所做的具体设计，其成果以较大比例尺的图纸来表现（图1.1.5）。

景观设计是融科学和艺术于一体的一门学科，是对土地和建筑实体之外的户外空间的设计。具体来说，景观设计是设计者科学地利用景观物质要素，依据使用者的心理模式和行为特征，结合具体用地及周围环境创造或再造形成的。一个好的景观设计能够满足人们生活、工作、休闲、精神、审美等各种需求。

根据不同的分类标准，景观设计的对象和内容有所不同。按照景观的形态构成特征，可分为自然景观和城市景观两大类。自然景观是以自然元素为主构成的，较少人为干预的景观，如高山、荒漠、森林公园等；城市景观则是指以人类艺术加工为主而设计的景观，如公园、居住区、广场、街头绿地、庭院、街道等。按照景观的性质和使用功能，可分为风景名胜区、城市广场、住区景观、综合公园、主题公园、植物园、游乐园、休疗景观、纪念性景观、文物古迹景观、街道景观、庭院、宅园等。按照景观的所有者，可分为私人的庭院和别墅，宗教场所的寺院园林，墓地及圣林，公共场所的各种公园和广场，历史上统治者居住的离宫、御花园等。按照景观所处的空间位置，可分为附属于建筑物的庭院和屋顶花园、滨水公园、海水浴场、高山之上的森林公园、平坦地面的城市公园等。

无论何种类型的景观都是由各种景观要素以一定的方式组合而成的，各要素之间并不是僵硬的组合和拼凑，而是一个相互渗透的、和谐有机的系统整体。通过景观要素的综合运用，不同功能和类型的景观呈现鲜明的特点，以满足不同人群的使用需求。因此，对景观设计中各要素的深入理解和灵活运用就成为景观设计的重点。

景观设计的要素包括自然景观要素、人工景观要素和人文景观要素三大类。自然景观要素主要包括地形地貌、生物植被、水文气候等；人工景观要素主要包括建筑物、构筑物、设施、道路、场地等；人文景观要素主要包括地域文化景观、宗教文化景观和民俗文化景观，如古代建筑、文化遗址、古代城市景观、民族文化或民俗文化的物质载体等。本书所指的景观设计要素主要是自然景观要素以及人工景观要素，这是为了较为纯粹地探讨设计要素的具体运用和表现方式，具有更强的实践指导意义。具体来说景观设计要素主要包括场地、空间、植物、水体、山石、建筑物、构筑物、设施、小品、公共艺术品等，这些要素以一定的结构和秩序组合在一起，为人类营造了良好的生态环境和宜居的生活环境（图1.1.6）。

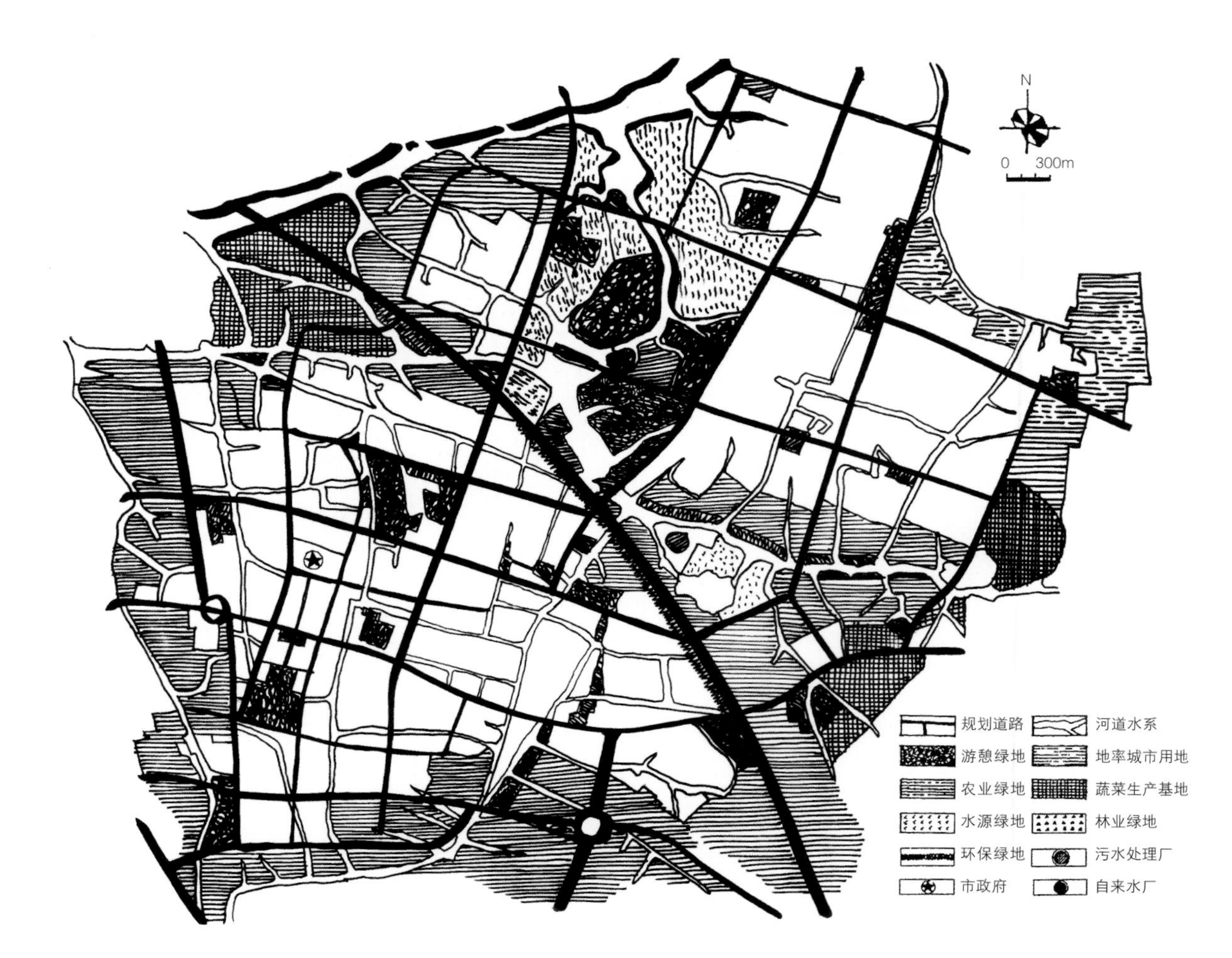

图 1.1.3 无锡市锡山区景观总体规划设计

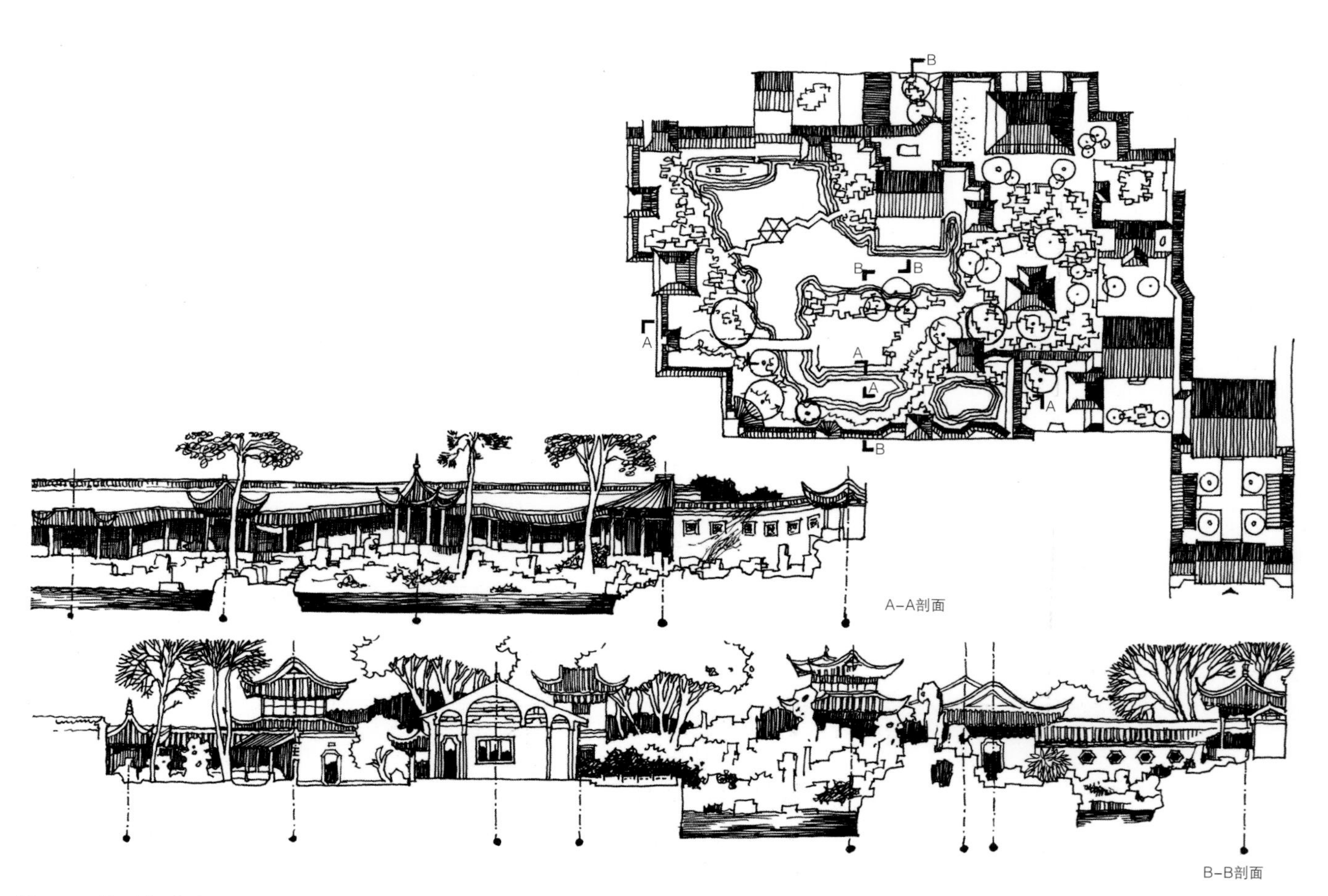

图 1.1.4 苏州狮子林

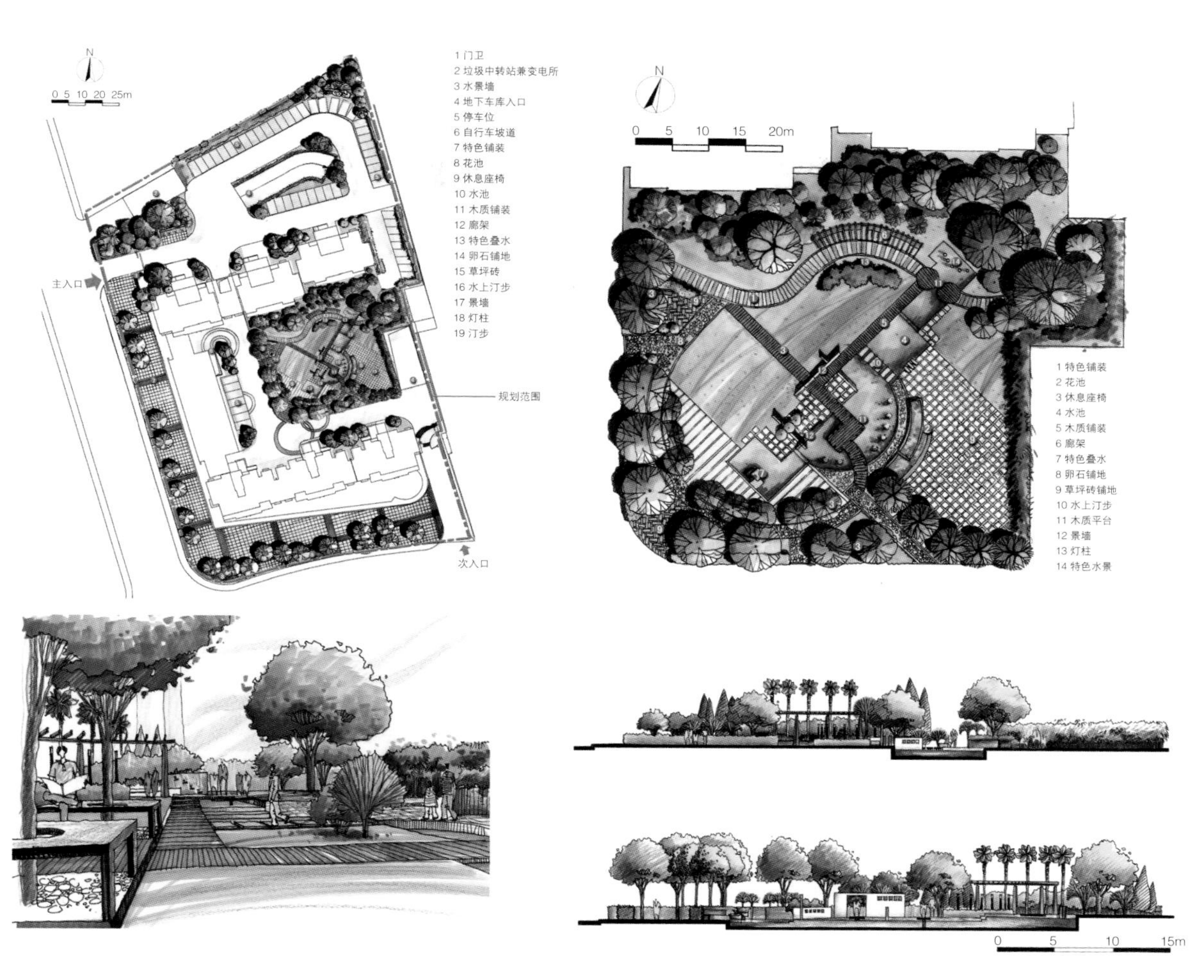

图 1.1.5 某居住区组团景观设计

二、景观要素的设计原则

1. 生态性原则

首先，景观设计要素应尊重生态环境发展，这也是当代可持续设计和生态设计的必然要求。实际上，自然、气候和地理条件在很大程度上决定了人类的生产生活方式，赋予了不同地域特殊的自然环境，是进行景观设计时应最先充分考虑的因素。自然条件决定了地形地貌、土壤条件、日照强度及水文情况等景观设计的基础条件，对这些具体的情况有深入的认知，才能在设计时选择适宜的景观设计元素。比如植物的生长与气候、土壤有极为密切的关系，中国北方的植物种植应选择耐寒、耐荫的植物，如松树、榆树、旱柳等，长江以南的许多地区因为土壤呈酸性，适合于杜鹃、桂花等植物的生长。再如长江以南地区的景观设施设计要充分考虑避雨和遮阴，而北方的景观设施设计则要考虑御寒和防风。虽然自然条件往往限制了景观元素的选择，但风、霜、雨、雪有时也可以成为塑造景观特色的重要内容，在特定的时空可以转化为景观元素的一部分，从而使景观特色更加显著，更能凸显景观氛围。如江南园林的庭院或天井常种植芭蕉树，落雨时分，能够静静体会王维诗中“雨打芭蕉叶带愁”的情思，营造了独特的意境。

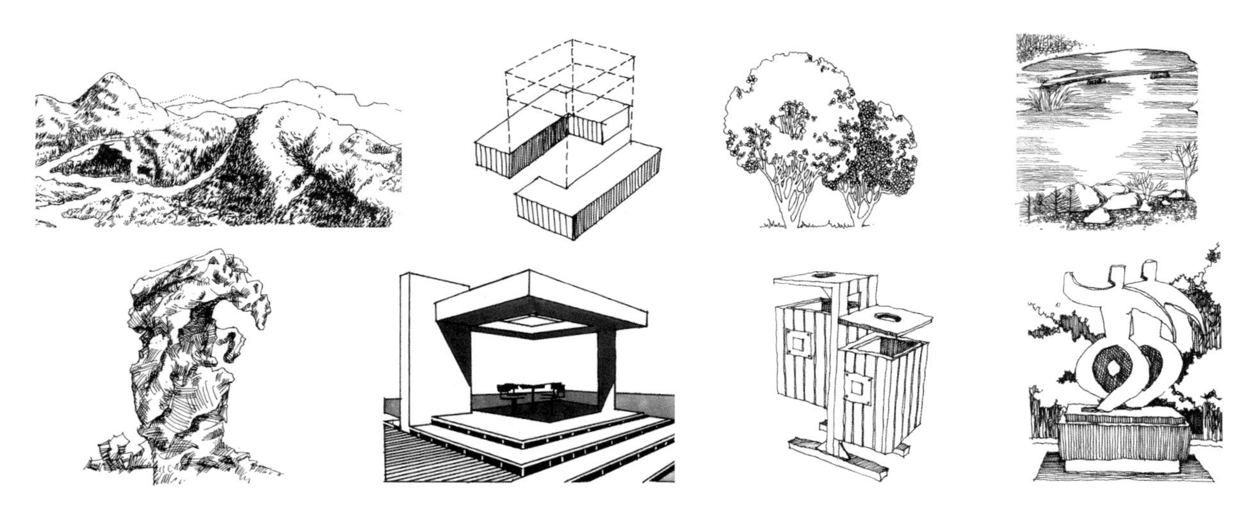

图 1.1.6 各类景观设计要素

图 1.1.7 沈阳建筑大学稻田景观

第二，景观设计应尽量选择地方性材料来营造当地景观，保护和节约自然成本。运用乡土材料和当地材料进行设计，能够减少能源、土地、水、生物资源的使用，提高使用效率。如沈阳建筑大学校园里的稻田景观，就以当地的东北稻为景观要素，在一个当代校园里，演绎了关于土地和农耕文化的故事，表明了设计师在面对诸如土地生态危机和粮食安全危机时所持的态度。东北稻不仅是当地最普通、最经济而高产的原材料，还有着管理成本低、观赏期长的优点、以及一定的教育和文化意义，其果实还可作为学校的纪念品，充分体现了景观要素选择的生态性原则（图 1.1.7）。

图 1.1.8 美国西雅图煤气工厂公园改造

图 1.1.9 德国鲁尔区北杜伊斯堡景观公园

第三，景观设计应充分尊重生态环境和场地条件，让自然做功，尽量减少人工干预，避免破坏原有的生态系统，使设计与生态系统相协调，保证生态系统的和谐稳定。比如用自然生态的驳岸代替人工水泥驳岸，能够使土地与水体交界的部分形成丰富的水生态群落，各种昆虫、水藻、杂草等动植物可形成和谐的自然生态系统。

另外，城市废弃地的更新再利用设计也是生态性原则的体现。景观设计时应充分利用场地原有的废弃物，建、构筑物进行再生设计。城市废弃地大多曾经为工业生产用地或者是与其相关的交通、运输、仓储等用地，后来随着产业转型调整等原因而废置不用的地段，如废弃的矿山、工厂、码头、工业废料场或垃圾倾倒场等。这些地段并未完全拆除或暂时荒废，仍以片段的形式存在，是时代的产物，具有历史性和真实性。美国西雅图煤气工厂公园改造（图 1.1.8）、德国鲁尔区北杜伊斯堡景观公园都是经典的设计案例（图 1.1.9）。在这些案例中原本被废弃的建筑物、构筑物、机器设备都成为具有特殊的工业历史文化内涵和技术美学特征的景观元素。通过场地的更新再利用设计，不仅重拾了场地记忆，也赋予场地新的内涵和意义，为当地民众提供了具有多种功能的户外活动场所。

2. 功能性和实用性原则

功能性和实用性是景观要素设计时的首要原则。要做到这一点，要求设计师在整体布局、功能分区、交通组织、结构选型、材料运用等各方面科学的、全面的考虑。

景观功能性的前提和基础是景观安全性的要求。景观空间是人与户外活动密切相关的空间，无论是散步、游戏、运动或是观看、休息、交流，安全保障都是最基本的功能条件。这种安全性既包括景观要素本身的安全性、牢固性，也包括景观要素所提供的集散、遮蔽、庇护等安全功能。特别对于老人、小孩、残疾人等有特殊需求的人，安全性就更为重要。

科学、合理地设计景观要素，才能在功能上充分满足人们的不同需要。各种景观要素都有其各自的功能，不同的景观类型对景观要素设计的要求也不尽相同。设计师在设计时，应首先明确场地与周围环境的关系，布置合适的出入口并合理规划景观道路。如在公园设计中，公园的出入口应与城市交通、游人走向和流量相适应，出入口空间可适当设置入口广场用于人群的集散（图 1.1.10）。再如居住区的主要道路设计应满足消防要求，并做到人车分流，在居住区内尽端式道路的长度不宜大于 120m，并在尽端应设不小于 12m × 12m 的回车场地。另外，设计时还要明确场所的功能，如商业街景观设计，不适宜种植大量高大的乔木，因为过密的植物会遮挡店面和广告牌，可运用可移动的树池、广告牌、水体、散座等营造一种适宜购物休闲的亲切空间（图 1.1.11 ）。此外，景观设计还需要明确景观功能的服务对象，进行具有针对性的设计。如为儿童开设的游戏空间就应充分考虑其活动特点，游乐设施和休息设施应作为设计的重点。为老年人设计的社区景观，应充分尊重老年人的生活习惯，设置多样的户外休闲场所，并减少楼梯和坡道的设置等，充分考虑无障碍设计。

针对具体的景观设计类型，应参考各类设计规范，

图 1.1.10 公园入口空间可设置小广场

图 1.1.11 用路灯和伞座营造的商业景观空间

图 1.1.12 景观中人的参与互动

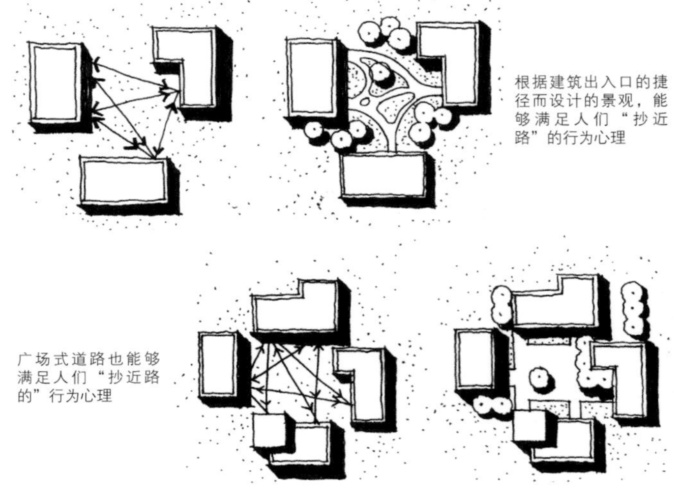

图 1.1.13 根据“抄近路”的行为心理设计的景观

图 1.1.14 植物作为座椅的依靠

如《公园设计规范》《城市居住区规划设计规范》等，对景观要素的设计制定详细的要求，让我们更加科学合理地进行景观设计。

3. 人性化原则

景观设计改善人类生存环境，就是要使外在的空间与人的内在需求保持一致，使人在景观中得到某种需求和满足。景观设计要充分体现人性化的关怀，这需要考虑人的情感和行为心理特点。

景观设计要素在选择和运用的时候需要充分考虑人在景观中的情感。著名的“马斯洛层级理论”认为，人的需求分为五个层次：对饥渴、寒冷、温暖的生理需求，对安全感、领域感、私密性的安全需求，对情感、团体、家庭、友谊的相属关系和爱的需求，对威信、自尊等尊重的需求，对成就感、社会感等自我实现的需求。因此，要根据不同人群的不同需求进行设计，尽量使人能在景观中不仅能得到安全感、舒适感和愉悦的体验，还可以通过参与、互动等手段，满足对尊重和自我的实现的需求（图 1.1.12）。

景观设计要素在选择和运用的时候还需要充分考虑人在景观中的行为活动和习惯。丹麦学者扬·盖尔在《交往与空间》一书中认为，人在景观中通常发生三类活动：必要性活动，如上班、上学、购物、出差；自发性活动，如散步、呼吸新鲜空气、晒太阳、驻足；社会性活动，如儿童游戏、打招呼、公共活动、被动式接触或视听。进行景观设计时应分析这些类型可能出现的频率及特征，从而进行针对性的设计。人在生活中还可能有一些特殊的行为习惯，如多数人有“抄近路”的心理，因此

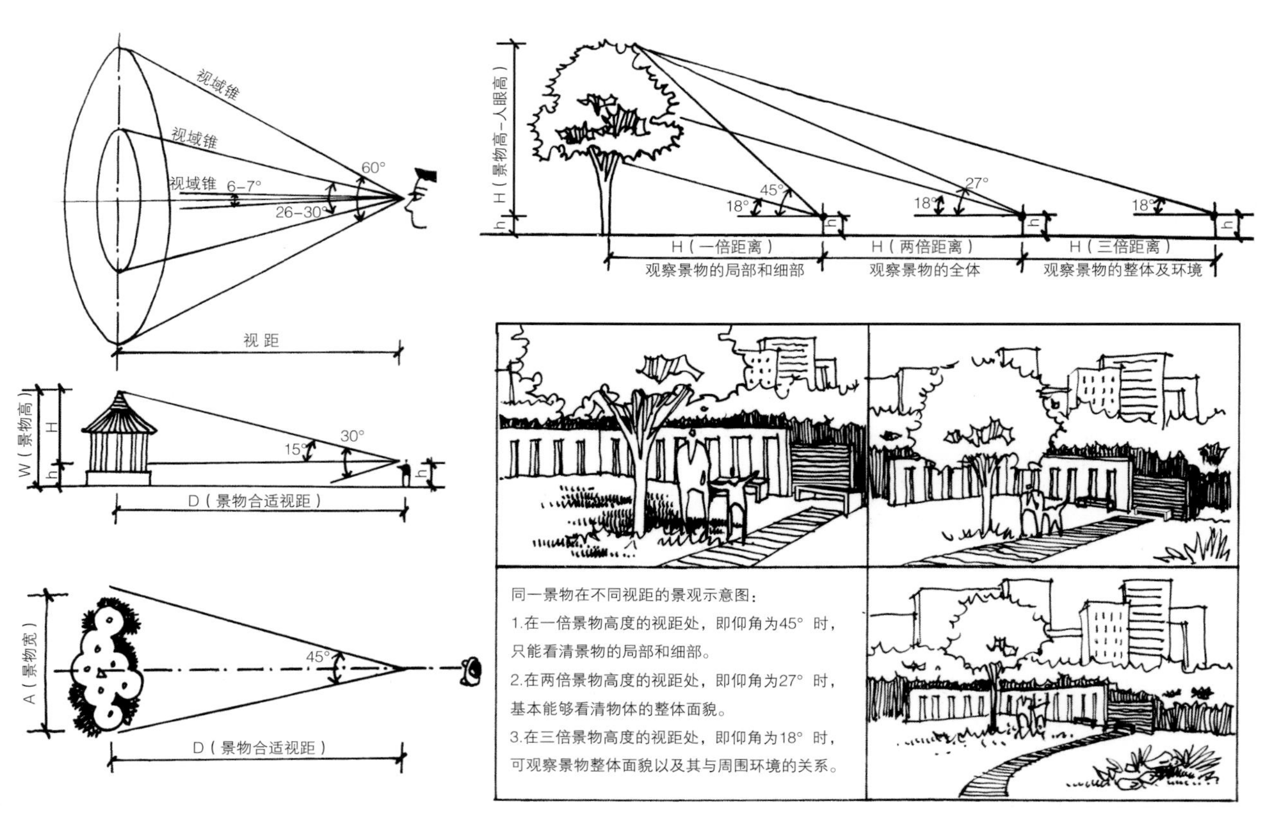

图 1.1.15 人眼的视域与观赏距离

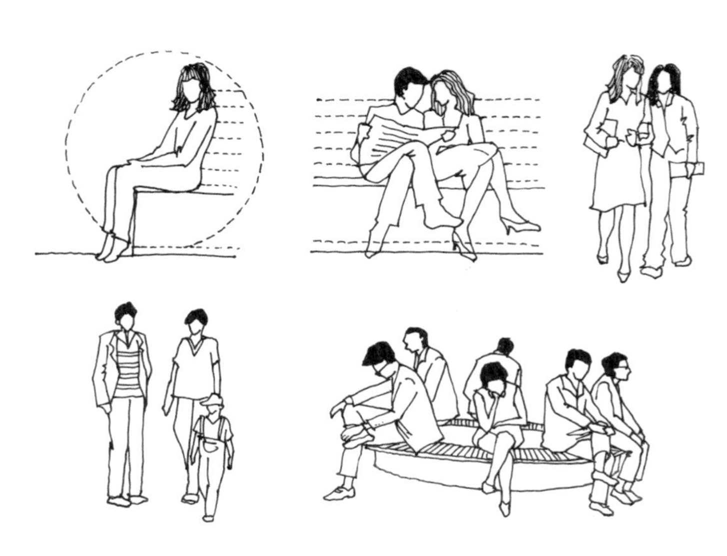

图 1.1.16 交往中的人际距离

图 1.1.17 不同季节景观色彩给人的感受不同

在景观设计过程中应对场地进行细致的人流分析，尽量将交通性的道路设计得便捷，符合人的行为心理特征（图 1.1.13），游览性的道路也切忌不必要的曲折。当然，有时候也可以故意设置绿篱、矮墙、构筑物等来限制人的行为。再如人们选择座椅时，往往愿意选择背后有依靠，前方有景可观的空间，这既是一种看与被看的心理需要，又是一种隐形的对安全感的追求和自我保护的心理暗示，同时能够与他人保持一定的距离。因此景观中的座椅往往会利用空间边界进行布置，如台阶、围墙、栏杆、行道树或建筑物的边缘处，或在座椅背后设置灌木或景墙等作为背景（图 1.1.14）。这种现象被称为“边界效应”，揭示了人对依靠感、安全感、距离感的需要，也提示设计中应充分发挥该种效应，积极创造出多样化的空间为人们提供停留、休息、交流的场所。

人性化设计还要尊重人的认知能力和习惯。人在头部不转动的情况下，人眼视域的垂直视角为 26~30°，水平视角为 45°（图 1.1.15）。因此，设计师要把最好的景物落在人的视线范围之内。一般来说，人的最大步行距离为 400~500m，识别景物类型的视距为 150~270m，看清物体细部的最大距离为 70~100m，看清人的面部表情的最大距离为 20~25m，因此，设计师要根据场所的功能来适当控制空间的尺度和节奏。另外，与室内空间相比，户外景观空间尺度较大，因此人们在户外的交往尺度与在室内的交往尺度是不同的。同时，个人的情绪、人格、年龄、性别、习惯、文化差异都会影响到个人对空间环境的认知。美国著名人类学家霍尔将人在交往中的人际距离分为五种类型：亲密距离（0~45cm 之间），是亲人或恋人之间的距离；个人距离（0.45~1.2m 之间），是私交较好的朋友之间的距离；社交距离（1.2~3.6m 之间），是普通邻居、朋友、同事的谈话距离；公众距离（3.6~7.6m 之间），是从事公共活动的距离；隔绝距离（大于 30m），人与人之间难以产生交往（图 1.1.16）。

另外，色彩也是人感知景观的重要因素。景观的色彩能够赋予景观要素独特的视觉特征。青山、绿阴、碧波、红花等等都能够直接影响人对景观的空间认知，比如同一场景在不同的季节通过景观色彩的变化所带给人的感受就是不同的（图 1.1.17）。景观设计要针对不同类型的人群，结合时节的变化，注重景观元素的色彩搭配，创造富有特色的环境氛围。对景观色彩的把握要注意主次关系，要有主体色系，讲求搭配、对比，创造色彩舒适、特色鲜明的景观空间。

图 1.1.18 人对美的认知随时代发展而发生着拓展和变化

4. 艺术化和宜人性原则

现代景观作为人们休闲、放松、娱乐的重要场所，除了实用的功能之外，人们对其艺术审美的要求也来越高。通过景观设计要素的艺术化处理和运用能够改善城市面貌，使大众接受美的熏陶，强化人们的审美认知，增加人们的审美体验，提高人们的审美情趣，是营造有品质的景观空间的重要手段。

在景观设计中要运用美学的基本原理，研究美的特性和构成，探讨自然美和人工美的成因、特征、手法、途径，通过美学理论来指导景观设计。还要特别注意随着时代的发展，人对于美的认知也在发生着拓展和变化，无论是古代的造园艺术还是现代的景观营造，虽然在形态和特征上表现不同，但都是人对审美的阶段性认知，是人们建设美好人居环境的结果（图 1.1.18）。

景观设计往往从绘画、雕塑、电影、戏剧等各种艺术领域中汲取养分，从历史、文化中提炼所需内涵，进而创造出独具艺术个性和风格特征的景观作品，给大众留下深刻的印象。毫无疑问，适宜的公共艺术品作为重要的景观元素是营造艺术化景观空间的重要手段。但随着现代景观设计观念的不断扩展，景观的艺术化应该成为一个完整有序的系统，无论是空间的艺术化，还是各种物质要素的艺术化，都成为人们审美的重要对象。

景观的宜人性指的是景观场所中所有的要素安排都适宜人在该场所中完成预想的一系列活动和体验，并使人获得身心的愉悦。简单说就是人们想要的各种物质和精神诉求，都能够在景观中得到满足。景观应该是富有表情和情感的，亲切的、和谐的，使人愉悦的、放松的，自由的、生态的、绿色的、健康的、多彩的、有趣的环境。同时，那些承载城市和场地的记忆，能引起情感共鸣和获得归属感的景观更具存在价值。

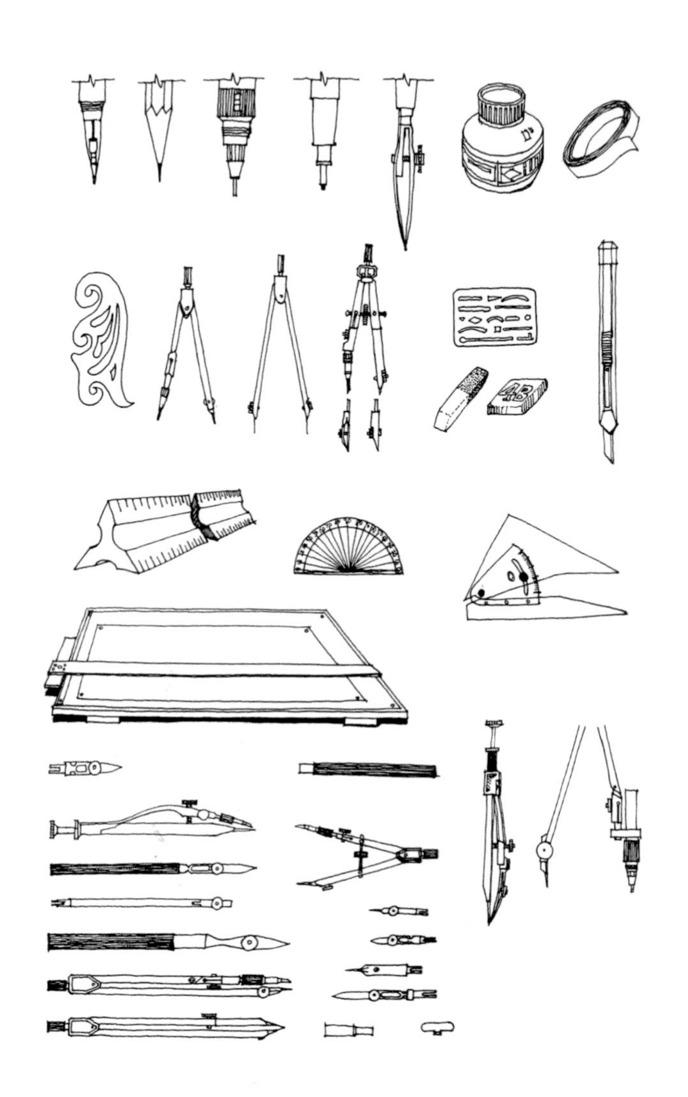

图 1.2.1 基本绘图工具

图 1.2.2 铅笔表现图

图 1.2.3 炭笔表现图

第二节　景观设计要素图解基础

图解是认知、思考和表现设计过程中的一种图形化的表现方法。图解不仅在设计构思阶段有着重要的作用，还贯穿于整个设计过程之中，是设计由抽象的思想变为具象的设计结果的重要手段。景观设计要素图解主要是通过手绘的方式，做到“脑－眼－手－笔－图”系统联动，达到设计师和自我的“交谈”，在整个“交谈”过程中，设计的思路和结果逐渐呈现并完善起来。

一、工具与方法

古人云：“工欲善其事，必先利其器。”绘图工具要专业，但不必华丽，设计师通常经过对比、筛选，会选择自己习惯的工具，只要是用着得心应手、方便携带、适合自己就好。一般来说，绘图工具主要有笔、纸、尺及其他辅助工具等（图 1.2.1）。

1. 笔

铅笔、炭笔、钢笔、中性笔、针管笔、马克笔和彩铅是图解表现中最常用的工具，每种笔有其各自的特点。

铅笔使用和携带方便，易于修改，使用同一支笔能画出线条的深浅及粗细变化，在不同的纸上也能够呈现不同的纹理，可以说控制自如（图 1.2.2）。尤其是在画方案设计徒手草图时，能及时捕捉设计灵感，使之跃然纸上。铅笔芯的主要成分是石墨，一般常见的铅笔根据

图 1.2.4 钢笔表现图

软硬度从最硬的 9H 到中等硬度的 HB 和 2B，再到最软的 8B、14B。越软的笔，画在纸面上颜色越深，越适合用于作草图和构思方案，表现力强。景观绘图中通常使用的木杆软铅笔多为 3B~8B，既可以勾勒线条，又可以渲染明暗，表现物体质感。木杆硬铅笔，如 H、HB 等，由于铅芯硬，颜色淡，可用于绘制铅笔底稿。有一种铅芯为长方形的木工铅笔，因其铅芯的形状较粗，在绘制墙体、剖断线等较粗线型时使用方便。目前市面上还有各种各样的自动草图铅笔，免去了笔头易短和削笔的麻烦，非常好用。

炭笔由柳树的细枝烧制而成，与铅笔类似，有粗、细、软、硬之区别，只是颜色更深。炭笔用在有纹理的纸张上更能表现一种粗犷豪放的画风。但炭笔不易修改，很容易涂抹，所以常常会弄脏画面。有一种与铅笔类似的木杆炭笔，在一定程度上能避免容易弄脏的问题（图 1.2.3）。

相对铅笔对线条的表现力而言，钢笔所绘线条粗细基本一致。墨水的颜色能使其与纸面产生清晰的边缘分界，得到较高的对比度。因此，钢笔绘制的图形具有流畅、光滑的效果，但当钢笔逆向于线条方向使用时就容易不顺畅。美工钢笔能够通过角度的变换绘制不同粗细的线条（图 1.2.4、图 1.2.5）。

中性笔是书写介质的粘度介于水性和油性之间的圆珠笔，因其价格低廉、使用方便、绘图顺滑流畅且颜色多样，广受欢迎。中性笔也有不同的粗细可供选择，常见的有 0.25、0.3、0.5 和 1.2。在经过球珠的滚动带出油墨的时候，在线段两端产生油墨的堆积，反而使线条更具草图效果。但也要注意中性笔在硫酸纸等光滑的纸面上，油墨未干时容易被涂抹，弄脏图面（图 1.2.6~图 1.2.8）。

针管笔是专门用于绘制墨线线条图的工具，可画出精确且具有相同宽度的线条。针管笔的针管管径的大小决定所绘线条的宽窄，具体有从 0.1 ~ 1.2mm 的各种不同规格。使用墨水的针管笔要更适合做工程制图，而且使用相对麻烦一些，使用完尽量清洗干净以免笔头堵塞。景观绘图中多使用一次性针管笔，它比中性笔更稳定，更顺畅，干得更快，因此更易于和马克笔、彩铅等有色笔配合（图 1.2.9）。

马克笔笔尖由人工纤维制成，具有出水均匀、快干、不需用水调和、着色方便、便于携带、色彩丰富饱满和表现速度快等特点。马克笔分油性和水性两种：油性笔渗透力强，干得快，色彩润泽，颜色可适度叠加，所涂色块笔触衔接自然，边缘渗透明显，但气味大；水性

图 1.2.5 钢笔表现图

图 1.2.6 中性笔表现图

图 1.2.7 中性笔表现图

图 1.2.8 中性笔表现图

图 1.2.9 针管笔表现图

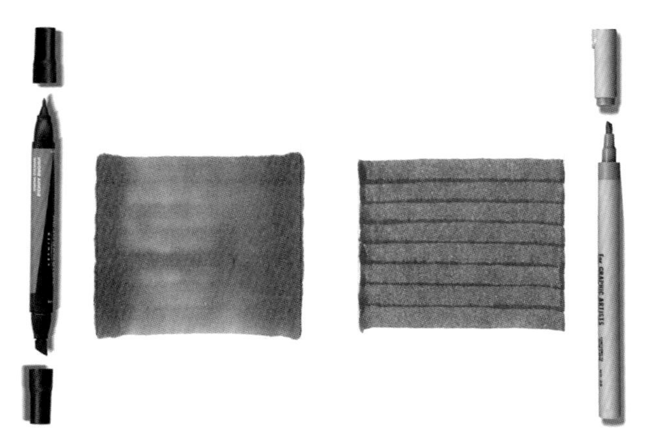

图 1.2.10 油性马克笔和水性马克笔及其所涂色块

创意小贴士

马克笔直接在钢笔底稿上上色，极易溶解钢笔线条，导致图面颜色污浊。可将绘制底稿复印后，在复印稿上上色，这样既不用担心颜色和墨线混在一起，也可以反复在复印稿上尝试各种颜色的效果。

图 1.2.11 马克笔的绘图步骤

图 1.2.12 同色马克笔在硫酸纸和白纸上的效果

创意小贴士

马克笔没水了不要丢掉，没水的马克笔可以用来表现水面肌理、干枯的草地或特殊效果的地面。

图 1.2.13 彩色铅笔表现图

笔没有气味，色彩艳丽，色块笔触衔接明显，边缘整齐，但干得慢，重复覆盖后会变脏（图 1.2.10）。马克笔颜色众多，每一种品牌的色谱略有不同，因此学习者可以根据自己的需要和习惯制作色谱，以便使用方便快捷。马克笔有粗细两端，粗端适宜大面积涂抹，细端用于绘制景观边缘及细部等。

马克笔绘制在纸上色彩是透明的，可通过笔触排列、叠加等方式取得丰富的效果。正是由于这种透明特性，深色可覆盖浅色，因此马克笔的绘制通常按先浅后深的步骤作画（图 1.2.11）。

马克笔在拷贝纸和硫酸纸上的效果要比在普通白纸上的颜色浅，因为硫酸纸表面光滑，复印纸表面相对粗糙，易于颜色吸收。但马克笔在硫酸纸上能够得到一种透明笔触叠加的特殊效果（图 1.2.12）。

彩色铅笔由具有高吸附显色性的高级微粒颜料制成，有 12 色、24 色、48 色等等，可重叠上色，可修改，非常易于掌握，其图面效果清新淡雅，与优雅流畅的线条配合作画，相得益彰。彩色铅笔可分为不溶性彩色铅笔和水溶性彩色铅笔两种。不溶性彩色铅笔可分为干性和油性，价格便宜，初学者易于掌握。水溶性彩色铅笔的笔芯能够溶解于水，用湿笔画图时色彩会晕染，形成水彩般透明的效果，色彩柔和。彩铅使用时最好渐进慢涂，以平涂为主（图 1.2.13、图 1.2.14）。彩铅如果在拷贝纸或硫酸纸上作画，因为摩擦力变小，不如在白纸或纹理纸上着色效果好。

图 1.2.14 彩色铅笔表现图

2. 尺

除比例尺外，一般在徒手草图阶段不太会用到尺，尺多在方案基本确定后的初期草稿阶段以及方案正稿的制图中使用。尺主要包括丁字尺、三角板、比例尺、曲线板和蛇形尺、各种模版尺及圆规等。

丁字尺和三角板主要用来控制水平线和垂直线的位置，三角板主要控制线条的角度，它们都可以当直尺使用。三角板一般有角度为 45°、30° 和 60° 三种规格，当三角板配合直尺平行移动的时候，可绘制平行线。为了避免墨水黏在尺子边界，弄脏图纸，要及时清理以保证尺子的干净，还可以在尺边垫厚的纸片，抬高一点尺子再进行绘图。

比例尺是用以缩小或放大线段长度的尺子，无需经过计算即可迅速获得某一比例的尺寸。比例尺通常有平行及三角形两种，三角形比例尺亦称三棱尺。三棱尺常见的有百分比例（即每边刻有 1/100、1/200、1/300、1/400、1/500、1/600 等六种比例）和千分比例（即每边刻有 1/500、1/1000、1/1250、1/1500、1/2000、1/2500 六种比例）。在使用比例尺时，应注意缩小或放大比例尺与实际长度的比例关系。比例尺上刻度所注的长度，即为实际要度量的长度。

曲线板是一种呈漩涡形、内外均为曲线边缘的薄板。蛇形尺是由可塑性材料和柔性金属芯条制成的柔性尺，它们都是用来绘制曲率半径不同的非圆自由曲线。但曲线板没有标示刻度，不能用于曲线长度的测量。景观设计中常常有各种弧度的曲线，因此需要利用曲线板的多段曲线拼合而成，交界处处理要圆滑。蛇形尺可以尽量弯曲至需要的曲线形态，但对于转弯半径较小的弧线，蛇形尺就无法绘制了。

景观设计中使用的模板主要有圆形模板、椭圆形模板、综合模板等多种类型，模板上提供了绘图需要的多种尺寸的图形，大大方便了绘图，比如景观设计中植物平面图的树形轮廓就可以通过不同尺寸的圆形模板进行绘制（图 1.2.15 ）。

当圆形模板尺中的圆不能满足所需大小的时候，圆规就成为画圆及弧线的最好工具。圆规一侧为针脚，可固定在纸上，另一侧是可以装铅笔及直线笔的活动脚，以固定针脚为圆心，另一侧为半径进行制图。

3. 纸

不同质感的纸与合适的笔和其他工具相配合，才能产生不同的表现效果。

普通绘图纸也有薄厚之分，有色无色之分，有纹理与无纹理之分，但该类纸张总体来说不宜被绘图工具划破，不透明，适宜作图。通常会选用表面平整、光滑的纸张，如价格低廉的打印纸是初学者大量练习的好工具。在表现夜晚、灯光等特殊氛围的时候，也可以选择有色纸进行绘制。

拷贝纸和硫酸纸是绘图，特别是绘制草图的重要纸张。拷贝纸比硫酸纸薄，都具有半透明的特征。每次修改可以在上一次图稿的基础上局部修改，非常方便，节省时间，用油性马克笔在硫酸纸上上色的时候注意在下

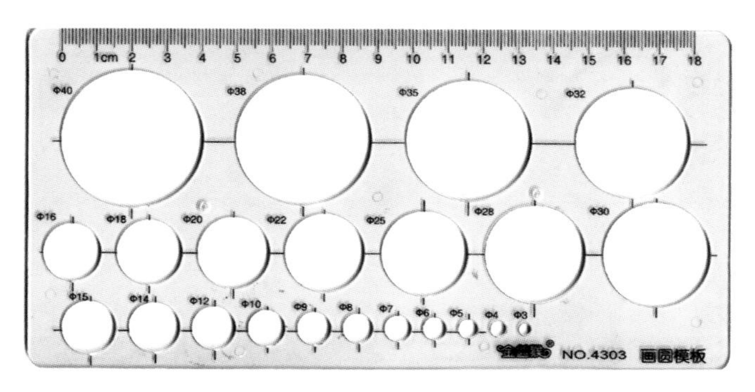

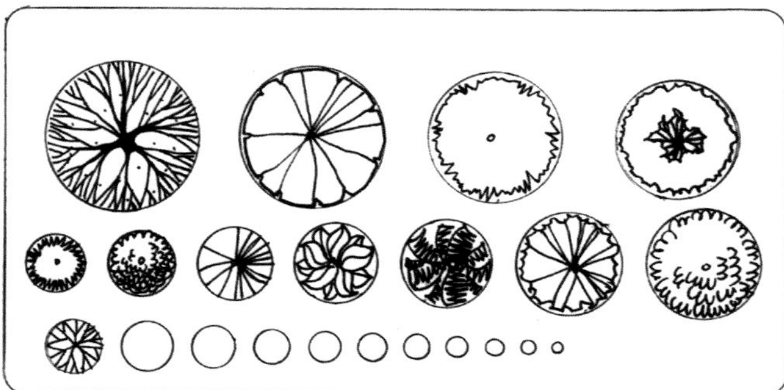

图 1.2.15 利用不同大小的模板圆圈绘制植物平面

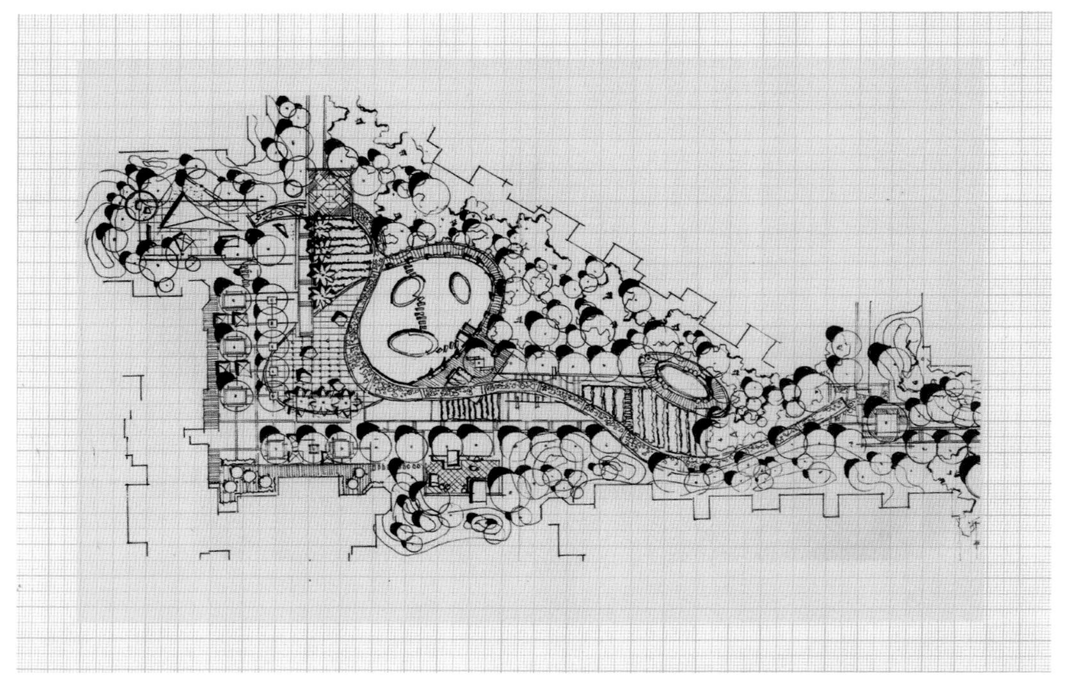

图 1.2.16 用坐标纸和硫酸纸绘图

面垫一张白纸，这既有助于颜色真实度的显示，也可避免弄脏其他图纸。马克笔上过色的硫酸纸背面也能呈现一种更淡雅的效果。这两种纸张均不适宜用水粉、水彩表现。

坐标纸也称作网格纸，印有间距均匀的 1mm 网格线，每隔 1cm 经纬度加粗，以示区别。使用坐标纸绘图能够较准确地掌握尺度，有助于培养空间尺度感，但也因受到网格的拘束，可能会影响感觉和判断。通常用硫酸纸蒙在坐标纸上进行绘制，这样能够削弱坐标格对视觉的影响，同时又为透明的硫酸纸提供了绘图时的尺寸参考（图 1.2.16）。

图 1.2.17 水彩及其表现图

创意小贴士

即时贴、改正液、修改笔、留白胶（绘画遮挡液）、白纸片等，都能作为绘制时的辅助小工具。如可以用即时贴遮住不需上色的部分，可使绘图边界干净、干脆、整洁（图 1.2.18 ）。

改正液可以用来表示水面高光、喷泉、涌泉、河面的荷叶、树的留白等等（图 1.2.19），市面上还有专门的修改笔，通过笔头滚珠像笔一样能够勾勒白线，做出特殊效果，也可在有色纸上绘图。

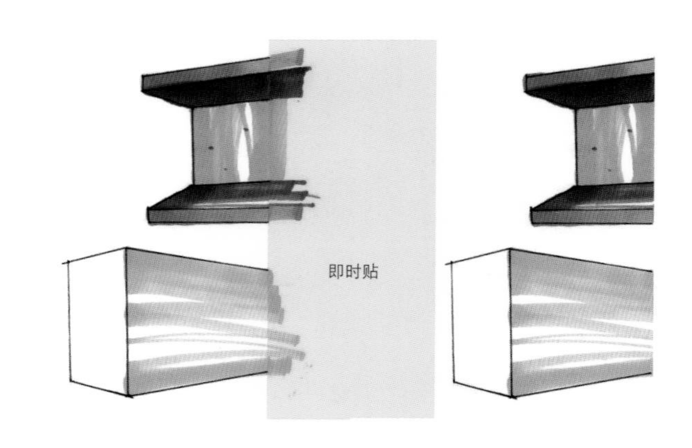

图 1.2.18 即时贴可有效遮蔽不需要上色的部分

4. 其他

水彩的明度范围小，色彩淡雅细腻、色调明快、透明轻盈。水彩常与钢笔配合使用，先用钢笔勾画出空间形体和结构关系，再用水彩上色，二者结合相得益彰。因水彩的覆盖性较差，作图前应先打小稿，确定色彩调子和基本色彩关系。钢笔线在画完水彩颜料后再上，可避免水彩颜料晕染钢笔线条的情况。水彩绘画的时候应由浅到深，由薄到厚，先虚后实，预先留出亮部，重叠的次数不要过多；注意提、按、拖、扫、摆、点等多种笔触的使用（图 1.2.17）。

透明水色颜料明快鲜艳，比水彩颜料更加透明，渗透力更强。因此，叠加层数不宜过多，也不易修改。它对纸面的要求也比较苛刻，铅笔稿线尽量淡些，不要使用橡皮，以免损伤纸面而留下疤痕影响画面效果。

擦线板又称擦图片，是由塑料或不锈钢制成的薄片，主要用在正式绘图中，能够擦去制图过程不需要的稿线，特别是擦一些笔触较小的位置。擦线板还可以有效覆盖不需擦掉的部分。

橡皮要求软硬适中，较常用的有 4B 美术橡皮，在擦净线条的时候还能不伤图纸表面。若希望减淡线条而非全部擦掉的时候，可选择可塑橡皮，用时先将其调整到任何需要的形状再进行擦除。

图 1.2.19 改正液的辅助作用

图 1.2.20 徒手线条的练习

图 1.2.21 徒手线条的练习

图 1.2.22 速写练习

图 1.2.23 速写练习

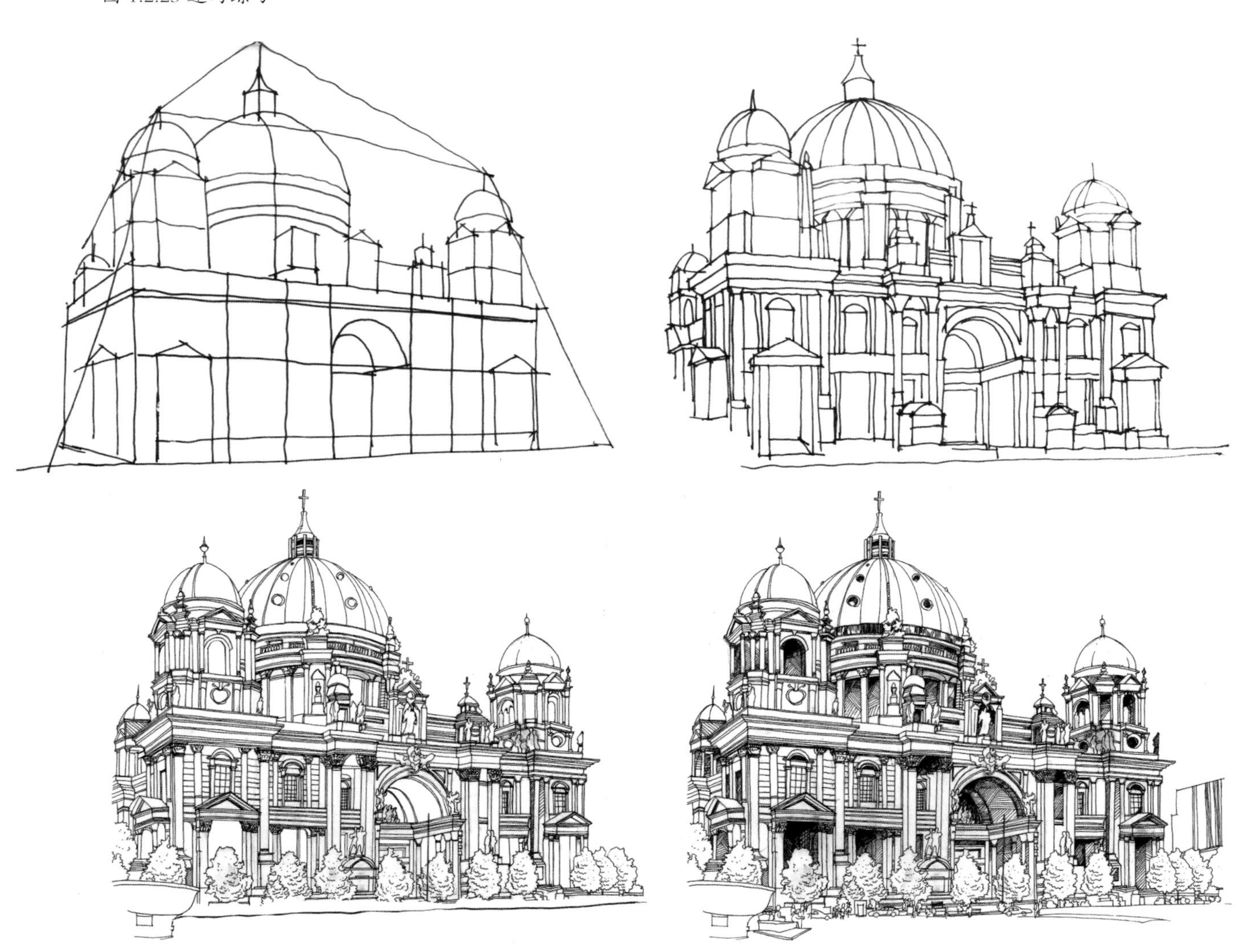

图 1.2.24 一幅速写的绘图步骤

二、图解表现的训练

图解表现的基础训练是徒手画。徒手线条图的练习应从较简单的直线段开始，包括水平线、垂直线和斜线以及等分直线段的训练；然后练习直线段的整体排列和不同方向的叠加。在此基础上，练习徒手曲线线条及其排列和组合、不规则折线或曲线以及不同类型的圆的练习。最后是以上各种类型的线条的组合练习（图 1.2.20、图 1.2.21）。徒手线条图通过不同的线条组合方式能够表现不同的质感特点。特别是在景观设计的要素表现中，往往无法借助常规的绘图器具来表现所想表达的质感效果，因此常常需凭借徒手线条的特点来完善和充实图纸。

特别要强调的是，景观设计图解表现不同于普通意义上的素描。素描强调的是把握形体的绝对准确和阴影关系，通过训练可以有效地形成对所绘制物体的整体概念和形体关系。良好的素描基础是景观设计表现时的重要基础，体现了设计师良好的专业素养，但一幅素描作品的绘制时间较长。相对于素描而言，速写成为迅速提升景观设计师徒手画能力的有效手段，能够训练设计师敏感的观察力和敏锐的视觉捕捉力(图 1.2.22、图 1.2.23)。

速写的训练重在“勤”，可以从临摹拷贝入手，并多进行户外写生。学习者在日常学习生活中，应随身携带速写本，随时将自己看到或想到的用速写的方式记录下来，运用一切手段进行练习，这种方法虽然繁琐，但贵在坚持。同时，生活中的点滴感想也可能为设计提供源源不断的素材和灵感。

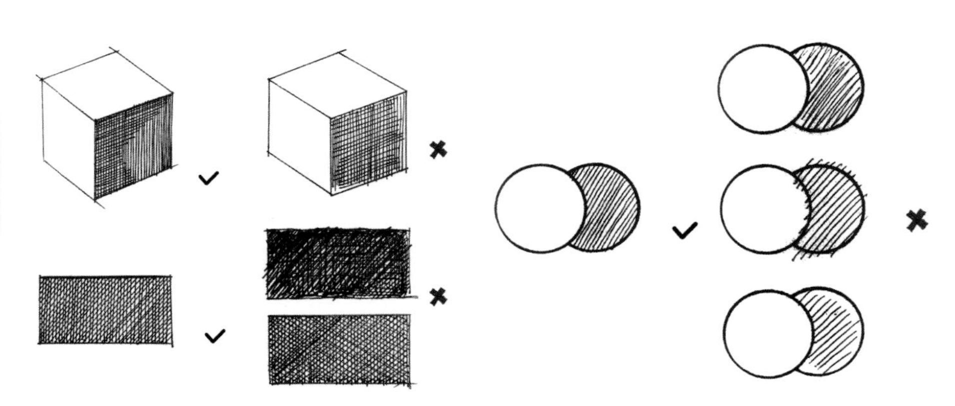

图 1.2.25 明暗色调的线条排列

创意小贴士

一幅好的速写往往具有以下特点：1. 钢笔线条流畅；2. 结构比例准确；3. 线条组合巧妙；4. 景物的取舍和概括合理；5. 画面黑白灰层次处理得当。

图 1.2.26 同一张照片的不同形式翻画

速写的步骤因人而异。熟练的人可以从一个细部开始逐渐完成整个画面，前提是作画者已经深思熟虑，胸有成竹，在脑海中已经能勾勒出整体构图。初学者建议遵循“草稿（辅助线）——基本轮廓——明暗色调——细部质感与色彩”的训练过程（图 1.2.24）。草稿可用铅笔绘制，通常是做一些透视辅助线，定位置和构图，定位置的时候注意观察物体之间的关系和比例。基本轮廓多用墨线进行绘制，不宜修改涂抹，争取一步到位，轮廓决定了一幅速写的成败。特别是在遇到一些较长的、决定画面整体关系的长线时，应仔细观察后再下笔。明暗色调的绘制通常使用不同密度或交错的各种线条排列组合而成，线条要平行、均匀。排线的两端要顶到阴影的外轮廓，不要留白，排线的端头也尽量不要连笔，尽量根根分明（图 1.2.25）。

景观设计图解的练习除了平日多画速写、多临摹好的作品外，还有两个途径能够帮助练习者在绘图过程中思考如何设计。首先，照片改画练习。将照片翻画成徒手画，这个过程应用心推敲哪些应该取舍，如何用不同形式的线条表现同一场景（图 1.2.26）。第二，元素组合练习，可以将现实景观中的不同元素进行组合，自行设定场景，完成创作。要注意元素的选择、衔接和搭配，各元素之间的位置关系要得当，前后遮挡要自然，注意

创意小贴士

直线虽然简单，但画好却不容易，可谓一根线即可见功力。画长的直线时，姿势很重要，身体不要趴在纸面上，手放松握笔，整个手和小臂不要紧贴在纸面上，保持适当的空隙，线条移动的时候整个手臂也要跟着移动，要靠手腕的转动带动手和笔。如果手肘和小臂紧贴在桌上，仅依靠手的力量，那么所绘线条长度一定有限。同时，“眼睛要比手快一点”，当画笔开始运动的时候，眼睛不要只盯着笔尖，要将视线关注到线条的终点位置，边画边调整，不要过急，不要过慢。

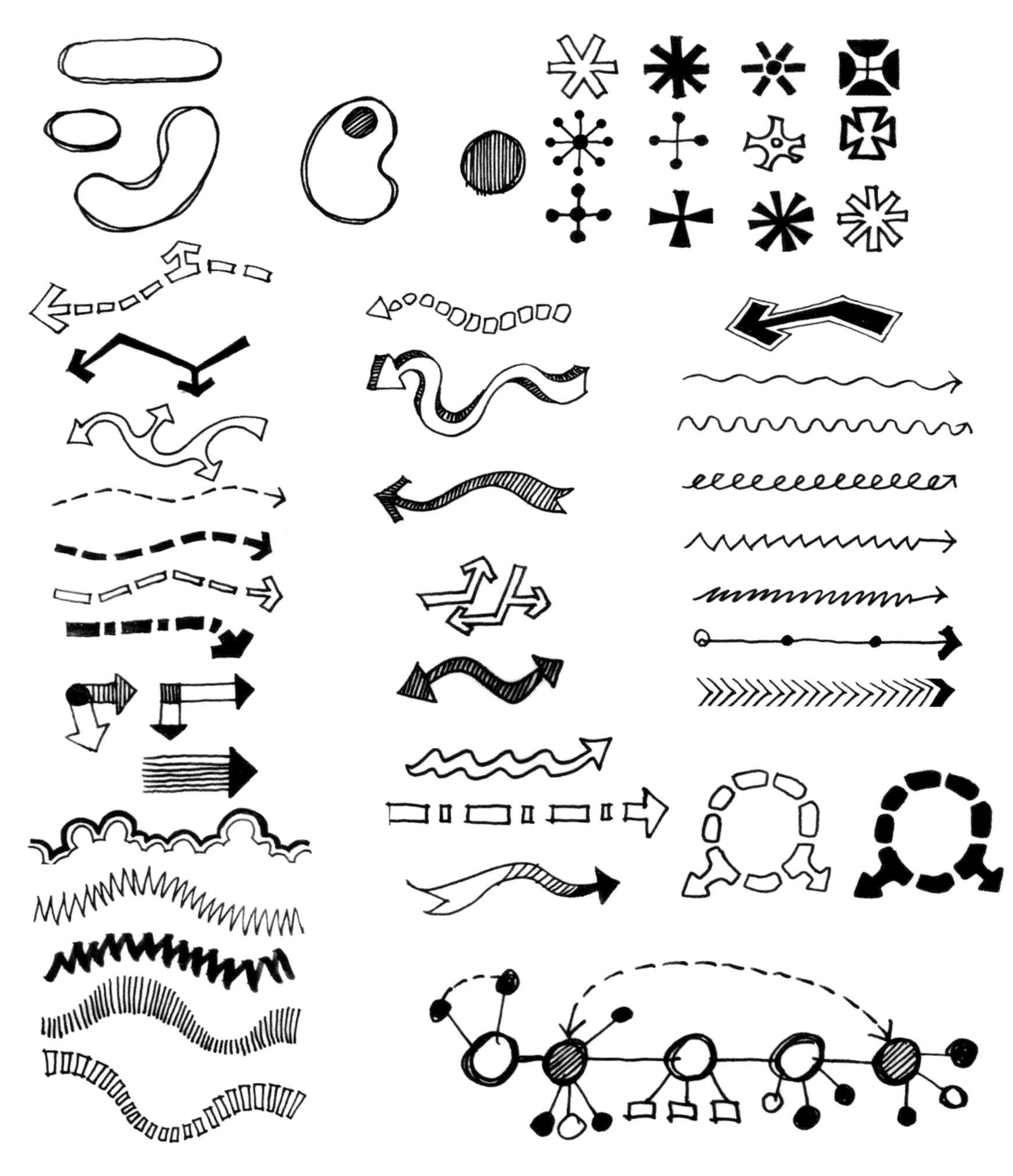

图 1.2.27 构思阶段常用的图解符号

画面的和谐统一。

景观设计图解表现在练习时，应注意以下几点：

（1）不要重复描一根线，一笔到位。即使画错也不要紧，只要再画一条对的就好，切忌反复涂抹修改。

（2）过长的线条可以断开，但不要描接，尽量做到两根线段交接部分干脆利落。

（3）线条宁可出头，不要不到。特别是在建、构筑物转角的地方，一定要交代清楚结构，而不是断开或含糊不清。

（4）“小弯大直”，不必强求线条的绝对笔直，越紧张越容易画错，总体控制在直的效果即可。

（5）如果需要表示阴影部分，则线条应根根分明，紧密排列，而不是乱涂一团黑。

（6）从中规中矩到潇洒自若。任何练习都应该从简单训练开始，逐步过渡到复杂的练习。初学者应着重练习线条如何表现准确的形体和内容，而不是动辄就临摹各种大师草图。应该意识到，那些看似潇洒且独具风格的作品，都是通过设计师漫长而扎实的训练才能绘制而成的。

三、景观设计常用的图解符号

人类的语言有相对固定的语法结构、各组成部分具有一定的逻辑规则与相互关系，通过海量的词汇，在同一语法结构内可以表现无穷变化的意义。图解符号就像人类的语言一样，是一种图示语言。图解符号实际上表现的是各个设计要素或功能空间之间的关系，以及人对其关系的思考。通过这种直观的思考，可以得到明晰的、容易认知的结果。

景观图解符号实际上并没有严格的规范或规定，而是每个设计师自己的一种习惯，但通常某些符号是可以达到人们的一致认知的，它们易于表现、简单明了。图解符号只表示大致的界限和方向，并不精确地代表边界或位置，通常在构思阶段常用的图解符号有（图 1.2.27、图 1.2.28）：

（1）空心的圆圈可以用来表示不同的空间或功能区域（可以是某一空间、某一要素的位置、面积较大的某一区域、某种功能）。实线和虚线可以在一张图上用以区分不同的含义。

（2）各种粗细和类型的线加上单向或双向箭头，可以表示某种联系或运动轨迹。如代表人行车道、机动车道、线性空间、运动方向、人流轨迹等。

（3）星形或涂黑的点可以表示重要的活动节点、人流集聚的地点、潜在的冲突点以及其他重要的意义。

（4）三角形可以表示入口，有时候也可以变形为方向性更强的箭头，表明进入方向。

（5）“之”字形的连续线段可以表示某一屏障，如墙、栅栏、河堤、景墙、绿篱等。

（6）各种结构图，可以用以上几种类型的圆圈或直线、箭头，形成某种鱼骨状或树枝状的结构图形，通过结构图对整个设计进行理性的分析。

在进入到正式的图解表现时，即平面图、立面图和剖面图的绘制时，则需运用标准的制图符号进行图解符号的绘制，如指北针、比例尺、图名、引注线等。

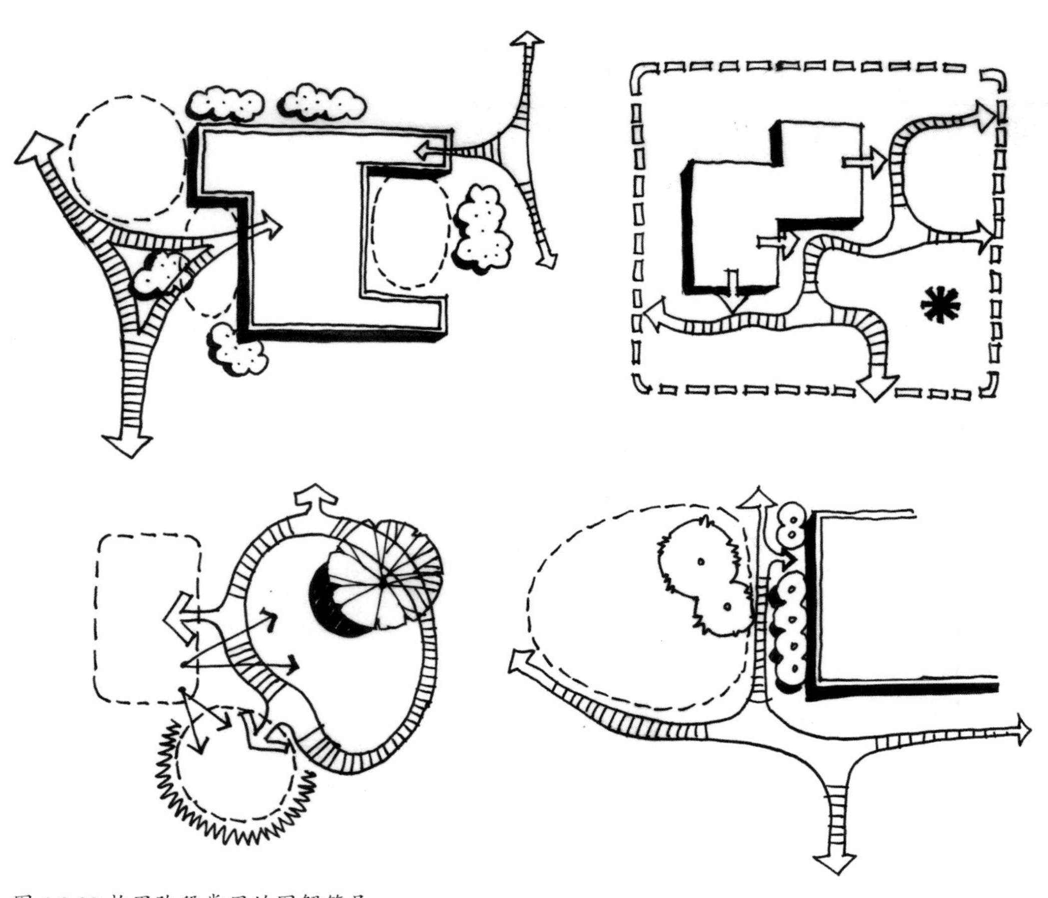

图 1.2.28 构思阶段常用的图解符号

第三节　景观设计的图解表现

一、构思草图和分析图

1. 构思草图

设计构思草图是提高创造性思维的有效途径。正如建筑大师勒·柯布西认为："自由地画，通过线条来理解体积的概念，构造表面形式……首先要用眼睛看，仔细观察，你将有所发现……最终灵感降临。"

构思草图又称为概念性草图，是在设计构思阶段，设计师在平日知识与经验积累的前提下，通过对实际场地和背景资料的分析研究，将各种复杂的设计"矛盾"转化为相关的设计语言，用笔在纸上生动地表现出来的一种表现方式。草图也可以理解为是发现问题、分析问题和解决问题这一思考过程的图示化。构思草图常常需要借助简单的图解符号进行表现，它既是表现设计师的设计意图及理念的手段，又是用以反映、交流、传递设计构思的符号载体。方案构思草图是对场地现状各种资料和环境的分析，对设计内容的构想和推敲，具体包括反映环境关系的总平面草图，反映功能关系的平面草图，反映地形和视觉层次以及空间形态的剖立面草图和体现细部构造的节点草图等等（图 1.3.1），同时也包括设计师灵感突现时勾勒的无序线条。

方案构思草图以徒手绘制为主，具有同时性、直观性、方便性、快捷性、启迪性、探索性及艺术性等特点。在整个草图的绘制过程中，手、脑、眼和笔、图充分协调合作，是在设计经验和设计灵感的共同促发下完成的。首先，草图是设计师思维记录的载体，是设计师思考、分析、研究方案的重要手法，是景观设计付诸实践的第一步也是最重要的一步。第二，草图的随意性、开放性和不确定性很强，因此能够比较直接、方便、快速地表现设计思维，表现设计的多种可能性，更有利于抓住转

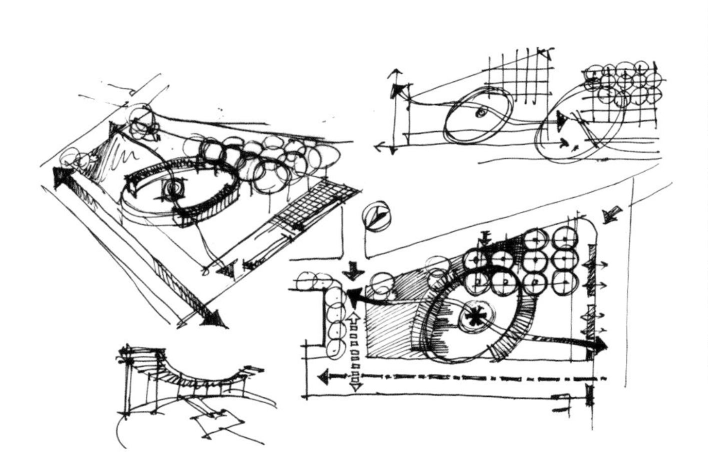

图 1.3.1 景观构思草图

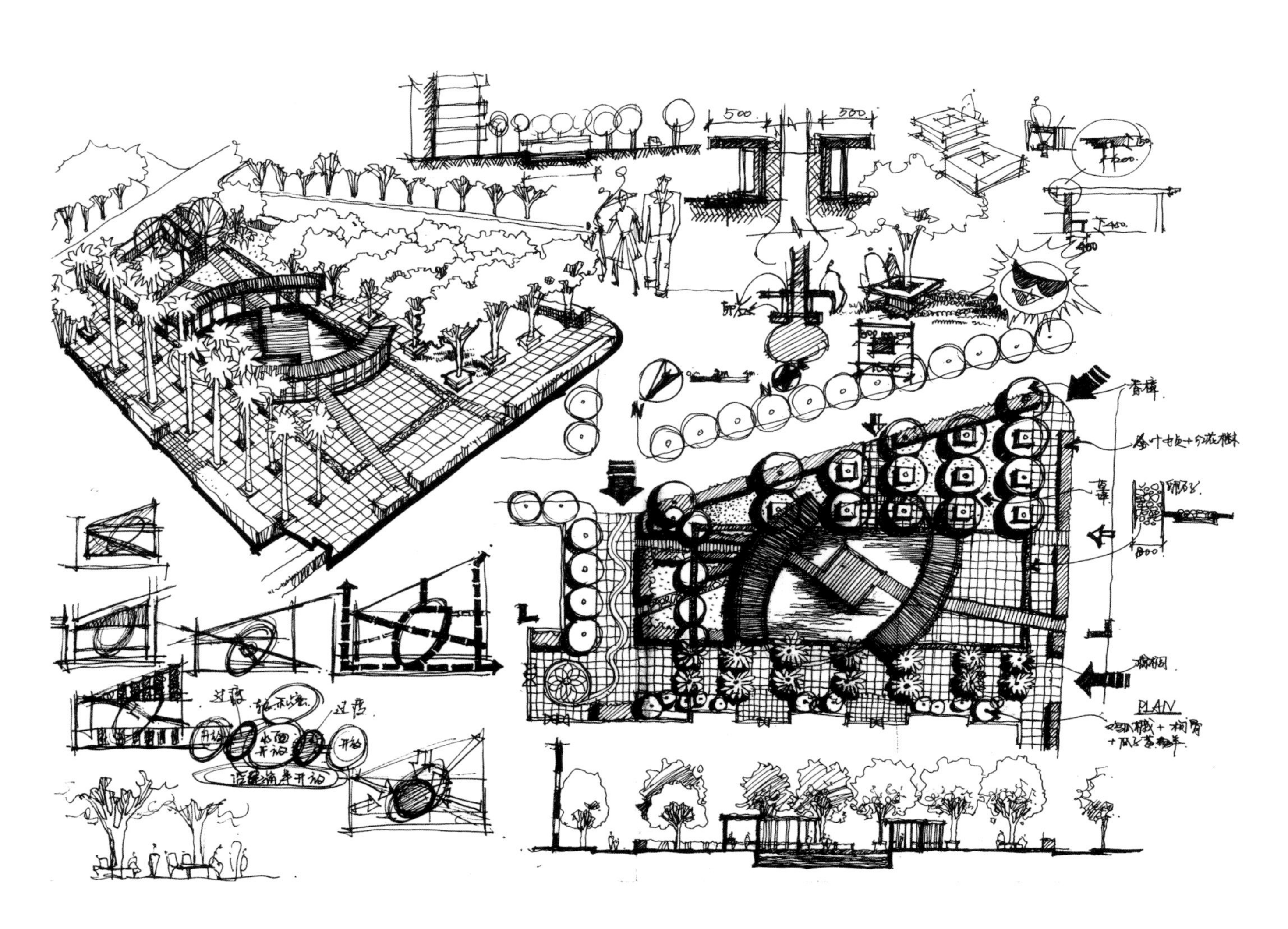

图 1.3.2 工作草图

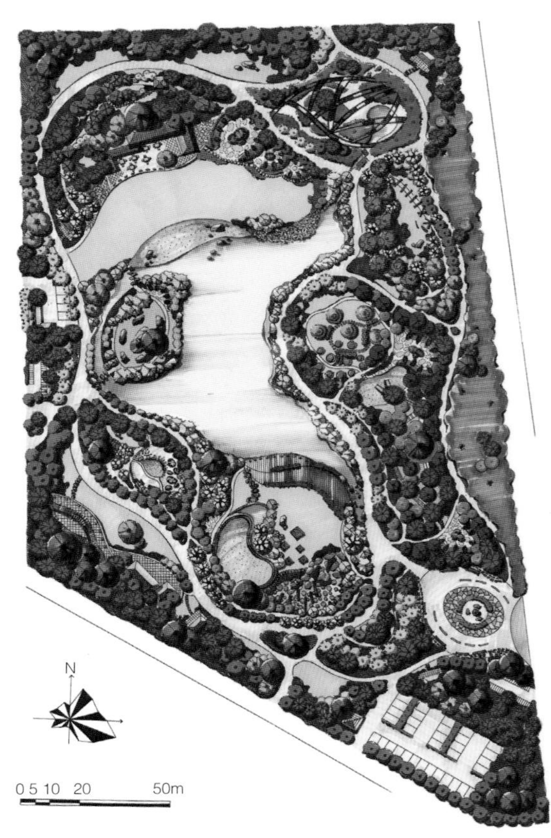

图 1.3.3 景观分析图

瞬即逝的灵感，较快地跟随思维的变化，推敲设计进程。对于有经验的设计师而言，设计草图往往体现了设计师的直觉和自信，正是如此，才能激发他们的设计灵感。第三，草图既能把握整体关系，又能关注细节设计，有利于设计者在原来的基础上调整思路，引发新的创作灵感，刺激新的思维想法，促进想象力。第四，草图是设计师与他人沟通最直接的设计语言。

较深入的构思草图又可称为工作草图或表现性草图，它们已经具备了设计的雏形，甚至更详细的设计内容。能够清晰、简洁地反映设计要素之间的关系。较为深入的工作草图既对整体景观设计进行了控制，又开始考虑具体的细部设计（图 1.3.2）。

2. 分析图

分析图在不同的设计阶段呈现不同的作用和类型。在构思草图阶段，分析图本身就是构思草图的一部分，通过分析图示语言能够清楚地了解各种因素关系，以帮助设计构思。当设计基本完成后，分析图通过概括、精炼的图示语言能够向他人阐释具体的设计思路（图 1.3.3）。构思草图和分析图的表现形式也多种多样，可以用平面的形式进行表现，也可以用轴侧图的形式进行表现，更为直观。通常分析图的类型有：

（1）功能分区图——表现设计各功能区之间的位置及其相互关系，也可标注各个节点的位置。

（2）交通流线分析图——标明主要的交通道路，各道路等级，运动的方向等内容。有时为了交代清楚流线与功能之间的关系，往往与功能分区图合并。

（3）出入口分析图——标明景观主要出入口，往往与功能分区图或交通流线分析图合并在一张图上。

（4）视景分析图——标注景点的位置、视景方向、视域范围，视线通廊、借景、对景等造景手法的运用。

（5）空间开合分析图——对开敞空间、私密空间、过渡空间及其位置和关系的表示。

（6）种植分析图——主要表示植物的配置关系、层次关系、季相关系、绿化边界如何围合空间等内容。

（7）动静分析图——与功能分析图类似，表明设计内容的动区与静区关系。如入口和中心区一般为动区，静区的位置适宜布置在边缘位置。

创意小贴士

设计的时候要记得保留最初的构思图纸，往往在设计过程中回头看最初的构思图纸，对设计会有所反思或启示，这既有助于总结设计经验，又有助于及时发现当前设计的不足。

二、平面图

1. 景观平面图的概念

要了解景观平面图、立面图和剖面图，首先要了解建筑的平面图、立面图和剖面图的概念。用三面投影可以得到建筑物几个面的外观（图 1.3.4），水平投影产生的视图为屋顶平面图；正面和侧面投影所得的视图为立面图；用假设的水平面将建筑物在窗台以上部位剖切开，移去上面部分，下部的水平面正投影能够反映建筑物内部平面，即建筑平面图。同样，若选择一个平行于侧面的铅锤面将建筑物剖开，移去观看者与剖切面之间的形体后，另一部分切断面的正投影图就是建筑剖面图。

景观平面图是按照一定比例在景观要素的水平方向进行正投影面产生的视图。对于景观平面图而言，并没有所谓的水平剖切，只是在某一高度做水平投影垂直向水平面所得到的图（图 1.3.5）。景观设计是基于户外空间的、相对开放的空间形式，是一个主要由底界面承载、由垂直界面围合的没有顶界面的空间，因此景观平面图就显得尤为重要，它担负着整个景观设计的功能布局、交通组织、空间构成以及诸设计要素之间的关系等大量信息（图 1.3.6、图 1.3.7、图 1.3.8）。景观设计平面图具体的表现内容有场地规模、地形的起伏及不同的标高、场地内建筑物及构筑物的大小，屋顶形式和材质、道路的宽窄及布局，室外硬质场地的形状和大小，植物的布置及品种、水体的位置及类型，户外公共设施和公共艺术品的位置、地坪的铺装材料，等等。平面图除了绘制景观要素外，还应标注图名、指北针、尺寸、比例或比例尺、剖切位置、适当的文字说明等内容，必要时还需附上风向频率玫瑰图。

平面图的绘制可以借助尺规完成，也可以徒手完成。例如在基地调研、资料收集、场地测绘、参观记录、方案构思和交流等环节，常常需要徒手画图。而且在景观设计制图中，一些无法借助绘图仪器完成的图中内容（如

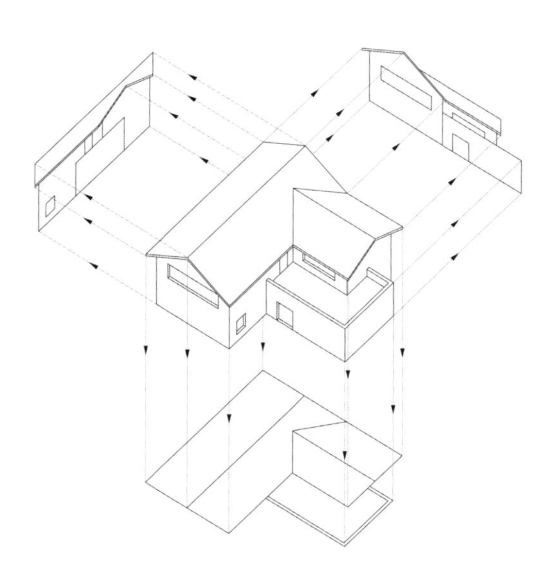

图 1.3.4 建筑物的三面投影

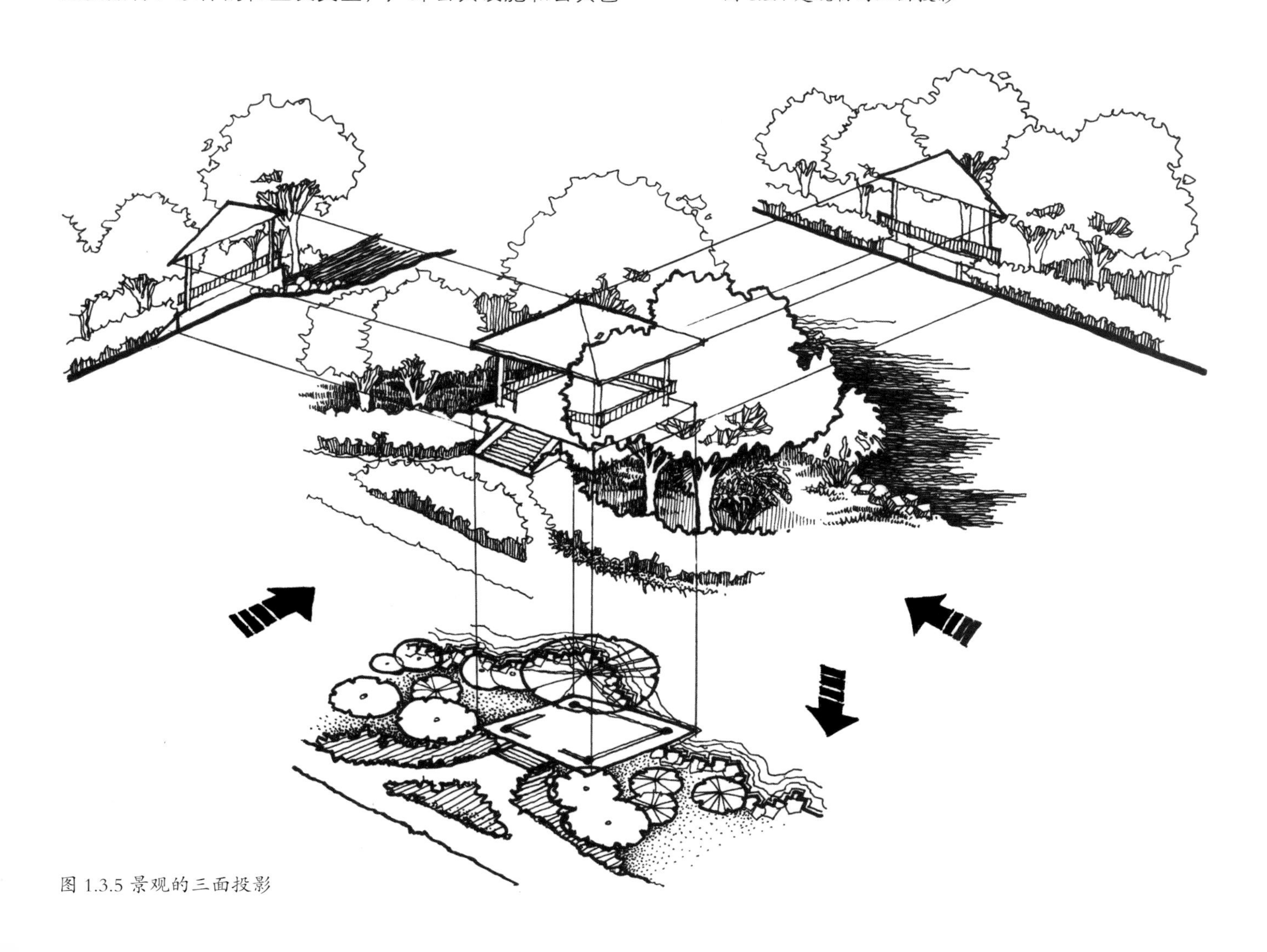

图 1.3.5 景观的三面投影

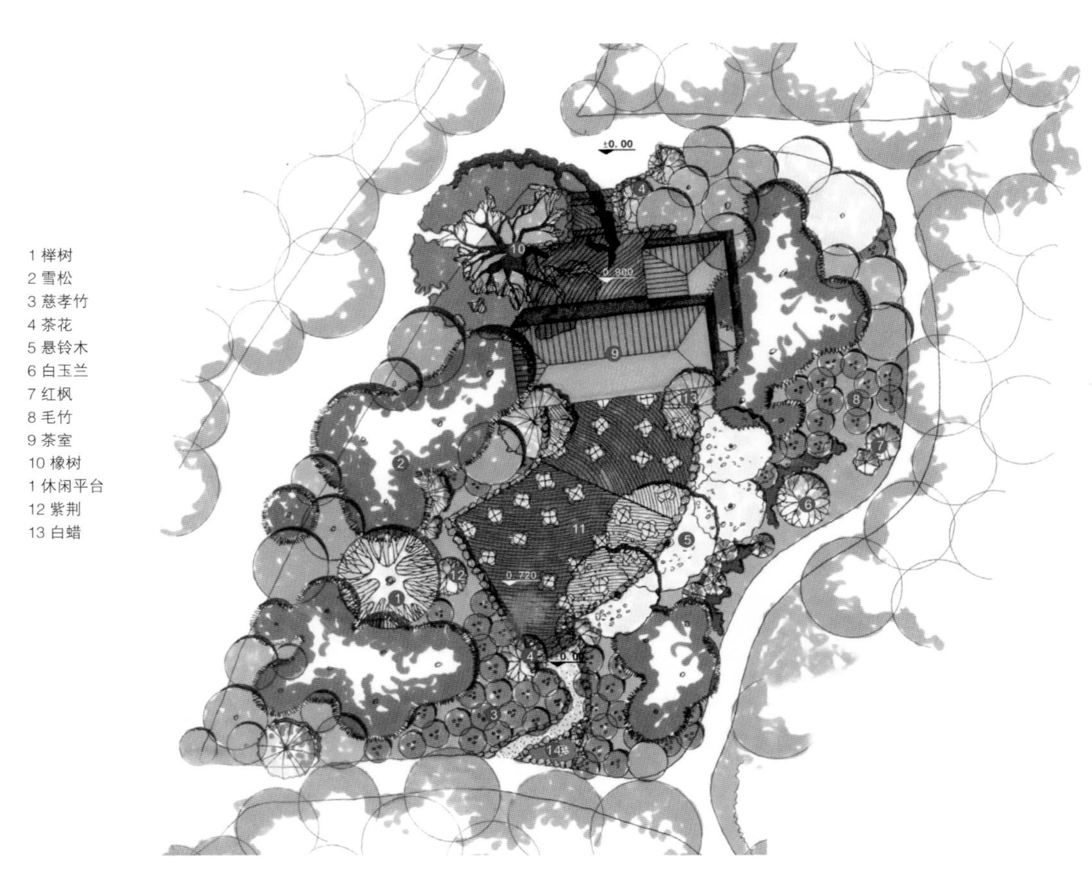

图 1.3.6 景观平面图

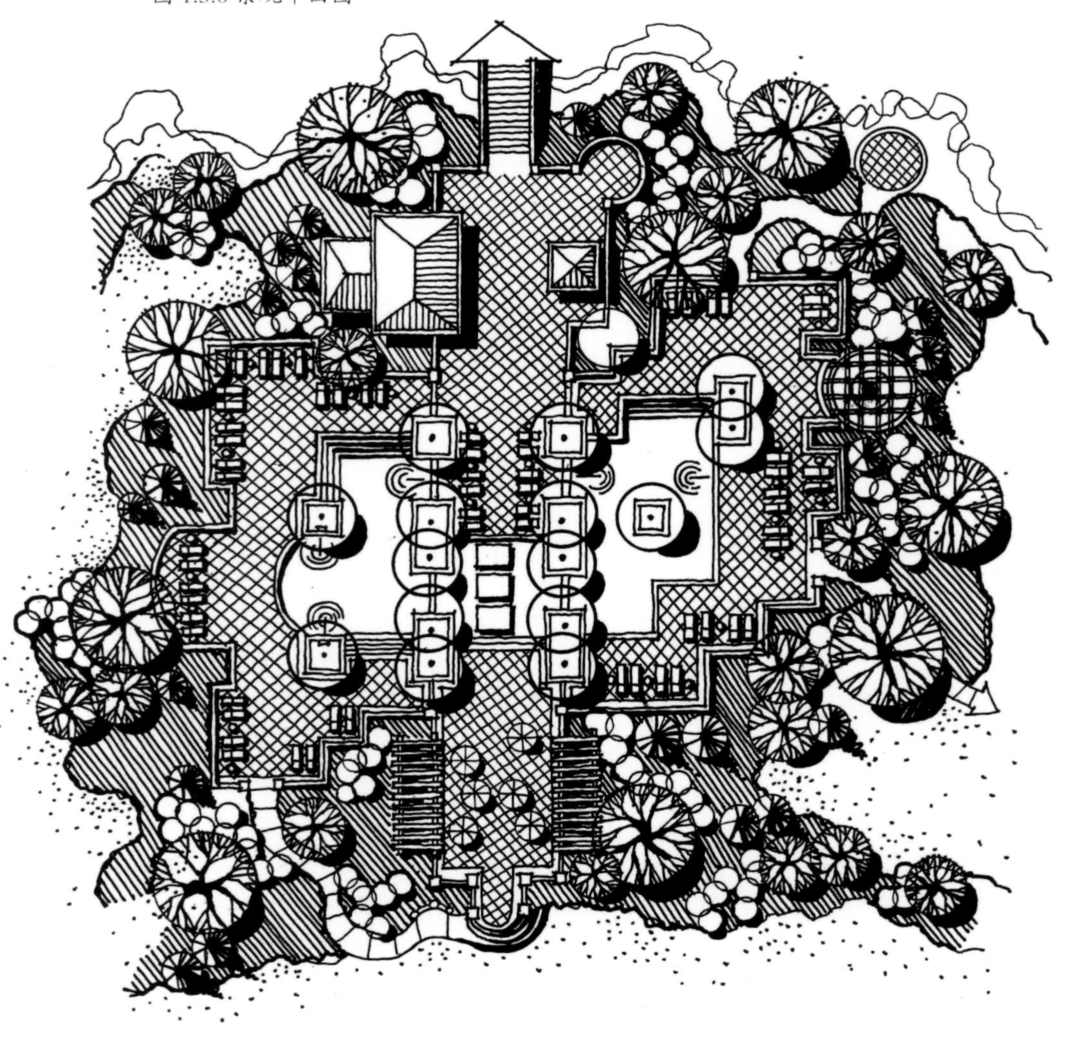

图 1.3.7 景观平面图

图 1.3.8 景观平面图

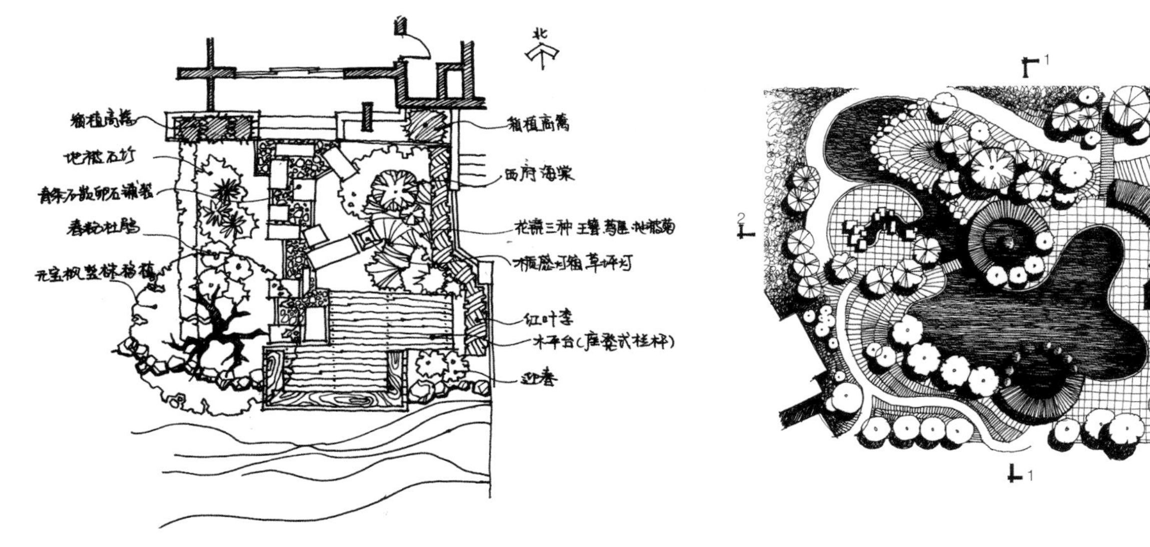

图 1.3.9 徒手绘制的平面图

图 1.3.10 徒手绘制的平面图

地形、植物、水体、材料肌理等）需要利用徒手线条绘制的方法来完成（图 1.3.9、图 1.3.10）。

阴影是在平面上表现空间层次的极佳手段。平面图加绘阴影能够在一定程度上反映各景观要素的立面形态（图 1.3.11）。绘制阴影的时候要注意阴影可以间接反映要素之间的高度，注意上下层要素之间的遮蔽、层叠关系。阴影的绘制还要特别注意方向的选择，需根据指北针的方位来确定，一般采用斜 45° 方向，而不是根据习惯随意画，同时一张图上的阴影方向要具有一致性。阴影的画法有排线和涂黑两种，如果用排线法绘制，再涂上较深的阴影色，这样做的好处是依然能够清晰地表现阴影下的要素；如果用平涂法全部涂黑阴影，则画面立体感更强，但阴影下细节就无法表现了（图 1.3.12）。

2. 景观平面图的绘制步骤

景观平面图中，地形用等高线表示；水面用范围轮廓线表示；树木用树木平面图表示。应注意图面的整体效果，应主次分明，让人一目了然，不能因为表现的内容多了，就造成图面混杂、零乱。基本绘制步骤为（图 1.3.13、1.3.14）：

A. 先画出基地的现状，包括周围环境的建筑物、构筑物、原有道路、其他自然物以及地形等高线。

B. 再根据设计内容进行定位绘制。依据“三定”的原则，绘制景观设计相关设计要素的轮廓。“三定”即定点、定向、定高。“定点”即依据原有建筑物或道路的某点来确定新建内容中某点的纵横关系及相距尺寸；“定向”即根据新设计内容与原有建筑物等朝向的关系来确定新设计内容的朝向方位；“定高”即依据新旧地形标高设计关系来确定新设计内容的标高位置。

C. 画出景观设计中相关设计内容的细部和质感。如道路地坪的划分和材料、室外场地的划分和铺装、植物、水体、地形的等高线。

D. 加深、加粗景观设计中的相关设计内容的轮廓线，再按图线等级完成其余部分内容。

E. 平面标高、引注、文字说明等内容。

图 1.3.12 平面图阴影的表现方法

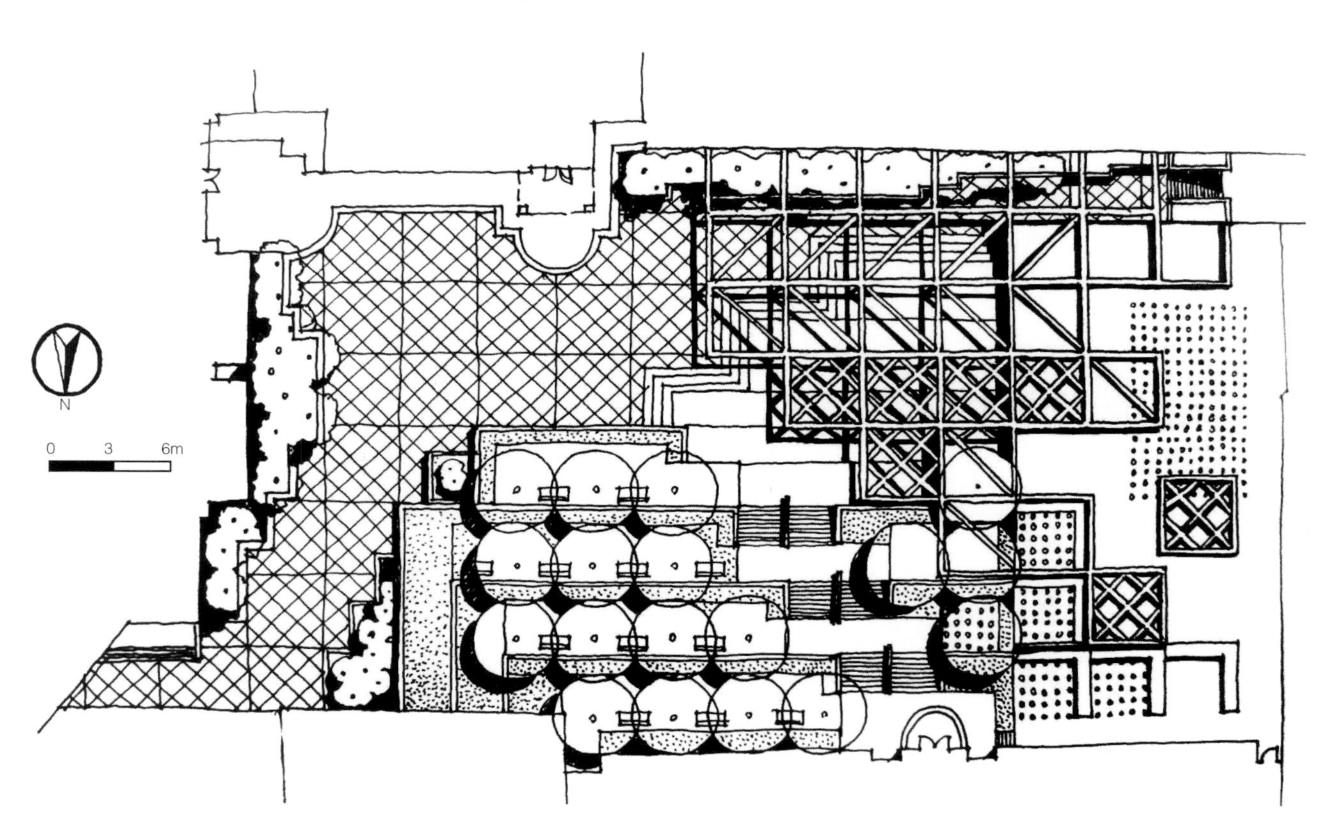

图 1.3.11 加绘阴影的平面图

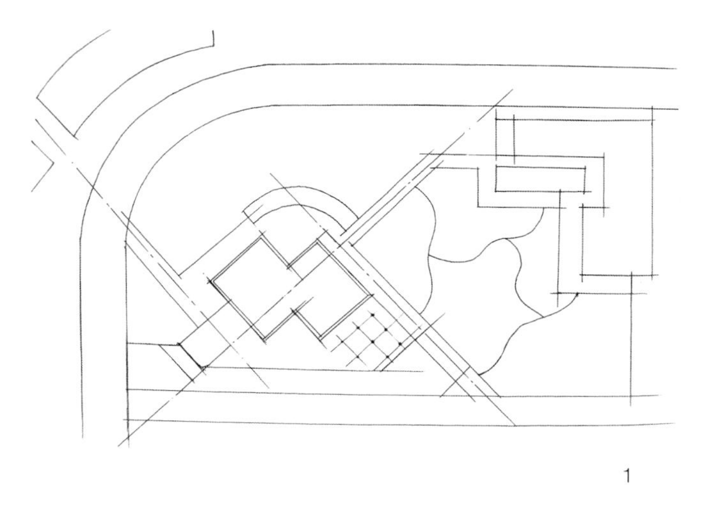

1

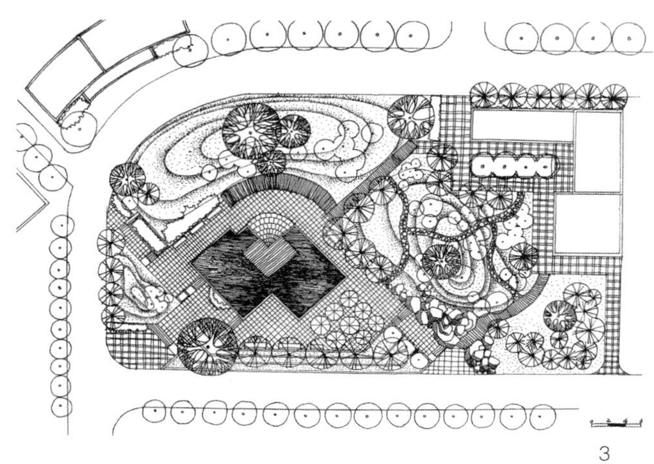

3

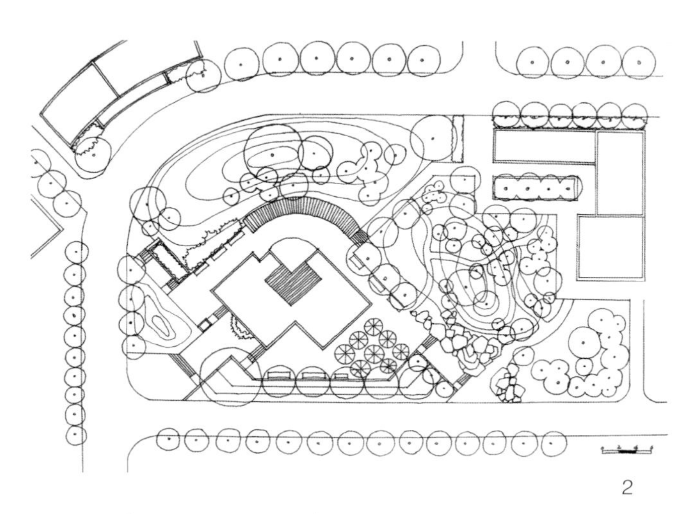

2

4

图 1.3.13 景观平面图的绘图步骤

三、立面图和剖面图

1. 景观立面图和剖面图的概念

建筑设计的立面图与剖面图有较大差异，一个是与房屋立面平行的投影面上所作房屋的正投影图；一个是按照一定剖切方向所展示的内部构造图，而景观设计的立面图与剖面图较为相似。

景观设计立面图是场地水平面的垂直面上的正投影方向的视图（图 1.3.15）。景观剖面图则是假想一个铅垂面剖切景园后，移去被切部分，其剩余部分的正投影的视图，同样属于景观垂直维度的表现，景观剖面图更能清晰地表现地形的起伏、水体的深浅等基面部分的内容（图 1.3.16）。当剖到建筑物或构筑物的时候，应绘制建筑物或构筑物的剖面图。从某种角度来看，当立面图加绘了立面投影面所在位置的地基线以后，就成为了剖面图（图 1.3.17）。景观设计立面图和剖面图主要表现了景观设计各要素在垂直方向上的布置、尺度、比例、景观设计中的建筑物或构筑物的尺寸、地形的起伏和标高变化、树木的形状和大小、户外公共设施和公共艺术品的高宽、形状、色彩等（图 1.3.18、图 1.3.19）。在景观立面图或剖面图上加绘阴影更能表示出景观的前后层次关系。

2. 景观立面图和剖面图的绘制步骤

景观立面图和剖面图应以平面图为基础进行绘制，往往剖面图和立面图合为一体。剖切位置一般多选在能够充分反映设计内容的地方，如有地形变化、景观较为复杂、丰富的位置。剖切方向垂直于剖切线，视线方向、朝向所要表现设计内容的一侧。根据制图要求，地形用地形剖断线或轮廓线表示，应该最粗最深；水面用水位线表示；树木用树木立面表示（图 1.3.20、图 1.3.21）。

景观立面图和剖面图的绘制步骤为：

A. 依据景观设计平面图画出其相应方位的立面图或剖面图，确定建筑物或构筑物的位置，画出其轮廓线（稿线）；

B. 画出地坪剖面线，包括地形标高的变化；

C. 画出建筑物或构筑物的投影轮廓线或剖断线，以及各要素的投影轮廓线等；

D. 加深地坪剖断线，并依次按图线的等级完成各部分内容。其中地坪剖断线最粗，被剖切到的建筑物剖面线次粗，建筑物或构筑物以及景观各要素的投影轮廓线再次；

F. 绘制地形标高、引注、文字说明等内容。

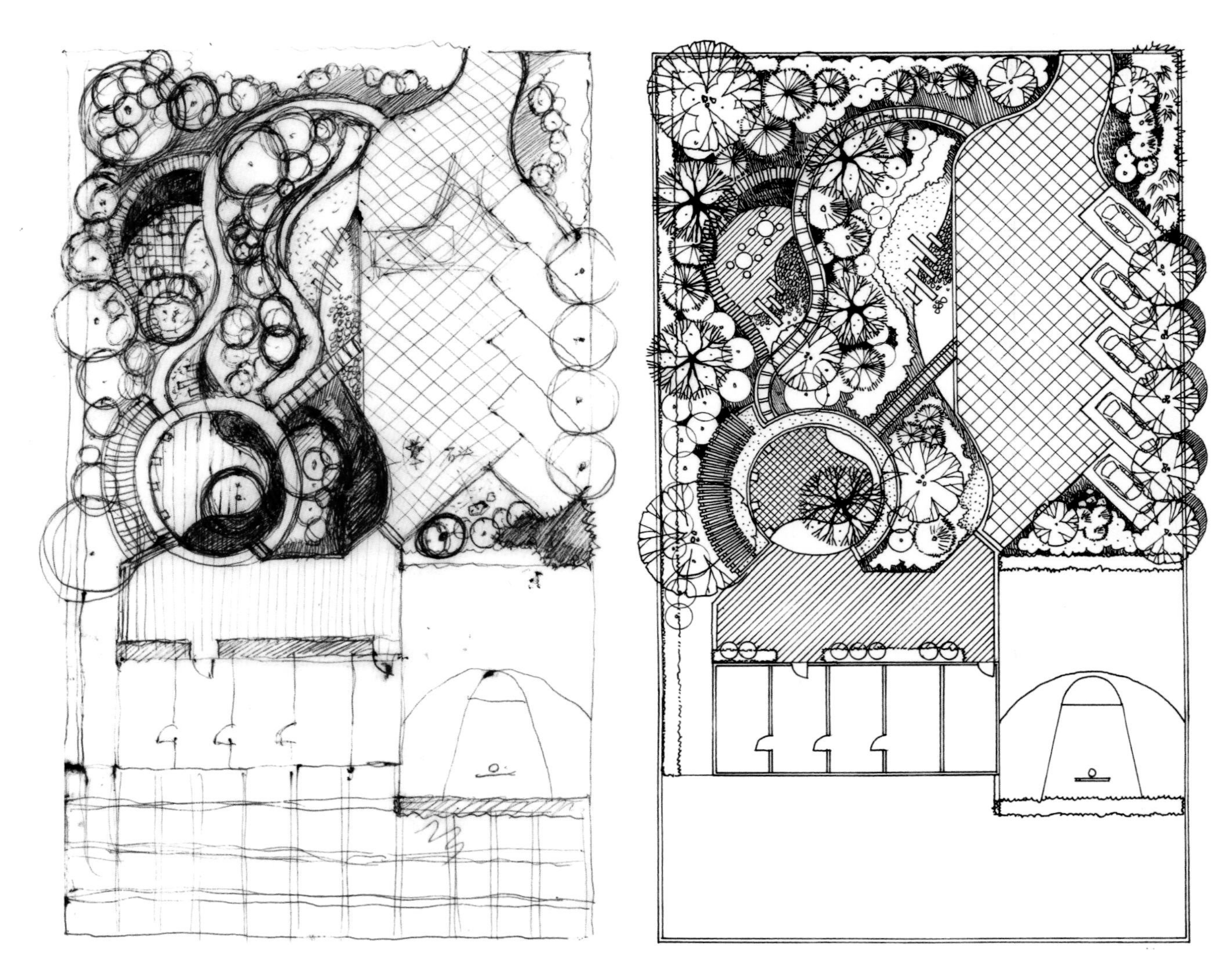

图 1.3.14 景观平面图的绘图步骤

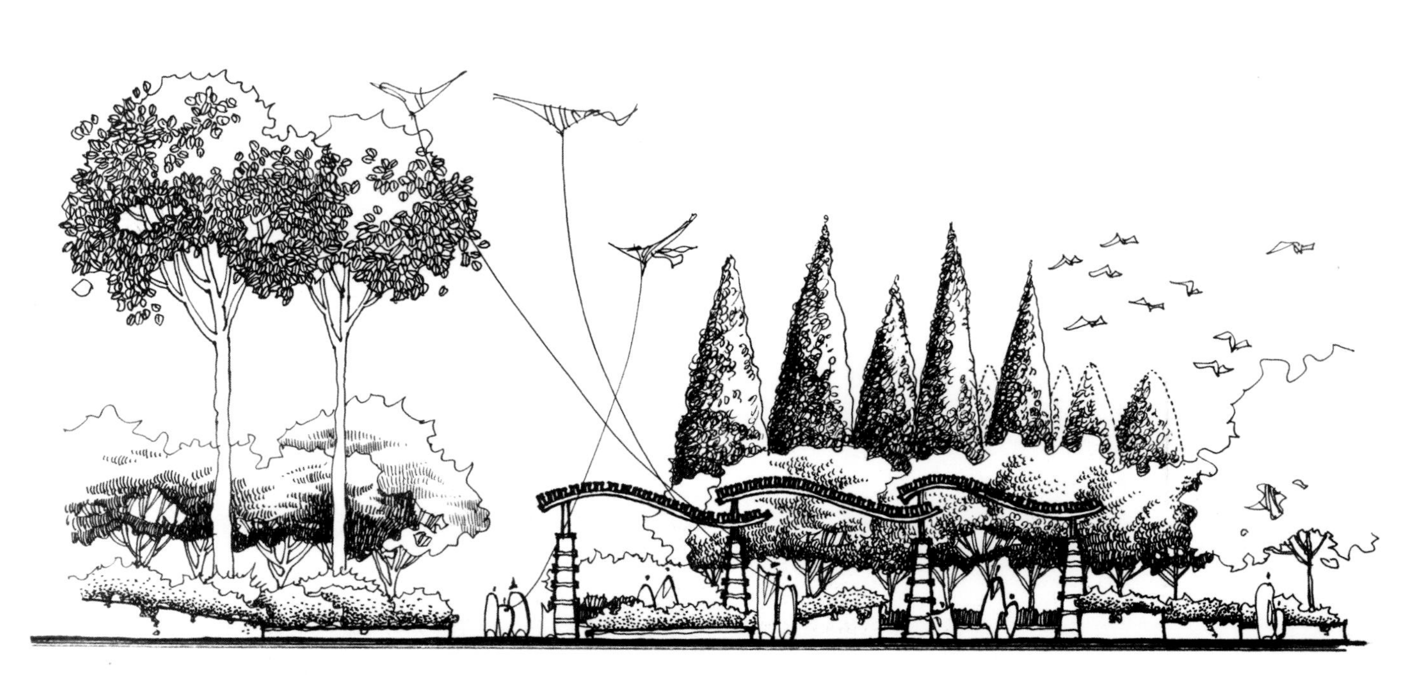

图 1.3.15 景观立面图

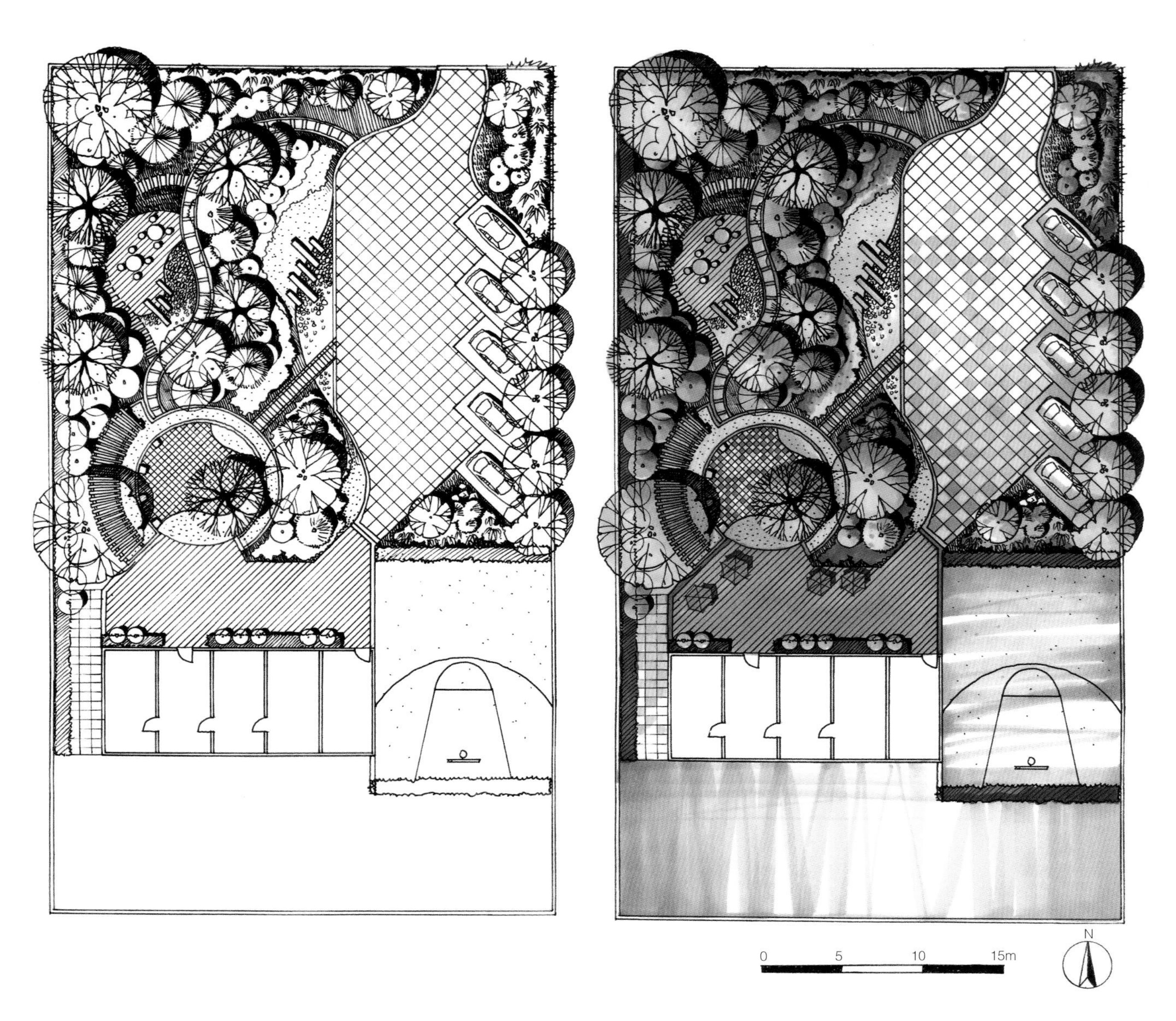

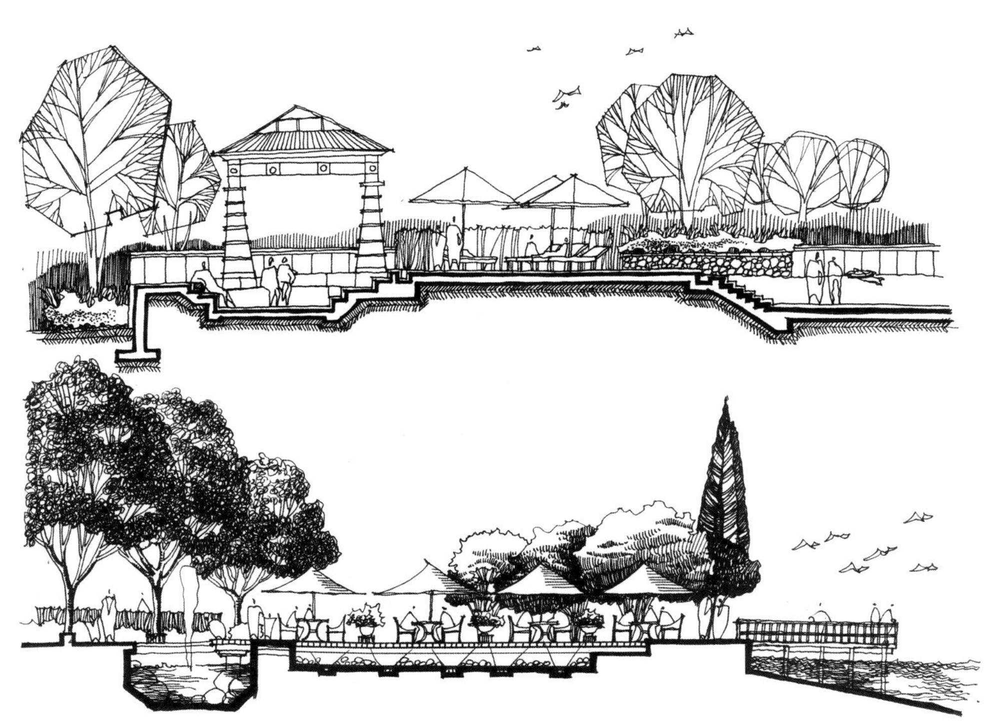

图 1.3.16 景观剖面图

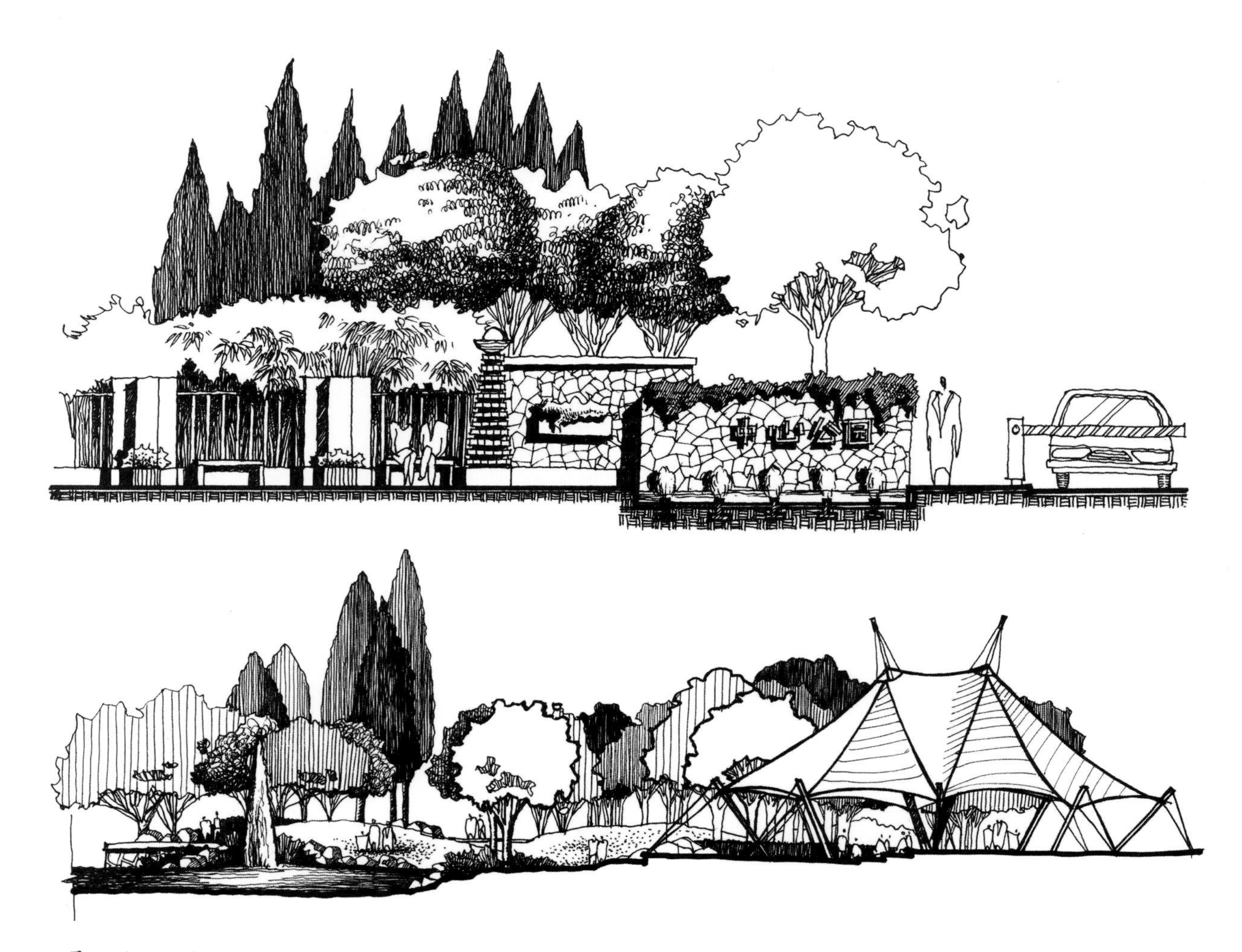

图 1.3.17 景观剖立面图

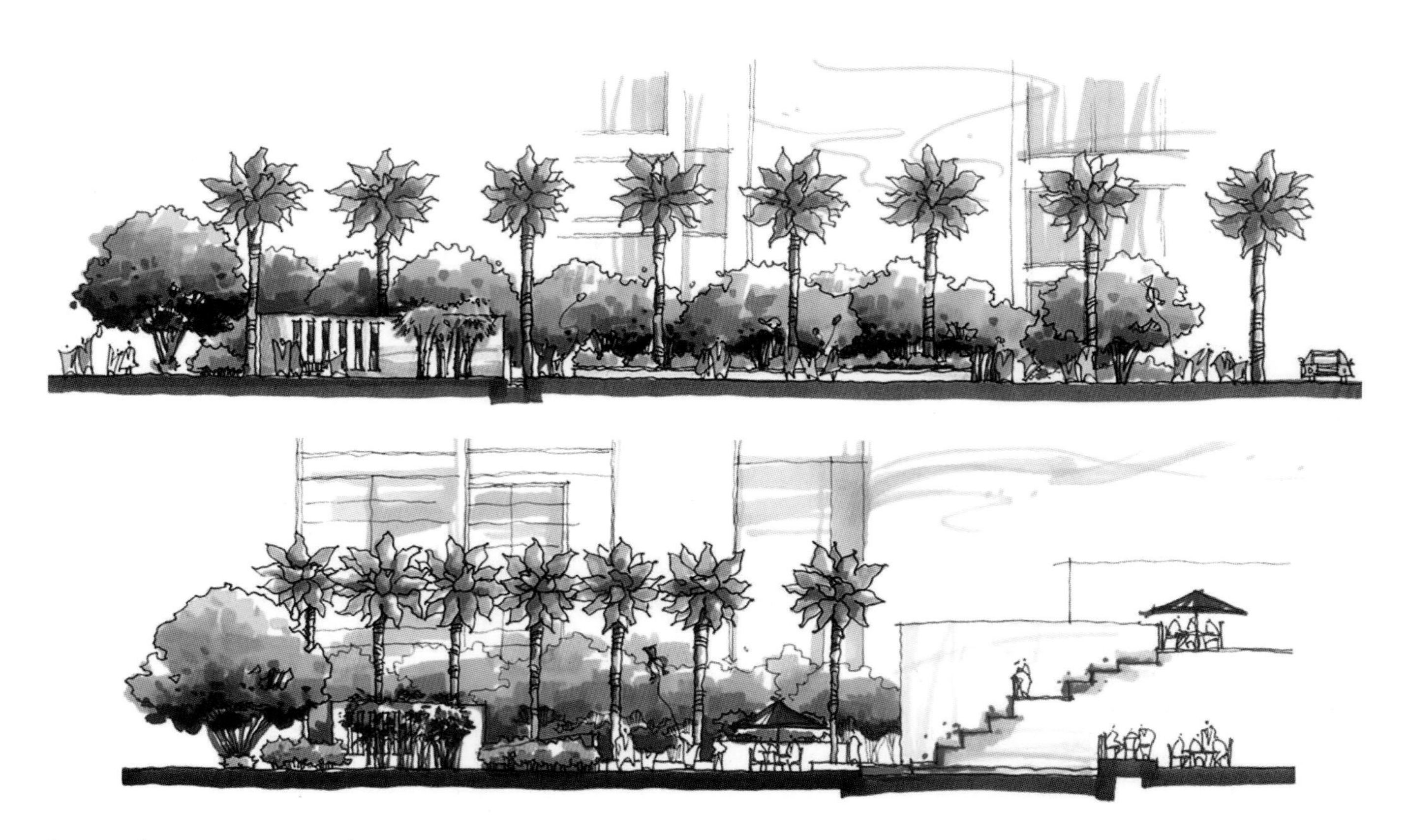

图 1.3.18 景观立面图和剖面图表现了各要素在垂直维度上的形态

图 1.3.19 景观立面图和剖面图表现了各要素在垂直维度上的形态

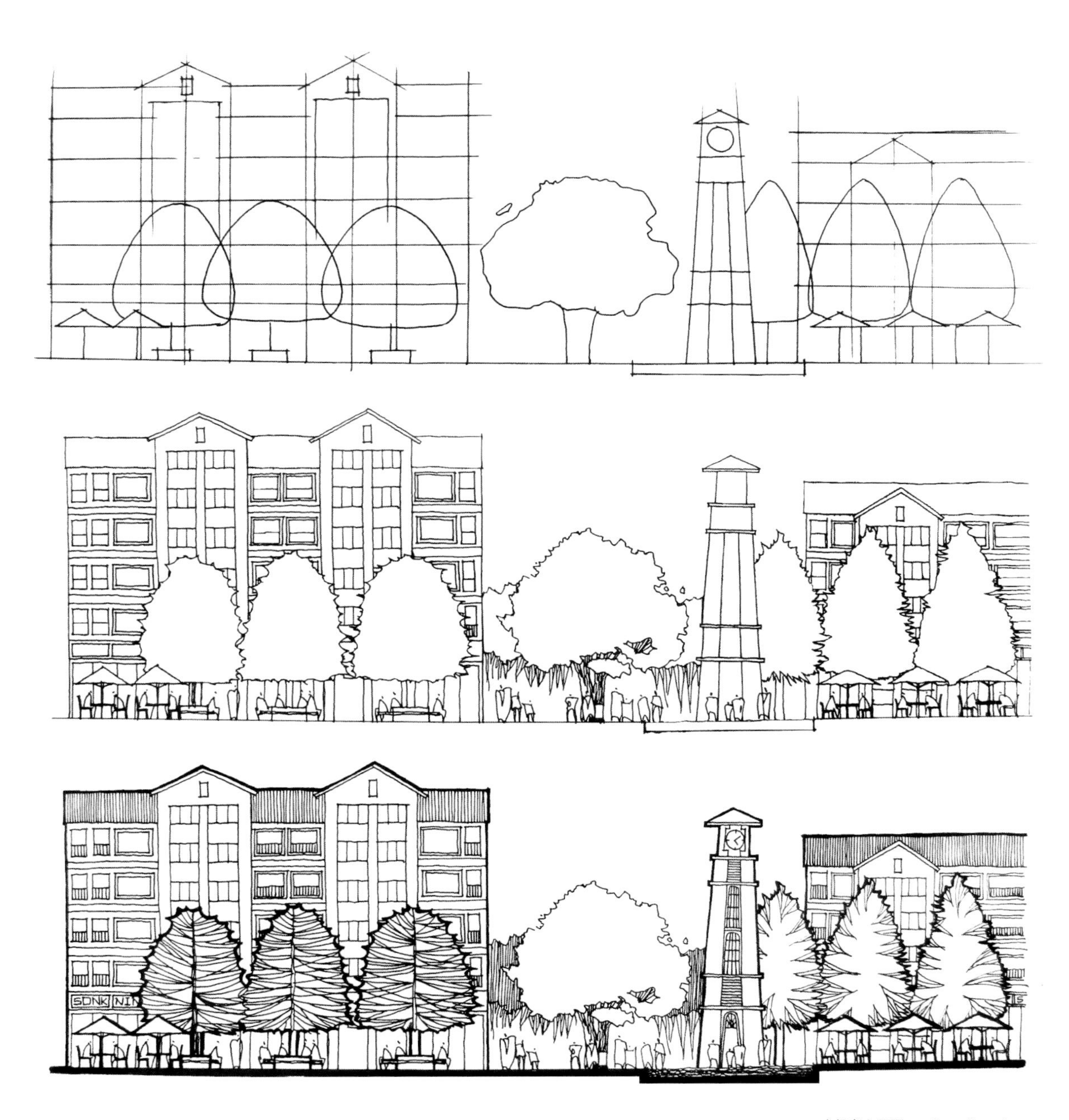

图 1.3.20 景观立面图的绘图步骤

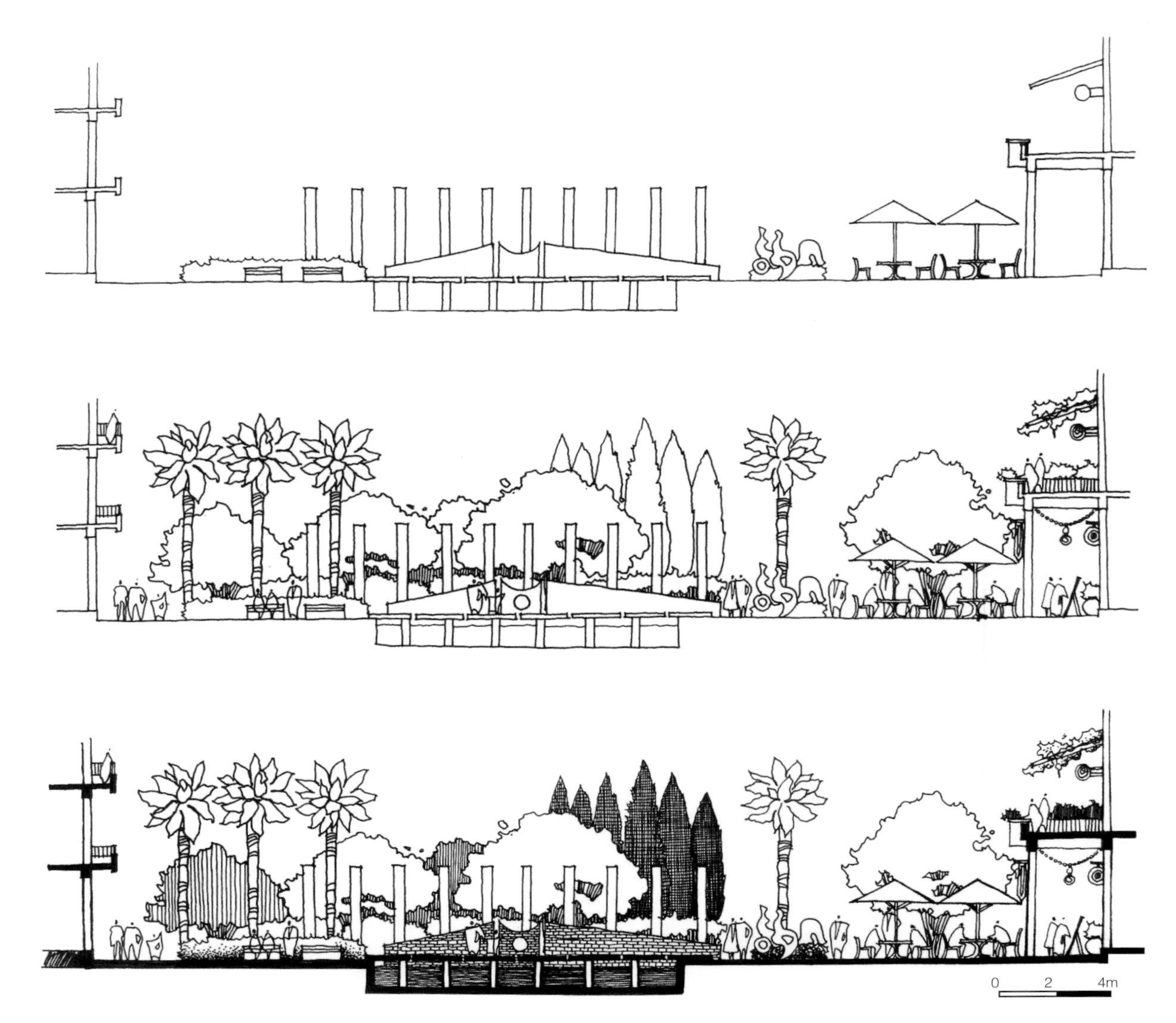

图 1.3.21 景观剖面图的绘图步骤

图 1.3.22 具有立体感的剖面图

创意小贴士

可以采用剖面图加一点透视的方法来表现剖切面后面空间的深度，得到有趣、真实的空间效果（图 1.3.22）。

创意小贴士

绘制景观某一方向立面图和剖面图的时候，如果绘图比例相同，可以用另外一张纸在剖切位置处做剖切标记，直接量取尺寸，这样既保证了绘图的准确，又可以不需要一次次度量平面图的尺寸而浪费时间。如果绘图比例不同，可以通过找辅助点的方式放大剖面标记（图 1.3.23）。

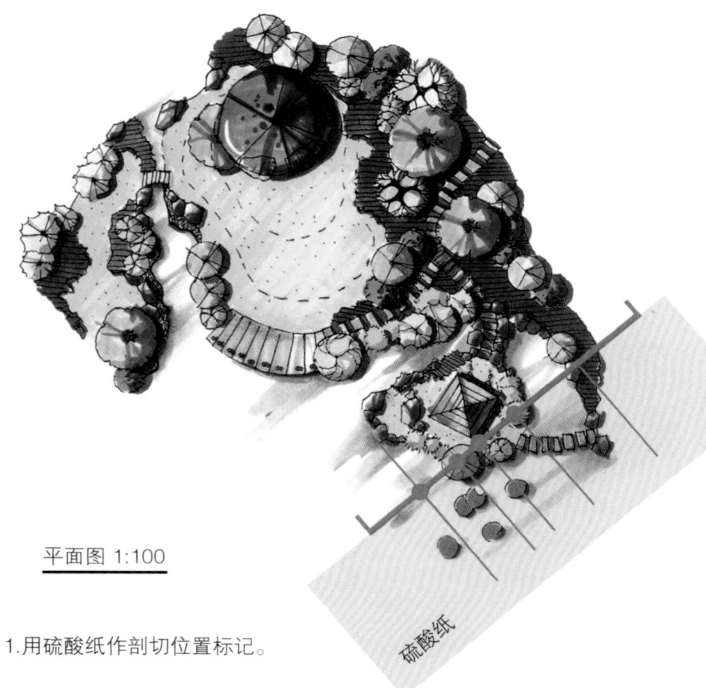

1.用硫酸纸作剖切位置标记。

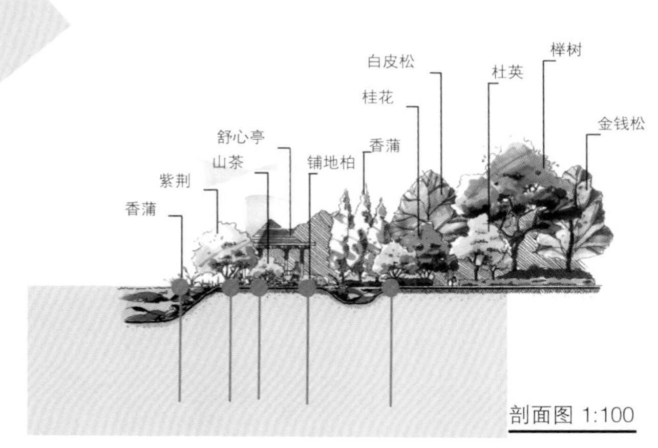

2.剖面比例尺与平面比例尺均为1:100，可直接确定剖切位置，再按照景观要素高度进行绘制。

3.剖面比例尺为1:50，可在1:100的水平剖切位置标记线的上方距离H处做点M，在水平剖切位置标记线的下方等距离H处做一条水平线，过M点向水平剖切位置标记线做射线，与下方的水平线所交各点即为放大两倍后的剖切位置，再按照景观要素高度进行绘制。

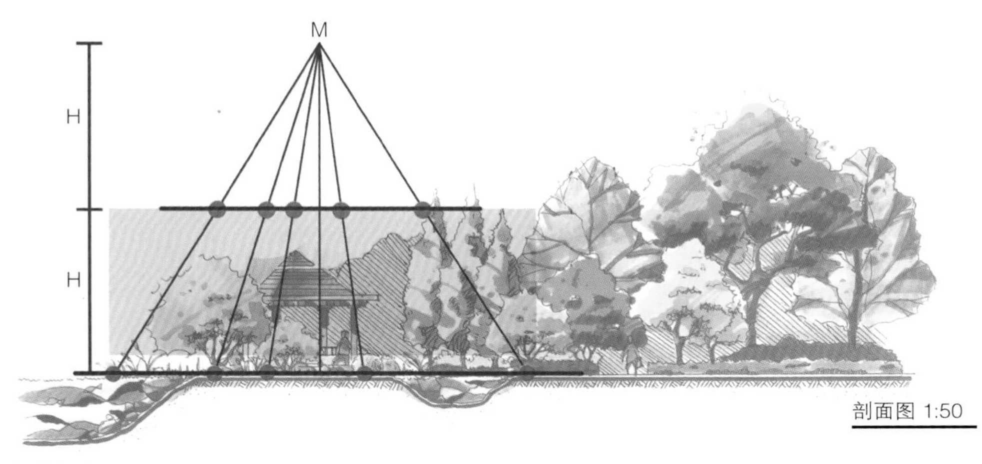

图 1.3.23 不同比例剖面图的简易绘图方法

四、透视图、轴测图和鸟瞰图

1. 透视图

透视图是画好景观设计效果图的基础。就其概念而言，透视图是以作画者的眼睛为中心作出的空间物体在画面上的中心投影，而非平行投影。透视图实际上是将三维空间的物体转换成具有立体感的二维图像，能够将设计者的预想和构思逼真地展现于观者面前。一幅好的透视图能在二维的画面上塑造出具有空间形态、尺度、细部、质感、色彩、光影和气氛效果的真实场景，营造身临其境的感受，是景观设计表现的重要手段，可以为非专业人士提供清晰明了的设计效果，也称为景观效果图（图 1.3.24）。它的价值在于不仅能作为手段去展现一个项目实施后的形象，而且还可以作为考查和理解一个现有景观的重要方式。

从几何作图的角度看，做透视图就是求作直线与平面的交点，在作图时的点、线和面，它们具有特定的含义（图 1.3.25）。

基面（GP） 基面是指景观所在的平面，通常将设计平面作为基面。

画面（PP） 画面是指景物投影所在的平面，也可将绘制透视图的图纸作为画面。画面与基面通常互相垂直。

基线（GL） 基线是基面与画面的交线。当基线在画面上时用 GL 表示，在基面上时用 PL 表示。它们分别表示积聚的基面和画面的位置。

视点（Vp） 视点是人眼所处的空间位置，也是视线的投影中心，也就是画者眼睛的位置。

视平面（HP） 视平面是过视点所作的平面。视平面与画面互相垂直。

视平线（HL） 视平线是一条水平线，为视平面与画面的交线，就是与观者眼睛平行的水平线。

心点（Vc） 心点是视点在画面上的投影，因此该点必定落在视平线上。

站点（S） 站点是观者的站立位置。

迹点（T） 不与画面平行的空间直线与画面的交点。

灭点（F） 灭点是直线上离画面无穷远的点的透视，也就是与画面不平行的成角物体，在透视中伸远到视平线心点两旁的消失点。与画面平行的线没有灭点。

视高 视高是从视点到基面的距离，当画面为铅垂面时，视平线与基线的距离就是视高。

视距 视距是从视点（Vp）到画面（PP）的距离，即心点 VC 和视点 VP 连线的长度。

①一点透视

当空间体有一个面与画面平行时所形成的透视称为一点透视（图 1.3.26）。其表现范围较广，纵深感强，适合于表现严肃、庄重或轴线感强和较为开阔的户外空间，也适合于小范围户外空间的景观设计的分析表现，画法简单（图 1.3.27）。缺点是其画面场景显得呆板些，正常视点高度范围内，无法表现户外空间形体的整体关系和景观设计的总体效果。一点透视有一种变体的画法，即在心点的一侧另设一个虚灭点，使原先与画面平行的那个面向虚灭点倾斜，称为斜一点透视（图 1.3.28），斜一点透视比一点透视稍显活泼，易于表示某一面的丰富场景（图 1.3.29、图 1.3.30）。

一点透视有相关的制图规范，可参阅相关透视制图书籍，在此不再赘述，仅介绍一种较为简易的画法（图 1.3.31）：

图 1.3.24 景观效果图

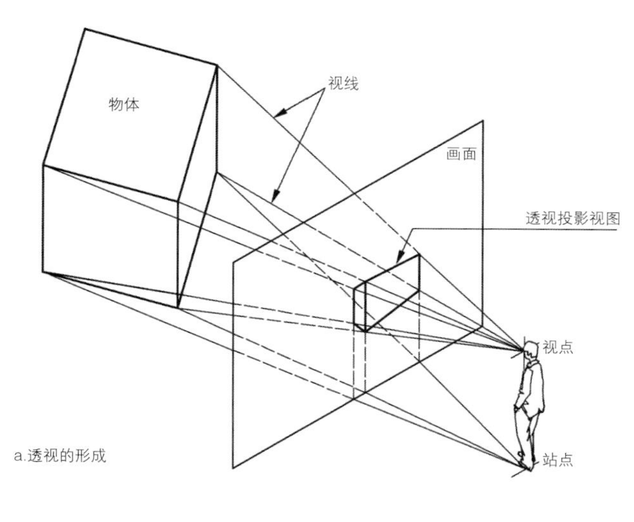

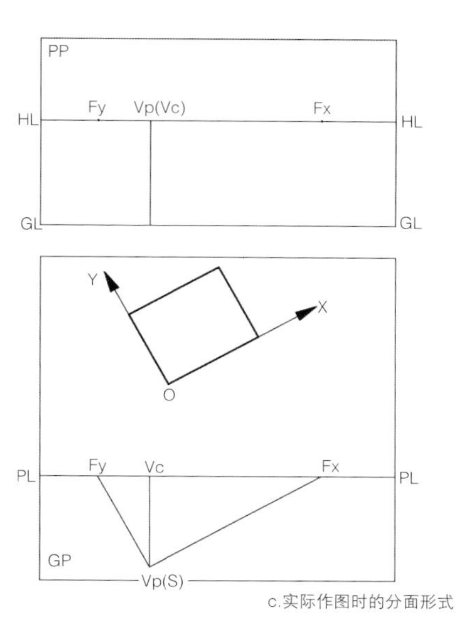

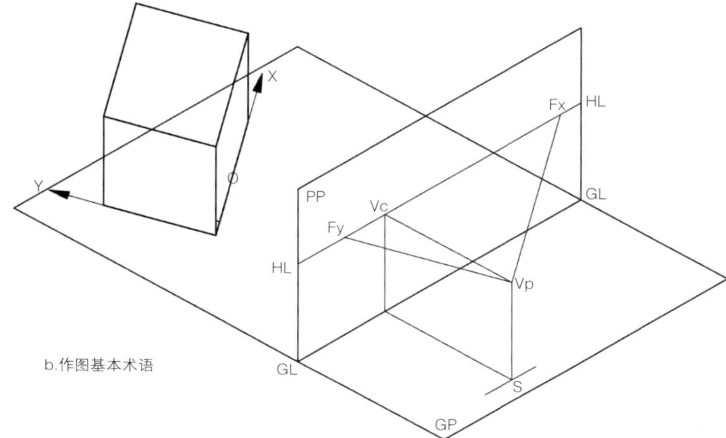

图 1.3.25 透视术语

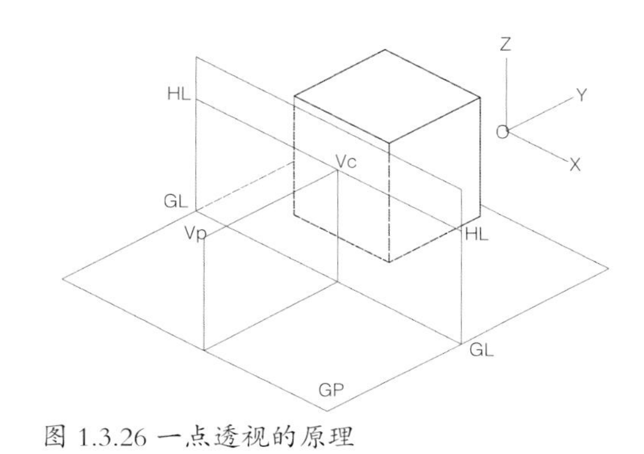

图 1.3.26 一点透视的原理

图 1.3.27 一点透视

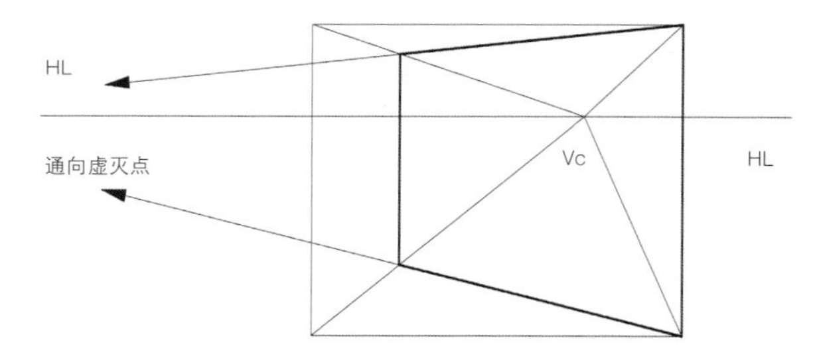

图 1.3.28 斜一点透视的原理

（1）在立面和平面上标出画面（PP），画面可以是一面墙、一个景物或街道的一个断面，假设画面为 5m 长，3m 宽的矩形。

（2）定出视点（Vp）的位置，通常选择人视点高度，如 1.6 ~ 1.7m 左右，过视点（Vp）做一条视平线（HL）。

（3）连接视点（Vp）和画面（PP）的四个顶点，四根射线形成透视的整体框架。

（4）假设视距，即站点（S）到画面（PP）的垂直距离（视点 Vp 到画面 PP 的距离）为 4m，向画面反方向延长基线（GL）画 4m 长，每米分别标注为 a、b、c、d 四点，在 4m 处向上做垂直线与视平线（HL）交于 M 点。

（5）连接 M 与 abcd 四个点，与射线形成的整体透视框架相交于 a’ b’ c’ d’，过 a’ b’ c’ d’ 做水平线和垂直线，与射线框架相交，即得到一点透视的基本透视图。

②两点透视

当空间体只有铅垂线与画面平行时所形成的透视称为两点透视，也称为成角透视（图 1.3.32）。其表现范围更广，适合于表现比较活泼自由的户外空间的景观设计，同样适合于小范围户外空间的景观设计的分析表现。缺点是画法比一点透视复杂，若角度选不好，易产生局部变形。同样，在正常视点高度范围内，其无法表现户外空间形体的整体关系和景观设计的总体效果（图 1.3.33~ 图 1.3.36）。

两点透视的简易画法（图 1.3.37）：

（1）确定视平线（HL）及站点（S）的位置，确定所画建筑物或景观需表现的主题内容最前沿的位置以及灭点的位置。

（2）从平面图中将各个转角引到透视线上，并借助透视线勾勒建筑轮廓。

（3）去掉不必要的辅助线，注意建筑前后的关系，即可得到两点透视。

图 1.3.29 斜一点透视

图 1.3.30 斜一点透视

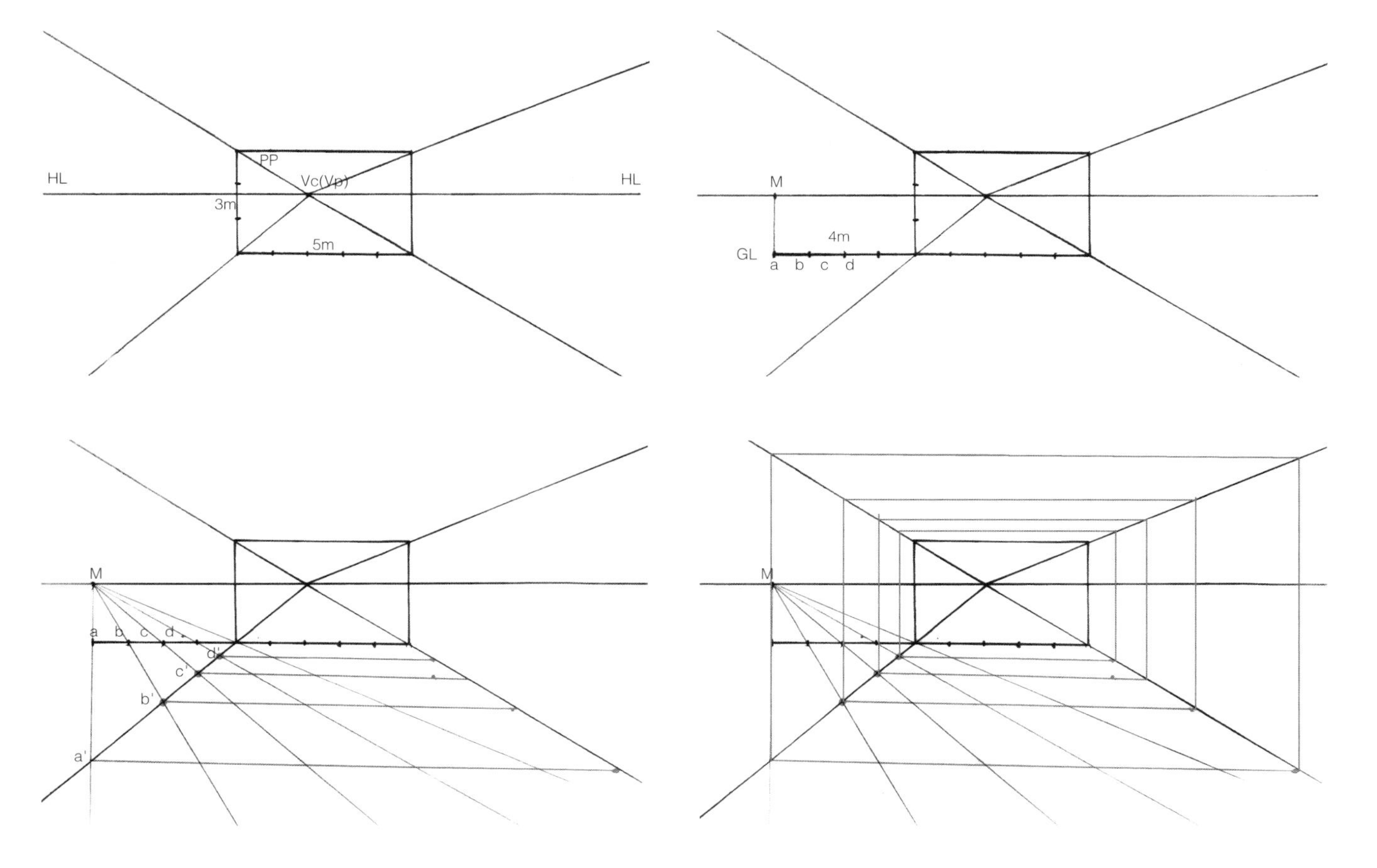

图 1.3.31 一点透视的简易画法

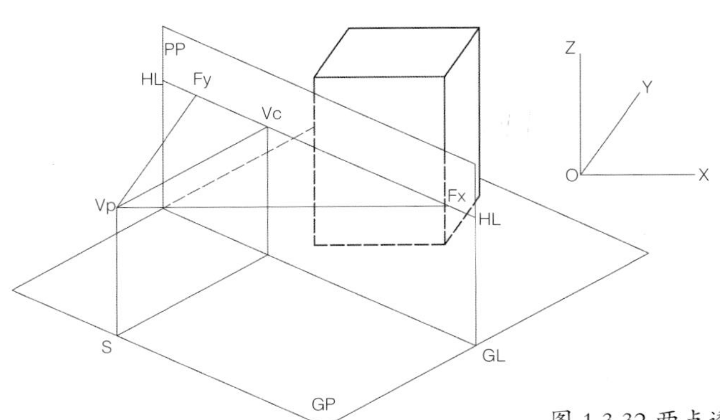

图 1.3.32 两点透视的原理

图 1.3.33 两点透视

图 1.3.34 两点透视

图 1.3.35 两点透视

图 1.3.36 两点透视

创意小贴士

透视图在绘图表现中要特别注意以下几点：

首先，整幅画面的比例和构图要适当。整个画面要留有空白，不宜画得过满;画面构图要均衡，不宜过偏或等分;画面要注意透视图中前景、中景和后景的关系，不宜太平（图 1.3.38 ）。

第二，景观要素的尺度关系要把握好。

第三，要注意适当的光影关系，光影越强烈，画面的表现效果越强。

第四，画面要有重点，进行适当地概括与取舍，应着重表现某种氛围，而非面面俱到。

透视图与照片的主要不同之处在于透视图是经过人加工的，要有目的地突出主体，而照片则是对景象构图内所有内容的全面表现。

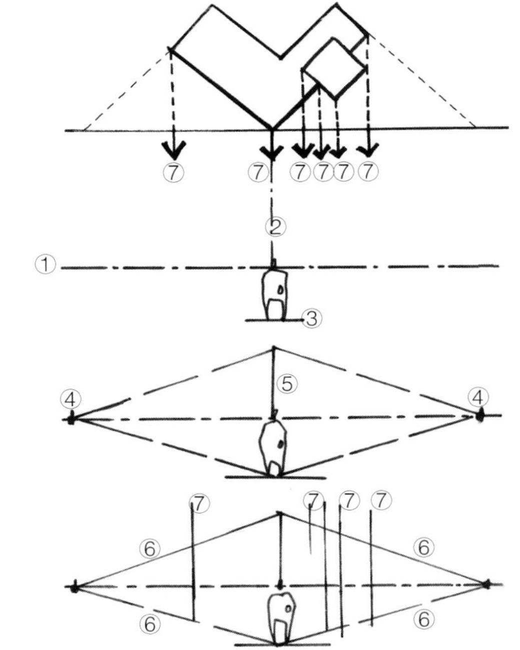

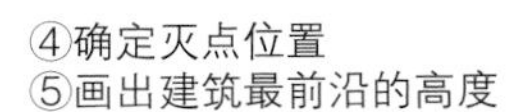

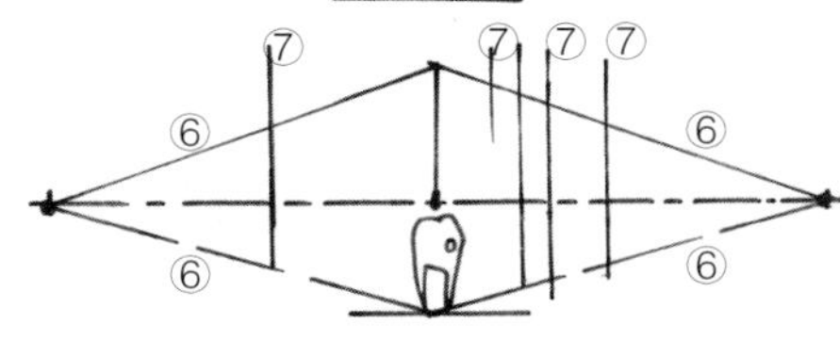

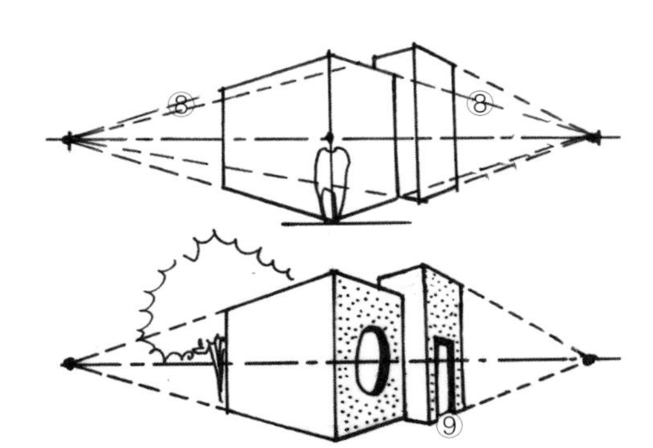

图 1.3.37 两点透视的简易画法

画面构图过满

画面比例均等

画面缺乏前后层次

画面构图留有空白

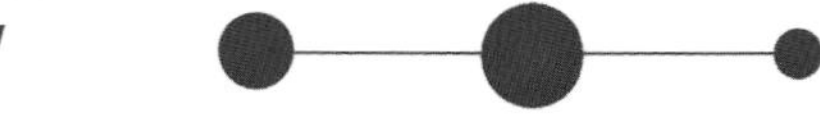

画面比例均衡

画面具有前中后的丰富层次

图 1.3.38 透视图绘制的注意事项

图 1.3.39 景观轴测图

2. 轴测图

轴测图是轴测投影图的简称，它是由非正视的平行投影根据空间坐标 x、y、z 轴产生的立体图，是以一个用直观图形来反映空间物体立体形状的表现方法，它的三个方向的尺寸均可以按比例量出，能真实反映三维空间中的尺寸关系，还原了剖面和平面的真实性（图 1.3.39）。要注意的是，轴测图并非透视图，虽然它作图较为简单，但与透视图相比，它的缺点是不符合人视觉近大远小的原则，无法准确地反映人的视觉中物体的形状和比例尺寸，画面不够生动。景观要素的表现中，合理运用轴测图，能立体地反映出户外空间形体的整体关系和景观设计的总体效果。

轴测图角度的选取应充分考虑设计内容的表现度，应表现最完整和最重要的设计内容，以达到视图的完整性，常见的轴测图角度为 30°、45° 和 60°（图 1.3.40），还要注意轴测图的角度应该能够表现最为完整和最重要的景物（图 1.3.41）。轴测图的画法主要是将平面图旋转后，再将平面图上的要素垂直向上拉起至各要素高度位置，因为没有透视变形的影响，因此画起来较为简单（图 1.3.42）。

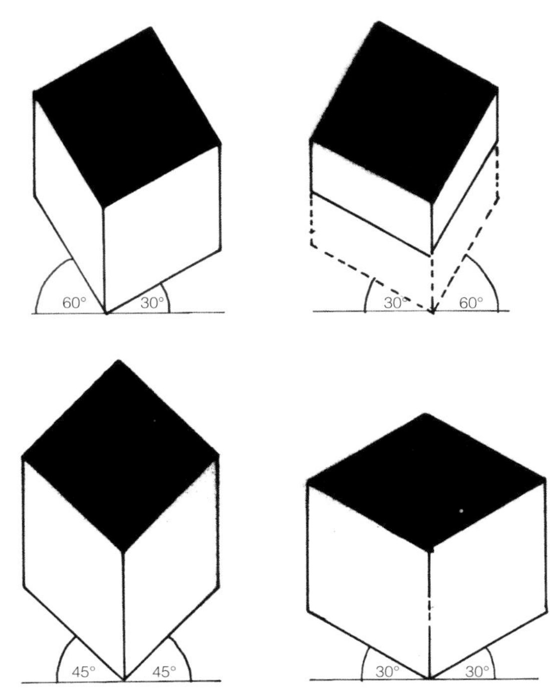

图 1.3.40 常见轴测图的角度

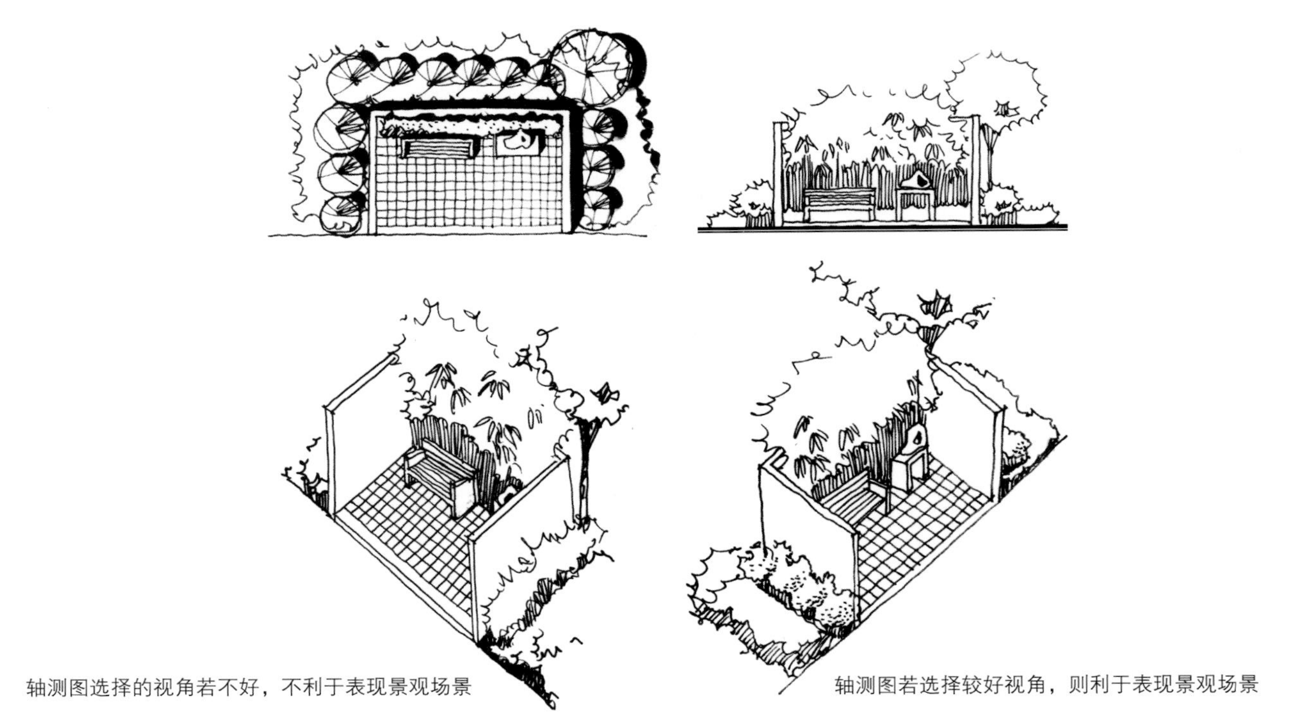

图 1.3.41 轴测图视角的选取

创意小贴士

绘制轴测图的时候若每一个位置都要量取其高度进行确定，比较麻烦，速度也比较慢，可通过移动拷贝纸的方法来绘制（图 1.3.43）。

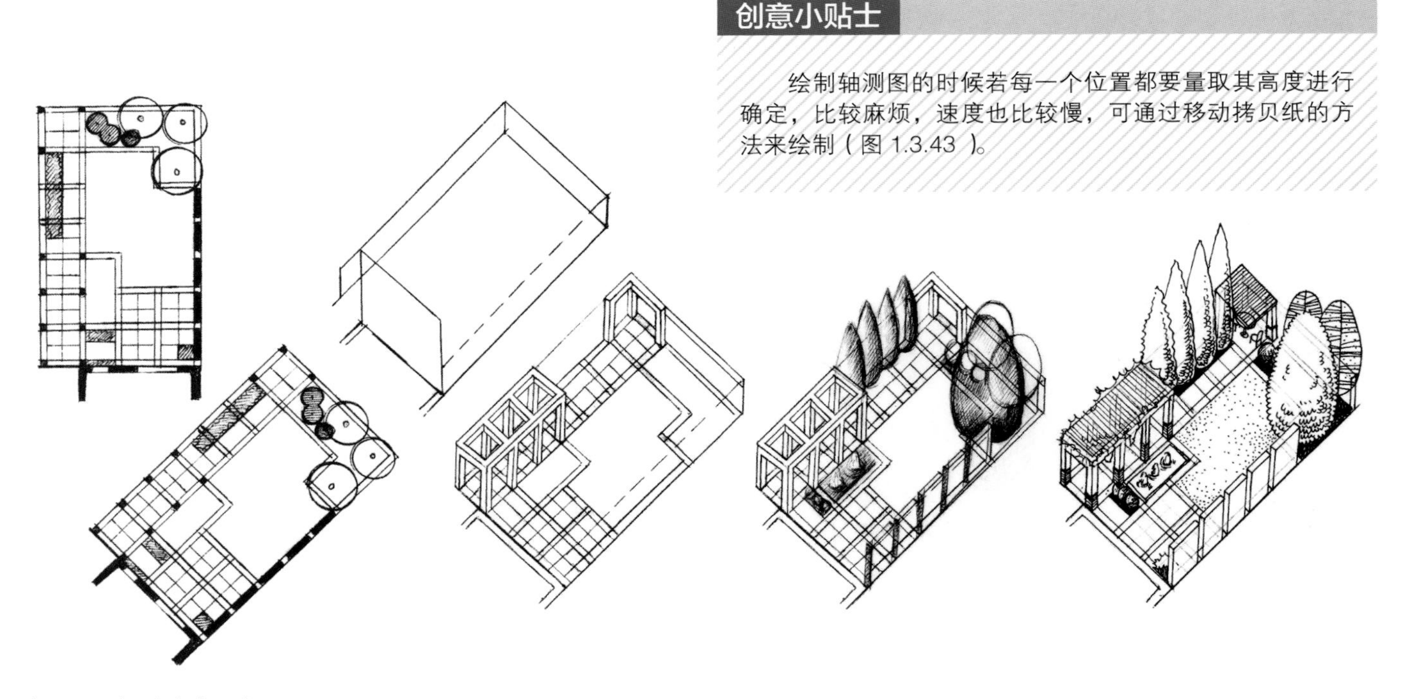

图 1.3.42 轴测图的画法

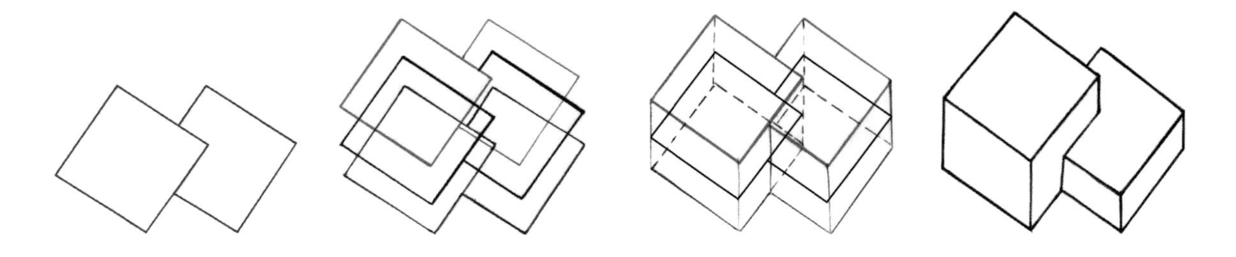

图 1.3.43 轴测图的快速画法

3. 鸟瞰图

鸟瞰图一般是指视点高于景物的透视图，也称为俯视图。鸟瞰图可以分为三大类：顶视鸟瞰图、平视鸟瞰图和俯视鸟瞰图。平视和顶视鸟瞰图画法相对简单（图 1.3.44~ 图 1.3.46），俯视鸟瞰图，做法相对复杂（图 1.3.47~ 图 1.3.50）。所有的透视图都只能表现景观户外空间的一个局部，而鸟瞰图则可以更大范围的表示景观设计的整体场景和内容。

鸟瞰图与轴测图很相近，只是鸟瞰图更符合人眼的透视，角度的选择上也更为自由，能更加符合视觉规律地反映出户外空间形体的整体关系和景观设计的总体效果。

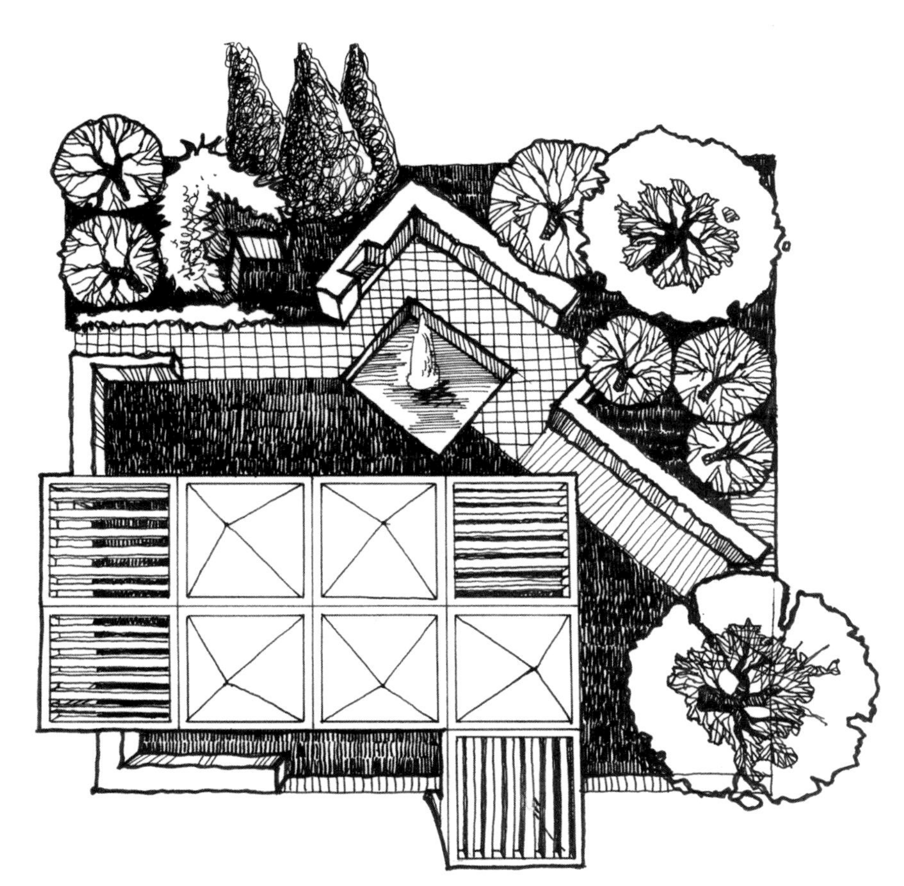

图 1.3.44 顶视鸟瞰图

图 1.3.45 平视鸟瞰图

图 1.3.46 平视鸟瞰图

图 1.3.47 俯视鸟瞰图

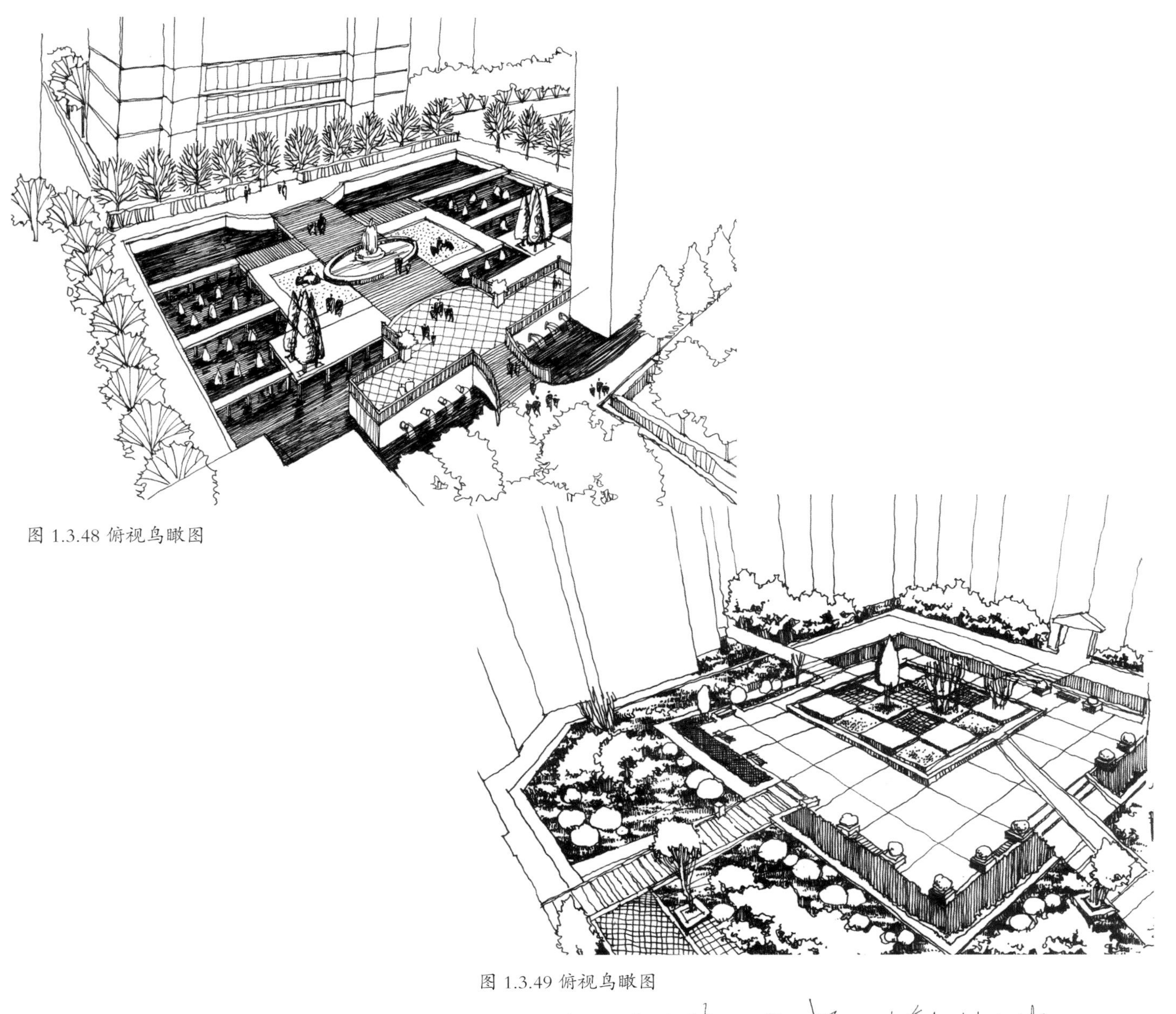

图 1.3.48 俯视鸟瞰图

图 1.3.49 俯视鸟瞰图

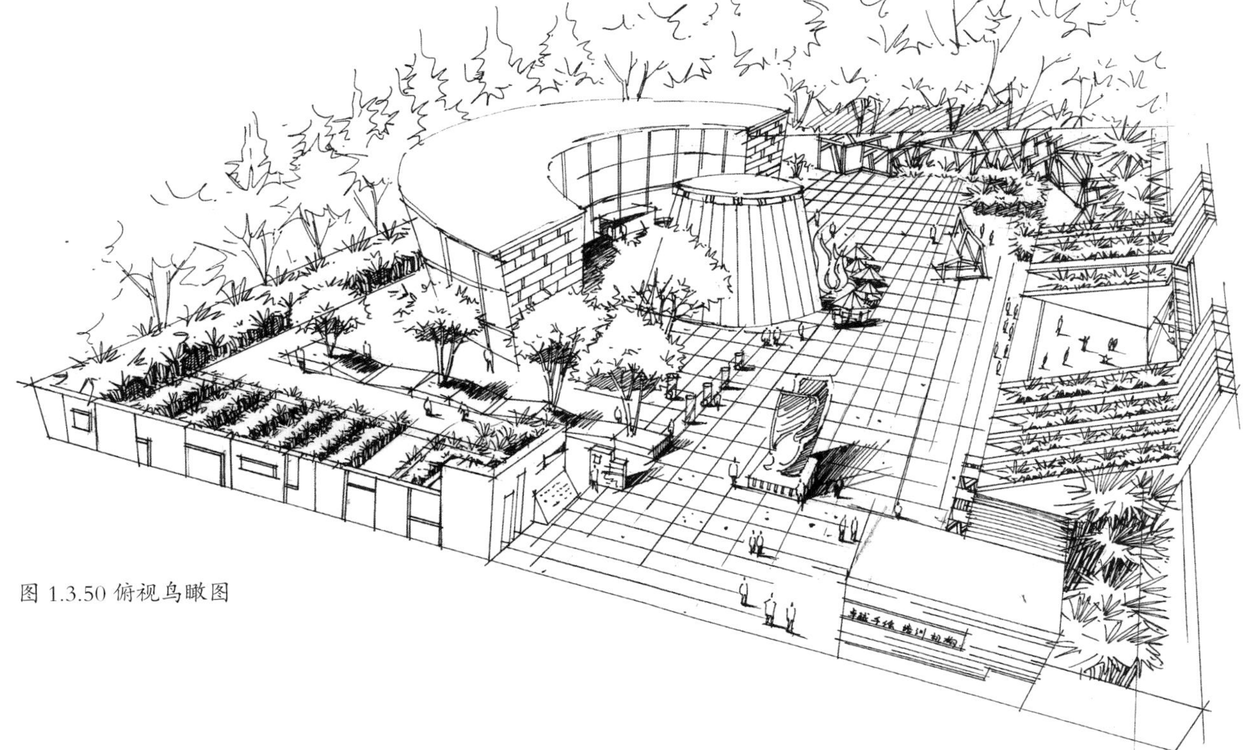

图 1.3.50 俯视鸟瞰图

五、节点详图

节点详图能够以较大比例表示局部的细节内容，是完善景观设计质量的重要步骤。由于平、立、剖面图上比例较小，因此在明确设计内容的局部时，需要以节点详图的表现方法展示出来。景观节点详图常以剖面的形式，来表示细部的构造做法、尺寸、材质及色彩等内容（图 1.3.51）。

随着计算机图像处理技术的发展，各种电脑制图软件在绘制景观表现图的时候发挥了重要的作用。软件的使用使得景观设计的表现更加快速、便捷和精准，因此设计师在绘图的时候，往往会借助 CAD、SKETCHUP、3D MAX 等图像处理软件，绘制景观空间构图的基本骨架和要素，然后导出透视图再进行手绘，这样既避免了透视不准的麻烦，也节省了绘图时间。当然，也可以直接用计算机进行景观绘图表现。然而，无论何时，对透视基本知识的理解和徒手绘图能力的学习都是设计师必须掌握的基本技能，毕竟人类无法用电脑完全代替人脑来进行设计思考。徒手绘图是锻炼设计师空间想象能力的有效手段，能反映设计师对空间是否有敏锐的把握能力，是设计师在方案构思阶段分析空间和创造空间最便捷的方法。从效果上看，相比电脑效果图，手绘效果图技法更自然生动，富于变化，装饰性更强，画面整体气氛更协调，能体现更强的专业性和唯一性，更能自由、洒脱地表现设计者的个性思维，表现设计者独特的风格以及设计的原创性。同时还能体现设计者的艺术修养，具有不可取代的艺术魅力。特别是初学者不应过度依赖电脑软件，而应多多练习，培养自己的手绘能力。

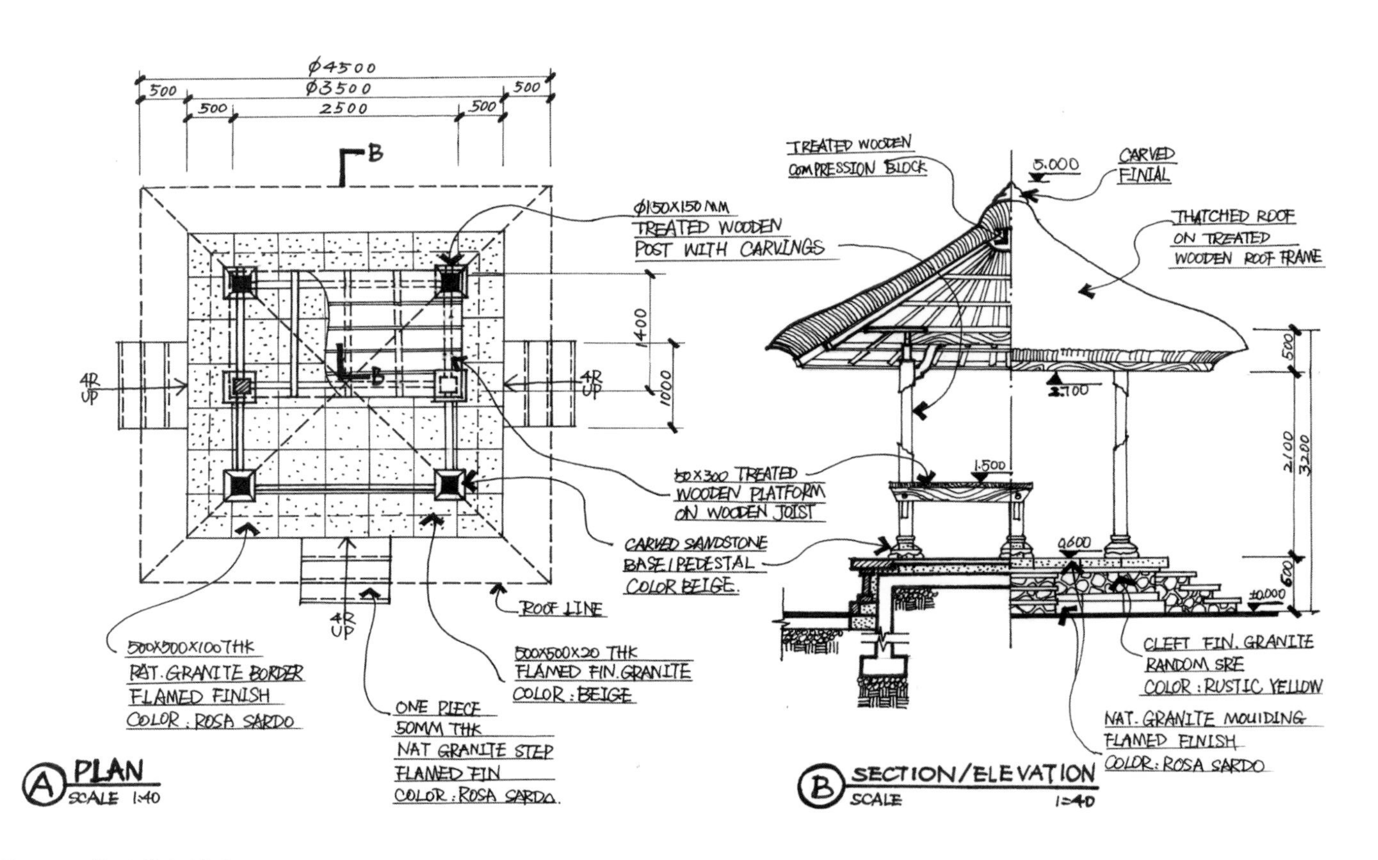

图 1.3.51 景观节点详图

第二章 景观场地与空间设计及创意表现

第一节　景观场地设计及创意表现

一、地形

1. 景观地形设计

地形是指地表在三维空间上的形态特征，是景观的基面和载体，是景观场地设计的骨架和基础，对景观空间营造有直接的影响。由于其他设计要素都需与地面发生接触，因此地形成为了户外环境中的基础成分，地形设计应与其他设计要素相互协调，形成有机的整体空间。

地形有自然式和人工式之分。自然式地形的设计应充分利用自然形成的地形优势进行设计，要注意空间的层次变化；人工式地形则多出现在城市空间，相对平整，稍加整合即可进行设计（图 2.1.1）。在城市人工环境中，可适度对场地进行改造设计，应充分考虑土方量的控制，结合周边城市和建筑的尺度与功能、交通道路等环境因素进行改造。

地形在景观中能够起到塑造空间、组织排水、组织视线、遮挡噪音、调节小气候、丰富游人体验等作用。首先，地形作为景观的承载面，起到了骨架的作用，决定了景观的整体特点和定位。如对于相似面积和形状的地块来说，地形决定了设计要素的布局，图 2.1.2 所表示的地形中，景观要素应顺应山脊呈线型布置；图 2.1.3 的地形则要求景观要素呈放射性布置。再如平坦的用地适合于大的集散空间，适合做城市广场、公园，适宜开辟大面积的水面，道路布置可以平缓。有一定起伏的地形可以营造出丰富的景观空间序列和节奏，地形起伏较大的地形则适宜做森林公园、纪念园等。另外，地形对景观空间的围合营建起到决定性的作用。地形本身限定了空间，也可以通过对地形的设计来营造空间（图 2.1.4）。通过对地形空间的利用可以有效地避开强风、寒风，适宜的引入或躲避阳光，创造舒适的景观小气候（图 2.1.5）。其次，地形可以引导并控制人的观景视线。通过调整地形空间的大小、尺度、距离都能有效地组织景观元素（图 2.1.6），通过地形的抬高、下沉，限制或连续的变化，能够有效引导并组织人们观景的视线（图 2.1.7）。地形还可以有效地对不良的视觉形态进行遮蔽（图 2.1.8）。英国自然风景园中的“隐垣”，就是利用地形形成园林的自然边界，将周围村庄等物体隐蔽至地形之后，从而形成景观本身的完整性。还有，地形在景观的给排水工

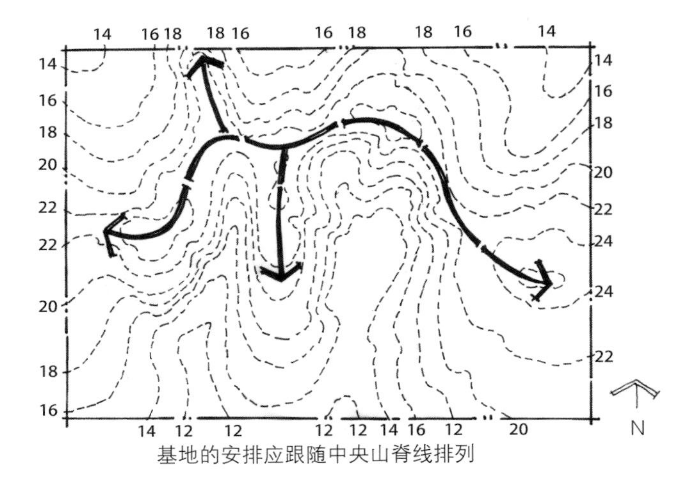

图 2.1.2 景观要素应顺应山脊呈线型布置

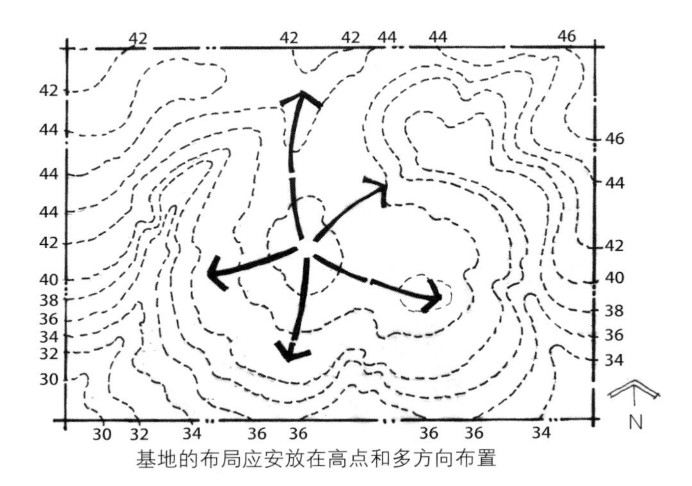

图 2.1.3 景观要素呈放射性布置

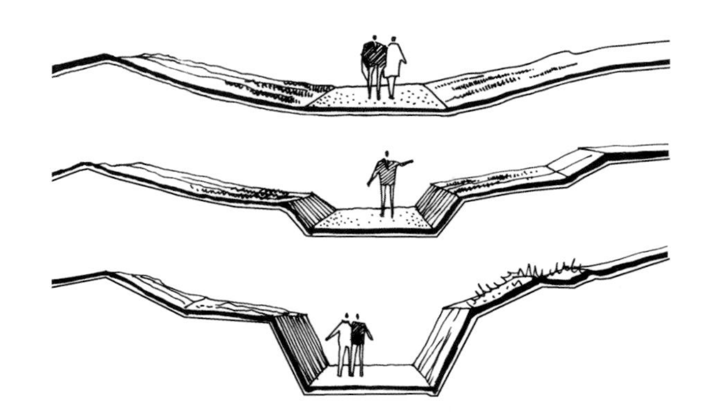

图 2.1.4 不同地形给人的不同感受

图 2.1.1 自然式地形和人工式地形

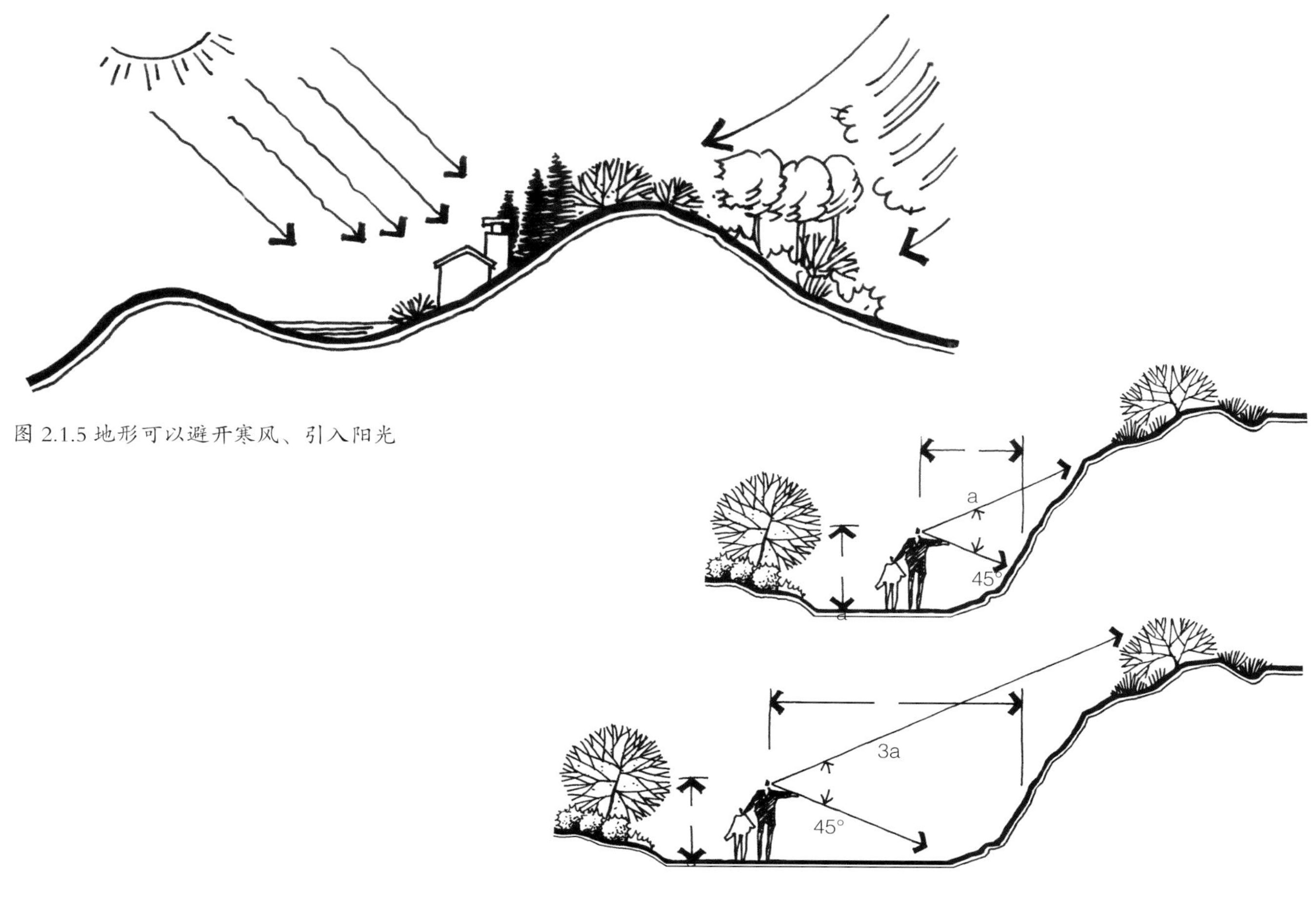

图 2.1.5 地形可以避开寒风、引入阳光

图 2.1.6 通过调整地形空间可组织景观元素

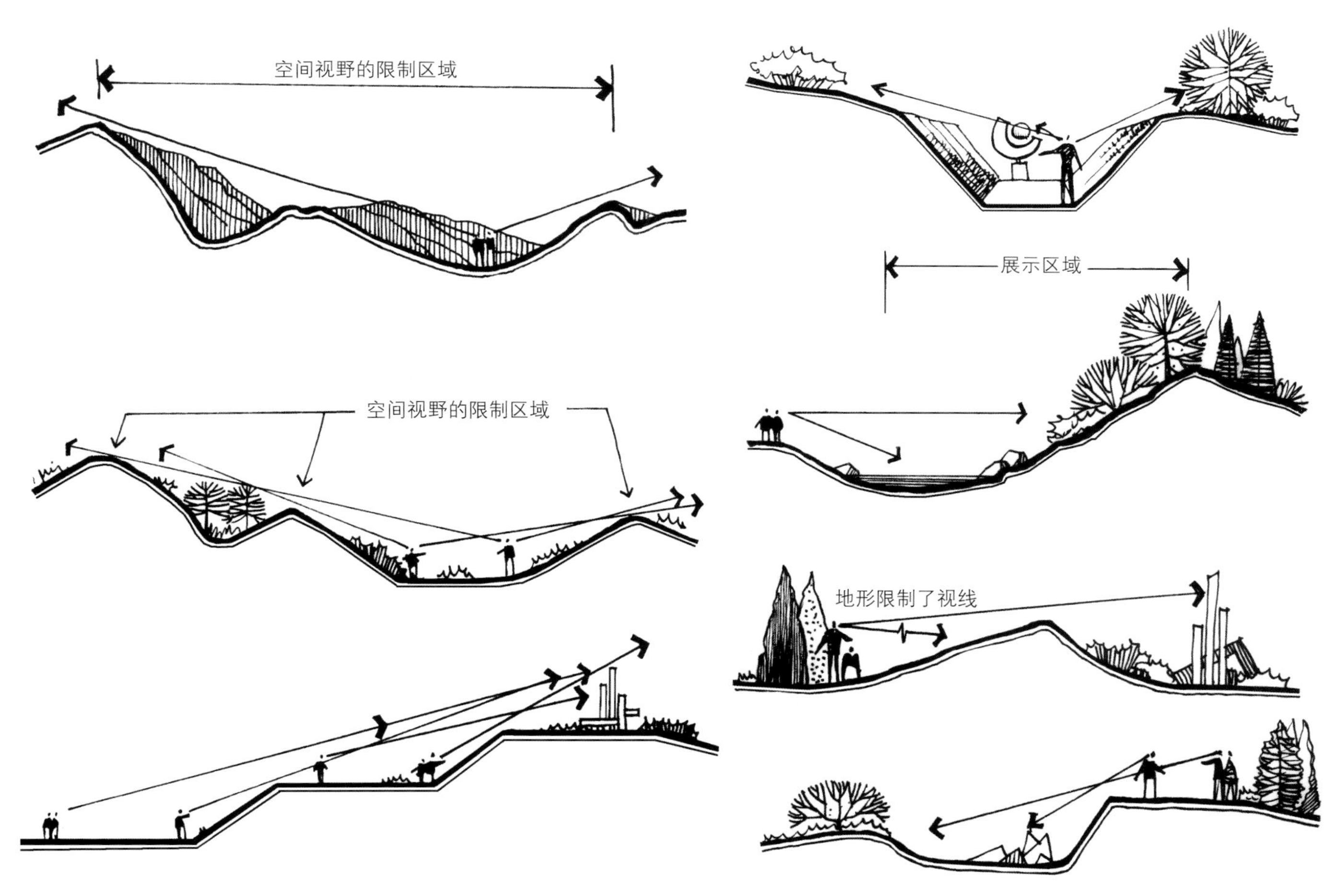

图 2.1.7 地形引导并控制人的观景视线

程、绿化工程、环境生态工程和建筑工程中都起着重要的作用。例如充分利用地形合理安排分水线和汇水线，可避免过多的人工排水沟，通过地形影响光照、风向和降雨量等。地形还可以与其他景观要素一起配合，用来改善局部小气候，如夏季较热地区的景观，可在上风向设置水体，利用水体对风的降温作用来调节局部气候（图 2.1.9）。此外，地形作为景观的背景，还有着重要的观赏作用，地形可以在视觉上控制景观层次，并帮助营造意境。

地形设计是景观竖向设计的主要内容，应遵循一定的设计原则。首先，地形设计应以功能优先，造景并重。不同功能的景观空间对地形的要求不同，应在设计初期的整体的功能布局上有充分的考虑，同时考虑景观的视觉艺术效果。第二，因地制宜，顺应自然。因地制宜就是要充分考虑到对原有地形优势的利用，以利用为主，改造为辅。无论是在山地，还是在平原，无论是平坦的场地，还是有高差的场地，设计上都应该充分尊重场地环境，努力达到“虽由人作，宛如天开”的艺术境界。避免过大地表径流。第三，填挖结合，土方平衡。地形设计中应做到减少土方工程量，节省人力，缩短运距，降低造价，进行适度、合理的场地设计。例如在一般的城市绿地（居住小区、城市广场、绿化隔离区等）景观设计中，地形最高点一般在 0.5 ~ 2m，过低没有意义，过高突兀遮挡视线，不利于造景和保持水土，也会增加土方量和施工造价。

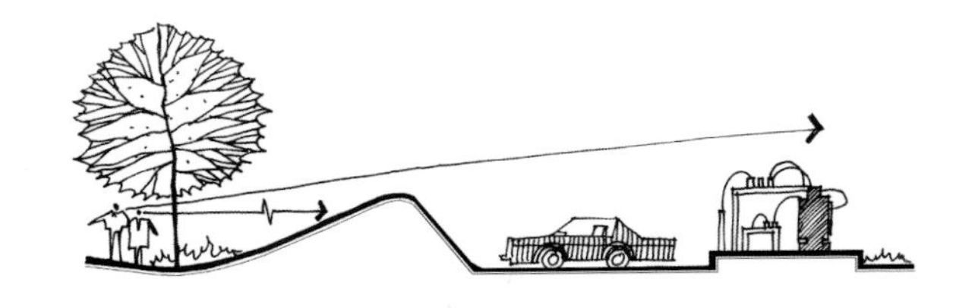

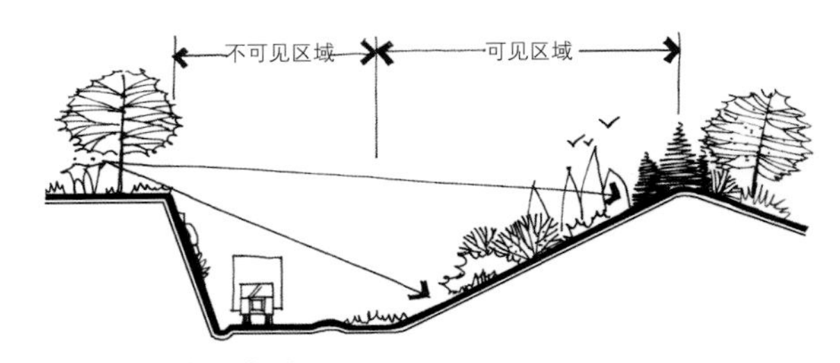

图 2.1.8 地形遮蔽不良景观

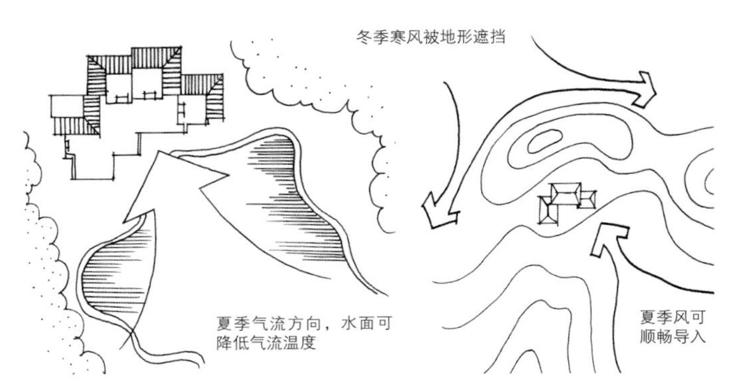

图 2.1.9 地形可局部调节小气候

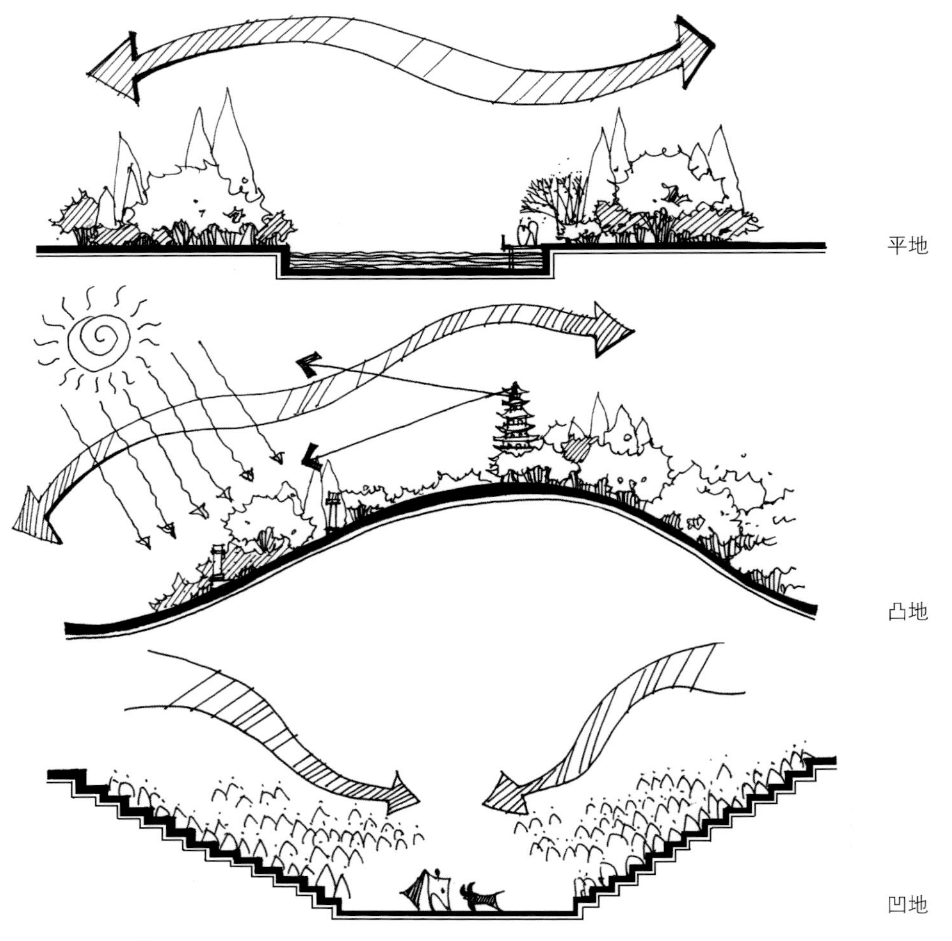

图 2.1.10 景观地形的类型

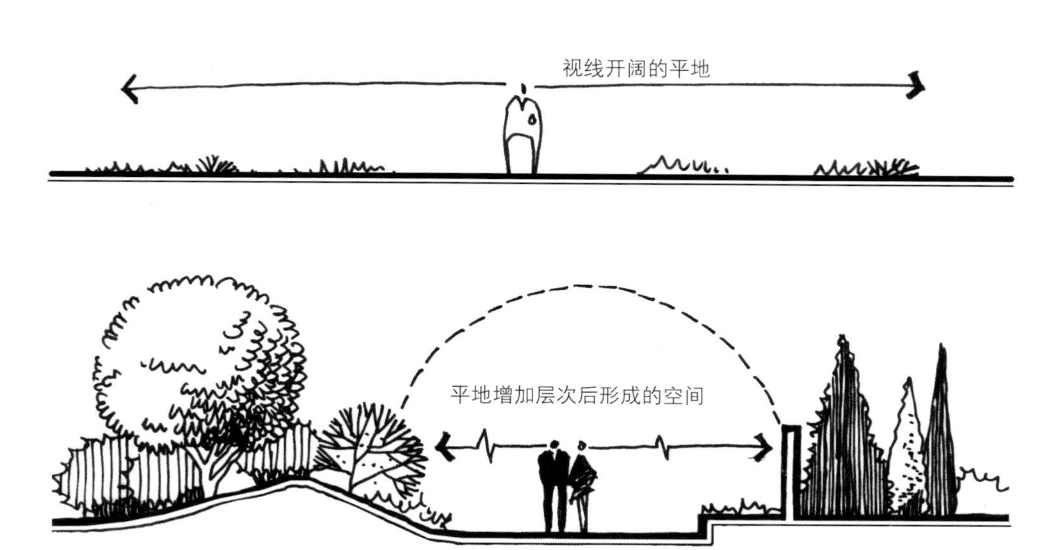

图 2.1.11 平地的设计应适当增加层次

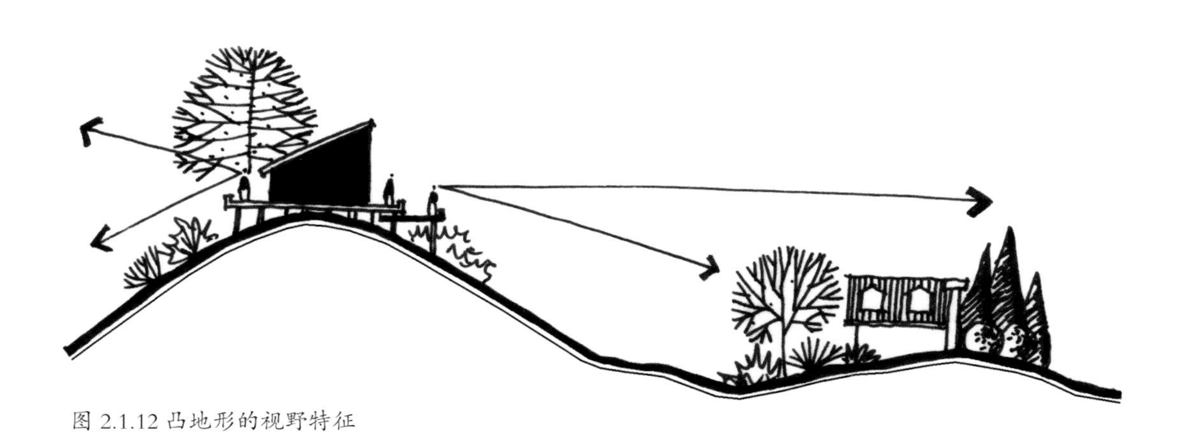

图 2.1.12 凸地形的视野特征

图 2.1.13 坡地创造丰富的空间

诺曼 K・布思在《风景园林设计要素》一书中认为，景观地形的类型有平地、凸地、凹地、山脊、山谷之分（图 2.1.10）。平地一般指的是坡度小于 3% 的相对平坦的地，视觉上具有较好的连续性和统一性，能够使人感觉开阔、稳定、平静、舒适。平地的限制较少，设计时空间的操作相对灵活，适用于各种群众性的活动和游览，适宜多样的造景手法。修建花坛、培植草地、活动广场、休闲公园、建筑用地、停车场、游乐场，等等都宜在平地上进行设计。当然，大面积的平地若无景观变化则有可能让人感到空旷、乏味，所以设计时应适当抬高或下沉基面，增加各种景观要素来丰富视景层次，以增强空间的丰富体验（图 2.1.11 ）。

景观地形中的凸地是比周围环境的地势更高的地形，可以是土丘、丘陵、山峦等，凸地形的视野更加开阔，具有外向性的特征（图 2.1.12）。凸地形的坡度和高度不同，则营造的景观具有显著的差别。一般来说，常见的地形坡度有缓坡（坡度 8 ~ 10%)、中坡（坡度 10 ~ 20%）和陡坡（坡度 20 ~ 40%）等类型，坡度更大则可挖湖、堆山，也称为山地。一般的坡地可以通过设置台阶、坡道、平台、挑台等方法创造多样的空间（图 2.1.13）。适当起伏的坡地能够带来丰富的空间感受，如在公园、组团绿地等景观设计中，常常运用各种坡度的微地形，即依照天然地貌或人为造出的微小的丘陵状地形，一般高度不大，能够有效地创造多样的空间感受，营造空间结构的变化和丰富游人的空间体验，避免一望无际的单调景色等等（图 2.1.14）。意大利的台地园就是对凸地利用的经典案例（图 2.1.15）。另外，凸地地势较高的地方，往往因其地理位置突出而成为视觉的焦点，同时也突显其意义上的重要性。重要的构筑物可以安排在制高点上，但容易显得孤立突兀，若想将构筑物与地形融为一体，则构筑物不宜置于凸地形最高点（图 2.1.16 ）。如颐和园万寿山佛香阁，位于半山腰，整体建筑顺势蜿蜒展开，与环境融为一体，成为整个园林的视景焦点和空间重心（图 2.1.17）。在地形设计时，充分利用地形的坡度，与景观要素一起对视景线进行组织和规划，提供界面和视点，有意遮挡或留出视线通道，塑造平台等，使空间变化丰富。坡度最好南缓北陡，有一定起伏，合理安排分水线和汇水线，避免过多的人工排水沟。

凹地是呈碗状的洼地，具有内向、封闭、安静、隐蔽的空间意向，两个凸地之间就能够限定一个凹地，它们的距离越近，封闭感越强（图 2.1.18）。凹地的封闭程度还与地形的绝对高差、周围建筑和植物的尺度等有关，绝对高差越大，封闭感越强。凹地具有一定的孤立性，但同时其聚集性很强，适宜安排下沉广场、户外剧场、下沉景观，等等（图 2.1.19 ）。

脊地，因为山脊总体上呈线状，因此空间布局更容易集中、紧凑，具有动势。山脊线本身就是分水岭，而且在山脊线上造景视野最佳，是安置重要建筑物和构筑物的最佳地点（图 2.1.20）。

谷地，为线状洼地，综合了凹地和脊地的某些特点，谷底提供了相对开敞的空间和耕作区（图 2.1.21）。通常要注意谷地河流周围生态性的保护、改造和利用。

图 2.1.14 景观中的微地形

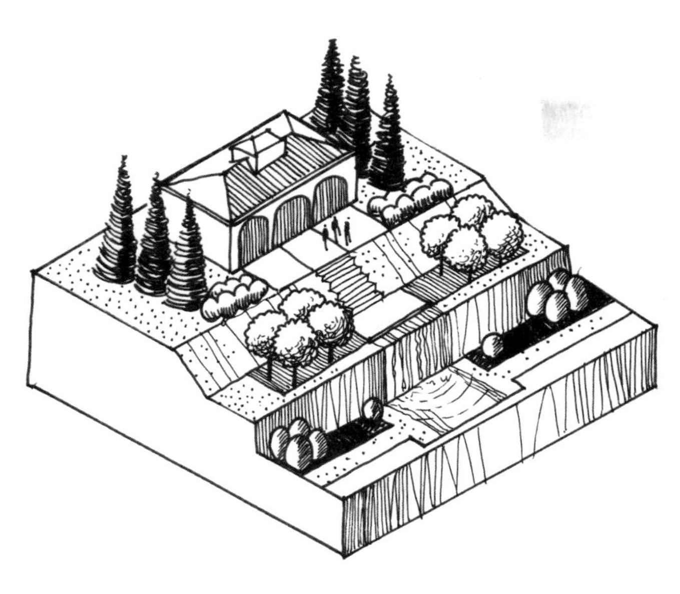

图 2.1.15 意大利台地园对坡地的运用

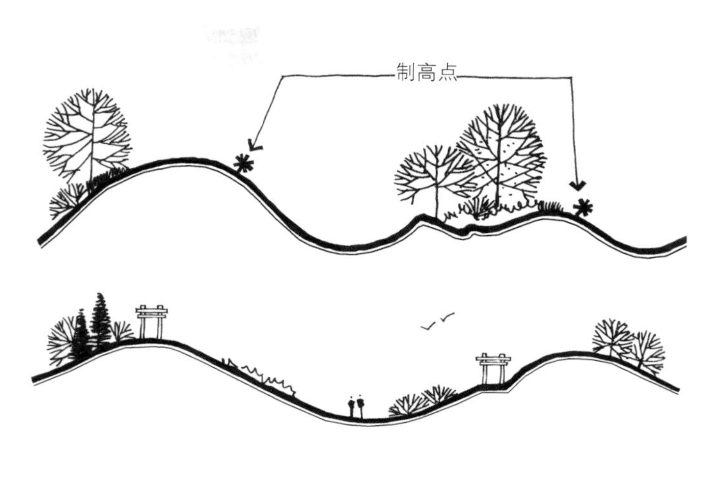

图 2.1.16 凸地形中构筑物的布置

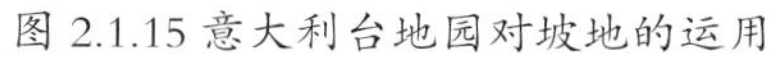

图 2.1.17 颐和园万寿山佛香阁与环境融为一体

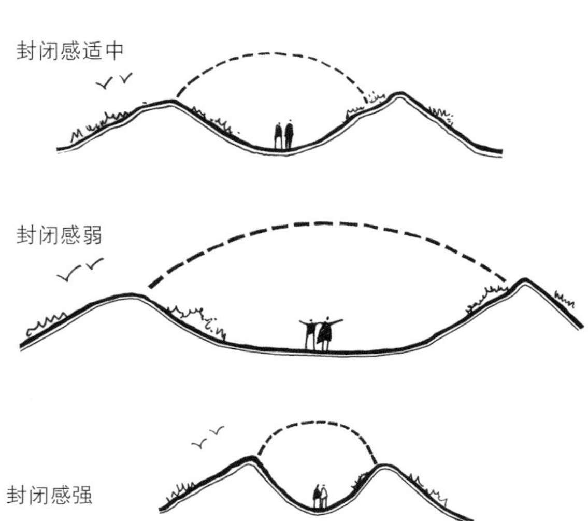

图 2.1.18 凹地形封闭感受到两侧凸地形距离的限制

图 2.1.19 下沉广场

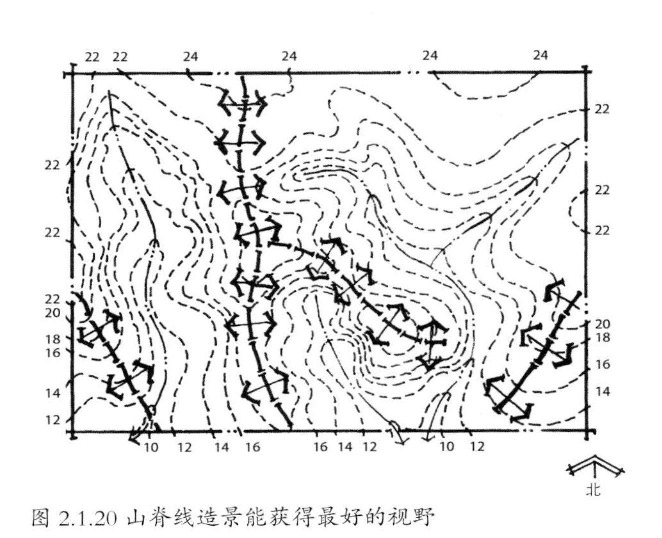

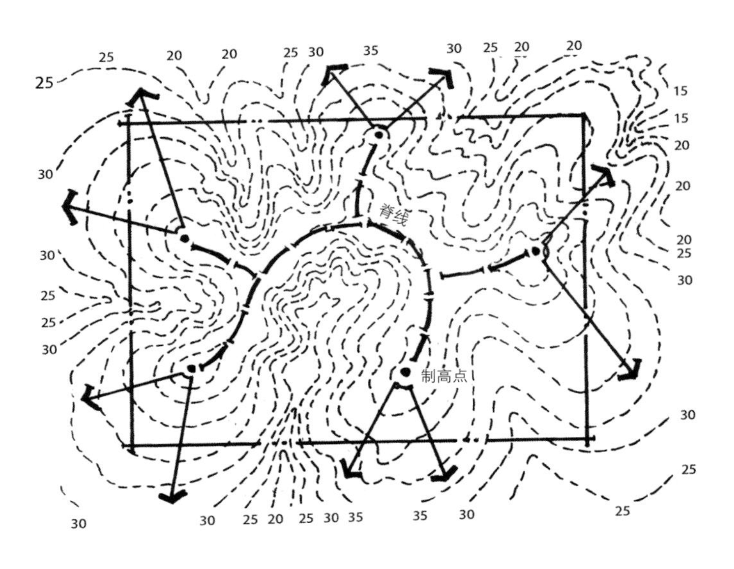

图 2.1.20 山脊线造景能获得最好的视野

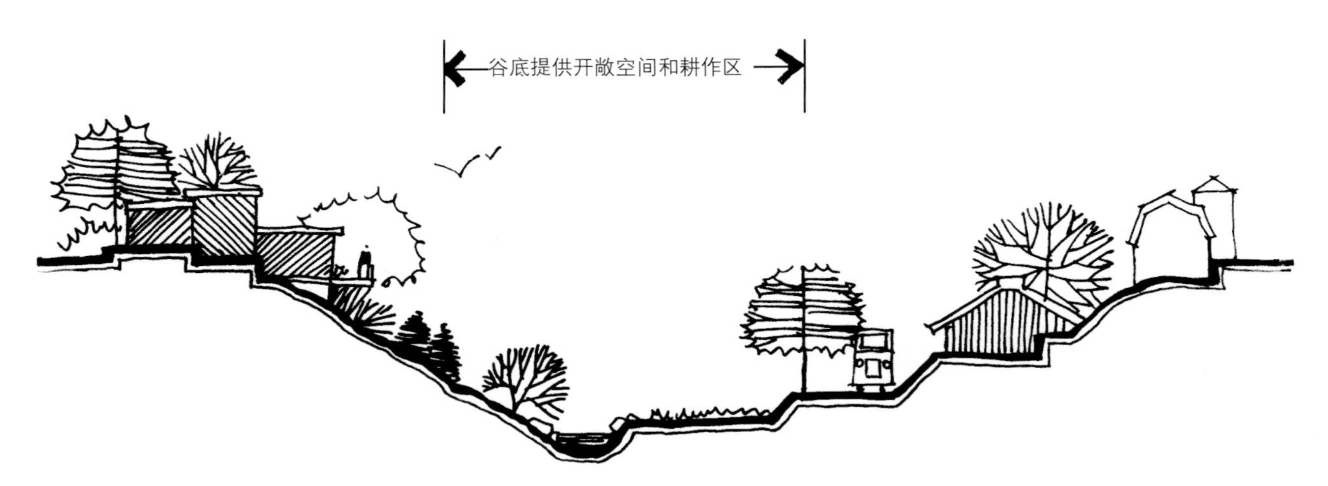

图 2.1.21 谷底提供了相对开敞的空间和耕作区

2. 地形的表现

地形通常用地形图表示，地形图是地表起伏形态和地面各要素的位置、形状在水平面上的投影图。实际上是将地面上的要素和地貌按照水平投影的方法（沿铅垂线方向投影至水平面），并按照一定比例缩绘到图纸上，即为地形图。

景观地形在平面图上一般用等高线来表示地形的竖向起伏变化（图 2.1.22）。等高线是地形图上高程相等的各个点所连成的闭合曲线。等高线法是以某个参照水平线为依据，用一系列等距离假想的水平面切割地形后所获得的交线的水平正投影（标高投影）图表示地形的方法（图 2.1.23）。

两条相邻等高线之间的水平距离叫等高平距或等高线间距，垂直高度差值叫等高距，一张地形图只用一种等高距（图 2.1.24）。同一条等高线上所有的点高程相等，且每一条等高线都是闭合的（图 2.1.25）。等高线越密集表示坡度越大，等高线越稀疏表示坡度越小。等高线除了在悬崖和挡土墙处会重叠，在其他地方不会相交，不会重叠（图 2.1.26）。等高线中的细实线通常代表设计等高线，虚实线通常代表原地形等高线。有时，为了绘图美观，设计等高线也用虚线表示，以免影响景观其他要素的效果，喧宾夺主。一般来说，在设计中已知等高线，常常需要画立面地形轮廓线，具体方法如图（图 2.1.27）。图中虚线代表的是垂直于剖切位置线的地形等高线的切线，将其向下延长与等距平行线组中相应的平行线相交，所得交点的连线即为地形轮廓线。

除了等高线法之外，还有一些方法可以绘制等高线：

· 高程标注法。高程指的是某点铅垂线方向到绝对基面的距离。高程可分为绝对高程和相对高程，绝对高程亦称为海拔，是地面点沿铅垂线方向至大地水平准面的距离，我国以黄海平均海水面为绝对高程基准面。相对高程是假定某平面为基准面，其他各点沿铅锤方向到此基准面的距离。高程标注法主要用来标注地形上某些特殊点的高程。可用十字或圆点标记这些点，并在标记旁注写该点到参照面的高程，高程常注写到小数点后第二位，这些点常处于等高线之间。高程标注法一般配合等高线使用，适用于标注建筑物的转角、墙体和坡面等顶面和底面的高程，以及地形图中最高和最低等特殊点的高程（图 2.1.28）。高程标注还会与地形坡度结合使用，

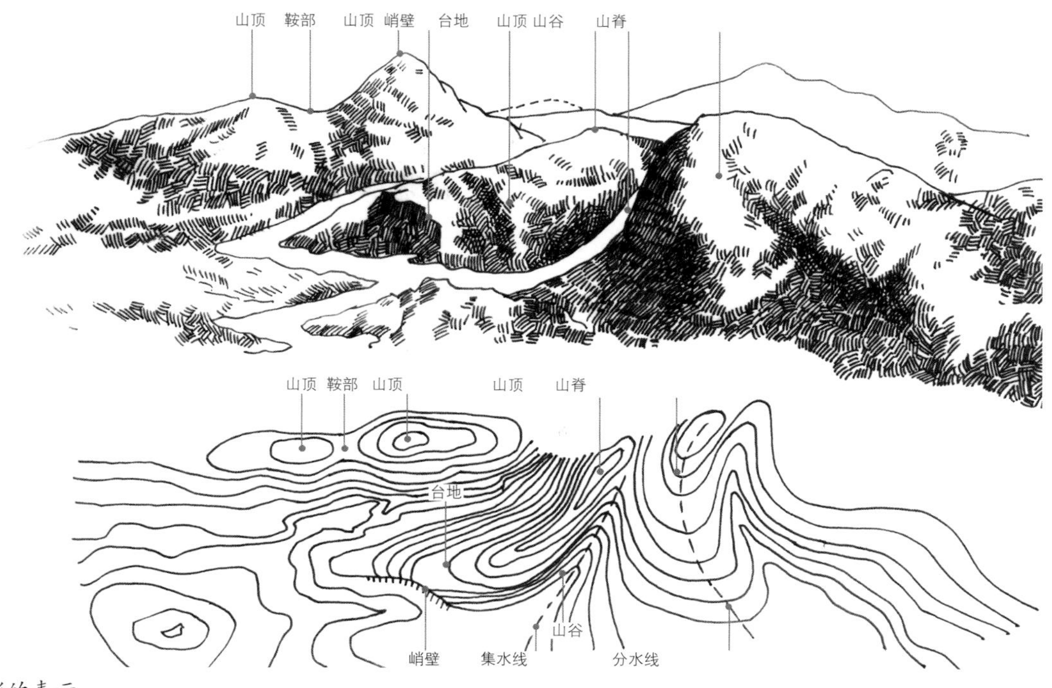

图 2.1.22 地形的表示

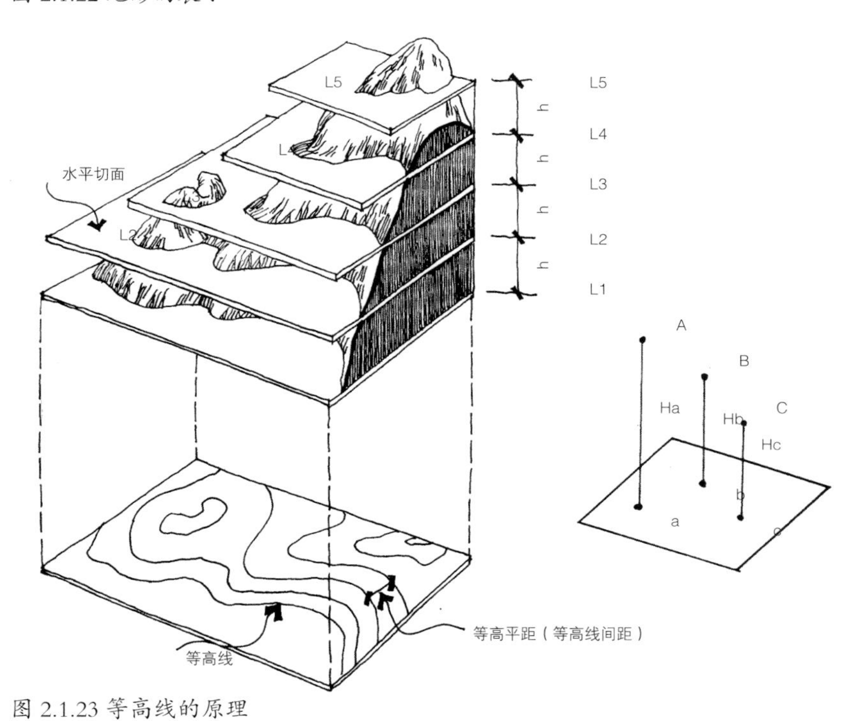

图 2.1.23 等高线的原理

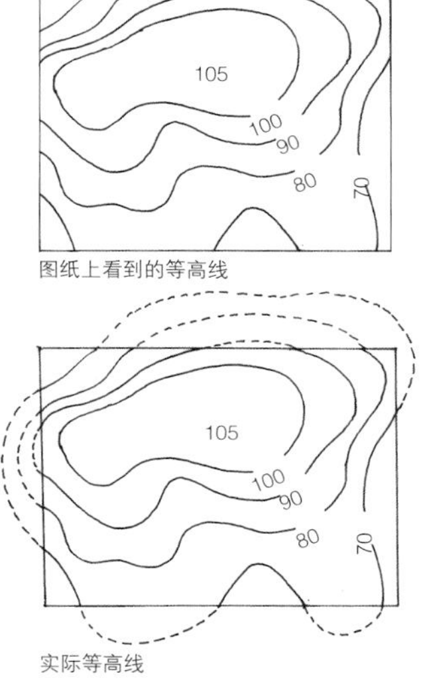

图 2.1.25 等高线为闭合曲线

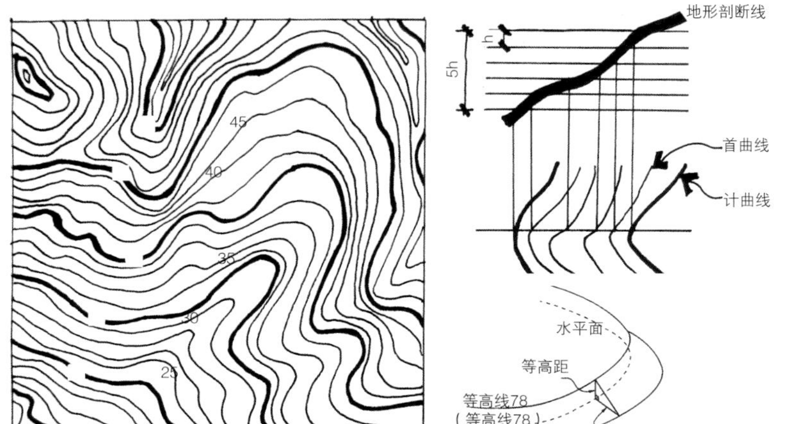

图 2.1.24 等高线各部分的名称

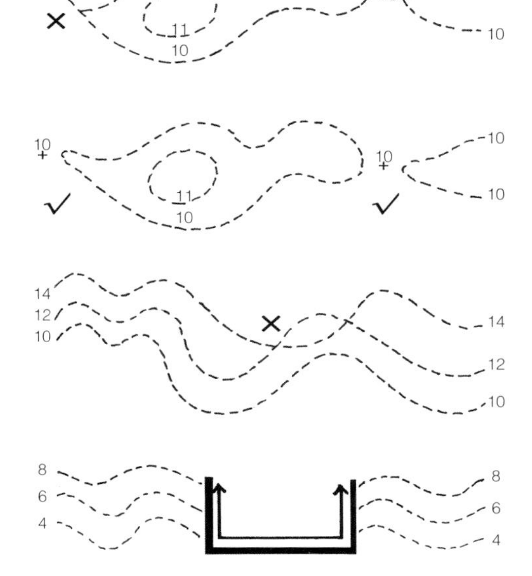

图 2.1.26 等高线的特性

共同表示竖向特征。坡度是地形坡面的垂直高度 h 与水平宽度 d 的比值，用字母 i 表示，一般用百分比表示，公式为：i（坡度）=h/d×100%。

· 坡级法，在地形图上，用坡度等级表示地形的陡缓和分布的方法称作坡级法。这种图示方法较直观，便于了解和分析地形，常用于基地现状和坡度分析中（图 2.1.29）。

· 分布法，将整个地形的高程划分成间距相等的几个等级，并用单色加以渲染，各高度等级的色度随着高程从低到高的变化也逐渐由浅变深。地形分布图主要用于表示基地范围内地形变化的程度、地形的分布和走向（图 2.1.30）。

平面图上也可以象征性地利用不同高度的物体在低于它的物体上的阴影来表示地形的高差。在透视图中表现地形的时候，可以利用线条或色彩并结合光影原理，表现坡度的受光面和背光面。除了依靠描绘坡地轮廓外，还可以靠色彩和笔触来表示地形的起伏。通常背阴面的色彩深一些，阳面的色彩相对明亮。

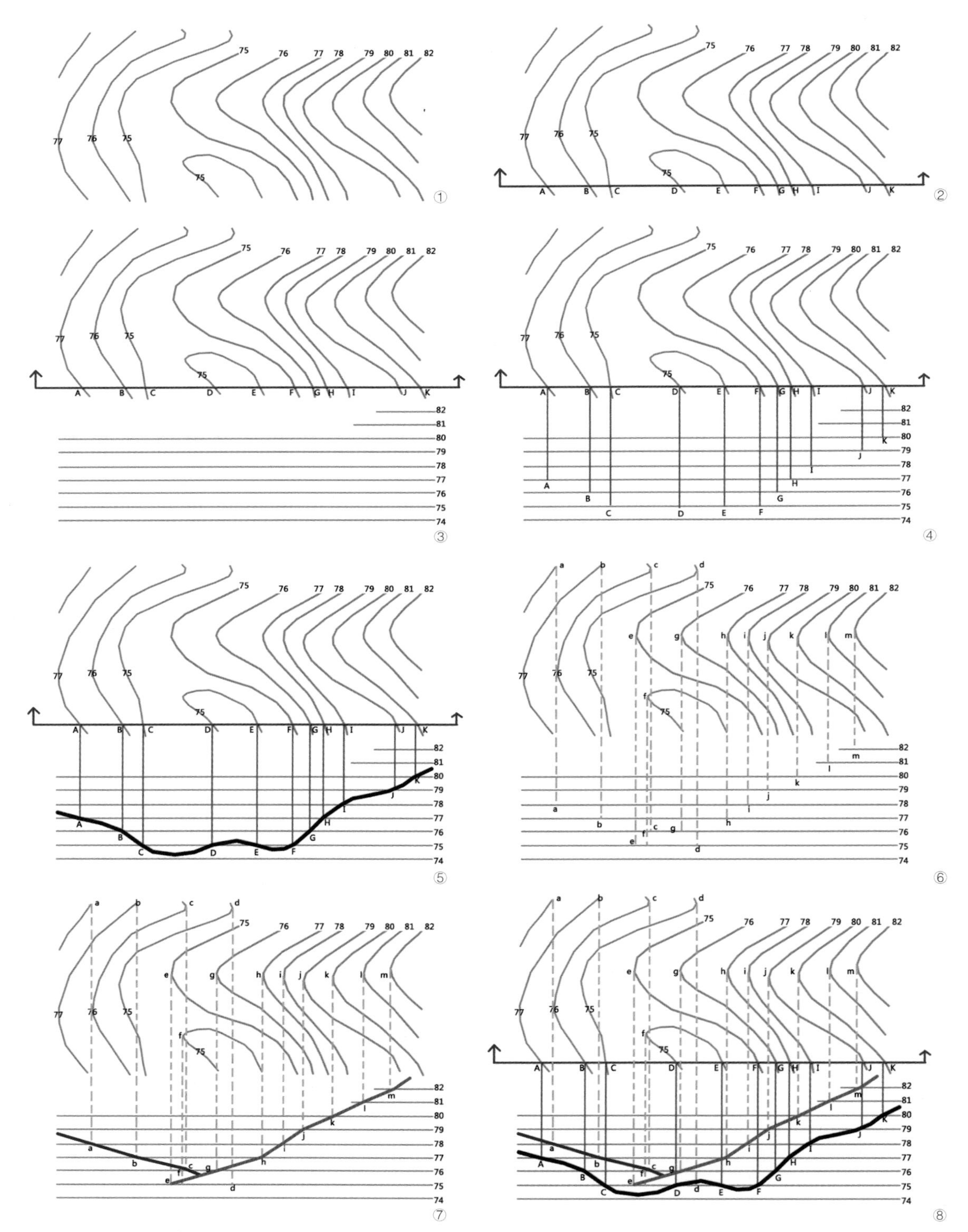

图 2.1.27 已知等高线做地形轮廓线

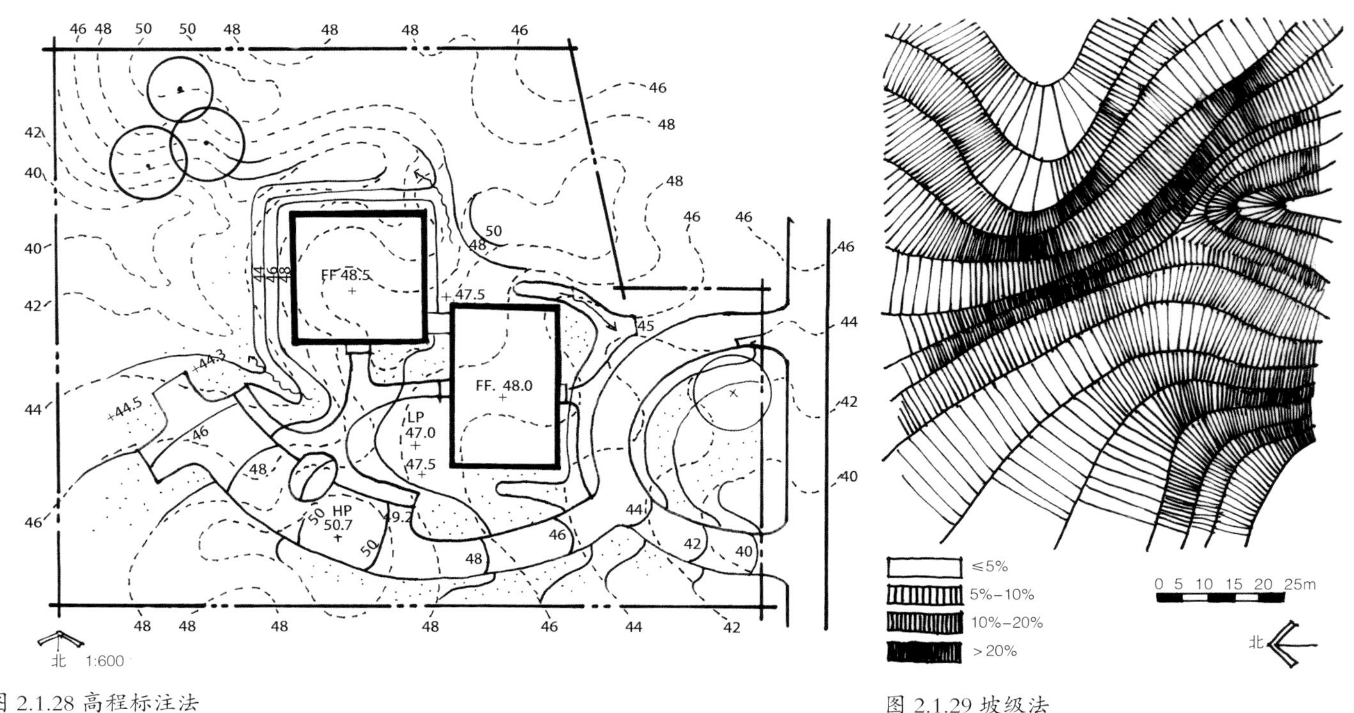

图 2.1.28 高程标注法

图 2.1.29 坡级法

图 2.1.30 分布法

二、道路

道路为景观提供了以交通为主要功能的线型空间。它联系了各个功能区域，并形成了一定的网络构架。如果说地形是整个场地的骨骼的话，那么景观的道路系统就是整个场地的经脉。道路系统是景观构图的重要组成部分，起到组织交通、引导游览、分散人流、联系空间和景点的作用，同时也是人们散步和休息的空间。

景观中的路网可以分为规则式、自然式和混合式。规则式路网多为直线或有轨迹可循的曲线路，也可采用对称或放射的形式，庄重大气，易于形成视线焦点。许多欧洲古典园林、城市广场均采用规则式路网（图 2.1.31、图 2.1.32）。自然式路网多为无轨迹可循的自由曲线和宽窄不等的变形路，易产生丰富的空间变化，主要有环套式、树枝式、条带式等（图 2.1.33），这种路网主次分明，一般有多个等级（图 2.1.34）。混合式路网有两种形式，一种为自然式与规则式路网的组合；另一种是兼具自然式与规则式路网的特点（图 2.1.35~ 图 2.1.37）。通过路网的规划设计，可以营造出庄重的景观轴线，也可以营造出自然休闲的景观场所，或是创造出步移景异的空间体验，为游人营造丰富的景观空间。

在一个景观设计中，道路根据不同的功能分为若干等级。以一个规模中等的公园为例，道路系统一般分为三到四级：一级道路，即主干道宽 6~8m，是贯穿整个景区的连续道路，为主要交通道路，联系主要出入口、各功能分区以及风景点，也是各区的分界线，要考虑消防车通行以及少量必要机动车的通行；次干道宽 4~6m，是从一级道路上生长出来的，直接联系各区及风景点的道路；三级干道宽 2~4m，是各景区内部的交通；游步道宽 1~2m, 或小于 1m ，用于深入景点的林荫小路，寻胜探幽之路，是最接近大自然的道路等级（图 2.1.38）。

图 2.1.31 规则式路网

图 2.1.32 规则式路网

图 2.1.34 美国中央公园路网

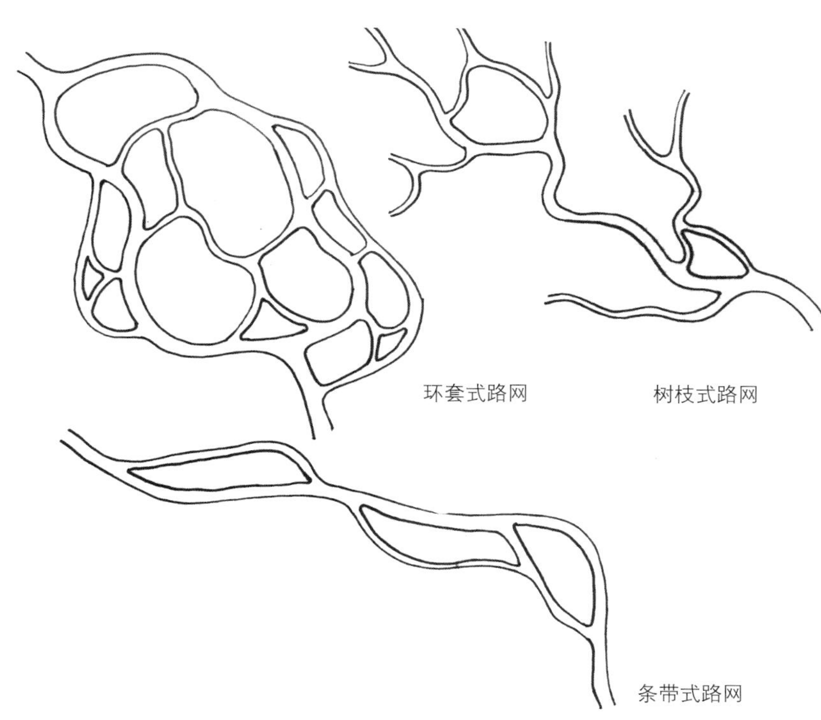

图 2.1.33 自然式路网

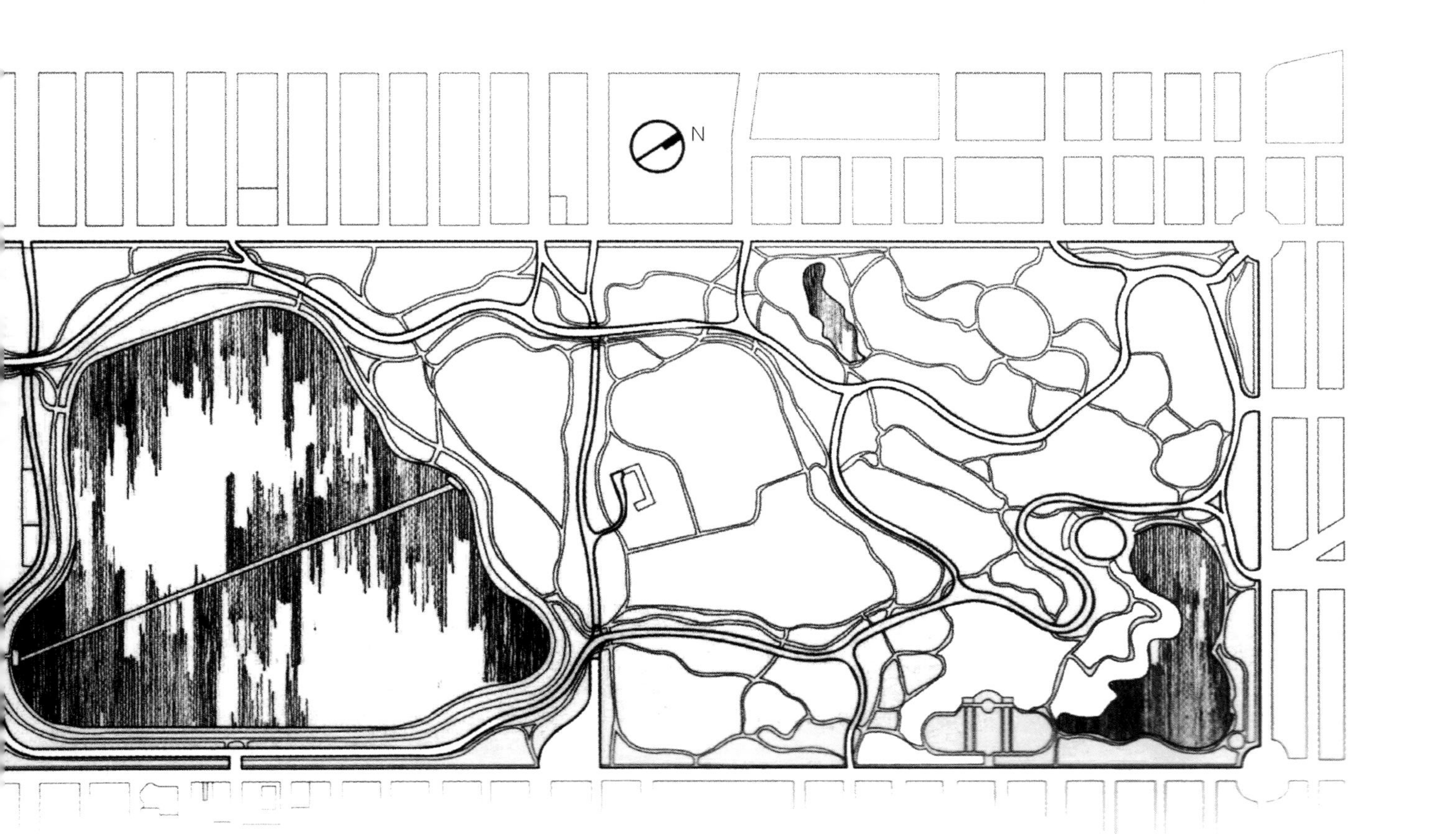

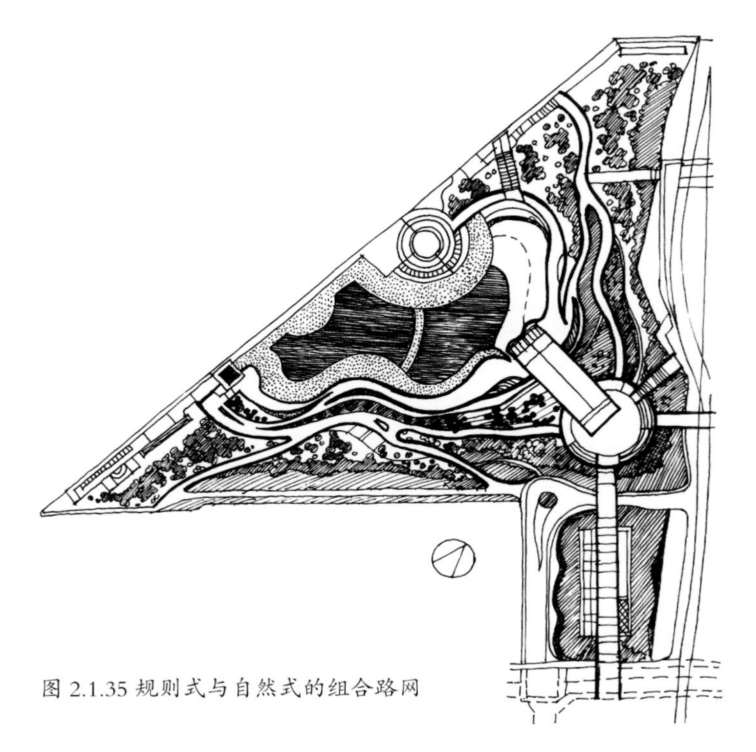

图 2.1.35 规则式与自然式的组合路网

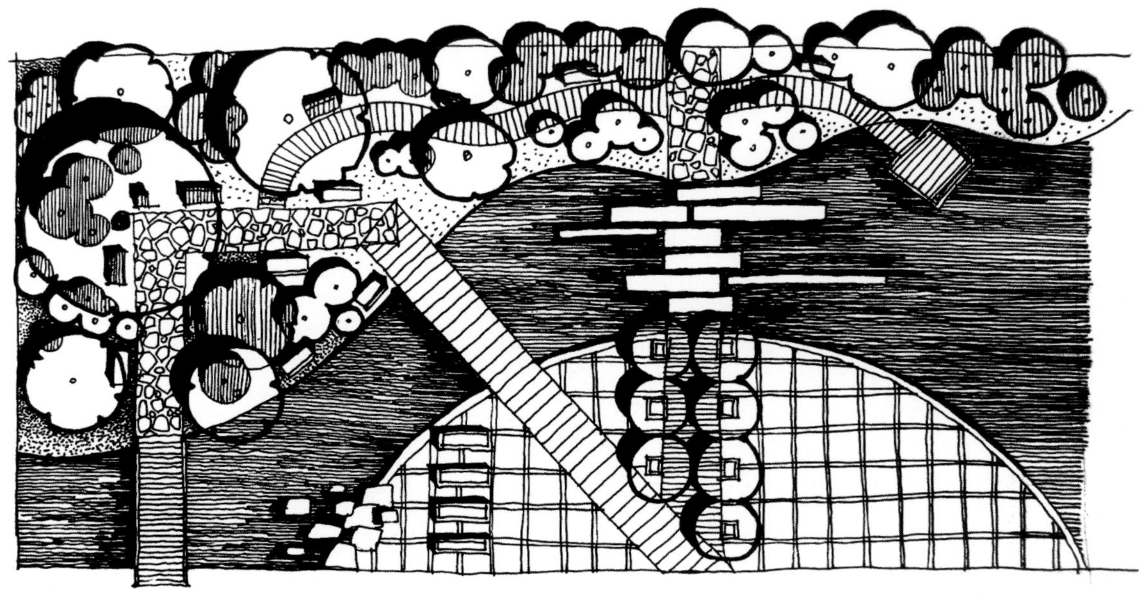

图 2.1.36 规则式与自然式的组合路网

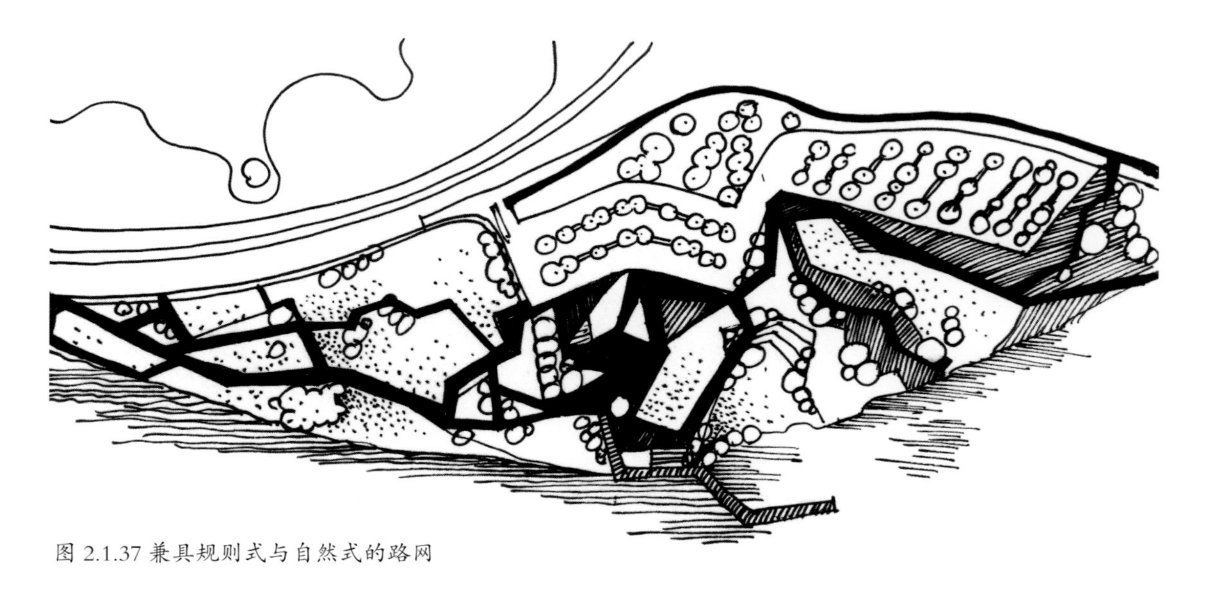

图 2.1.37 兼具规则式与自然式的路网

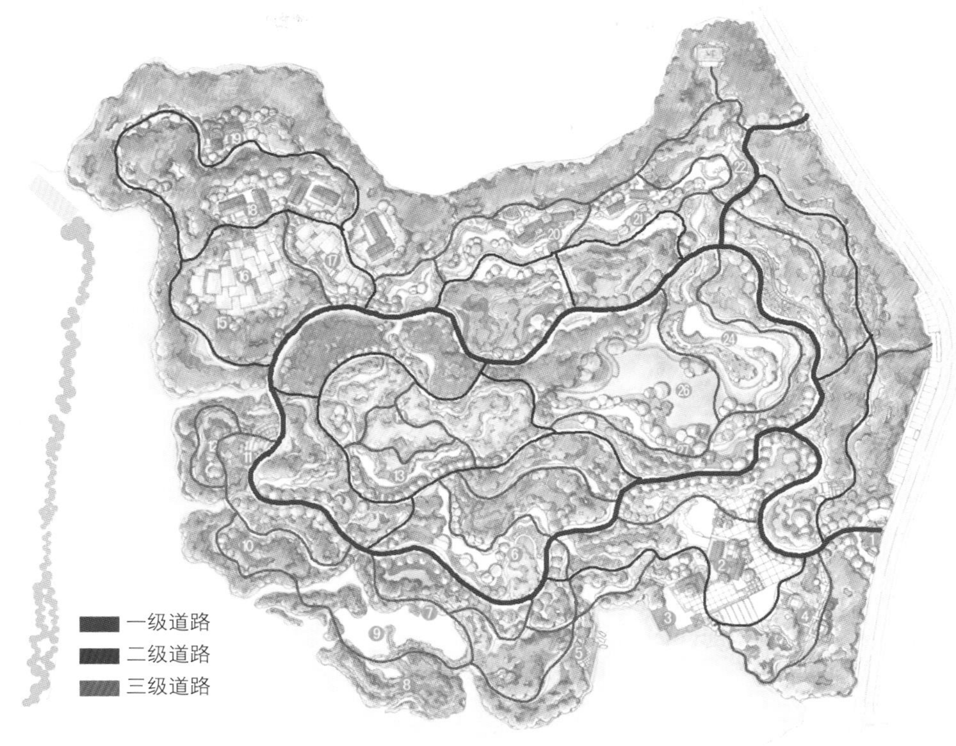

图 2.1.38 公园道路的等级

图 2.1.39 景观中的游步道

图 2.1.40 景观中的汀步

图 2.1.41 景观中的汀步

景观是户外休闲放松的场所，一般来说，除了特殊的景观类型如纪念性景观、广场景观之外，城市休闲景观中的道路布置应顺乎地形，宜曲不宜直，做到自然流畅，切合基地。游步道应多于主干道，但不可做过密路网。游步道不宜平行设置，以免景观单调(图 2.1.39)。道路不宜有无目的的路和死胡同，也应尽量避免走回头路，避免无遮无掩或曲折过多的蛇形道路。还应考虑不同年龄层人们的活动心理，适当设置或惊险或平稳的步道。当跨越水面的时候，道路可采用桥、汀步、堤等多种方式相连接（图 2.1.40、图 2.1.41），滨水步道与水面应若即若离，以产生若隐若现变化丰富的景色 。

景观道路绘制的时候以单线表示，在大比例尺的图面上还应适度表示道路的肌理和质感（图 2.1.42）。值得注意的是，虽然景观平面图是平面的正投影图，从上向下投影时茂盛的植物实际上遮挡了道路的边界，但在绘图中道路应该连续绘制，不能因上部有植物遮挡将道路边界断开，否则无法清楚地说明道路的位置。

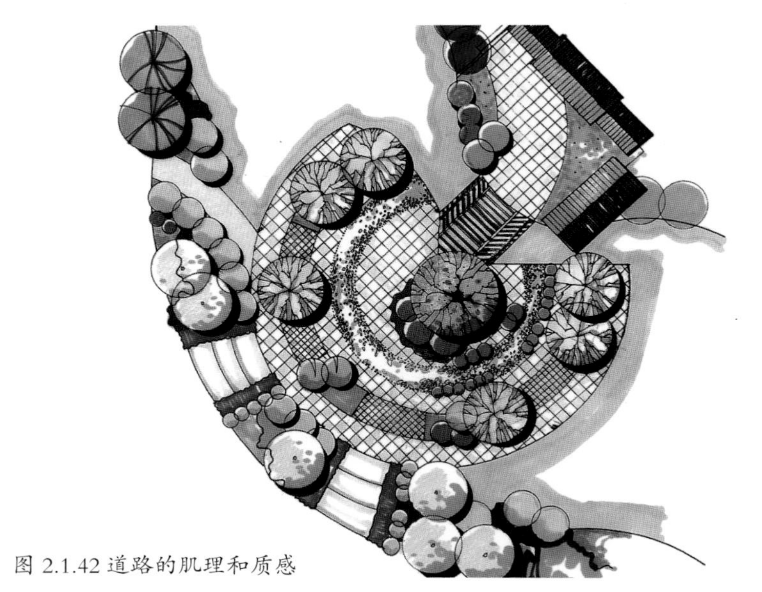

图 2.1.42 道路的肌理和质感

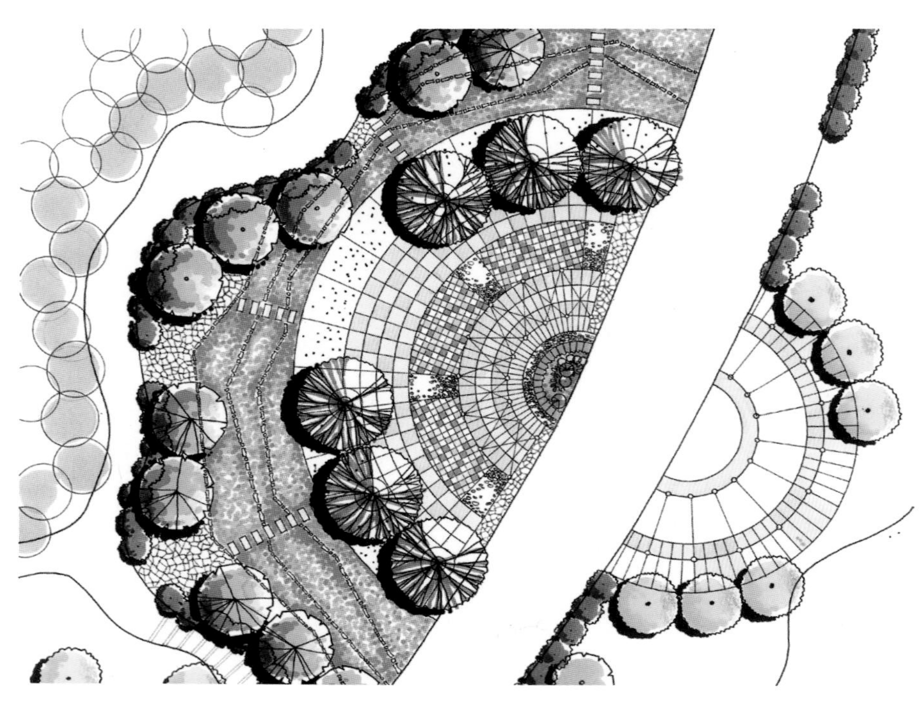

图 2.1.43 公园入口

三、特殊场地

1. 出入口

景观的出入口是场地与外界联系的第一个空间，也是景观的“门户”和“脸面”，是从外部空间进入景观场地空间的过渡部分。出入口的位置首先受到整体场地环境和交通的限制，因此在设计开始之前应该有所设想和安排。

景观出入口的设计多种多样，根据景观功能和类型，针对具体的环境情况进行不同的处理。以公园出入口设计为例，公园出入口要求与城市主干道相连，但不能设在干扰交通的地方，还要根据城市规划发展方向考虑附近环境未来的发展规划，要综合考虑哪边的人流量大，哪边是游客进入场地的主要方向。一个公园的出入口数量不宜过多，也不能过少，应有主次之分。在设置出入口时还应考虑公园本身的功能分区要求，入口的设计如果与景观轴线统一考虑，显得大气、规整，有秩序；也可以进行适当遮挡造成欲扬先抑的感受；也可以在入口设置小型广场作为空间的过渡和缓冲（图 2.1.43）。再如居住小区的出入口设计中，要做到人车分流，还需要

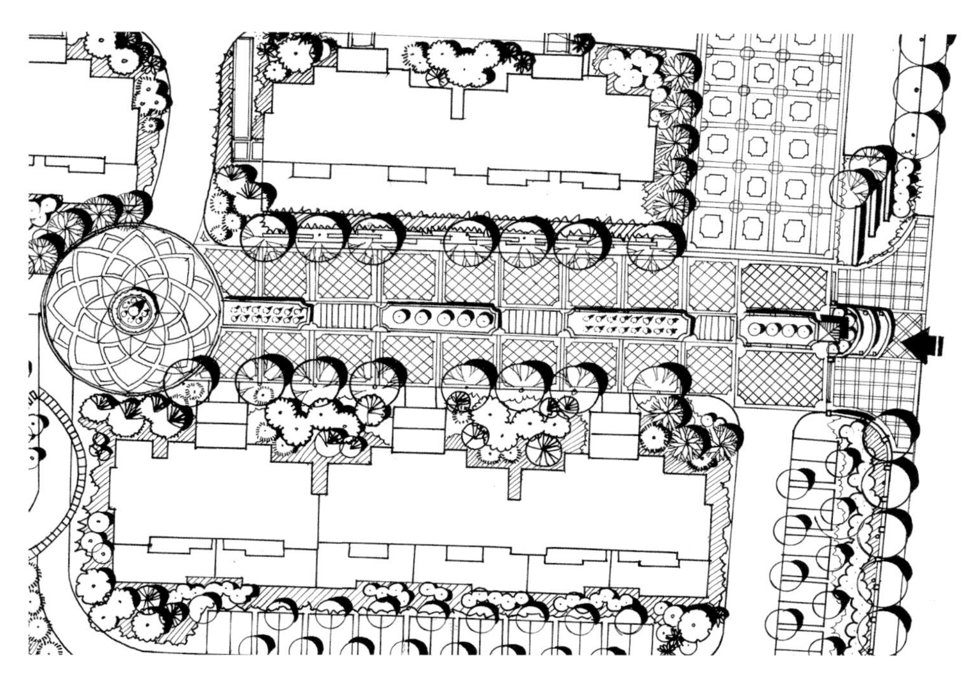

图 2.1.44 住宅小区入口

图 2.1.45 商业街入口小广场

图 2.1.46 图书馆入口轴线

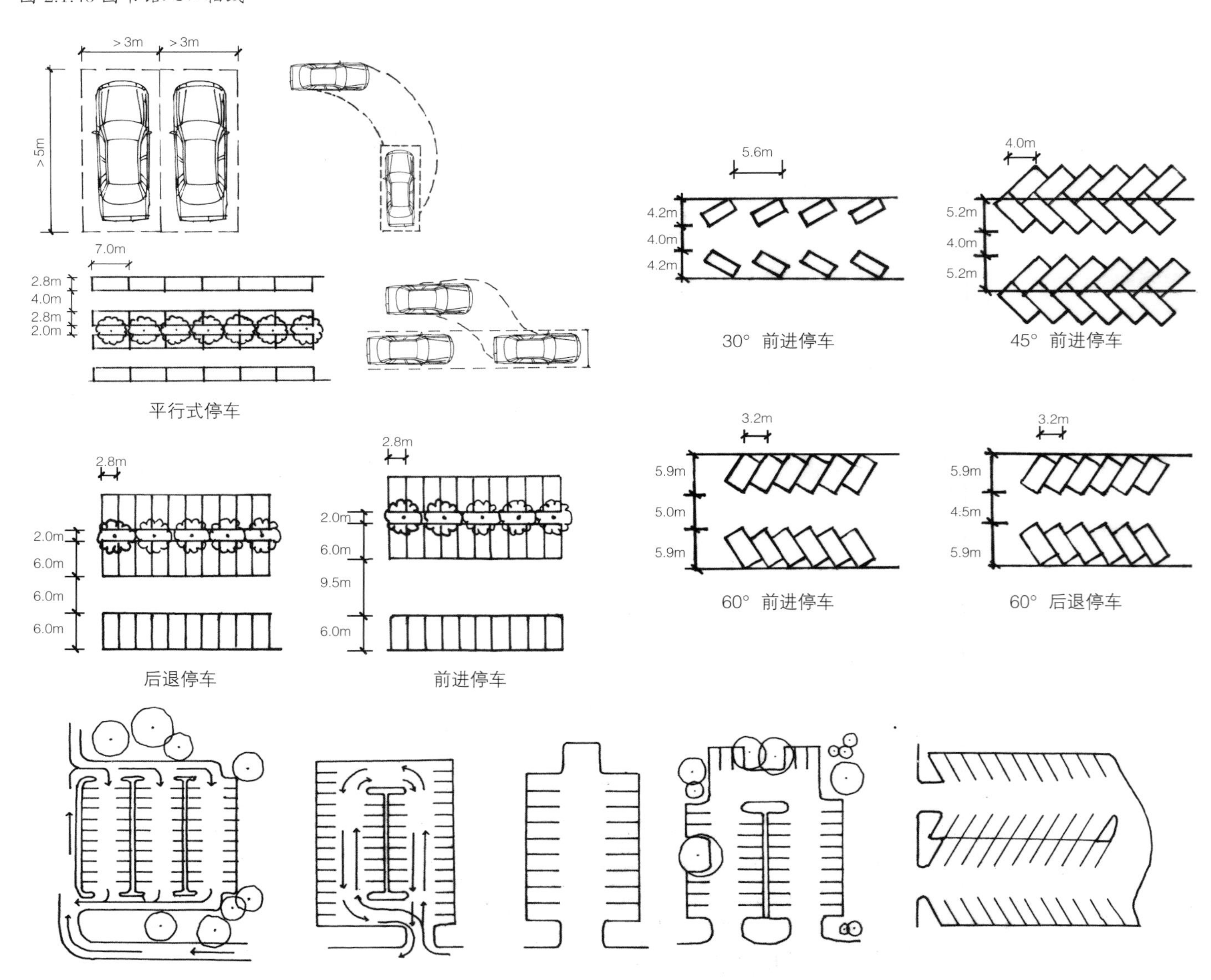

图 2.1.47 停车坪的布置

设置门卫、景墙等等其他景观要素（图 2.1.44）。

景观出入口设计除了相应的规范外，还必须考虑人们视觉审美的享受，注重设计理念与设计风格的统一，注意设计主题和设计要素的表现。使人进入之前就能感受到景观的吸引力和独特之处（图 2.1.45、图 2.1.46）。

2. 停车场

停车场按照类型可分为机动车停车场和非机动车停车场；按照专属性质可分为专用和共用；按照空间构造可分为广场式、地下式、多层式停车场等。停车场的布置首先要确定出入口的位置、通道、场地标高、停车数量等内容。具体的停车场设计可参阅停车场设计规范。

停车坪的布置有平行式、垂直式、斜列式等（图 2.1.47）。在一个景观空间中，机动车停车场与非机动车停车场要分开设置。停车场出入口位置应避开主干道、交叉路口、桥梁和匝道处，尽量不干扰交通，还要与景观主入口、主要车行道路方便联通。如公用停车场的停车区距离到公共建筑出入口的距离宜为 50~100m，风景名胜区停车场至主入口的距离可达 150~200m，机动车出入口距离大中城市主干道交叉口距离至道路红线交叉点量起不小于 70m，距地铁出入口、公共交通站台边缘不小于 15m，距公园、学校、儿童及残疾人使用的出入口不小于 20m。

停车场出入口数量也有一定的规定，少于 50 个停车位的停车场，可以设一个出入口，采用双车道；50 ~ 300 个停车位的停车场应有两个出入口；大于 300 个停车位的停车场，出口和入口应分开设置且距离大于 20m。停车场内部流线要能够保证出入方便，有足够的转弯半径。一个停车位大小一般为 3m × 6m，车位最好分组布置，每组不超过 50 辆，组与组之间防火间距不小于 6m。

停车场种植庇荫乔木时，树枝分枝点以下高度应高于停车位净高度，小型汽车为 2.5m，中型汽车为 3.5m，载货汽车为 4.5m。树池宜采用方形，每边净宽大于或等于 1.5m，若为矩形，净宽为 1.2 × 1.8m，树间距 4~10m。

3. 台阶与坡道设计

当地形产生高差变化的时候，应考虑台阶、坡道以及无障碍设计。台阶的设计应满足人的使用尺度和行为规律。安全性是台阶设置的首要原则。具体的台阶与坡道设计可参阅《城市道路和建筑物无障碍设计规范》。

景观中的台阶除了交通作用外，还可以通过设计使其具有划分空间、观看、休闲、晒太阳、聚会的功能（图 2.1.48、图 2.1.49）。景观中的台阶高度略低于建筑室内的台阶高，一般为 80~120mm，宽度不小于 300mm，一般每隔 8~10 级后应设一段平台（图 2.1.50），且在同一场所的景观中，每级台阶的高度、宽度应相同。必要的时候，台阶两侧应设有安全防护栏、栏杆或垂带墙（台阶两侧的夹墙，并介于台阶与相邻斜坡之间），栏杆的高度在 80 ~ 90cm 为宜（图 2.1.51）。

在城市公共景观设计中或公共性较强的景观设计中，应尽量避免不必要的高差变化。同时应考虑无障碍坡道的设计。坡道一般形式主要有“一”字型、“U”字型和“L”字型，坡道两侧应设置扶手，坡道侧面凌空时，在扶手栏杆下端应设高不小于 15 mm 的坡道安全挡台（图

图 2.1.48 台阶及其功能

图 2.1.49 台阶及其功能

图 2.1.50 台阶的尺寸

图 2.1.51 台阶两侧的安全防护设施

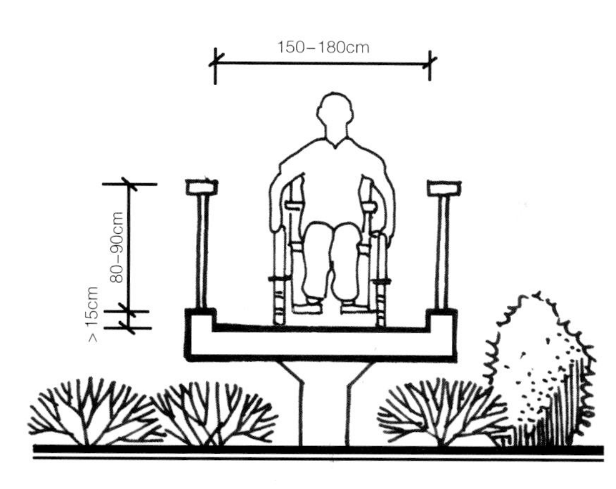

图 2.1.52 坡道挡台

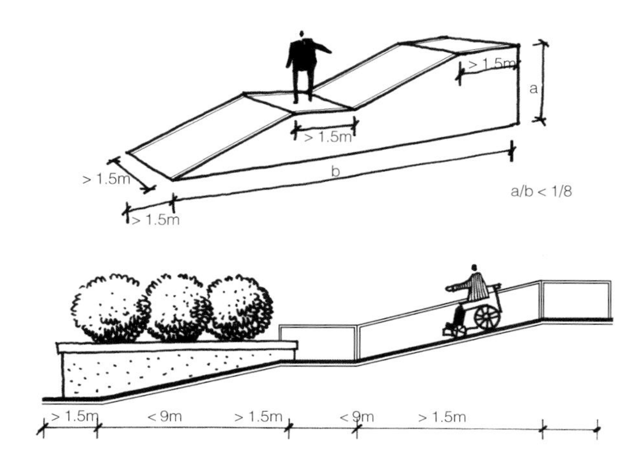

图 2.1.53 坡道尺寸

2.1.52）。坡道的倾斜度最大比例不能超过 1/8，最好小于 1/20，宽度应大于 1.5m。坡道起点、终点和中间休息平台的水平长度不应小于 1.5m。在不通车辆的路段，当坡度大于 12° 时应设台阶。对长距离的斜面来说，被平台所隔开的两级坡道最大长度不超过 9m，每隔 9m 应设计一个平台，并配置栏杆（图 2.1.53）。

景观设计时，台阶和坡道不仅作为必要的物质要素出现，同时也可以成为景观的主体，如著名的罗马西班牙大台阶就是以台阶作为景观主体，巧妙地处理了地形的高差（图 2.1.54）。西班牙大台阶建于 1721~1723 年，具有巴洛克式建筑风格，大台阶由钙华石砌成，由 3 个大平台分为 3 层组成，整体平面造型如同一只花瓶，形成了优美动人的曲线。曲线形大台阶将不同标高、轴线不一的教堂、广场与街道有机地统一起来，建构成一个和谐的整体。还有许多设计巧妙地将台阶与坡道合并，营造出独具特色的景观（图 2.1.55，图 2.1.56）。

创意小贴士

坡道往往在设计中容易被忽视，坡道应该在设计的过程中尽早决定。因为坡道占用的空间往往大于台阶，如果后期再调整坡道和台阶的位置，常常会发现坡道没有地方布置或坡度太陡不满足规范。

图 2.1.54 台阶处理地形高差（意大利罗马西班牙大台阶）

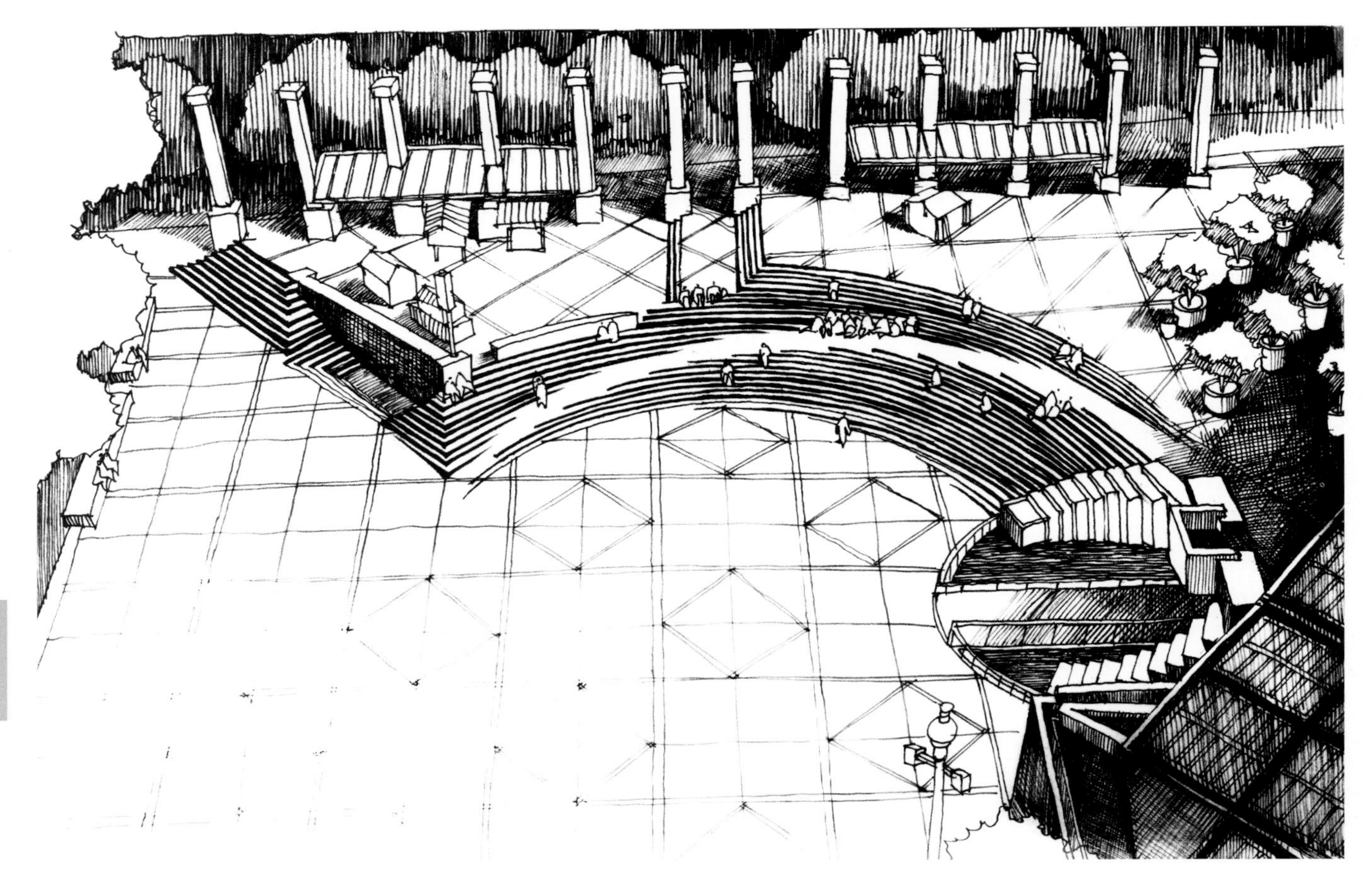

图 2.1.55 台阶与坡道结合

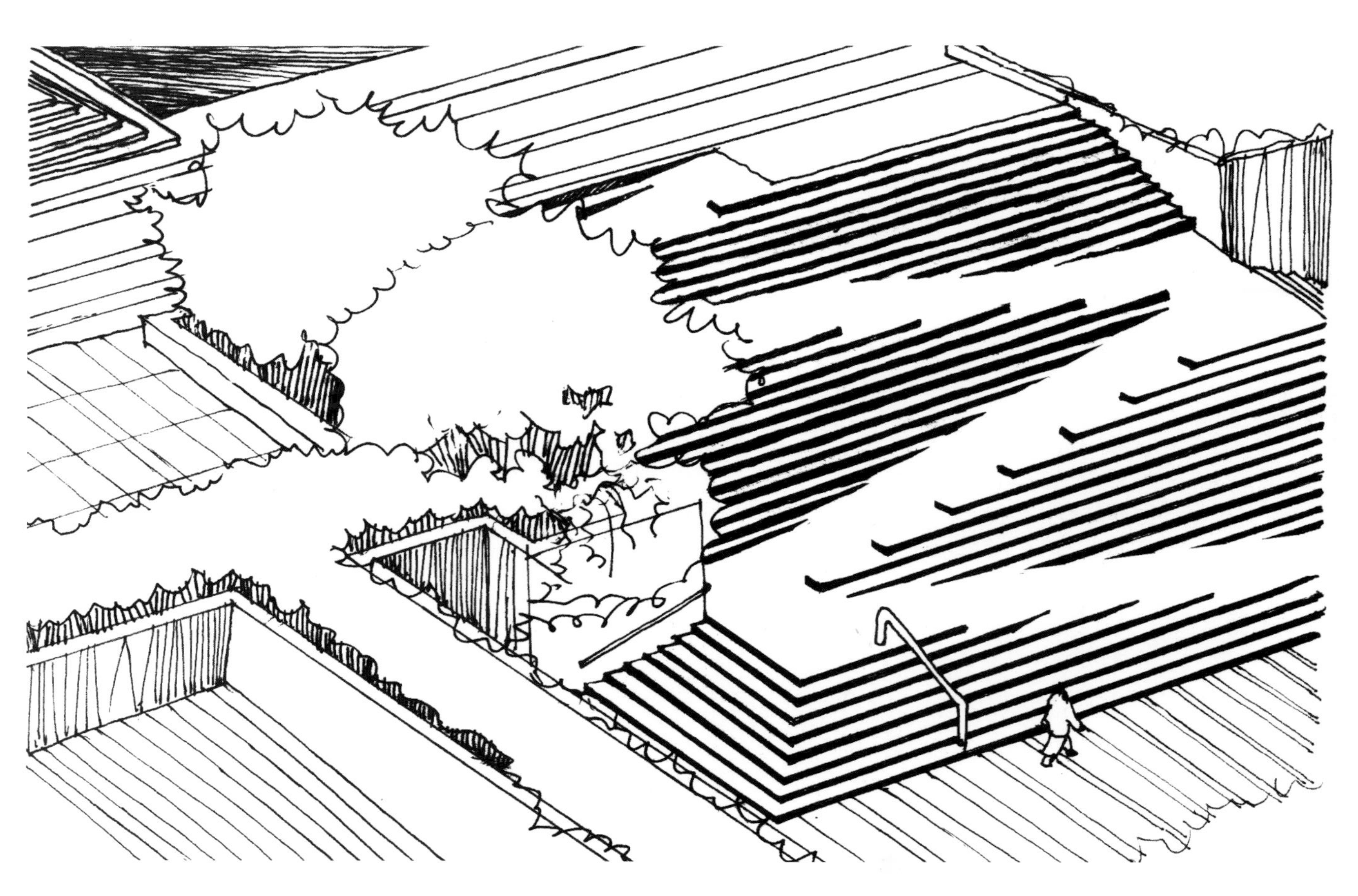

图 2.1.56 台阶与坡道结合

四、硬质场地

1. 硬质场地设计

景观中的地面是人活动的基面，与人直接接触，关系最为密切。人在景观中视线主要集中在垂直面的植物及水平面的地面上。水平地面除了植物、水体等其他要素覆盖之外的部分，就是硬质场地。硬质场地往往利用材料集中铺装，以便人们的各种使用。

硬质场地主要有以下几种功能：首先，硬质场地可作为人流集散的区域，一般具有开敞的空间特性，应减少过度的空间分隔和划分，便于行人集散、穿行以及各种活动的展开，减少场地限制，如广场入口空间（图2.1.57）。第二，硬质场地可用作休憩区，提供静坐、休憩、交流的功能，通常面积和尺度亲切，被建筑或其他构筑物和景观要素所围合，如庭院、社区空间等（图2.1.58）。第三，硬质场地作为休闲健身区，具有明确的设计目的，通过设施和铺地的配合进行设计（图2.1.59，图2.1.60）。第四，作为娱乐游玩区，可展开多种多样的活动，具有较强的观赏性和参与性，如游乐场、旱喷广场、雕塑广

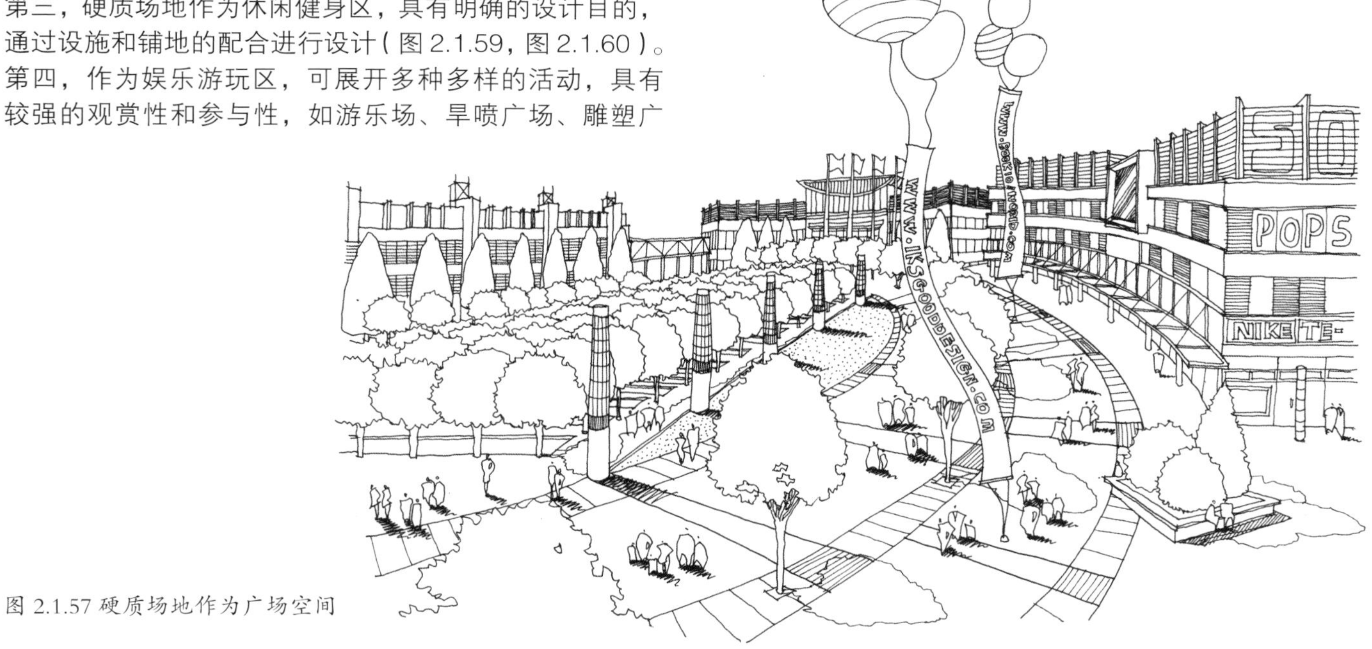

图 2.1.57 硬质场地作为广场空间

图 2.1.58 社区空间的硬质场地

场等等（图 2.1.61）。

硬质场地中的铺装形式在很大程度上影响到人们的视线及对场所的感受，成为了景观中重要的构成元素。人工铺地的材料众多，如混凝土、石块等硬质材料；塑胶、塑料、混合土等软质材料；碎石、砾石等铺垫材料，等等。景观地面铺装主要包括以下几种类型：沥青路面铺装，成本低廉，施工简单，表面无拼缝，较为整体，耐磨，易清洗，但视觉效果单调，多用于城市道路；混凝土铺装，造价低廉，可塑性和耐久性好，稳定性高，适合浇筑自然形状的铺地，但缺乏质感，较为单调，且需要做伸缩缝，多用于城市道路、园路、停车场等；砖砌铺装，方便坚固，色彩丰富，拼接方式多样，具有一定的装饰性，常用于广场、商业街、住宅小区、人行道等；预制砌块铺装，是用混凝土和工业废料或地方材料制成的人造块材，防滑，施工简单，尺寸、花色多样，具有较好的透水性能，常用于景观园路中；木质铺地，需进行防腐处理，亲近自然，纹理美观，多用于平台、桥、栈道等；各种石材铺地，纹理丰富，耐久性好，如花岗岩、板岩、砾岩、人造石材等，石材的表面可做不同质感的处理，常用于城市广场、商业街及建筑周边的硬质路面铺装；塑胶地面，具有较好的安全性，常用于运动场、儿童活动区等场所的塑胶地面。

图 2.1.59 硬质场地铺装划分出的休闲空间

图 2.1.60 硬质场地铺装划分出的休闲空间

为了便于人的交通和活动，铺地首先需要具备一定的物理功能，满足安全性和实用性，因此铺地应选择耐磨、防滑、排水渗水快、容易管理的材料。铺地作为地面元素的一部分，具有重要的导游和导向的作用，能够暗示游览速度和节奏（图 2.1.62），如在重要的活动节点空间选择相对丰富而有特色的铺地，能提高空间的使用效率，在以交通为主要功能的道路铺装上选择单纯或具有方向感的铺装，能引导人们前进或到达景点，而不做过多驻足停留。铺装还能提供和暗示空间边界，能够划分不同的功能区域等等（图 2.1.63）。

另外，地面铺装其砌块的大小、拼缝的宽窄、色彩和质感等，都与场地的尺度有着密切的关系。适宜的铺装尺度

能够使空间产生视觉和感受上的变化，如同一大小的地面，用大尺度的铺装显得空间缩小，用小尺度的铺装则会显得空间变大（图 2.1.64）；同样一个场地，不同方向和纹理的铺装给人的视觉感受也可能完全不同（图 2.1.65）。

铺装还应遵循多样统一的原则。铺地应避免材料的过多变化或图案的过多繁琐复杂，否则容易造成视觉的混乱。应选择具有主导图形、色彩或材质的铺装来形成完整的基面背景，在其中寻找多样的变化（图 2.1.66）。

地面铺装还应重点对铺装的纹样进行设计（图 2.1.67~ 图 2.1.70）。富有个性、色彩鲜明的地面铺装能够创造独特的视觉趣味，构成极富个性的景观空间，并能为场所带来标志性的意义。澳门公共空间的景观多以黑色、黄色相间的波纹状图案进行铺设，形成了独特的城市文化特质（图 2.1.71）。同时，铺地需要满足人们的视觉审美和心理感受，可以采用当地的、具有文化符号的材料进行铺装，以求得一种地域文化的认同和归属感（图 2.1.72 、图 2.1.73）。

图 2.1.61 雕塑广场

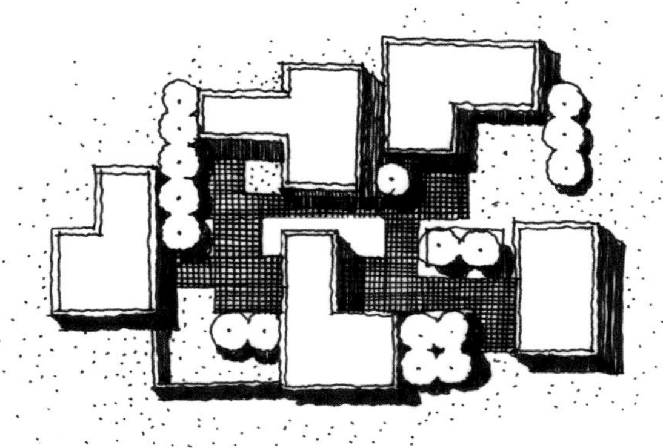

宽广：行走悠闲缓慢
狭窄：行走快速急促

图 2.1.62 铺装具有引导性

2. 铺地的表现

地面铺装主要在平面图和效果图上表现，在绘图表现时多用线条和体块表示。通常来说，草图和构思阶段的铺地只需大致划分，表明关系即可，方案图、节点图和施工图中的铺地则要进行仔细绘制。

如果在一个场景中，地面铺装并非设计师表现的重点，而是整体环境的背景或是不重要的区域时，应删繁就简，通过留白或少用笔触的方式，使地面成为景观主体要素的背景（图 2.1.74）。如果地面铺装是景观中重要的、位于中心的、面积较大的节点铺装形式，则通常会刻画得比较仔细，应注意纹样、图案、肌理和质感的表现，如粗糙的质地、精细的质地、光滑的质地等，可以通过线条的运用体现（图 2.1.75、图 2.1.76）。

当铺地面积较大的时候，并不需把铺地所有图案全部表现出来，可以只画一部分，进行示意，后运用过渡的方式慢慢过渡到空白，这样的画面看起来更透气，更活泼（图 2.1.77、图 2.1.78）。

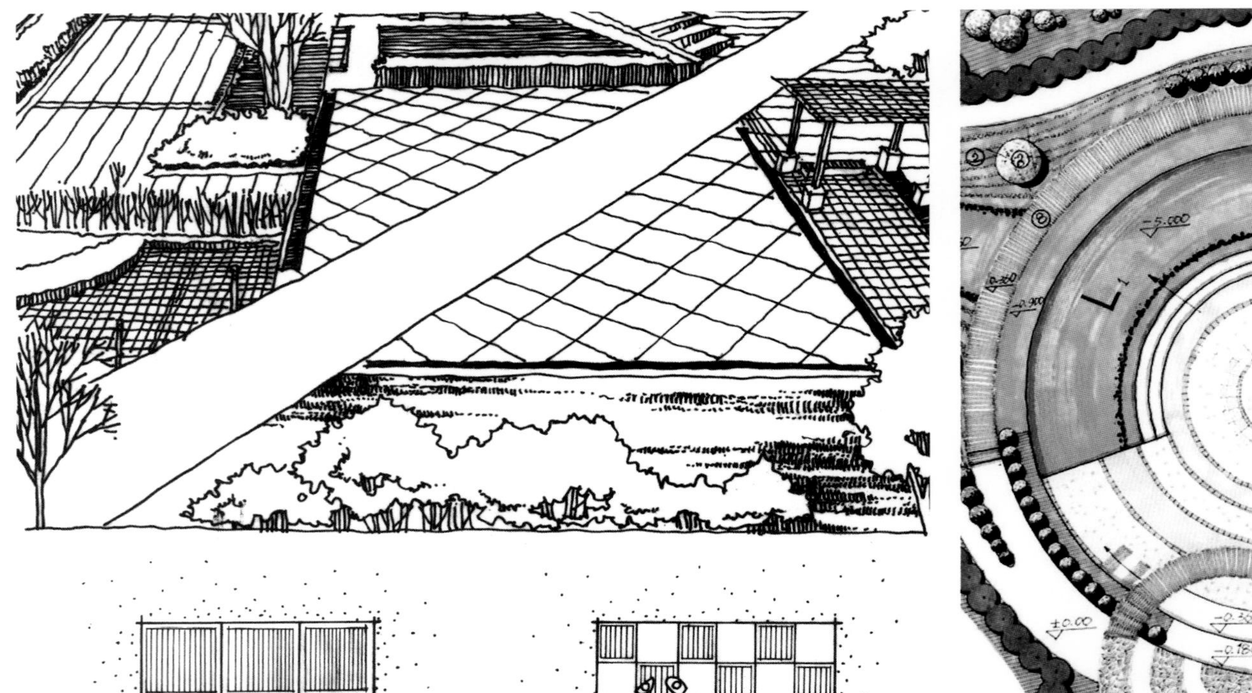

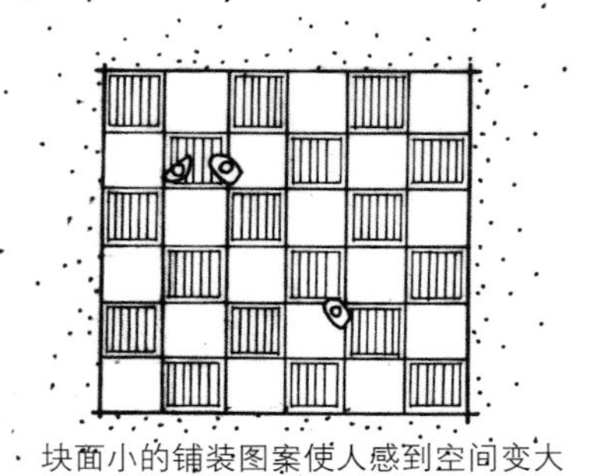

块面大的铺装图案使人感到空间缩小　块面小的铺装图案使人感到空间变大

图 2.1.64 铺地的尺度

图 2.1.66 用圆形统一的多样化铺地

图 2.1.65 铺地图案影响空间感受

图 2.1.67 各种铺装纹样

图 2.1.68 各种铺装纹样

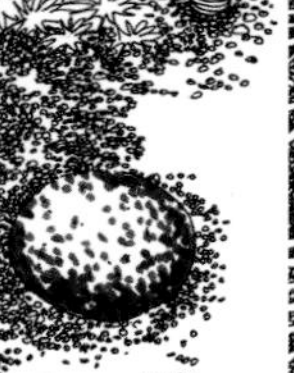

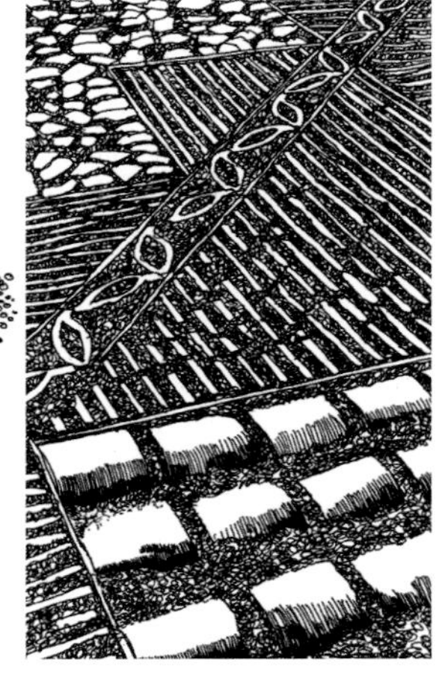

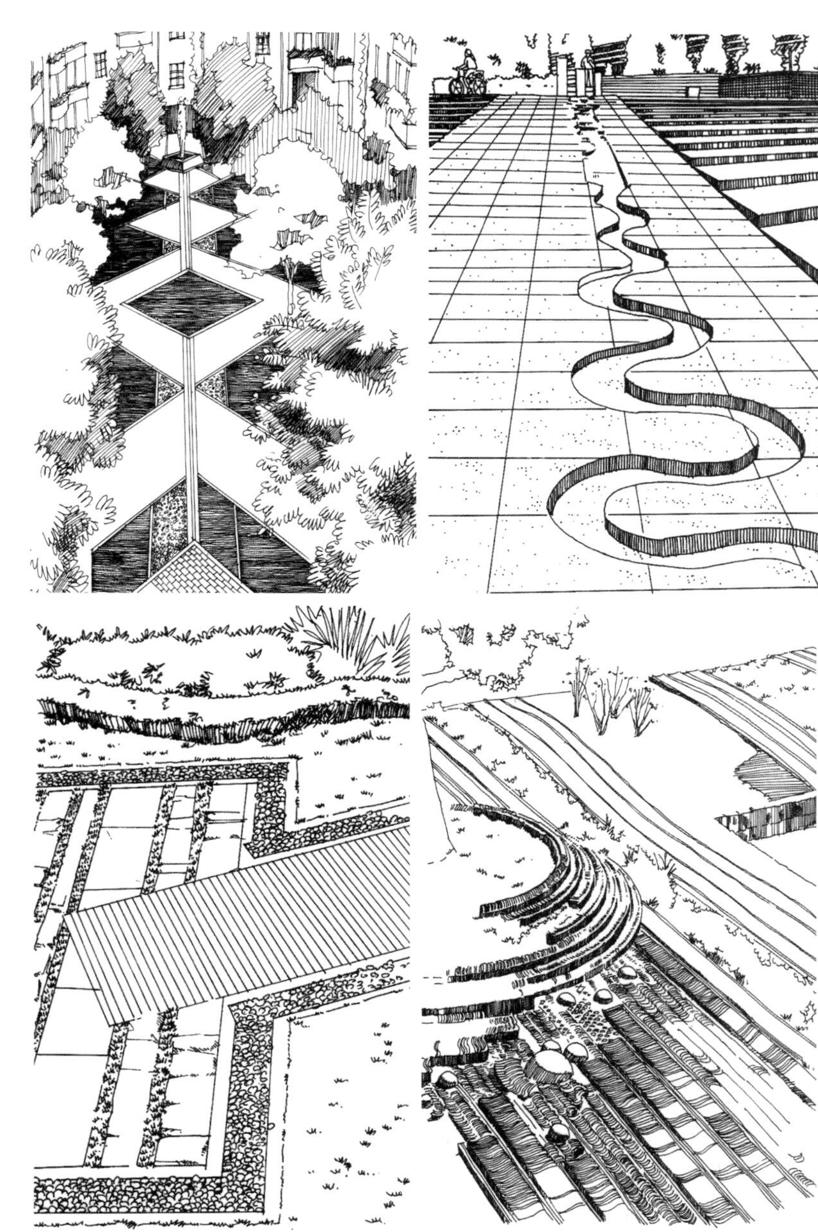

图 2.1.69 各种铺装纹样

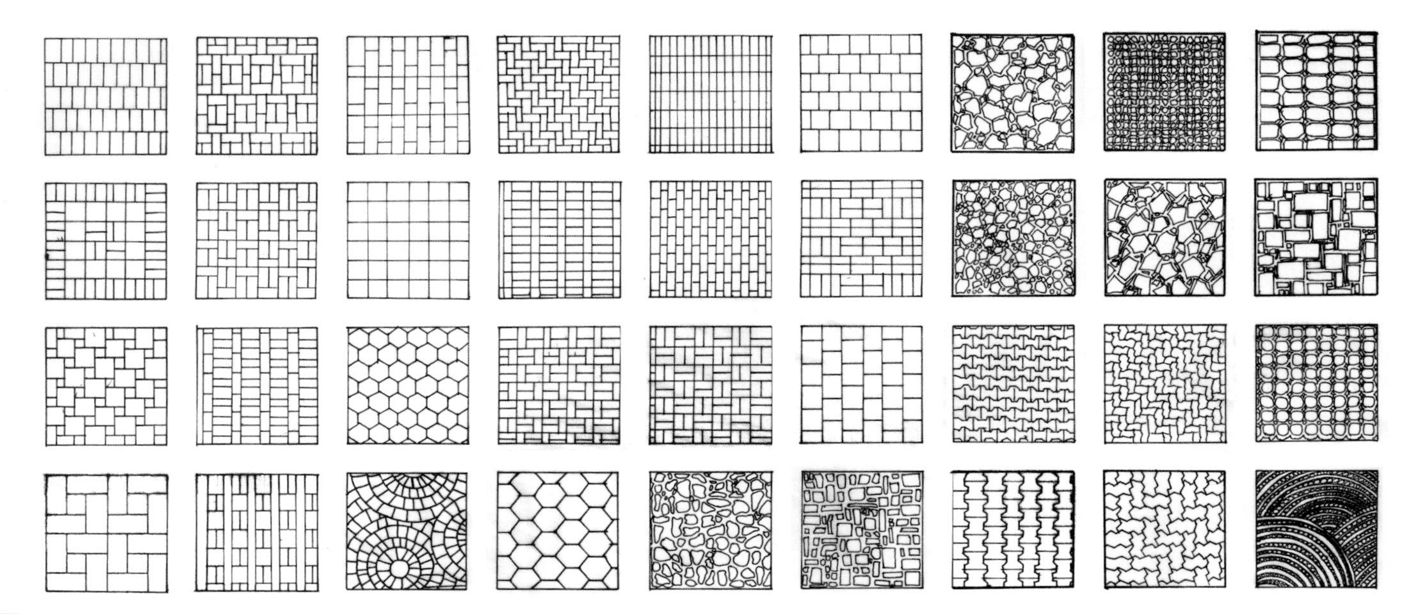

图 2.1.70 各种铺装纹样

图 2.1.71 澳门议事亭前

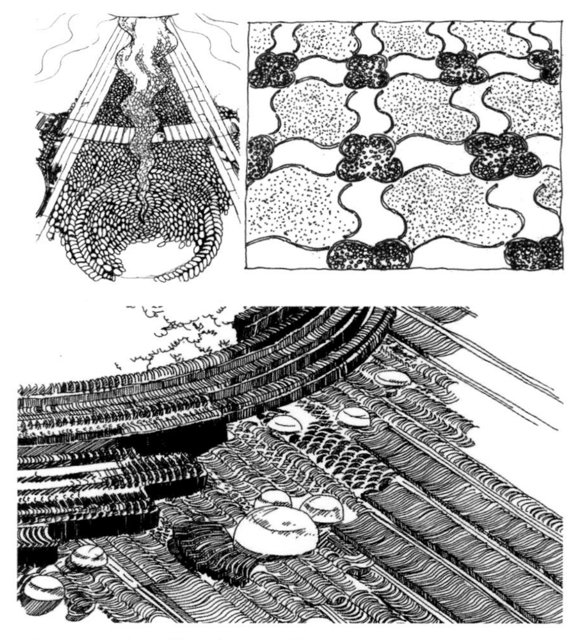

图 2.1.72 传统景观中用瓦片、石子做的铺地

图 2.1.73 日本景观中的铺地

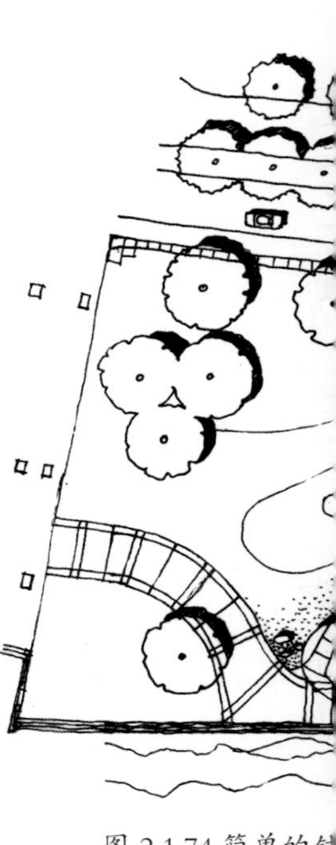

图 2.1.74 简单的铺

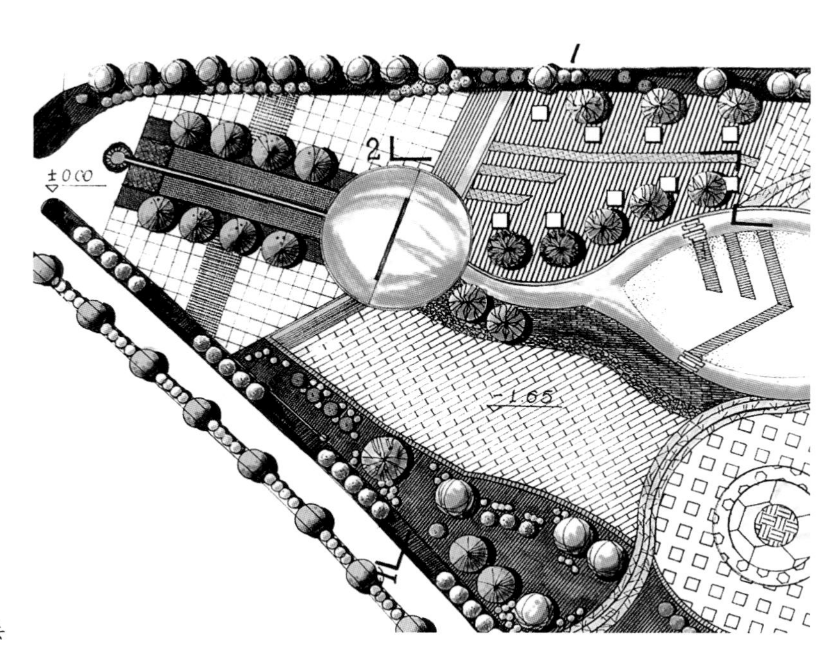

图 2.1.75 细致的铺装画法

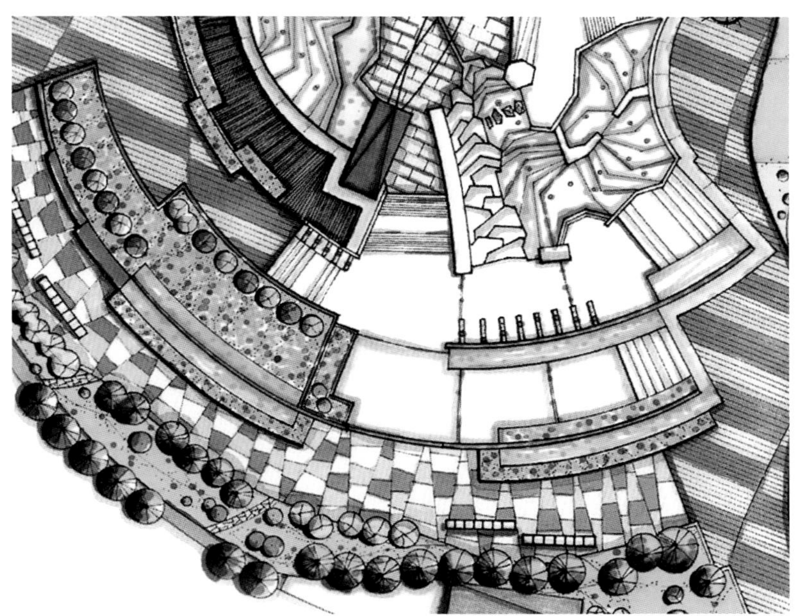

图 2.1.76 细致的铺装画法

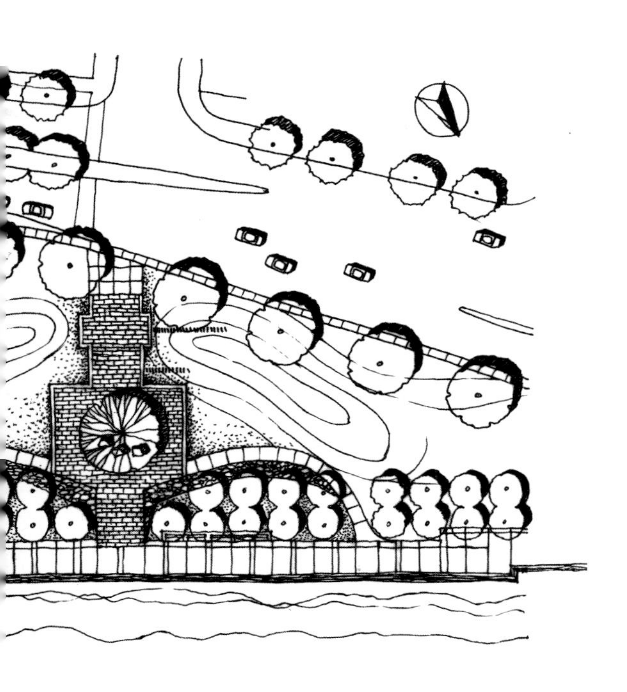

图 2.1.77 铺地不需要全部画满

图 2.1.78 铺地不需要全部画满

图 2.1.79 砖铺地的方向

创意小贴士

砖是铺地常用的材料，在绘图中要特别注意砖铺地的方向，砖铺的线型应与视线垂直（图 2.1.79）。砖用于圆形图案的时候应顺着由圆心发出的射线方向铺设（图 2.1.80）。

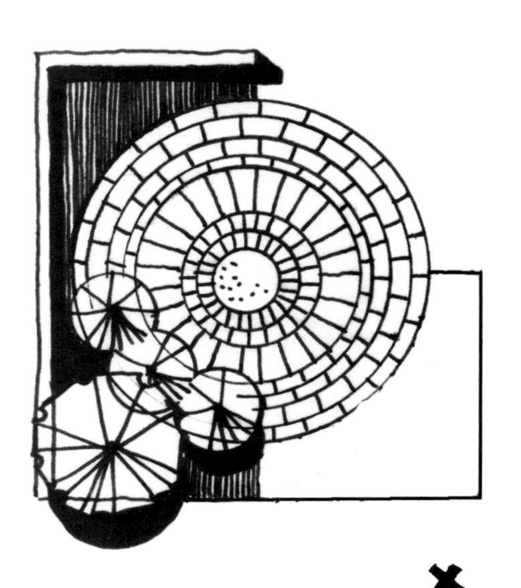

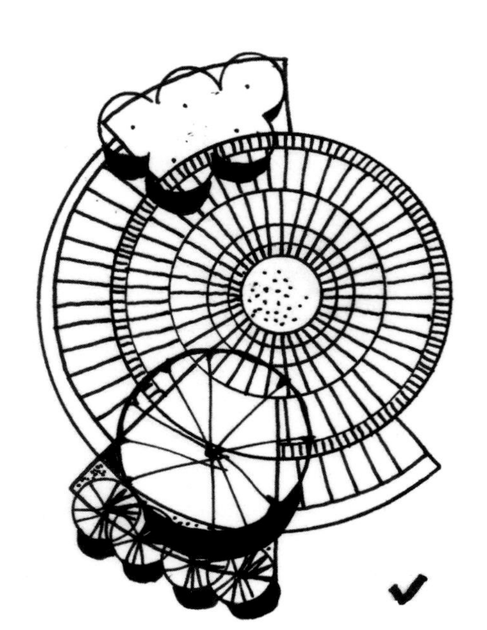

图 2.1.80 圆形砖铺装的画法

第二节 景观空间设计及创意表现

一、空间的认知

老子的《道德经》中有言："三十辐共一毂，当其无，有车之用。埏埴以为器，当其无，有器之用。凿户牖以为室，当其无，有室之用。故有之以为利，无之以为用。"（图2.2.1）。这段话被认为是中国传统道家思想中对空间解释的经典，阐明了"无"之以为"用"的老子道家哲学思想。认为一切有形之物提供给我们的便利，是通过它所限定出的空间而得到的，强调空间的价值，认为空间本身比围成空间的实体的壳更有价值。

日本建筑家芦原义信在《外部空间设计》一书中提到："空间基本上是由一个物体同感觉它的人之间产生的相互关系所形成的。"他强调的是人对空间的感知和体验(图2.2.2)。

意大利学者布鲁诺 · 赛维 (Zevi Brvno) 在《建筑空间论》一书中指出空间是我们生活在其间的一种现实存在（图2.2.3）。他认为空间真实的存在，这种真实除了包括物质上的组成元素和界面，形式上的组合方式等，还包括人的因素、社会的因素、情感的因素等，是更高层面的理解。

在不同的专业领域，对空间的定义和理解有所不同。哲学、数学、物理学、心理学、美学、建筑学等各个领域都有各自对空间的理解。不同文化背景下对空间的理解也不尽相同。

1999年版的《辞海》对"空间"的定义为：在哲学上与"时间"一起构成运动着的物质存在的两种基本形式。空间指物质存在的广延性，时间指物质运动过程中的持续性与顺序性。空间和时间具有客观性，同运动着的物质不可分割。没有脱离物质运动的空间和时间，也没有不在空间和时间中运动的物质。可见空间和时间是无限和有限的统一，是不可分割的整体。一方面，空间的存在有时间性，空间的功能形式都有可能随时间而改变，空间的审美、精神诉求等也可能因时间不同而不同；另一方面，时间的连续运动通过物质空间表现出来，如空间的深度和广度、空间的序列、引进和离开、入口和出口、空间中的功能活动等。

在艺术设计学的视野中，空间被认为是由点、线、面、体所占据、容纳、扩展或围合而成的三度虚体，是由长、宽、高表现出来的客观形式，是无形且不可见的与实体相对的部分（图2.2.4）。空间是被限定的，意义是明确的，是由空间的大小、色彩、质感等视觉要素，以及位置、方向、重心等关系要素共同决定的。空间是有情感的，空间不仅可以带给人们某种情感，同时人的情感也可以影响眼前的空间。这时的空间不只是一个物质围成的虚空，而且是一个含有精神意义的真实处所。所有的人都会被城市空间或建筑或某处场景所深深感动或唤起记忆，空间的视觉印象带给了人们真实的情感诉求。

景观空间可以说是容纳人们户外某种活动或实现人们审美需求和精神诉求的三维场所。空间不仅是建筑的灵魂，也是景观的灵魂所在。

图 2.2.1 老子像

图 2.2.2《外部空间设计》

图 2.2.3《建筑空间论》

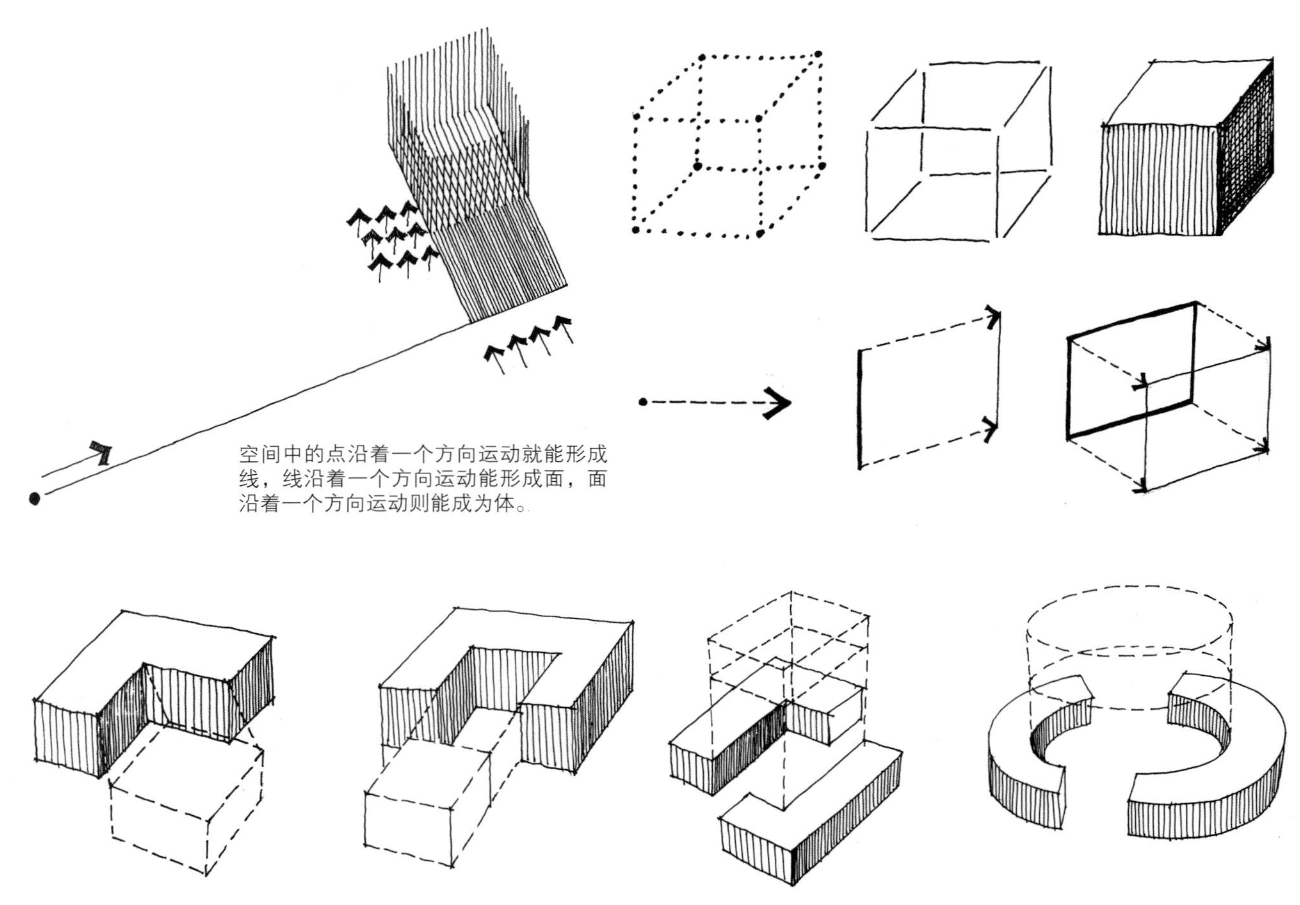

图 2.2.4 空间的形成

二、景观空间的设计要点

“空间”是建立在感知基础上的，这种感知需要通过人的感官来实现，即依赖于人的视觉、听觉、嗅觉、触觉等感官，其中视觉又是最为主要的感知途径。因此，形式的视觉属性从某种意义上说就决定了人们所看到的空间形态。

1. 形式要素限定景观空间

首先，形式和空间是对立统一的关系。人们的视野中总是会出现各种要素，形成各种构图，若将构图中的要素加以整理归纳，就会发现构图中总会存在图形和背景的关系。图形和背景是相互依存，又可相互转换的，没有图，就没有底，没有底，也无所谓图。这种图底关系就类似于形式和空间的关系，它们是对立而统一的。作为形式的实体和作为空的部分的空间同样可以相互转化，它们依靠彼此而存在。如果没有建筑占据的实体，

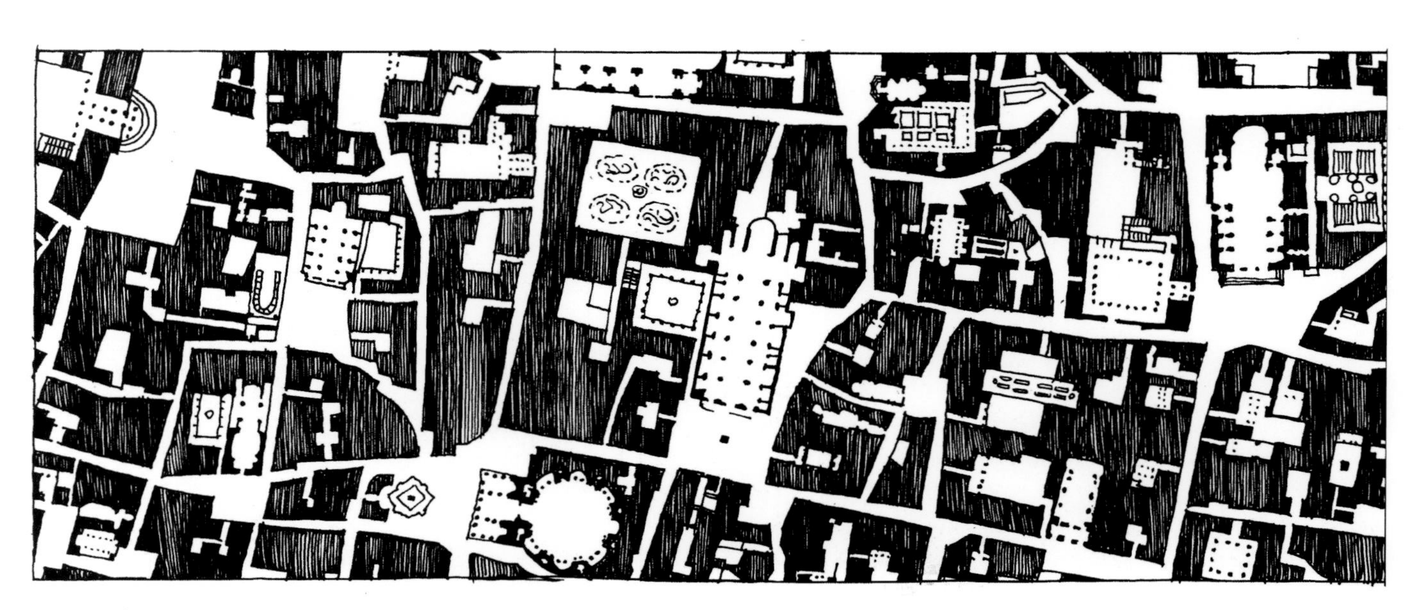

图 2.2.5 建筑和街道的图底关系可看作形式与空间的关系

那么街道空间就无从谈起；如果把街道空间看作实体的时候，建筑实体则可以看作是虚的空间（图 2.2.5）。

其次，形式能够限定空间。人们对空间的感知，基本是依靠限定空间的各形式要素而实现的。边界成为形式限定的物质载体。限定空间的边界可以是一个面或一个实体，比如建筑界面、街道边界、屋顶、植物等(图 2.2.6、图 2.2.7)，也可以是一个模糊的界限范围（图 2.2.8）。

图 2.2.6 屋顶水平界面限定空间

图 2.2.7 建筑垂直界面限定的街道空间

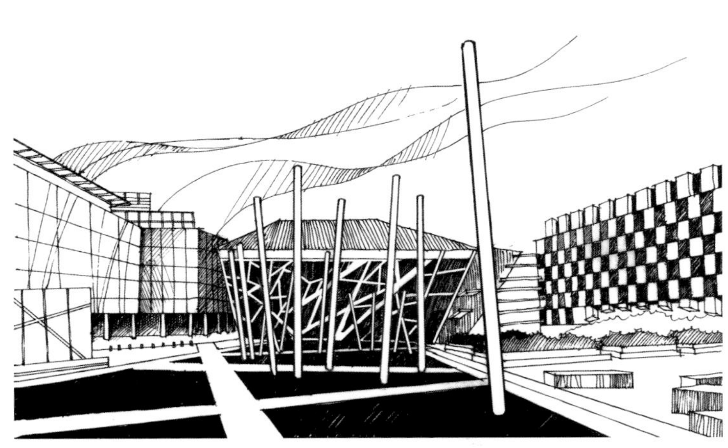

图 2.2.8 线要素限定的不明确的空间（爱尔兰都柏林大运河广场）

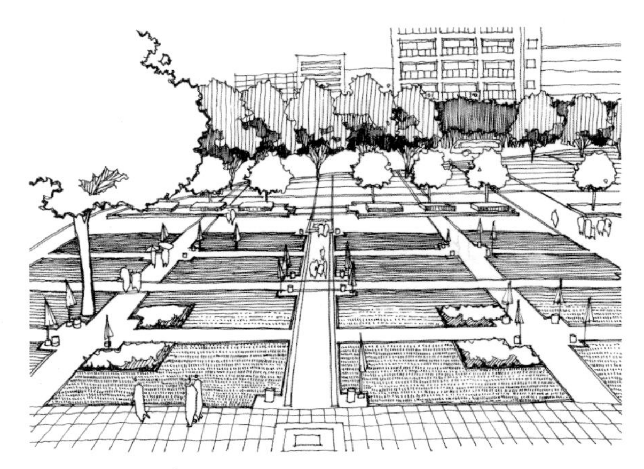

图 2.2.9 方形空间

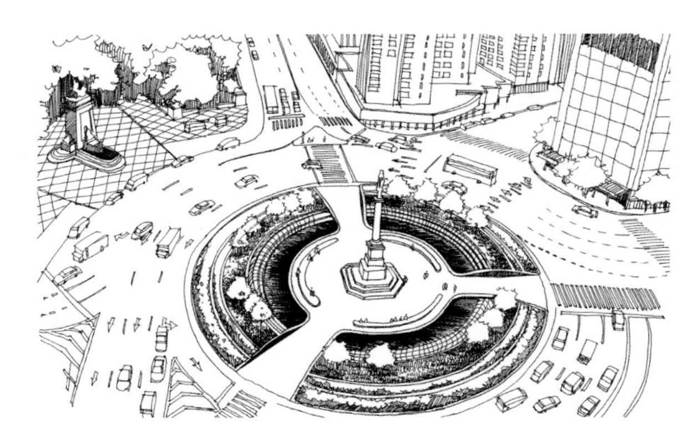

图 2.2.10 圆形空间

图 2.2.11 弧形空间

（1）景观空间的形状

空间形状是空间形式的表面和外轮廓的特定造型，是空间形式的主要可辨认特征，是人识别对象的主要途径，也是最重要的变量之一。空间的形状是由空间的界面围合或界定的，界面的形状、尺寸、色彩及质感等都会对空间形状产生影响。不同形状的空间给人不同的感受，同时，空间的形状能在一定程度上反映其功能特征。

方形的景观空间边界分明，具有构图严谨、整齐、平稳的特性，呈现庄严、严肃的空间性格（图 2.2.9）；圆形景观空间集中性、向心性强，具有凝聚力（图 2.2.10）；弧形或曲线环状的空间给人一种明显的导向感（图 2.2.11、图 2.2.12）；而锐角空间则给人一种新奇又刺激的空间氛围；锥形景观空间平面基本形态是由三角形，或由三角形和其他形态组合而成的，具有不稳定的动感。此外，还有不规则景观空间、自然式景观空间以及复合式景观空间等。

图 2.2.12 弧形空间

（2）水平要素限定空间

空间中的水平要素主要是顶界面和底界面，通过其空间位置的变化来限定空间，形成不同的空间感受。

顶界面可以限定它本身至底面之间的空间范围。其空间的形式和性质是由顶面的边缘轮廓、形状、尺寸和距离底面的高度所决定的（图 2.2.13）。顶界面最大的空间特征就是它具有遮蔽性，它限定的空间其私密性并不强，空间围合也不十分强烈。如果与垂直界面配合，其空间领域感会更明晰（图 2.2.14）。顶界面与地面之间的绝对高度对空间有着重要的影响。所谓绝对高度指顶界面相对于人的高度，如绝对高度过低，所形成的空间显得压抑；反之，绝对高度过高，所形成的空间感觉不够亲切（图 2.2.15）。

正如芦原义信所说，有顶、没顶是区分室内外的关键，景观作为户外空间其顶界面是开放的，可以是天空，也可以是植物的顶盖，亦或是亭台楼阁等构筑物的顶面。而景观的底界面作为真实存在的基底，就显得尤为重要。景观中的底界面主要是由地形、人工铺地、草坪等所形成的。

在户外，草地上铺一块野餐布，就形成了一个适合野餐的区别于自然的空间，这个空间的形态就是由野餐布的

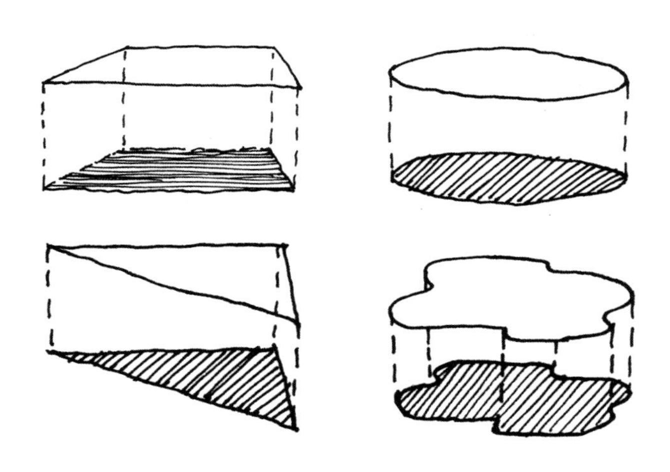

图 2.2.13 顶面的形状限定空间的形状

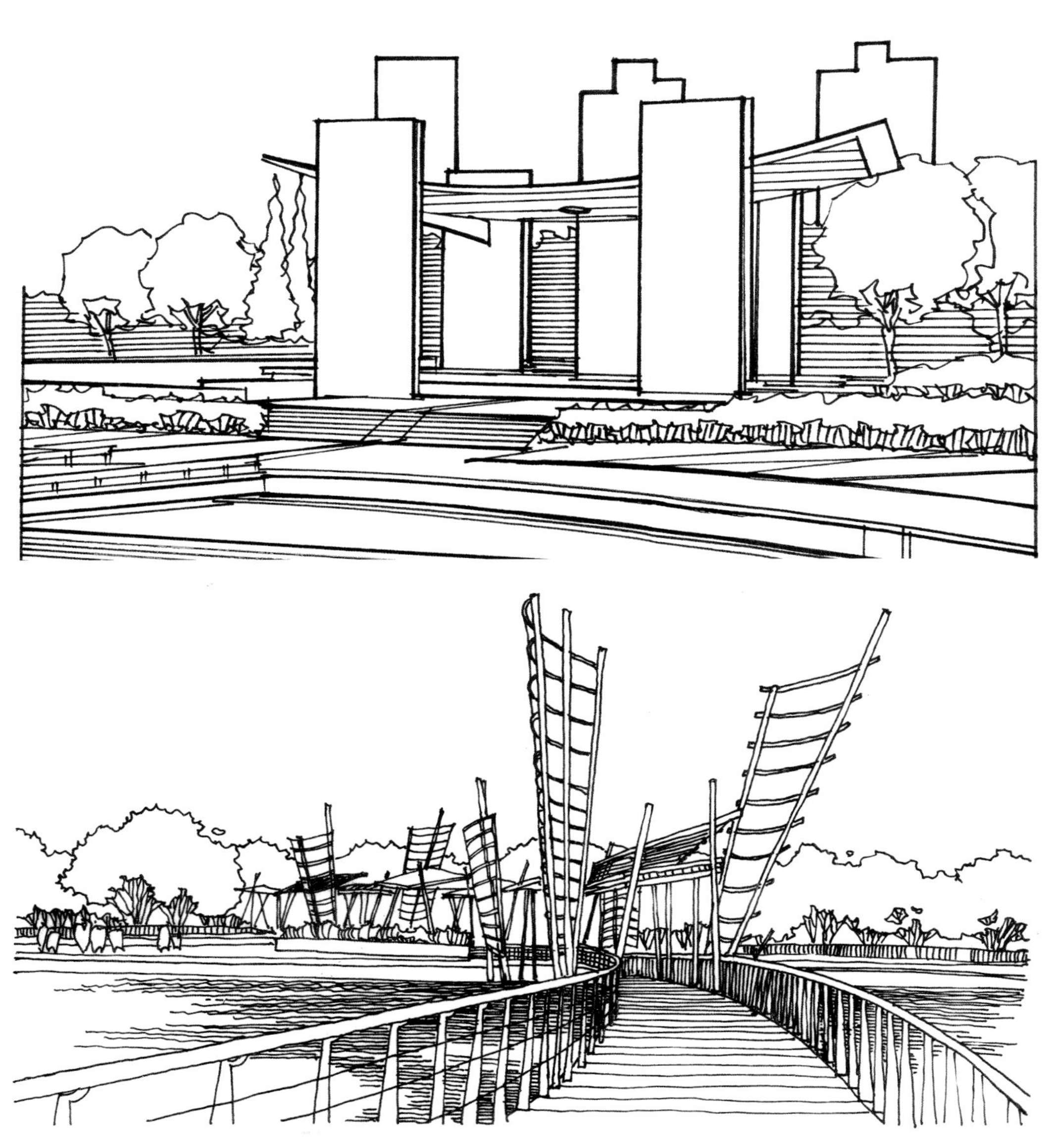

图 2.2.14 顶面与垂直界面结合限定感更强

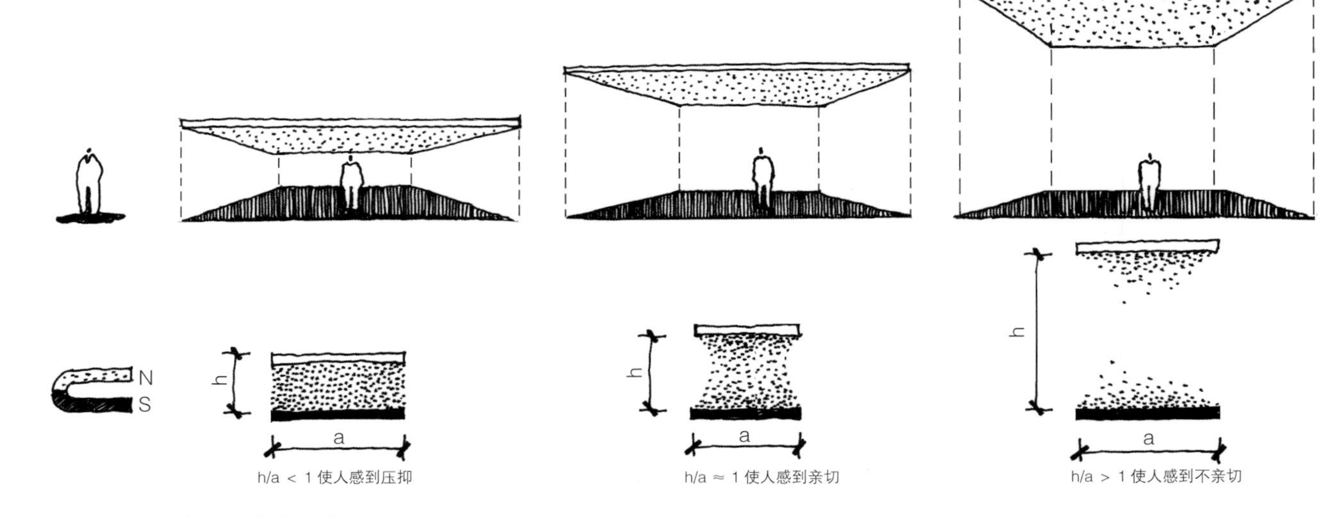

图 2.2.15 顶面与底面的高度对空间的影响

图 2.2.16 底界面对空间的限定

图 2.2.17 通过材质不同划分空间

图 2.2.18 底界面的抬升表现神圣感（无锡灵山大佛）

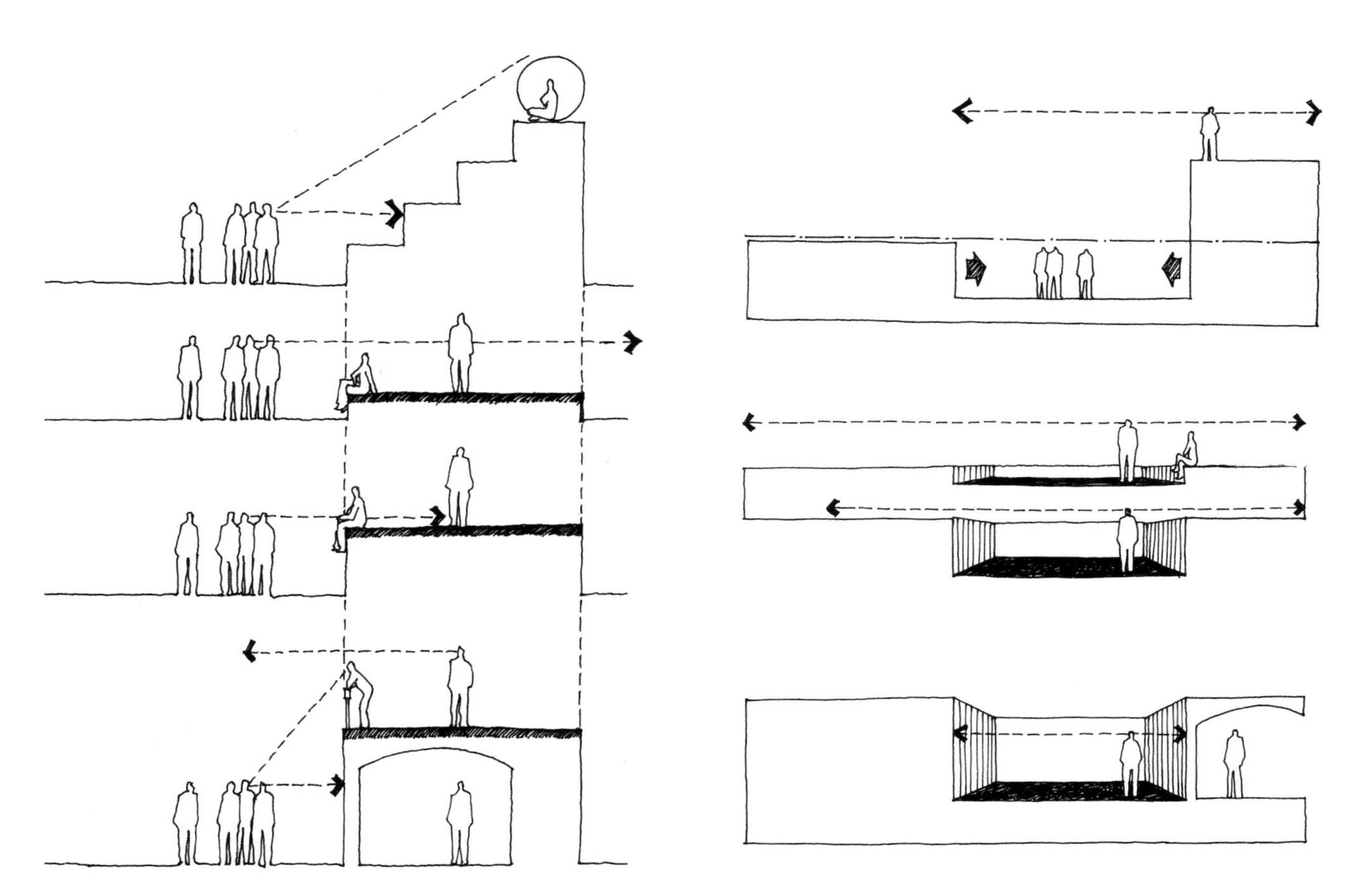

图 2.2.19 底界面升起的高度影响人的视觉和感受

图 2.2.20 底界面下沉的程度影响人的视觉和感受

图 2.2.21 下沉广场（北京奥林匹克公园下沉花园）

图 2.2.22 上海静安寺下沉广场

大小、位置、形状所决定的（图 2.2.16）。同样的，景观中的底界面能有效地形成空间限定。

当底界面没有上升或下沉的变化时，可通过色彩、材质的不同进行空间的划分，或与周围环境进行区分（图 2.2.17）。当底界面上升的时候，升起的底界面会有一种更加强烈的空间领域感，并给空间带来一种扩张性。从下往上看，需要仰视，底界面升起的空间具有一种神圣感、庄重感、肃穆感，通常表现重要的内容时会采用此种方式（图 2.2.18）；从上往下看，则为俯视，产生一览众山小的感受。底界面升起的高度影响着人的视觉感受与整体空间的连续性之间的关系。当升起的高度低于人的视平线时，空间范围得到良好的划定，视觉与整体空间的连续性得到维持；当升起的高度超过人的视平线时，视觉与整体空间的连续性将被中断（图 2.2.19）。当底界面下沉形成下沉空间的时候，因为看到了下沉空间的侧立面，空间限定感最明确。底界面的下沉使形成的空间具有一种内向性、保护性、亲切感和安全感。同样，底界面下沉的程度影响着人的视觉感受与整体空间的连续性之间的关系。当下沉的程度较小时，下沉部分空间自身具有一定的领域感，并与周围空间仍保持着较好的整体性；而当下沉的程度较大时，人的视觉与整体空间的连续性被中断，下沉部分空间具有较强的独立性（图 2.2.20）。通过底界面相对底面的下沉方法来限定空间的方式，在景观空间设计中有广泛的应用，例如下沉广场空间（图 2.2.21、图 2.2.22）。

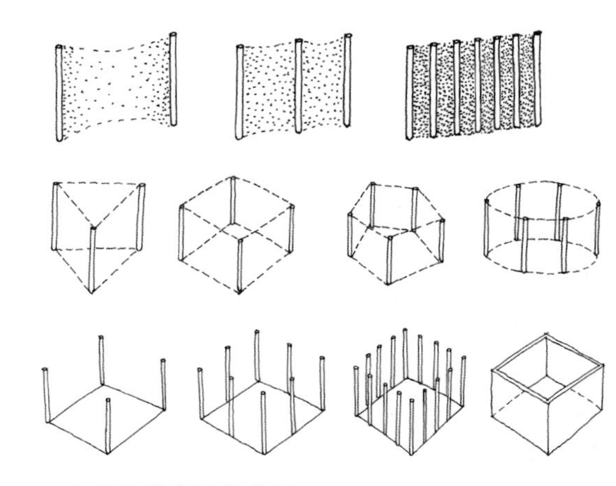

图 2.2.23 垂直线要素限定空间

图 2.2.24 三根垂直线要素限定空间

图 2.2.25 多根垂直线要素限定线性空间

图 2.2.26 多根垂直线要素限定面状空间

图 2.2.27 垂直面限定空间

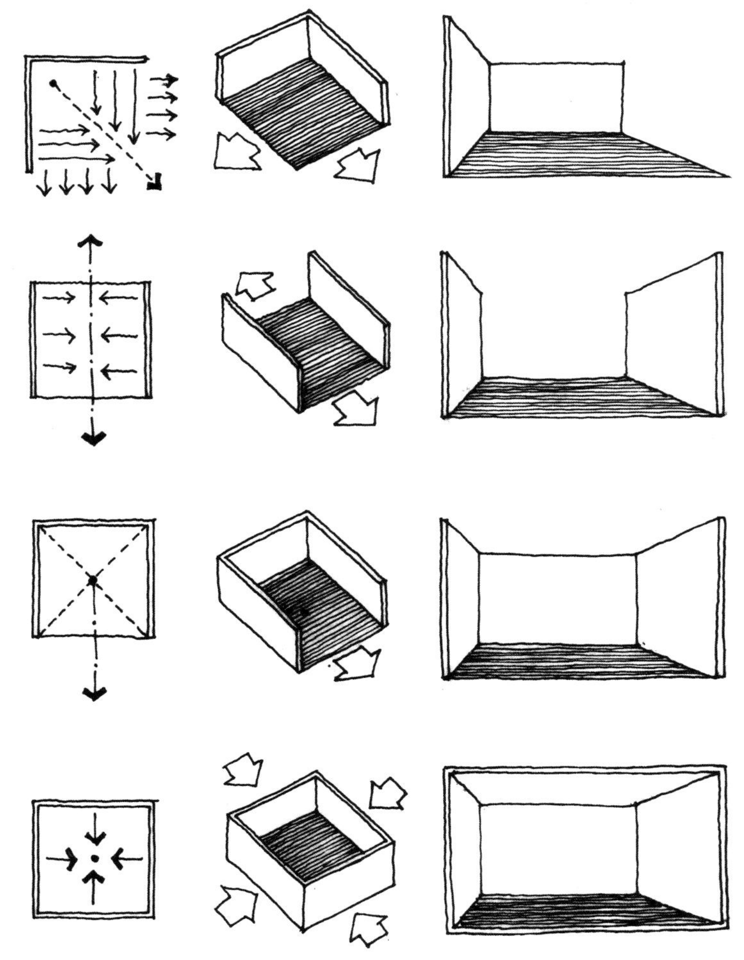

图 2.2.28 不同垂直面组合所限定的空间感不同

（3）垂直要素限定空间

垂直要素限定空间的方式主要指运用垂直线或垂直面来限定空间，可以是柱子、隔断、墙面、栏杆、绿篱等垂直要素。水平要素限定的空间其垂直边缘是暗示的，同时，由于人的视线与垂直要素相垂直，故相同大小的水平面与垂直面相比，垂直面看起来更大。因此，从人的视线来说，垂直要素要比水平要素对空间的限定更加直接有效。

垂直线要素限定的空间有相对清晰的空间领域感，但不完全隔断空间的连续性，为视觉的通透提供了可能（图 2.2.23）。在具体的空间设计中，垂直线要素可能表现为独立的垂直线要素、两根垂直线要素和三根或更多的垂直线要素等情形，其限定的空间从无边界但有向心的凝聚力，到类似墙面的视觉效果，空间的边界从无到有，空间的领域感愈发强烈（图 2.2.24~ 图 2.2.26 ）。运用垂直线要素限定的空间具有趣味性，显得活泼生动，空间之间的渗透性和交融性较好。

垂直面要素限定的空间有更加明确的空间领域感（图 2.2.27）。在具体的空间设计中，垂直面要素可能表现为单一垂直面、组合垂直面等情形，从单一垂直面到包括垂直面 L 形组合（两个垂直面）、垂直面平行组合（两个垂直面）、垂直面 U 型组合（3 个垂直面）和垂直面封闭组合（4 个垂直面）在内的组合垂直面要素所形成的空间，其限定的空间随着垂直面的增加，从仅有分隔、呈现外向性，到具有明显的内向性，甚至封闭性（图 2.2.28）。围合而成空间的领域感由弱到强，相邻空间之间的连续性由强到弱，甚至丧失（图 2.2.29，图 2.2.30，图 2.2.31 ）。

当然，垂直面要素的高度与人的高度和视平线角度等的不同给人造成的空间感受也不同。另外，垂直面的大小、色彩、质感、图案等因素也都会影响到人对空间的感知。

（4）水平要素与垂直要素结合或合并限定的空间

在真实的空间中，水平要素往往与垂直要素进行结

图 2.2.29 平行垂直面对空间的限定

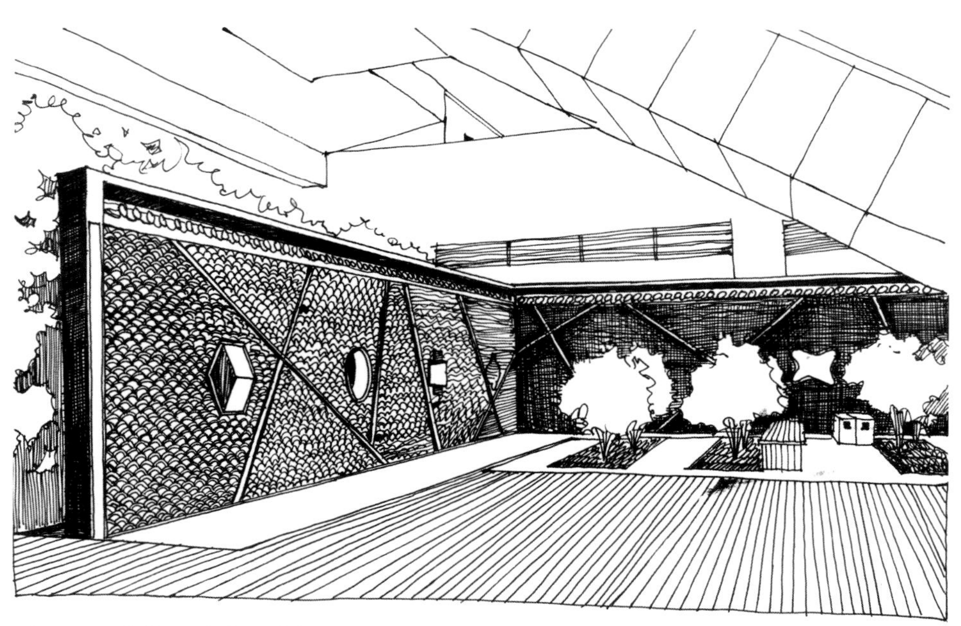

图 2.2.30 “L”形垂直面对空间的限定

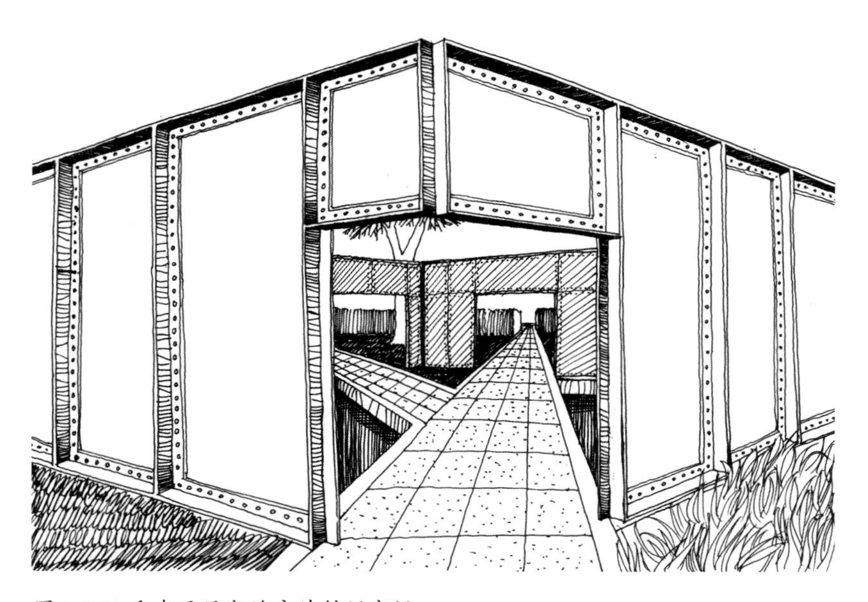

图 2.2.31 垂直面限定的户外封闭空间

图 2.2.32 一群乔木限定的树下空间

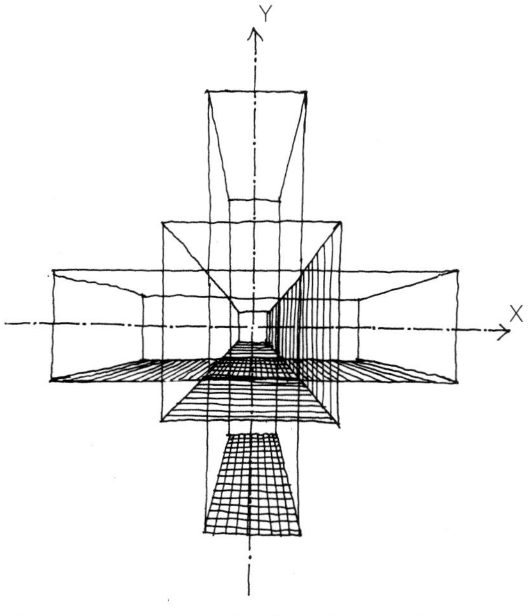

图 2.2.33 垂直和水平要素组成的基本空间形态

图 2.2.34 水平要素的延伸形成的细而长的空间

合共同限定空间。如一排或一群乔木形成的空间，既有树冠形成的明确的顶界面，又由密密麻麻的树干作为垂直线，进而形成了垂直面，限定并分割了空间(图2.2.32)。

形态不同的垂直要素和水平要素能够组合形成各种形状的空间(图 2.2.33)。比如通过垂直要素的尺度增加，间距减小，可以形成窄而高的空间，竖直延伸给人以高耸向上之感，常用来激发兴奋、刺激、神圣、崇高、激昂的情绪，营造神圣、神秘、紧张的空间氛围。通过水平要素的延伸能够形成细而长的空间，给人以深远之感，诱导人们怀着一种期待和寻求的情绪，适宜营造一种探索、神秘的氛围，引人入胜是这种空间的特点(图 2.2.34、图 2.2.35)。当水平要素面积足够大、垂直要素低矮的时候，又可以形成低而大的空间，给人以广延、开阔和博大之感。

在有些情况下，水平界面和垂直界面并不能分得特别清楚，它们往往合并在一起形成独特的景观空间。如景观中常用到的张拉膜结构，既是水平要素的顶，有时也起到了垂直要素限定侧界面的作用（图 2.2.36 ）。

另外，空间的限定，并非要顶界面、垂直界面和底界面等所有界面同时存在，运用其中一至两个要素即可形成空间感。空间界面使用越多，空间的界限越清晰，空间的领域感强烈；反之，空间的界限相对模糊，空间

图 2.2.35 水平要素的延伸形成的细而长的空间

图 2.2.36 张拉膜空间是水平和垂直要素的合并

的领域感弱化。

2. 空间的尺寸和尺度

尺寸是形式的实际量度，尺寸的长、宽和深决定了形式的空间体量和比例。对于景观空间来说，长宽用米、千米（公里）表示，占地面积通常用公顷来表示。景观设计师要有良好的尺度概念，首先要对空间的尺寸和面积单位有清晰的认识。毫米、厘米、分米、米、千米（公里）是常用的长度单位，平方米、公顷、亩、公亩是常用的面积单位。各种单位之间的换算应该牢记。

100m × 100m=10000 平方米 =15 亩 =1 公顷。

特别注意亩和公亩的关系，平常说的亩是市亩。

1 亩 = 666.667 平方米。

1 公亩 = 0.15 亩 =100 平方米。

比例是物体各部分大小的比照关系，空间的比例通过对三维空间长宽的控制来实现。对景观空间比例的设计和控制，主要是在空间的可见结构要素中建立起一种秩序感。

空间尺度可分为整体尺度和人体尺度。整体尺度指与周围其他的形式有关的物质要素的尺寸关系（空间与周围环境的比例关系）。人体尺度指与人体尺寸有关系的要素或空间的尺寸关系（空间与人的比例关系）。我们常说的尺度过大或尺度过小，就是指组成景观的各部分之间的关系，以及人们对这些尺度关系的一种感受。尺度和比例的区别在于，尺度是以人为标尺，是人们对具体尺寸的感知（图 2.2.37）。空间尺度在空间感受的意义上，远比具体的尺寸更有价值。

尺度感的获得就是人以自己熟悉的尺寸通过对比获得对未知尺寸的感知（图 2.2.38）。当一个人站在一座建筑物前，用建筑上人容易感知的尺寸和建筑上其他未知的尺寸作比较的时候，人就获得了对这个建筑物各部分尺寸的具体感知，这就是尺度感的形成过程（图 2.2.39）。实际使用的空间中，有一些与人体密切相关的尺寸，比如踏步、坐凳的高度等是恒定不变的，这些将有助于人们获得正确的空间尺度感觉。

景观设计中，较大尺度景观空间的表现，主要侧重于整体布局、氛围效果，多用规划平面图和鸟瞰图的形式来表现。中型尺度的景观设计表现则用平面、立面和鸟瞰等多种形式表现。重点在表示各个空间之间的关系、植物的组团关系。小尺度的景观设计则侧重表现具体的细节设计。

图 2.2.37 人体比例尺度

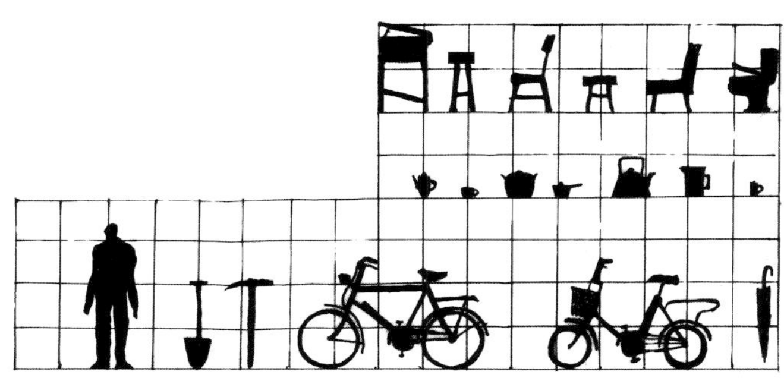

图 2.2.38 尺度感的获得

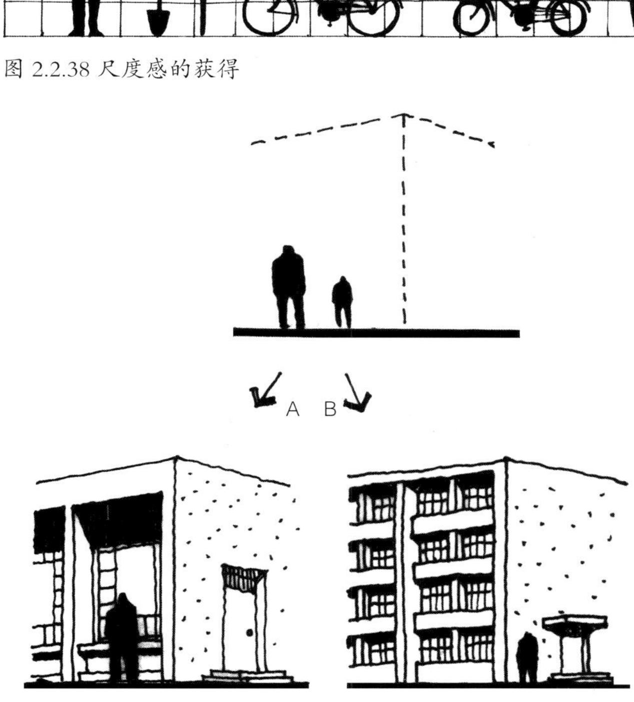

图 2.2.39 尺度感的形成

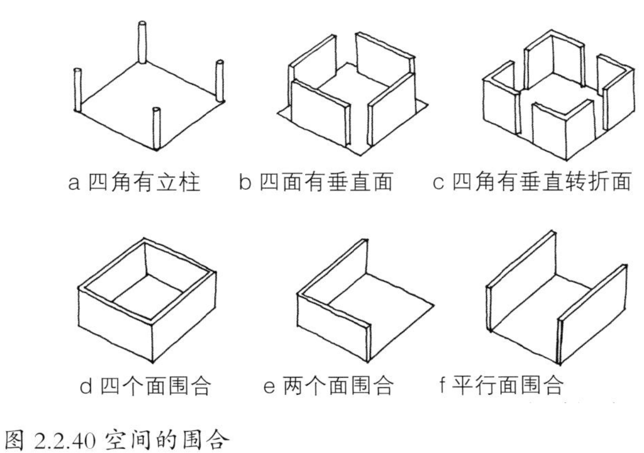

图 2.2.40 空间的围合

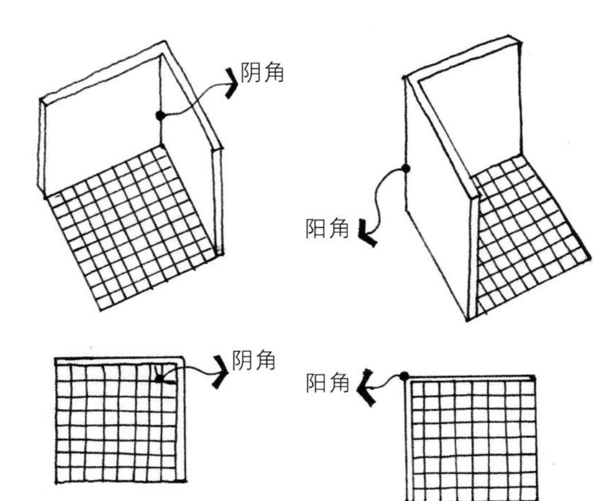

图 2.2.41 空间的阴角和阳角

3. 空间的围合和渗透

（1）空间的围合

围合是空间形成的本质手段，渗透是丰富空间的必要手段。空间围合的三种强度，一种是弱度围合，靠线要素、单个界面、平行组合来完成；另一种是中度围合，可用“U”形组合、半围合、透空围合的方式完成；还有一种是强度围合，通常由四个界面组成，必要的时候还有适当的顶面来完成（图 2.2.40）。

围合度指的是垂直界面与底界面以及与人的尺度匹配关系。空间具有较好的围合度，需要有清晰连续的边界，具有良好的封闭空间的“阴角”（图 2.2.41），易构成图形，地面铺装面直到边界，形成明确的领域，与周围建筑空间具有某种协调度。建筑高度 H 与邻幢间距 D 之间的关系是影响户外空间感受的重要内容，D/H 有良好的比例，会使户外空间显得亲切、放松、舒适。当 D/H ＞ 1 时，随比值的增加会产生远离感，空间就变得更开放；当 D/H=1 时，空间会获得一种均匀感和舒适感；当 D/H ＜ 1 时，空间会随比值增加产生接近感。欧洲古老的广场大多都具有良好而适度的围合感，不仅因为其尺度不大，也因为其四周往往有连续的建筑界面，且建筑高度与广场的长宽的尺寸都形成了良好的比例关系（图 2.2.42）。

空间的使用功能、性质和结构形式等决定了空间的围合度。景观空间主要为户外公共空间，通常情况下不采用过多的强制围合手段塑造封闭空间，但需要对空间进行较为完整和明确的限定。同时考虑空间之间的过渡关系。按照围合程度，空间可大致分为开敞空间、封闭空间和半开敞半封闭空间，由于景观是户外空间，因此开敞性和封闭性都是相对而言的。

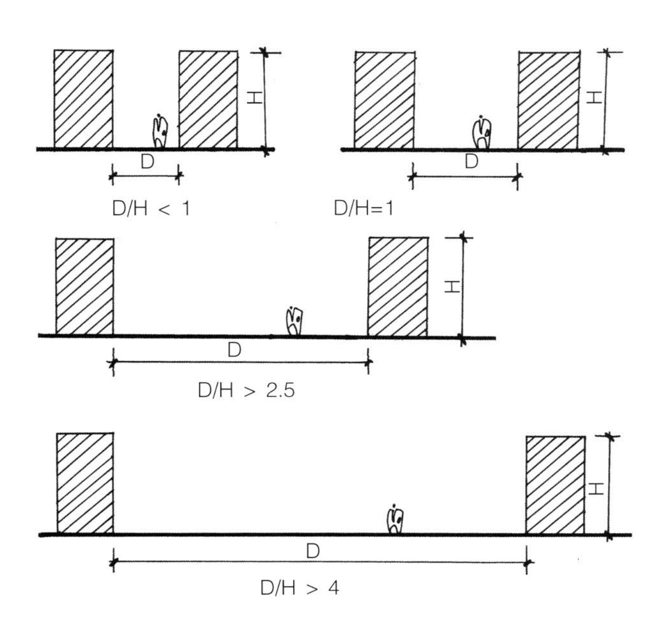

图 2.2.42 建筑高度 H 与邻幢间距 D 之间的关系

开敞空间具有开放、通透、明快、轻松、活泼、外向等空间感受，具有公共性和社会性（图 2.2.43）。但过度开敞则会使人觉得冷漠无情、不宜亲近；封闭空间使空间具有内向性、安全性、保护性，使空间更加私密，给人安全、稳定，甚至具有神秘之感（图 2.2.44）。半开敞半封闭空间使空间性质显得模糊不清、模棱两可，具有弹性和多义性，兼具内向性与外向性，可适应多种功能的需求（图 2.2.45）。

不同的空间围合度保证了空间组织的丰富与多样性。在一系列连续的空间中，空间的开合变化赋予空间一定的秩序，给空间的节奏带来变化，使空间丰富多变，人的体验和情感也随之变化(图 2.2.46、图 2.2.47)。

景观中的各要素的合理运用能够有效地控制空间的围合度。如植物的高矮、冠木的形状和疏密、种植方式等，能够创造适当的围合度，丰富视觉景观，形成多层次的空间效果（图 2.2.48）。还可以通过地面高差来阻挡视线、分割空间，进行视线组织，形成具有一定围合感的空间。水面本身的边界就是空间围合度的边界，水面可以在视觉上保持空间的连续性和渗透性，其倒影还可扩大或丰富空间。雕塑、喷泉、塔楼、构筑物等作为视线的焦点，能够引导视线和行为，在一定程度上起到凝聚空间，缩小围合感的作用。空间的围合度还可以通过隐形的以人们主动的行为过程而形成一定的聚集私密或分离开放，如凹凸转折的座椅设计，若与植物的围合限定相配合，在凹入的部分相识的人们容易聚集形成相对封闭的私密空间，在凸出的部分则多为单人或陌生人使用，形成开放性空间（图 2.2.49）。

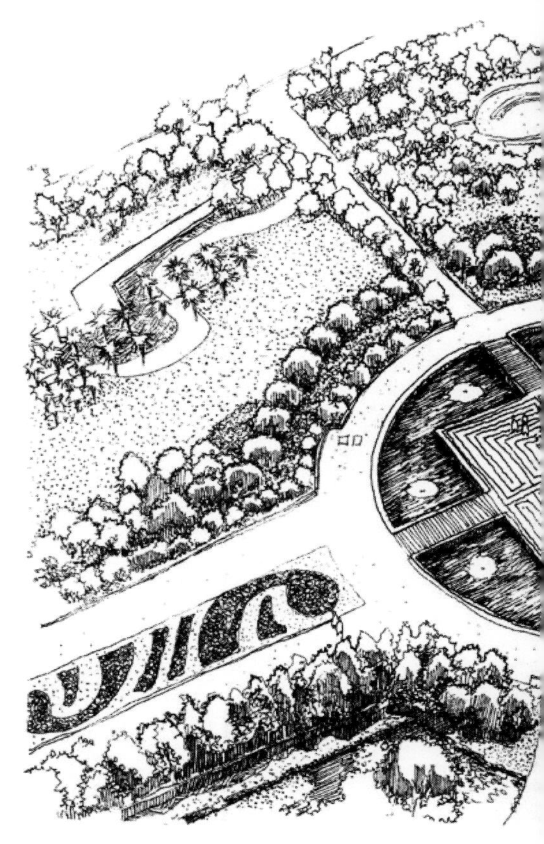

图 2.2.43 开敞空间

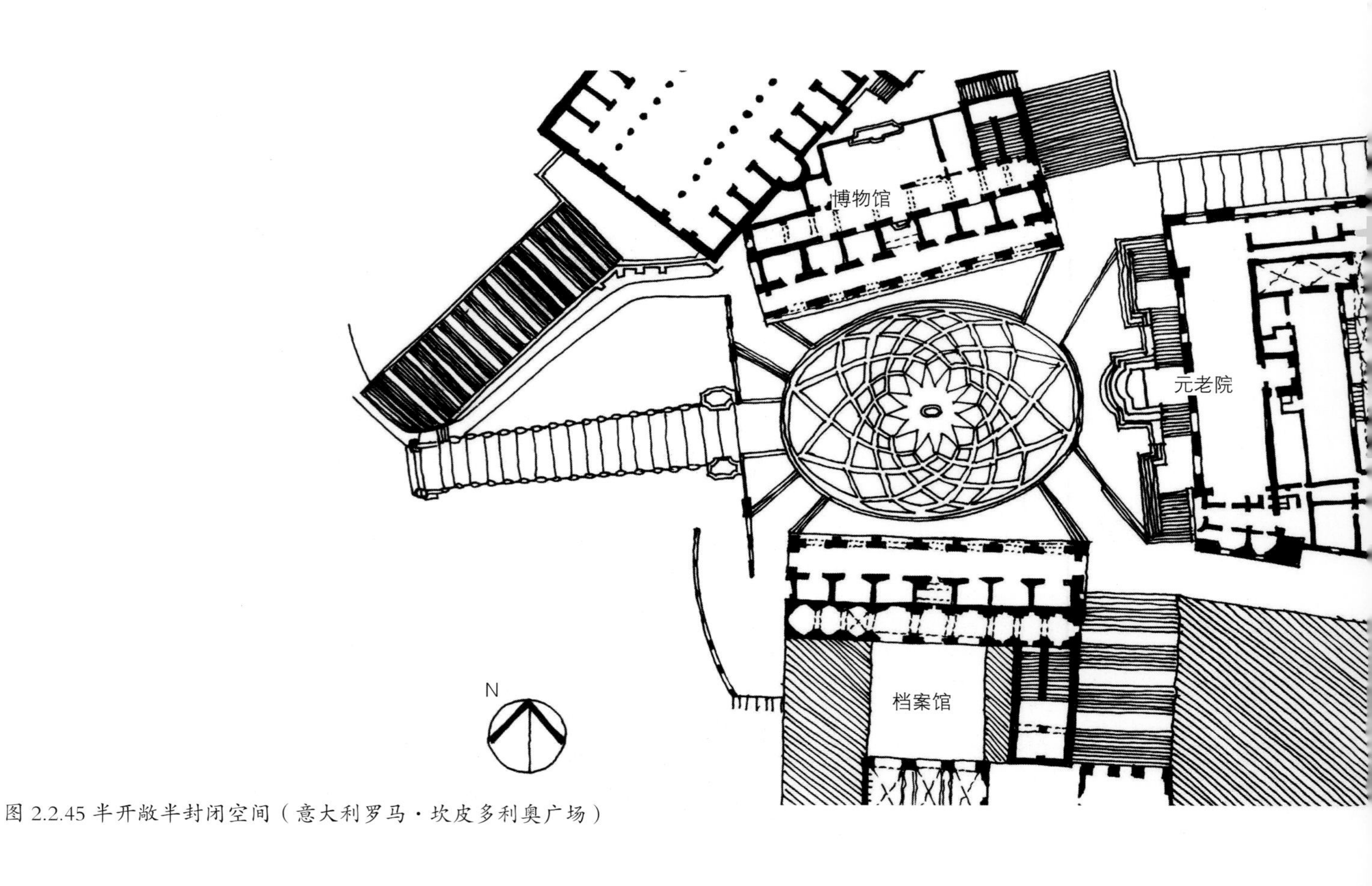

图 2.2.45 半开敞半封闭空间（意大利罗马·坎皮多利奥广场）

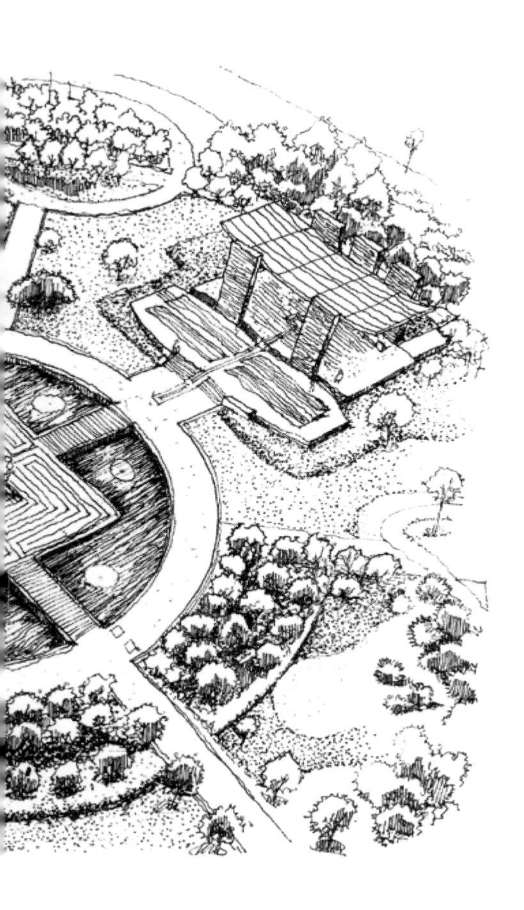

图 2.2.44 封闭空间

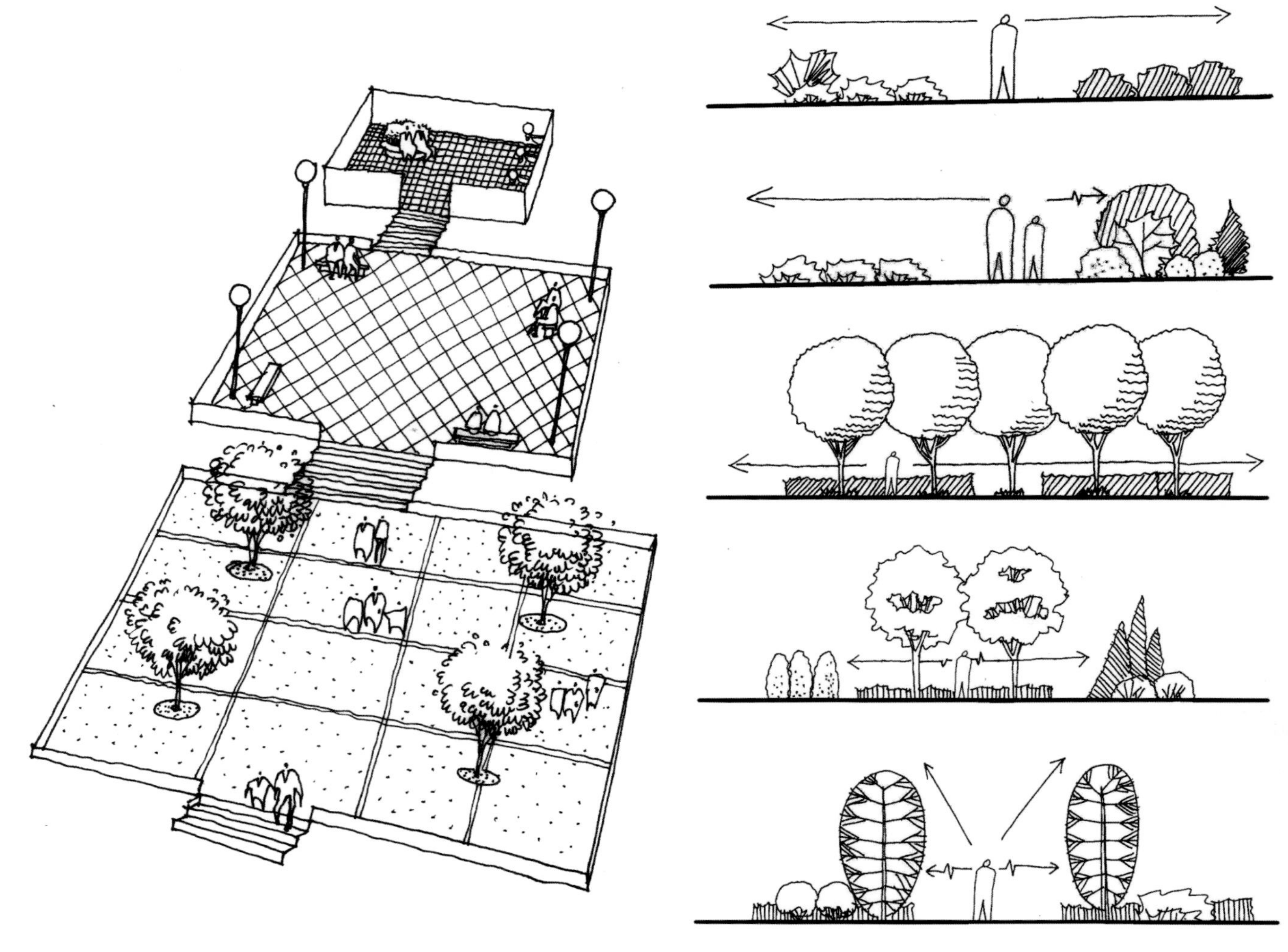

图 2.2.46 空间的围合程度

图 2.2.48 植物对空间围合度的控制

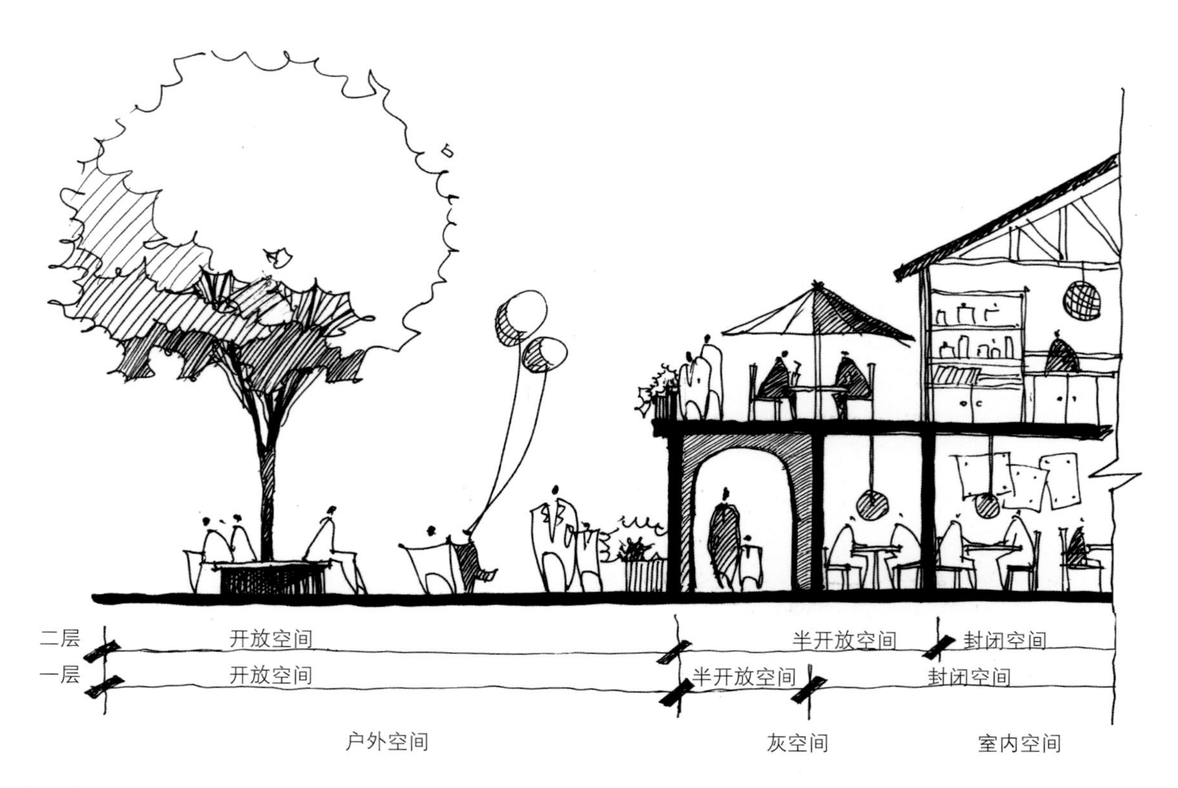

图 2.2.47 商业街空间的开合变化

图 2.2.49 座椅形成的多样空间

（2）空间的渗透

景观空间的渗透方法主要是通过夹景、框景、漏景、对景、借景等手法，使空间之间发生视觉上的关系，从而形成空间序列。

夹景，为突出优美景物将视线两侧较贫乏的景观，利用树丛、树列、山石、建筑等加以隐蔽，形成较封闭的狭长空间，突出端部的景物，增加景观的深远感（图 2.2.50）。

框景，将局部景观框起来做画面处理的手法，将人的视线聚焦于画面主景，提供最佳观赏位置，扩大景深。要使景物透过景框，恰好落入人的 26 度的视域内，成为最佳画面（图 2.2.51）。

漏景，由框景引申而来，框景可观察全景，而漏景则半遮半掩，使景色若隐若现，含蓄而雅致。漏墙、花墙、疏林、廊架、漏屏风等等都是漏景常用的元素（图 2.2.52）。

对景，与观景点相对的景物，是位于景观轴线及风景视线端点的景。对景宜布置在景观空间中迂回曲折的道路、水面、长廊的转折点，起到步移景异的效果。现代景观中以轴线布局的两端亦可采用对景的手法进行设计（图 2.2.53）。

借景，通过景观设计创造条件，有意识地将人的视线导向景观空间之外，将外部景物引入其中，借以扩大景观空间感和层次。借景的手法众多，具体有近借、远借、邻借、互借、仰借、俯借、因时而借、因地而借等。如无锡寄畅园借远处锡山龙光塔（图 2.2.54），苏州盘门景区内也借景瑞光塔，这些借景的手法都丰富了景园的空间层次并从视觉上扩大了景园的空间范围。在当代城市景观中也有借景手法的运用。如意大利那不勒斯城市综合体就远借维苏威火山，形成独特的城市景观（图 2.2.55）。此外，还可以借助水面、镜面映射与反射物体

图 2.2.50 夹景

图 2.2.51 框景

图 2.2.52 漏景

图 2.2.53 现代景观中对景手法的运用

图 2.2.54 无锡寄畅园借景龙光塔

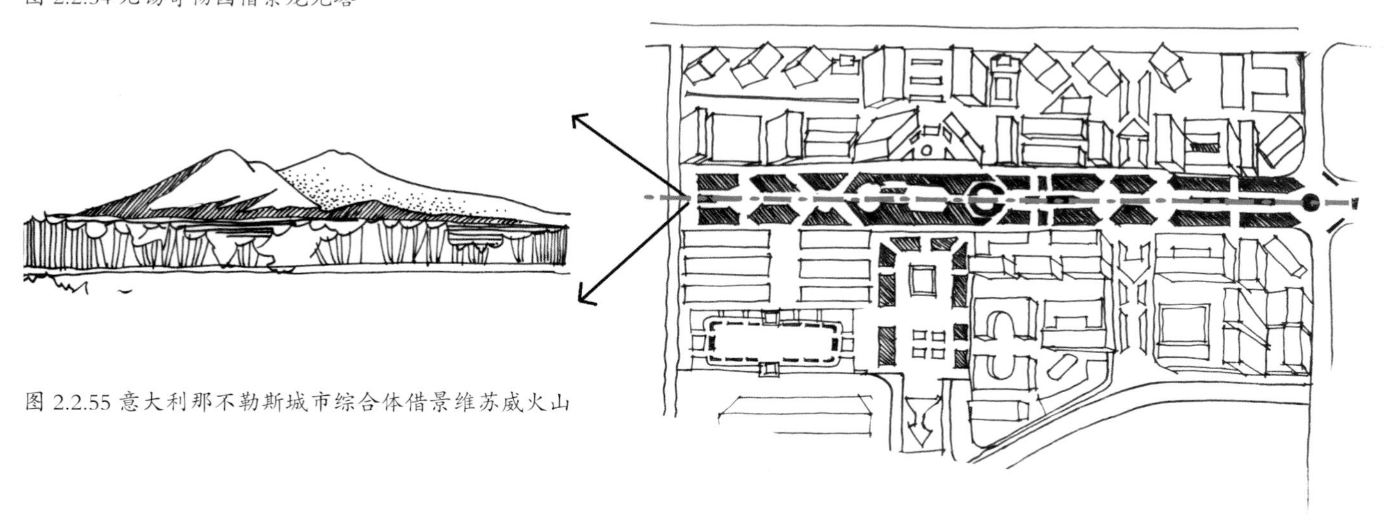

图 2.2.55 意大利那不勒斯城市综合体借景维苏威火山

形象的构景方式。

另外，还有藏景、障景与隔景等手法，都营造了“山重水复疑无路，柳暗花明又一村”的空间感受，丰富了空间层次，营造了有趣味的空间秩序。

4. 空间的布局和结构

每一种系统都有它的结构，如语言，语言的主谓宾是基本结构，定语、状语、补语都是它的修辞。景观空间的结构也是如此。景观是由点、线、面等形式要素组成的统一整体。景观组成的空间序列就是结构骨架，节点是景观骨架连接的重要的“点”，道路或透景线是景观序列形成的“线”，各个功能区域或景区是“面”，这些点、线、面是由景观序列串联而成的一个系统结构，它们相辅相成，相互影响。如果说地形是骨骼，那么植物、水体等要素应该像皮肤一样，附着生长在骨骼上，形成一个完整的景观空间。

（1）空间之间的关系

景观空间多样而丰富，几乎不存在孤立的单一空间，更多的空间总是与它周围的空间发生着各种各样的关系。一般来说，空间之间的基本关系主要有：包含、穿插、邻接、连接、分离等。

包含关系，空间之间的包含关系是指两个空间中一个空间包含着另一个空间（图 2.2.56）。呈现出包含关系的两个空间的体量必须有较为明显的差别。小空间可视为大空间中的一个点。包含关系中的大空间与小空间可以各自独立也可以彼此连续贯通，大空间可以看作是小空间的背景，小空间可以看作是大空间的子空间而存

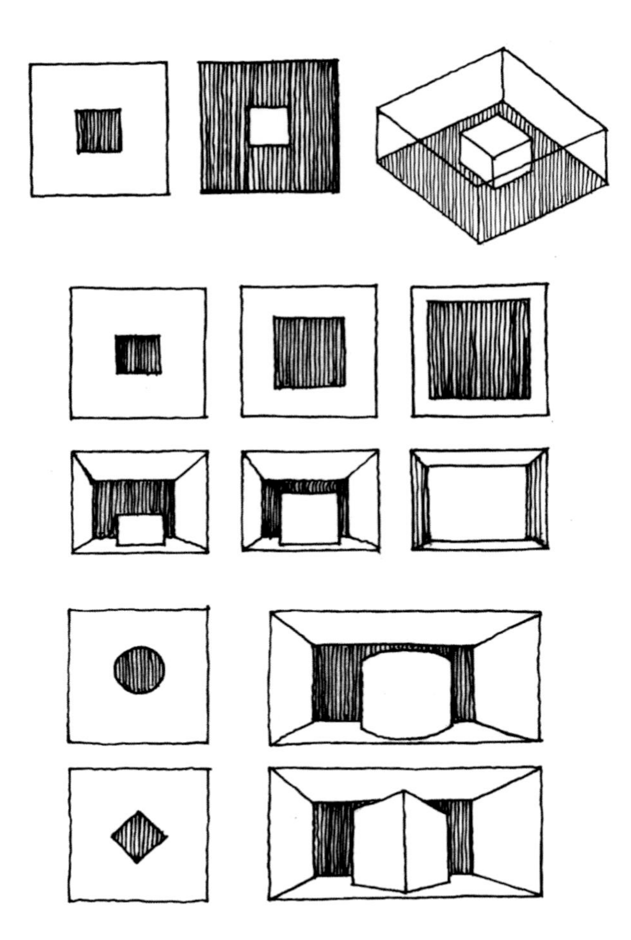

图 2.2.56 空间之间的包含关系

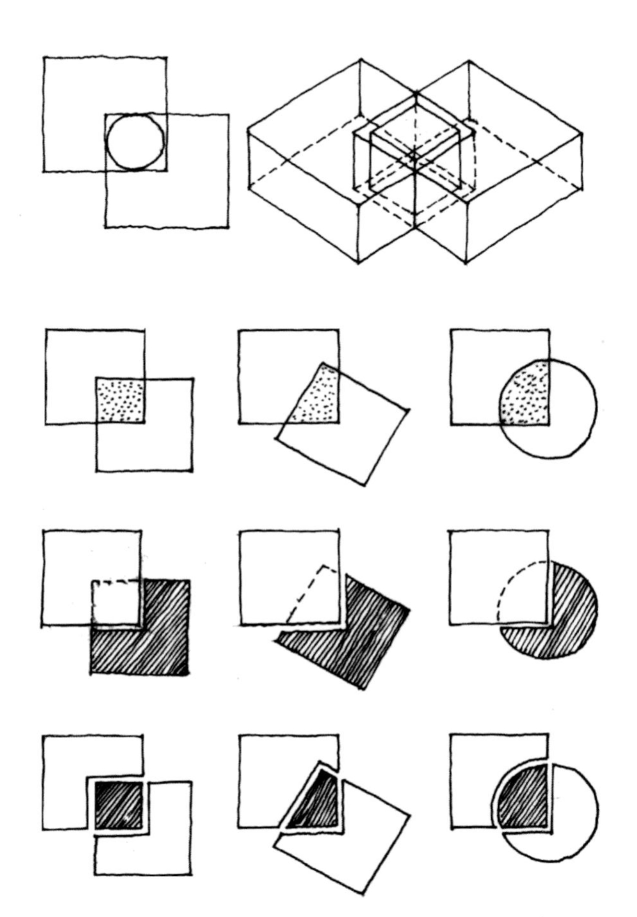

图 2.2.57 空间之间的穿插关系

在，两个空间较容易产生视觉和空间上的连续性。景观设计中，要使小空间具有较大的吸引力，可以采用对比的方法达到效果。

穿插关系，空间之间的穿插关系是指两个空间有部分叠加或相交（图 2.2.57）。当几何形式不同或方位不同的两个空间形式，彼此的边界互相碰撞和相互贯穿的时候，每个形体将争夺视觉上的优势和主导地位。两个空间之间穿插关系具有叠加或相交两种状态。其中叠加是指当两个空间穿插的部分较大，以至于分辨不出原来各自的空间特征。这时两种空间形式可能失掉它们各自的本性，合并到一起创造一种新的空间构图形式。而相交是指两个空间的一部分重叠形成公共的部分，但两个空间又保持各自的界限和自身的完整性。在穿插关系中，空间之间的衔接成为处理好两个互相穿插的空间的关键，不能过于生硬，可以通过轮廓、方位、颜色、材质等处理方式来解决好两者衔接的问题。

邻接关系，空间之间的邻接关系是指两个及以上空间相邻接触（图 2.2.58）。这种空间关系允许各个空间根据各自功能或者象征意图的需要，清晰地加以划定各自空间的范围。相邻空间之间关系的建立可借助分隔面的帮助。这个分隔面可以是横向、纵向或斜向的，不同的形式会使得具有邻接关系的空间氛围各不相同。有些显得整体空间层次丰富，有些使空间之间渗透性良好。

连接关系，即空间之间的连接关系是指通过一个中介空间（可称为过渡空间）分别与两个空间发生的一种穿插或并列的关系（图 2.2.59）。通常两个空间相隔有一定距离，过渡空间将两者连接，其形式和大小可以表示它的地位。而这个过渡空间的特征通常有着决定性的意义。

分离关系，空间之间的分离关系是指两个空间相互呈一定角度独立，彼此分离开来或相背离。两个空间之间看似没有直接的联系和关系，却正是因为两者的分离和空间形式上的相对而表现出一种冲突和紧张的状态，呈现一种对峙的局面。这种空间处理手法带有较强的感情色彩，并不常用。

（2）空间的组合方式

现实生活中人们使用的并经过设计组织的空间，往往不是孤立的单一空间，而是一种基于使用情况的复杂而丰富的空间组合方式。因此探究多个空间的组合方式对空间设计的意义就显得尤为重要。总的来说，景观空间的组合方式是根据不同的功能、面积大小、空间等级的区分、交通路线的组织、景观的视野等设计要求而决定的。从形态生成的角度来观察，可以归为五类：集中式、线式、辐射式、组团式、网格式。

集中式空间组合是由一定数量的次要空间和一个占据主导地位的中心空间所构成的空间组合方式，具有稳定的向心式构图（图 2.2.60）。中心空间在尺度与体量上要足够的大，在空间构图上起到完全的主导地位，而其周围的次要空间既可以功能、尺寸完全相同，形成规则的、对称的总体造型；也可以互不相同，以适应各自的功能和重要性，并满足与周围环境结合的需求，形成不规则的、均衡的总体造型。

线式组合是由若干个体量、性质、功能等相近或相同的空间单元，统一组成重复空间的线式序列的一种组合方式。其中的空间单元既可以在内部相互沟通，也可以采用单独的线式空间来联系（图 2.2.61）。线式的空间组合方式具有运动、延伸、增长感等强烈的方向性特征。组合形式常常因环境和场地的变化而发生变化，既可以是直线形，又可以是折线形、曲线形或圆环形等各种形态。另外，线式的空间组合方式可以在水平方向呈线型的延展，也可以在垂直方向或沿地形方向延展。

辐射式组合是一种由一个主导的中央空间和一系列向外辐射扩展的线式组合空间所构成的空间组合方式。兼具了集中式组合和线式组合的特点，具有良好的发散性和延展性，同时又不失中心空间（图 2.2.62）。其核心是一个具有象征性或功能性，并在视觉上占主导地位的空间，而其辐射出的各个部分，一般具有线式空间的特征，它们既可以是功能、大小、形状等相同或相似的空间，也可以是各不相同的（图 2.2.63）。

组团式组合是一种各个空间单元之间互相紧密连接，没有明显的主从关系的空间组合方式。组团式的空间组合拥有足够的灵活性和自由度，可以随时增加或者减少其中某些单元空间而不影响其整体特点。通常可通过一些视觉上的手段（如对称、均衡等）共同构成一个大的空间组团，并在有序的整体环境中保持着单元空间的适度的多样性（图 2.2.64）。组团式的空间组合可以由彼此接近且具有相似的视觉属性的形体组合而成，这些形体在视觉上排成一个相互连贯、无等级的组合；也可以由彼此视觉属性不相同的形体组成，这时应注意彼此之间的相互关系，避免空间秩序凌乱。

网格式组合是一种通过三维网格来确定所有空间的关系和位置的空间组合方式。这种空间组合方式具有极强的规则性。网格可以是正方形、三角形、六边形或其他形状，局部网格也可以发生变化（图 2.2.65）。网格空间单元系列具有理性的秩序感和内在的联系，视觉上网格的存在有助于产生整体的统一感和节奏感。

5. 空间的流线和序列

（1）空间的流线组织

流线主要是交通流线和游览路线，流线的布置是综合考量功能布局、场所地形、要素设置的结果，能创造丰富多样的空间体验（图 2.2.66）。

空间的流线组织具有多种手段，主要从观者与空间之间的视线关系和感受关系出发进行布置。景观流线是便捷还是迂回，是串联还是并联都可以通过对空间的布局来实现。

景观的流线首先依托于整体道路的规划以及各个景观功能和主题节点的布置。应该以畅通、便捷为主要宗旨，在必要的空间设置具有趣味性的流线。还要注意空间的开合关系对流线的影响。开敞空间的流线应该简单明了，突出整个开放的空间，封闭空间的流线可以相对复杂，营造某种静谧的气氛。

（2）空间的序列

小说、电影、音乐，都有开始、发展、高潮、结尾，这样才会让人觉得故事是完整的，跌宕起伏，回味无穷，景观空间的序列展开亦是如此，是在景观流线的行进过

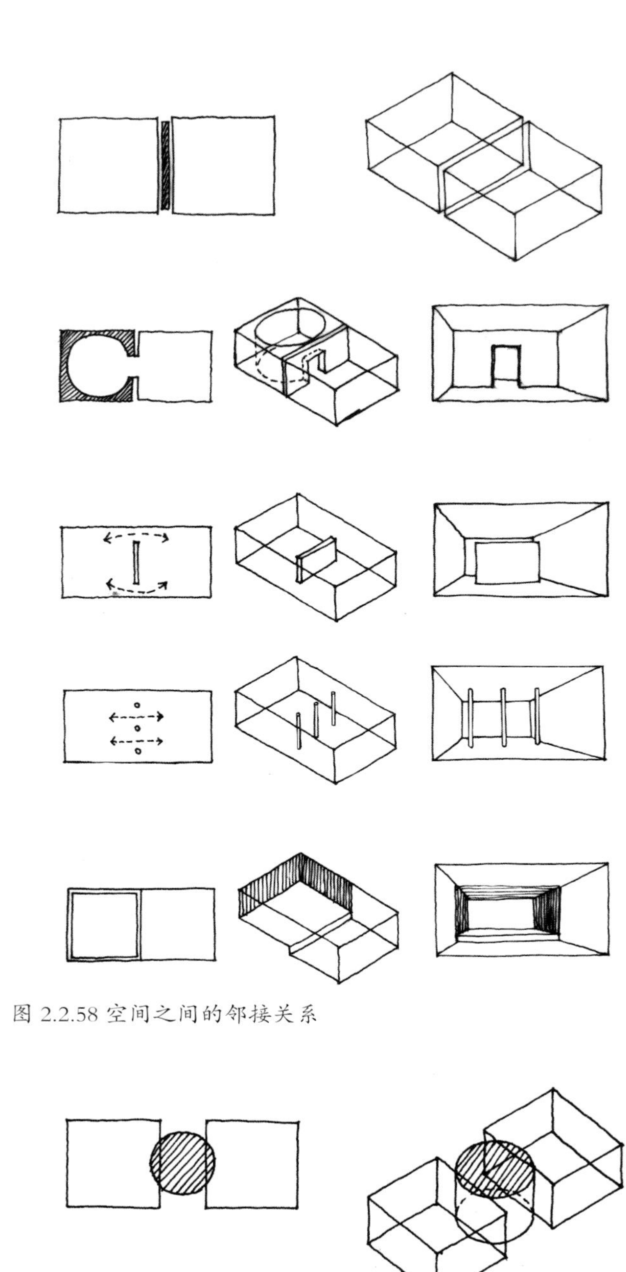

图 2.2.58 空间之间的邻接关系

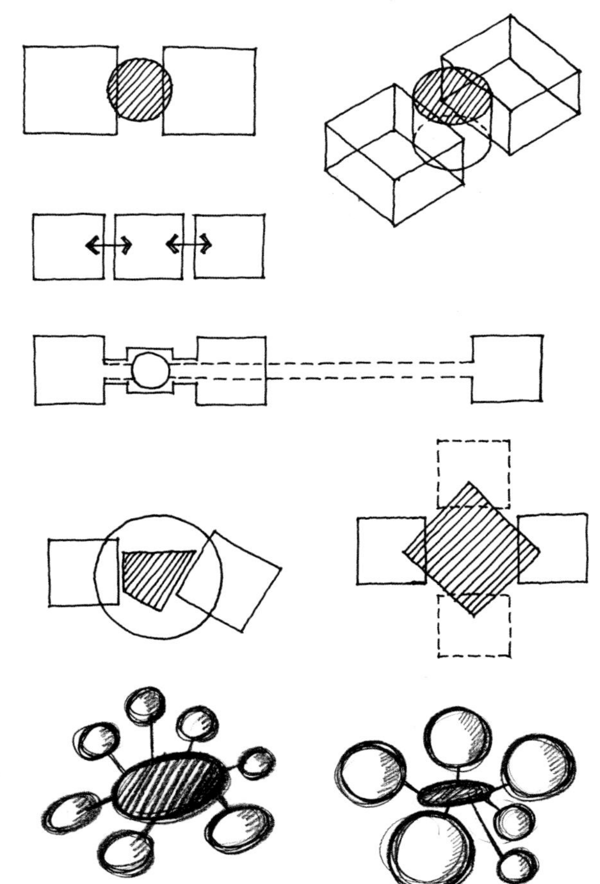

图 2.2.59 空间之间的连接关系

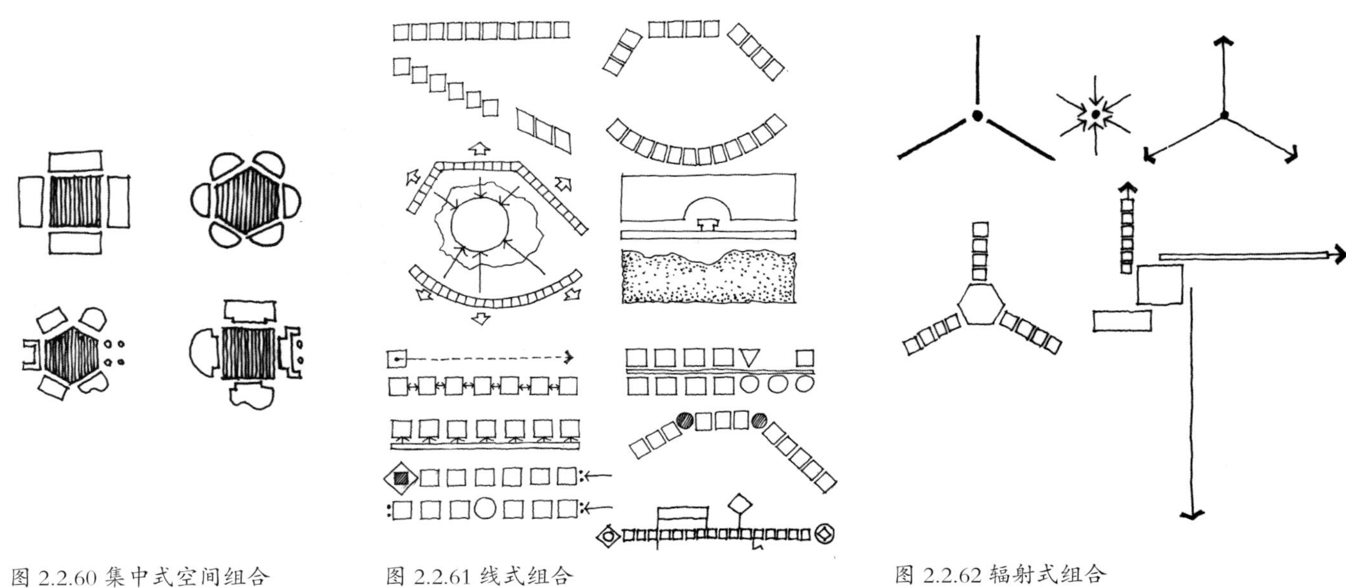

图 2.2.60 集中式空间组合　　图 2.2.61 线式组合　　图 2.2.62 辐射式组合

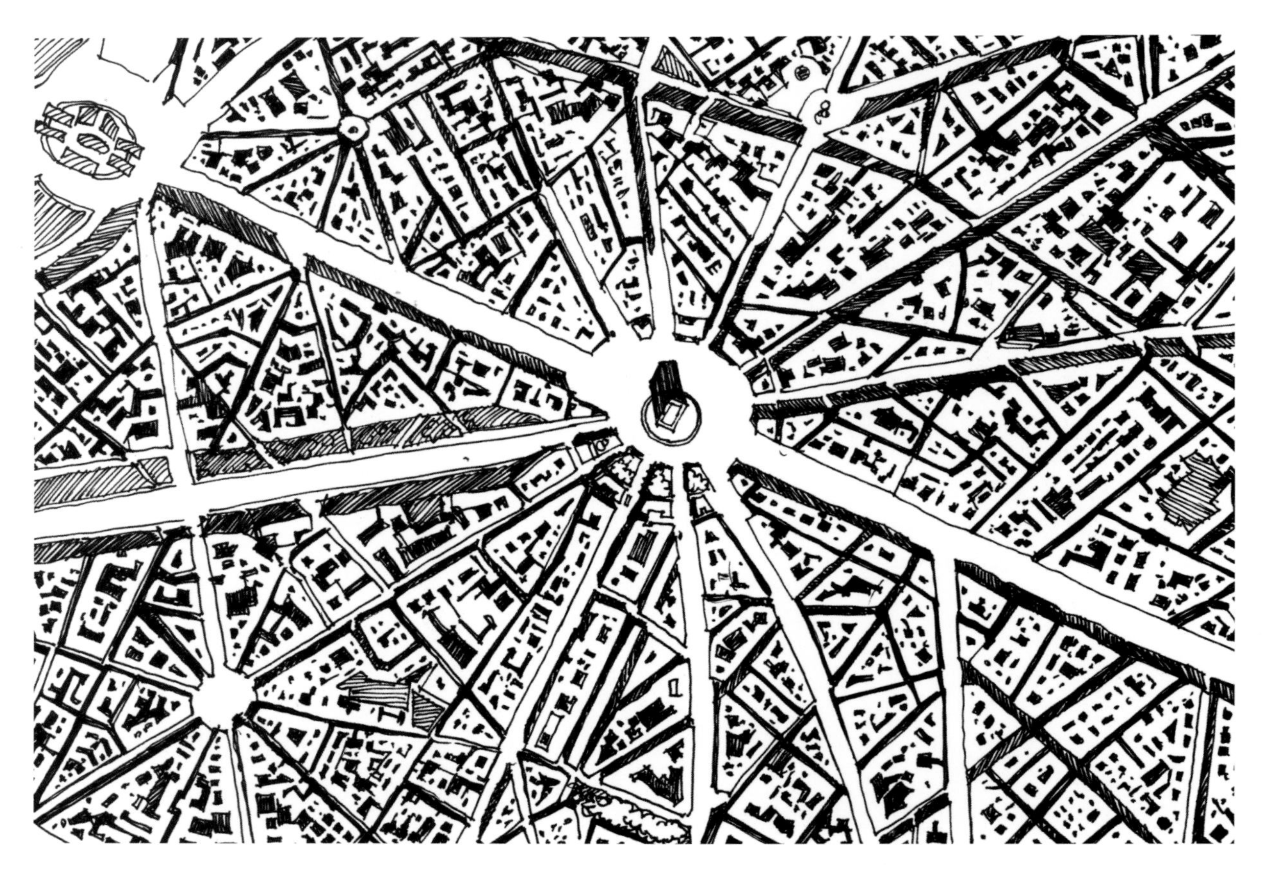

图 2.2.63 巴黎城市设计为辐射式

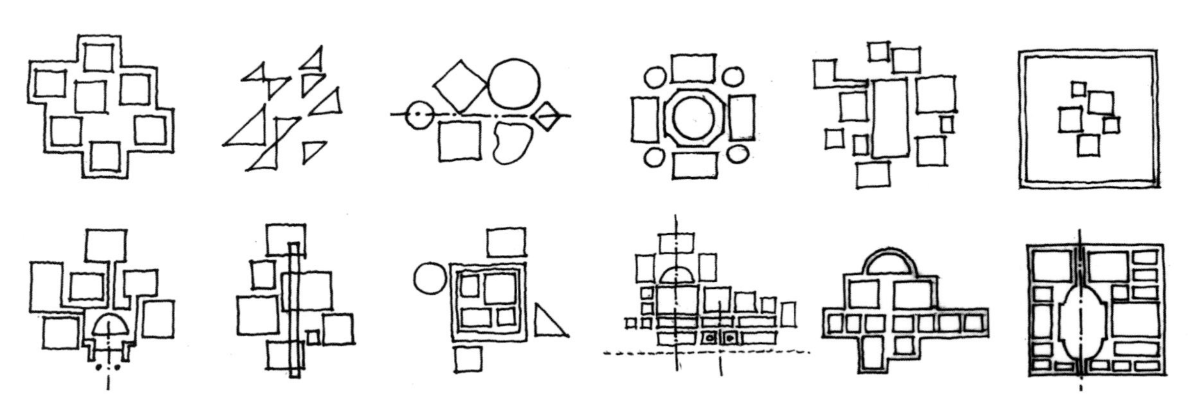

图 2.2.64 组团式组合

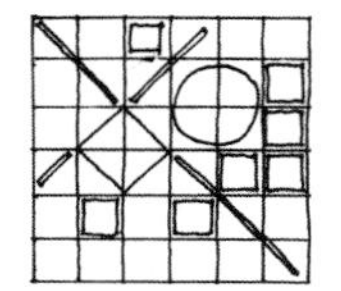
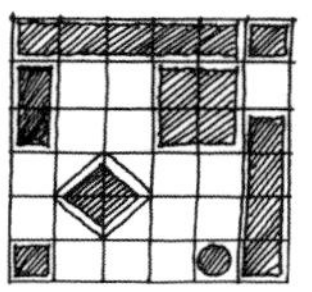
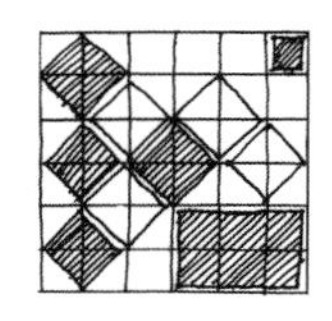
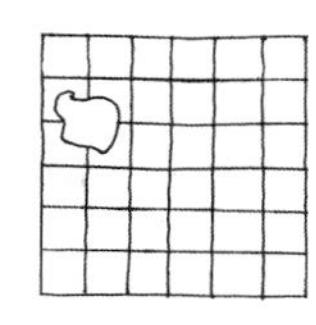
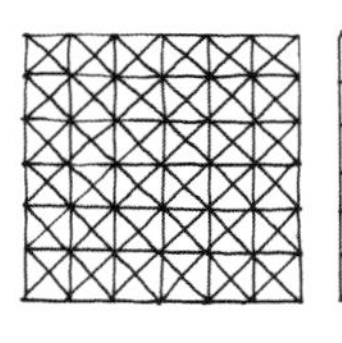
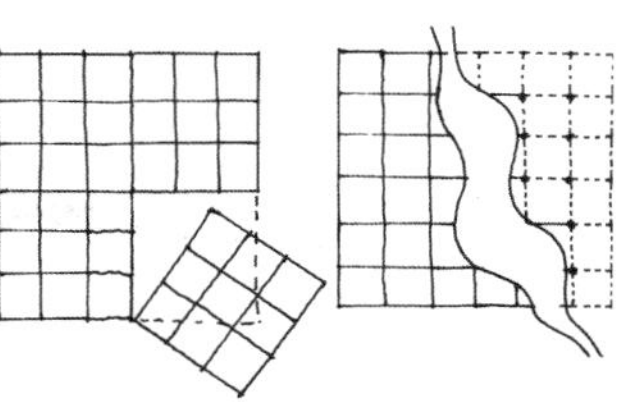
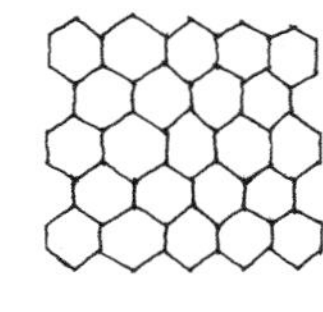

图 2.2.65 网格式组合

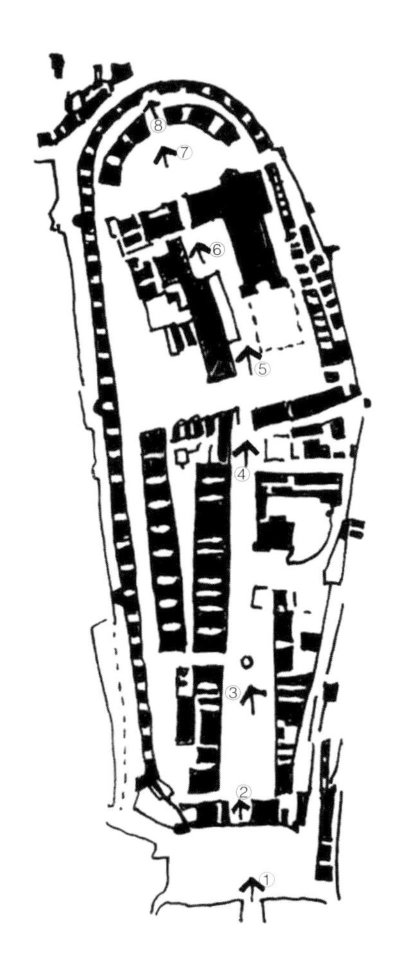

图 2.2.66 流线能创造丰富的空间体验

程中产生的。景观空间的序列简称景序，指的是对各个造景要素进行的时间和空间上的组织和安排，通过景序的设计能够使游人得到独特的心理和生理上的愉悦和享受。景序的形式主要有环形序列、直线式序列和放射状序列（图 2.2.67）。其中环形序列是指人在空间中，无论正转、逆转游览，最终都回到起点，形成环状序列（图 2.2.68）。直线式序列是指所有空间沿一定轴线关系一个接一个依次展开（图 2.2.69）。放射状序列是指以某个空间为中心，其他空间环绕在它四周进行布置（图 2.2.70）。

景观序列可以通过景观空间的形态、空间开合状态、空间界面和内容的设计等多方面来塑造，也可以运用景观元素和空间一起做到“起承转合”，营造适宜的景观序列。常见的景序安排有：序景——起景——发展——转折——高潮——结景、序景——起景——发展——转折——高潮——转折——收缩——结景等等。苏州留园的景观序列曲折而多变，从入口蜿蜒曲折的走廊进入古木交柯景点，再到达开敞的水面，经过曲廊到达五峰仙馆院和石林小院，曲折来到冠云楼前院，冠云峰屹立园林之中，整个序列精心组织，使人在游览的过程中体会到“合——开——合——开”的空间序列，营造了丰富的空间体验（图 2.2.71）。

空间的景序往往可以依靠透景线、轴线、视景通廊等设计手法来实现。

透景线是视景的延长线。透景线能够让观者看到比当前场景更深远的画面。透景线可以是被其他要素留空的部分，还可以是具有某种限定的视廊。透景线在视觉和空间上都有效地拓展了景深。

轴线是生成景观序列的重要做法，轴线可以是对称的，如纪念性的广场、烈士陵园等通常设置有形的明确的轴线，通过景观序列的指引、视线的抬升等设计方法，营造一种庄严、严肃的空间，西方古典园林和广场常采用轴线的做法（图 2.2.72）。轴线也可以是不对称但均衡的，创造一种相对轻松、活泼的效果，如中山岐江公园的设计中，运用废弃的铁轨等元素营造了空间轴线，但轴线两侧并不完全对称，通过均衡的构图关系营造了空间序列（图 2.2.73）。

景观视廊，是一种隐形的视线通道，通过景观要素的规划组织，留出视景通廊，追求或深远，或曲折，或通透的视觉效果。意大利米兰斯福尔扎城堡（Castello Sforzesco）后的森皮奥内公园（Parco Sempione）运用植物和水体等造景要素留出了一条景观视廊，视廊的一端是城堡，另一端是和平门，两者虽然被公园所隔开，却通过景观视廊能够相互联系，使整个空间环境的整体性和关联度大大增强了（图 2.2.74）。

（3）空间流线和序列的设计方法

景观空间流线和序列设计除了按照一般的功能分区来设计，还有许多设计方法，这里着重介绍两种设计景观流线和营造景观秩序的方法。

方法一，景观叙事手法的运用。叙事手法就像是讲故事一样，运用某个人物、事物或事件的秩序来安排景观的空间流线和秩序，用清晰的主题和脉络把景观所表现的内容和景观的空间形式紧密有机地结合在一起。能使观者更加强烈地感受到景观所要表现的内容、思想和感情。

罗斯福纪念园是为纪念美国总统富兰克林·德拉诺·罗斯福对结束“二战”所做的贡献而建。由现代景观设计大师劳伦斯·哈普林设计，罗斯福纪念公园深刻地反映了他独特、开创性的思想。整个纪念园用花岗岩墙体、喷泉、跌水、植物营造了四个主题空间，分别代表了罗斯福总统的四个执政时期及他所宣扬的四种自由，每个空间又以雕塑表现各个时期的重要事件，设计与环境融为一体，在表现纪念性的同时，也为参观者提供了一个亲切、轻松的游赏和休息环境（图 2.2.75）。纪念园的第一区代表了罗斯福的第一个任期（1933~1936），从岩石顶倾泻而下的水瀑，平顺有力，象征罗斯福就任时所表露的乐观主义与一股振奋人心的惊人活力（图 2.2.76）。第二区代表了他任期的第二个时期（1937~1940），表现的是经济恐慌的场景，柱式的图腾与墙面的青石浮雕呈现当时各种社会危机，记录各行各业艰苦打拼的百态（图 2.2.77）。第三区空间代表了他任期的第三个时期（1941~1944），表现的是“二战”带给人民的惨状，崩乱的花岩石犹如被炸毁的墙面乱石一样，罗斯福总统爱好和平的疾呼演说刻于乱石与壁面上（图 2.2.78）。第四个空间代表了任期的第

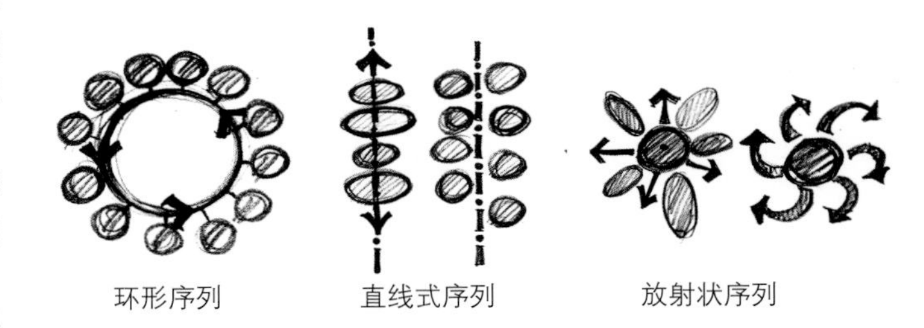

图 2.2.67 三种空间序列

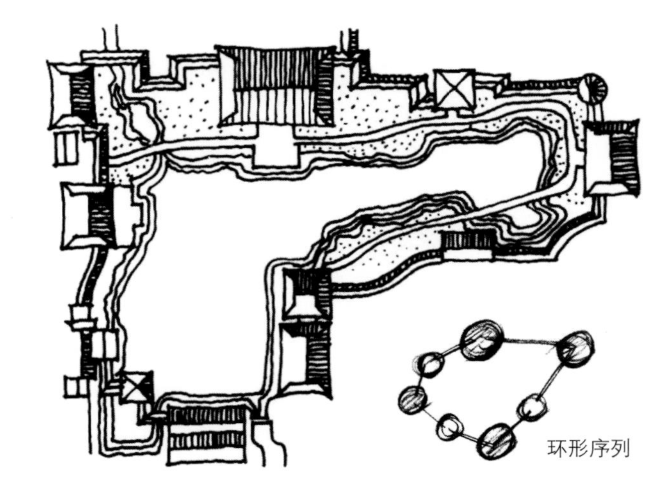

图 2.2.68 环形序列

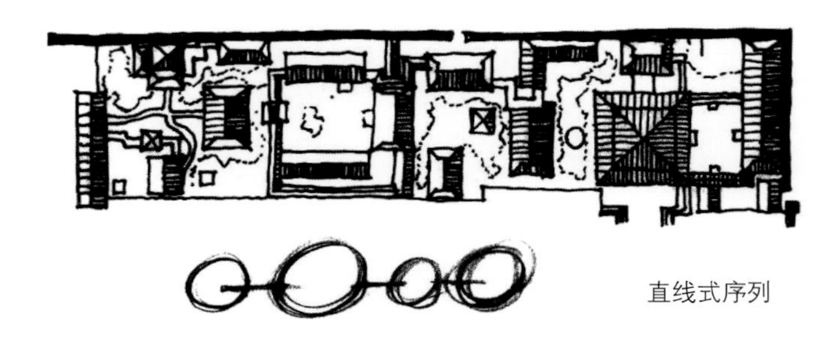

图 2.2.69 直线式序列

图 2.2.70 放射状序列

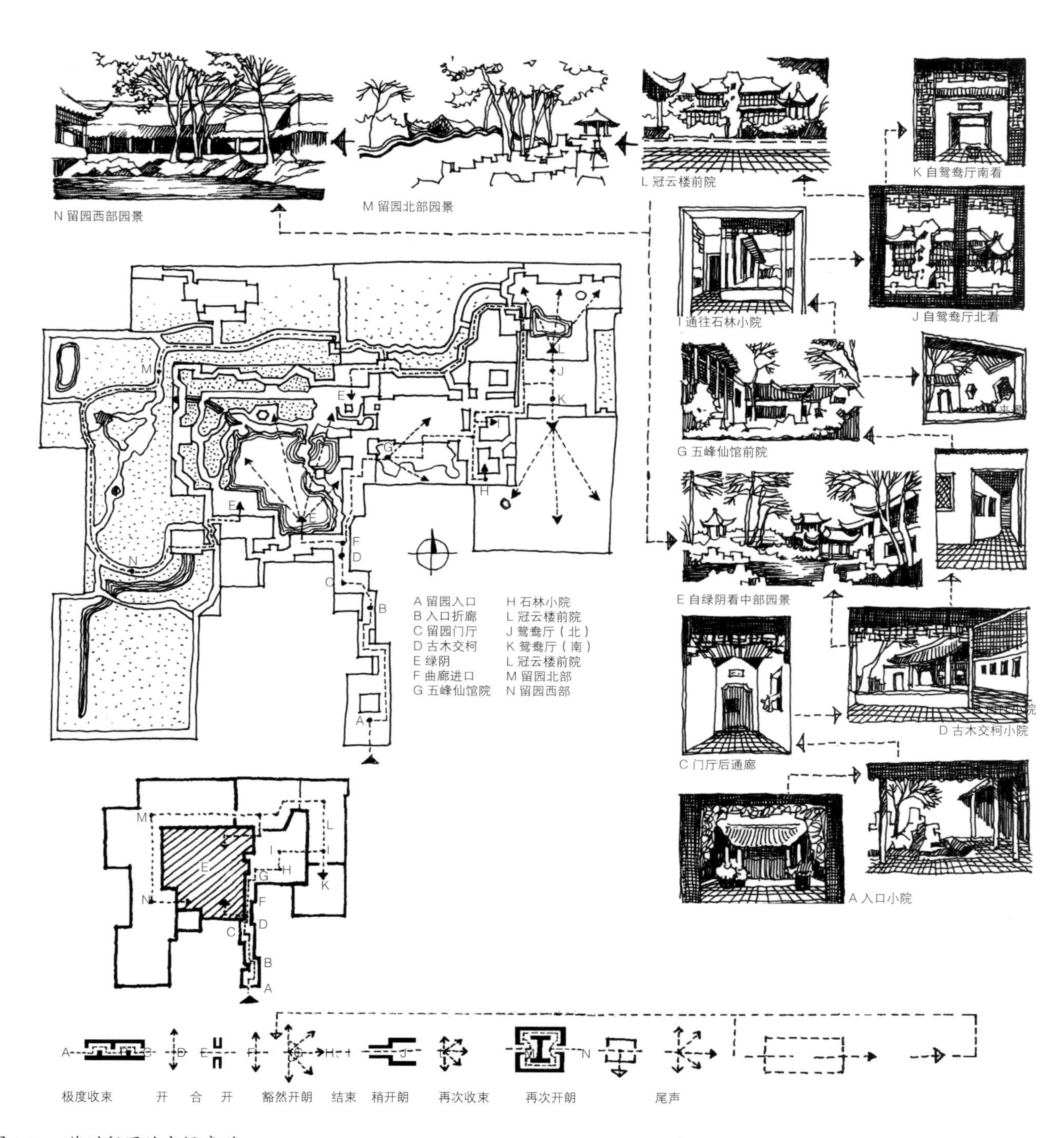

图 2.2.71 苏州留园的空间序列

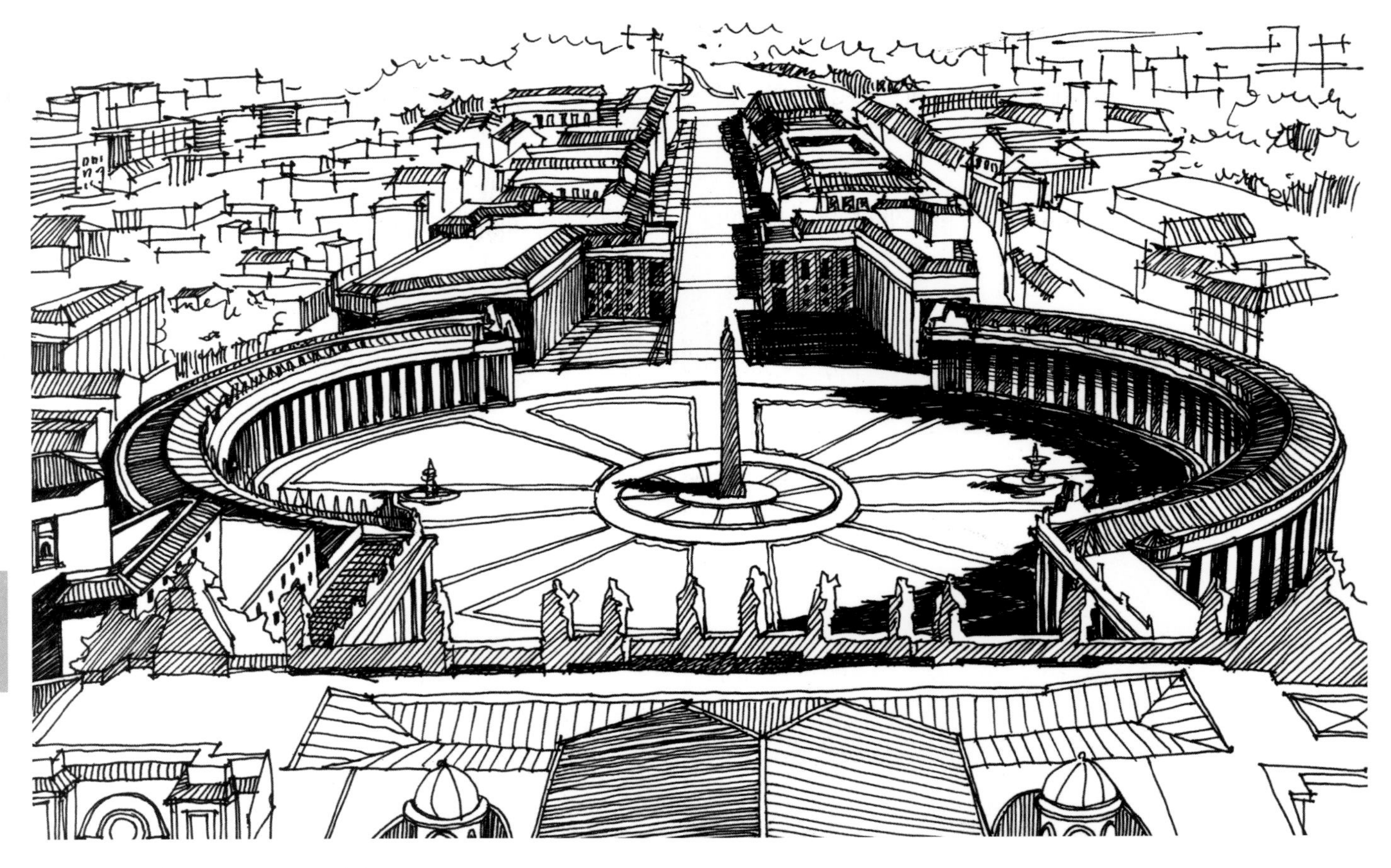

图 2.2.72 梵蒂冈圣彼得大教堂广场

图 2.2.73 中山岐江公园

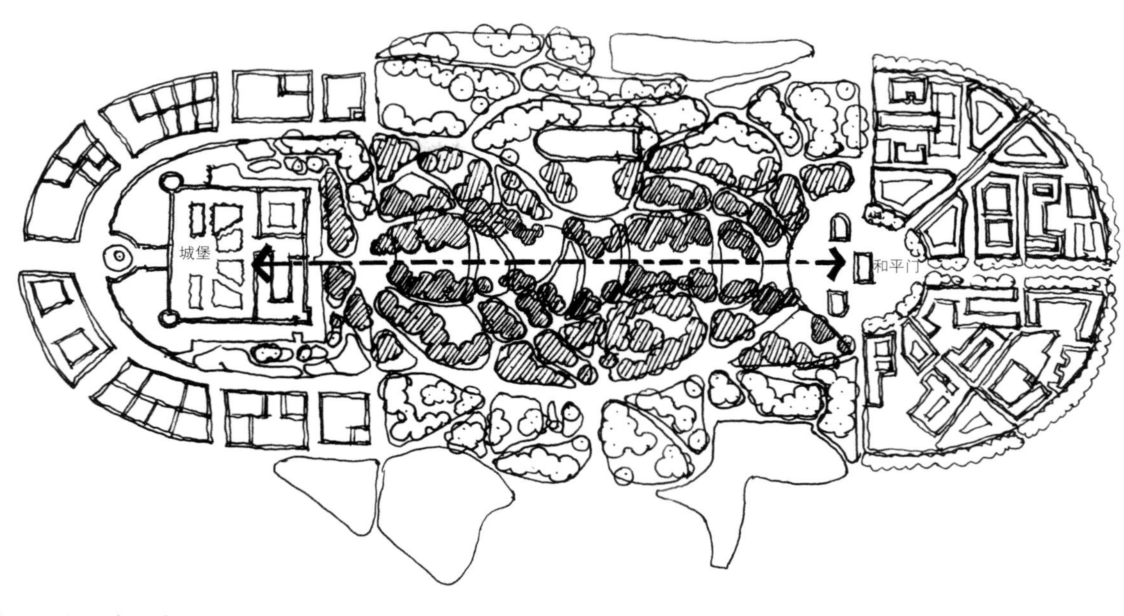

图 2.2.74 意大利米兰森皮奥内公园

图 2.2.75 美国罗斯福纪念园平面图

图 2.2.76 罗斯福纪念园一区

图 2.2.77 罗斯福纪念园二区

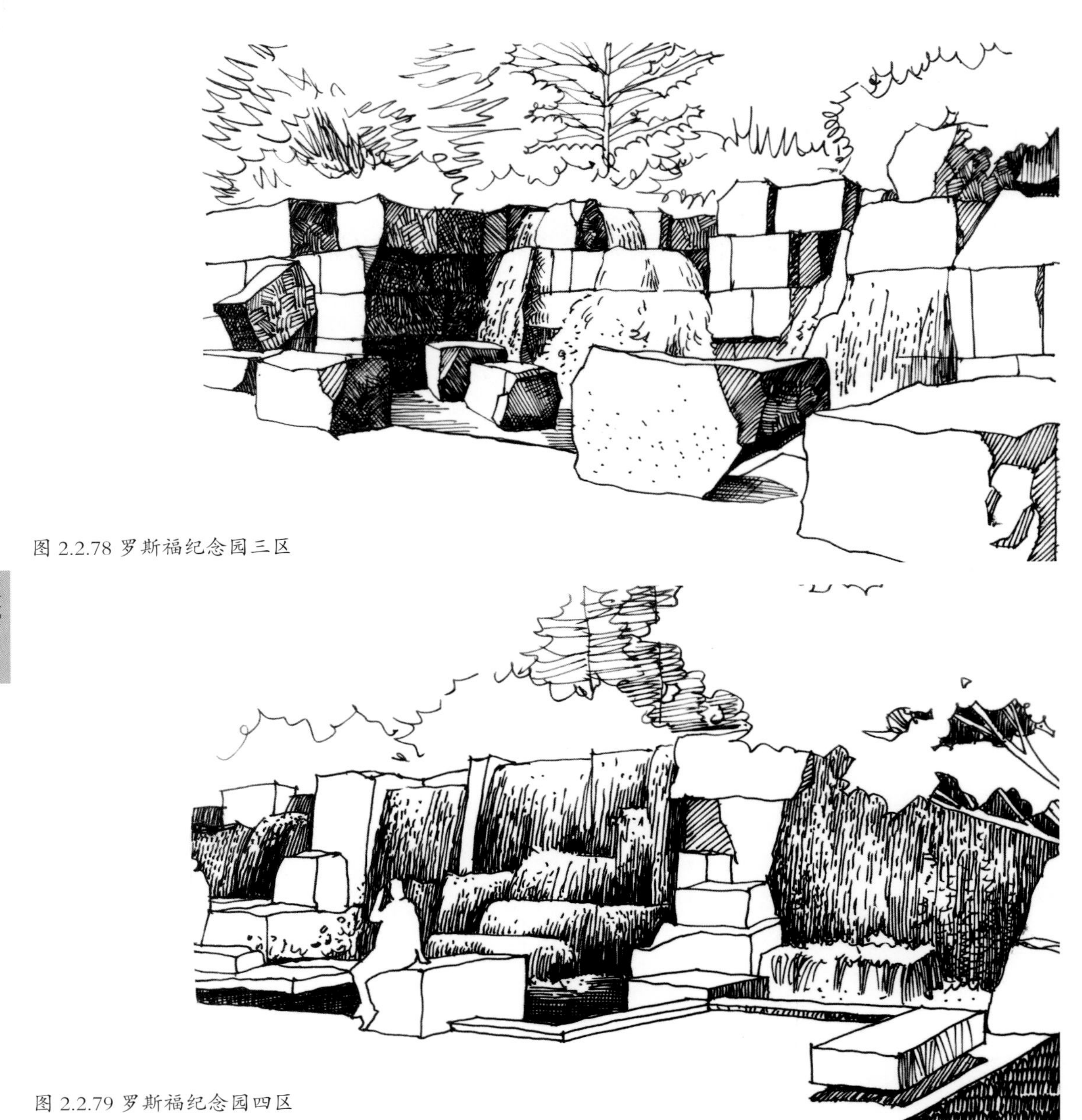

图 2.2.78 罗斯福纪念园三区

图 2.2.79 罗斯福纪念园四区

四个时期（1945），表现的是“二战”后的建设全面复苏，以舒适的弧形广场空间达到开放辽阔的效果，动态有秩的水景衬以日本黑松，给人一种和谐富足的感受（图2.2.79）。公园出口墙面的终点所刻就是最令人向往的四项自由——“言论、信仰、免于匮乏、免于恐惧的自由”。整个公园通过叙事的手法表现了人们对罗斯福总统的怀念和敬仰。

扬州个园由两淮盐业商总黄至筠建于清嘉庆二十三年（1818），个园以竹石取胜，园名中的“个”字就取自“竹”字的半边，充分体现了主人的情趣和审美。个园整个景点就是根据事件的相互关系来排空间序列的典范（图2.2.80）。整个园林以春景作为游园开篇，以竹丛配合石笋，寓意“雨后春笋”之意，点破“春山”的主题，还巧妙传达了中国传统文化中“惜春”的理念。透过春景后的园门和两旁的漏窗，可依稀看到院内景色，引人入胜（图2.2.81）。夏景以青灰色太湖石为主，利用太湖石瘦、透、漏、皱的特性，叠石多而不乱，远观舒卷流畅，巧如云、如奇峰；近视则玲珑剔透，似峰峦、似洞穴。“夏山”古柏葱郁，山下有池塘，池中游鱼嬉戏穿梭于睡莲之间，静中有动，极富情趣。池塘右侧有一曲桥直达夏山的洞穴，洞之幽深，颇具寒意，当人步入洞中，顿觉清爽。盘旋石阶而上，山顶一株紫藤迎面而立，夏山之境油然而生。秋景相传出自清代大画家石涛之手笔，以黄山石堆叠而成，山势较高，面积也较大。黄山石体型敦厚，呈棕黄色，棱角分明，如刀劈斧砍。内设石桌、石凳、石床，通风良好，四季干燥，颇具生活意趣。登山顶满园佳境尽收眼底，正所谓秋山宜登者也（图2.2.82）。冬景位于南墙之下，背靠高墙，几乎终年不见阳光，以白石铺地，冬山以宣石堆叠，石质晶莹雪白，几乎无棱角，形若狮子，憨态可掬。冬山虽无“雪色”却有“风声”，南面高墙上有24个风音洞，当后面巷子里的风吹来的时候，发出呜呜的风声，犹如冬日疾风之响（图2.2.83）。蓦然回首，西墙上的漏窗露出了春景处一角，似乎在暗示春天的来临。

方法二，景观形式的秩序。形式对秩序的营造是从美学的角度对景观空间的设计。一个完整的景观空间序

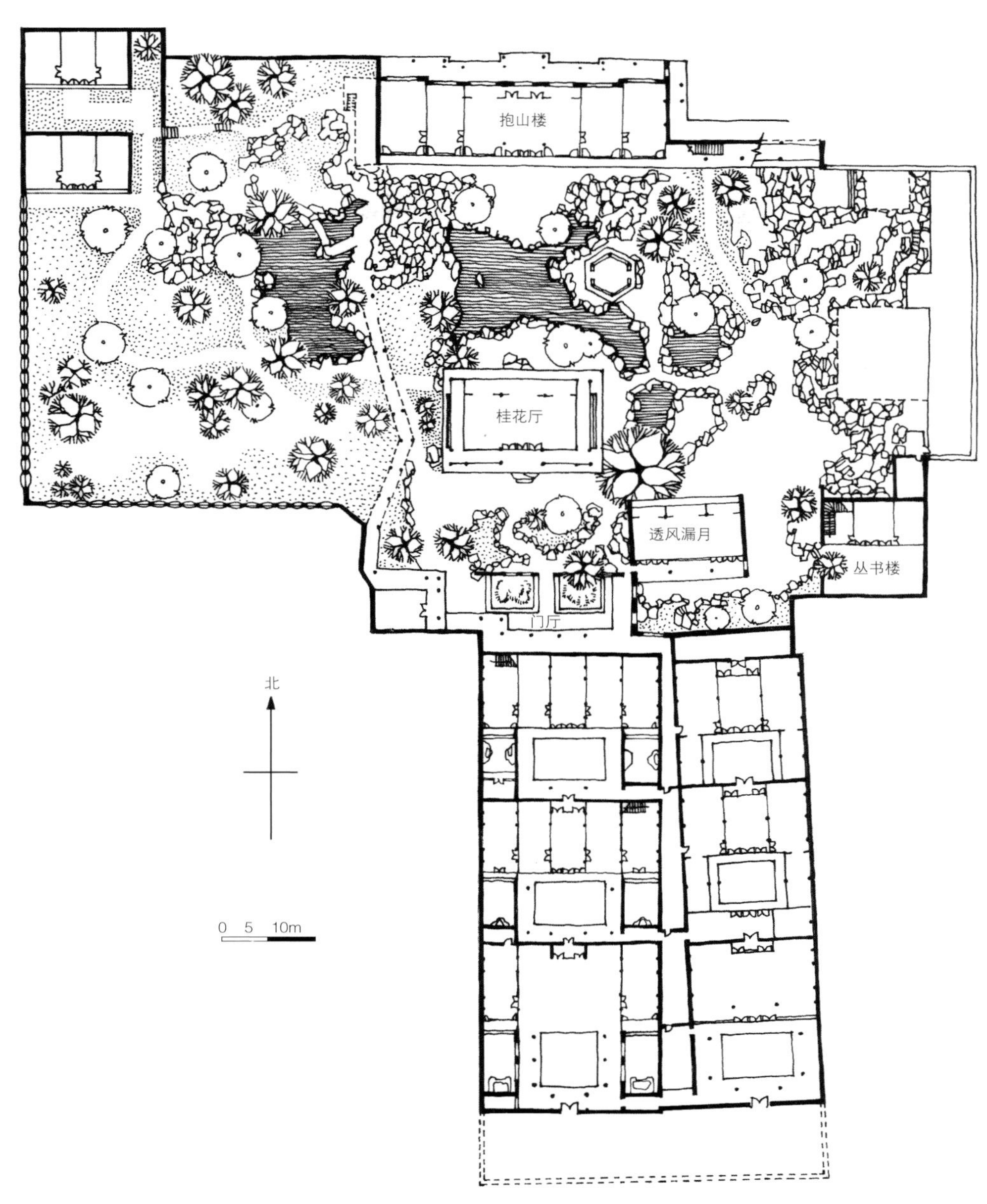

图 2.2.80 个园平面图

图 2.2.81 个园入口

图 2.2.82 个园的开阔景色

图 2.2.83 个园风音洞通道

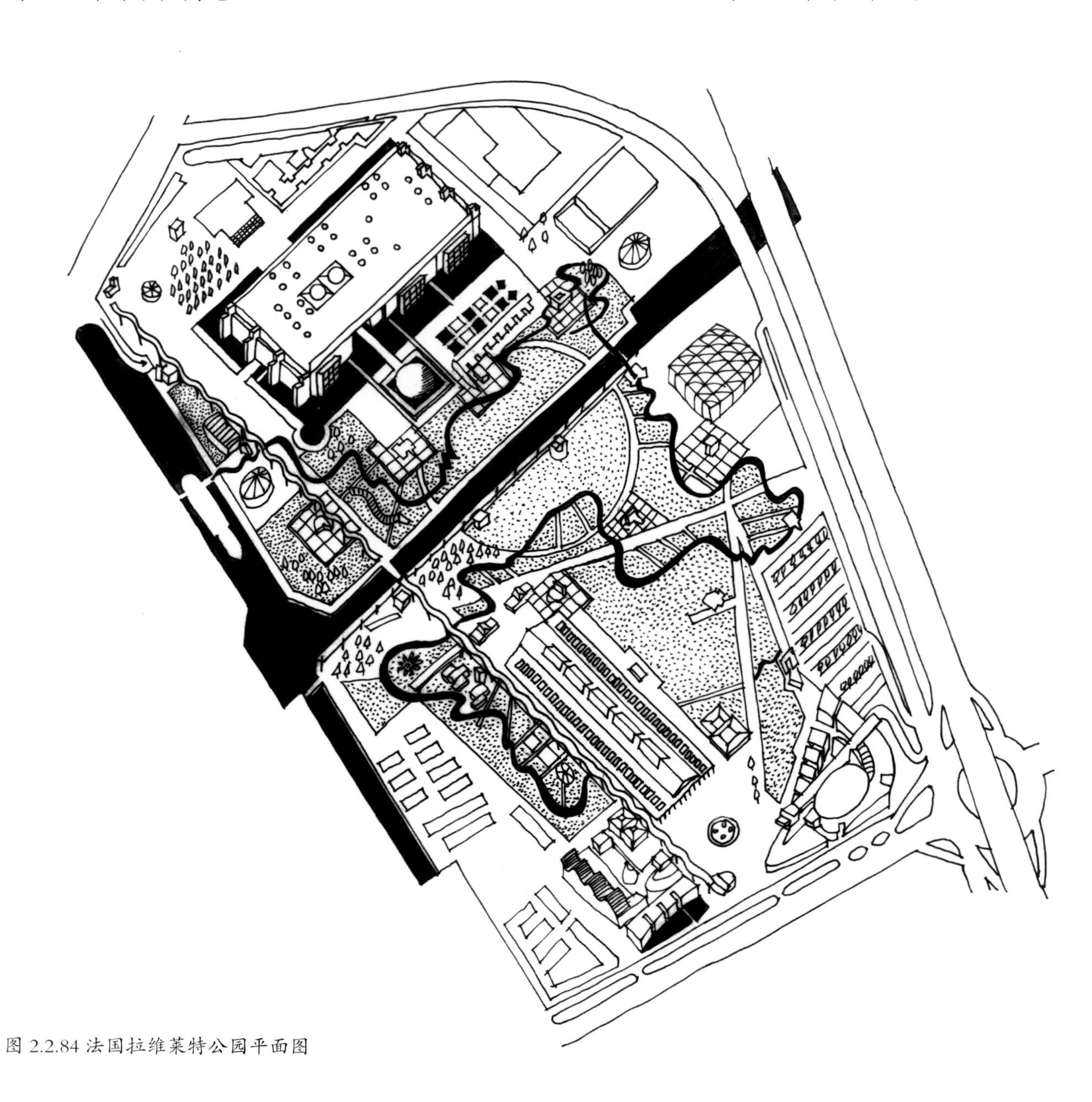

图 2.2.84 法国拉维莱特公园平面图

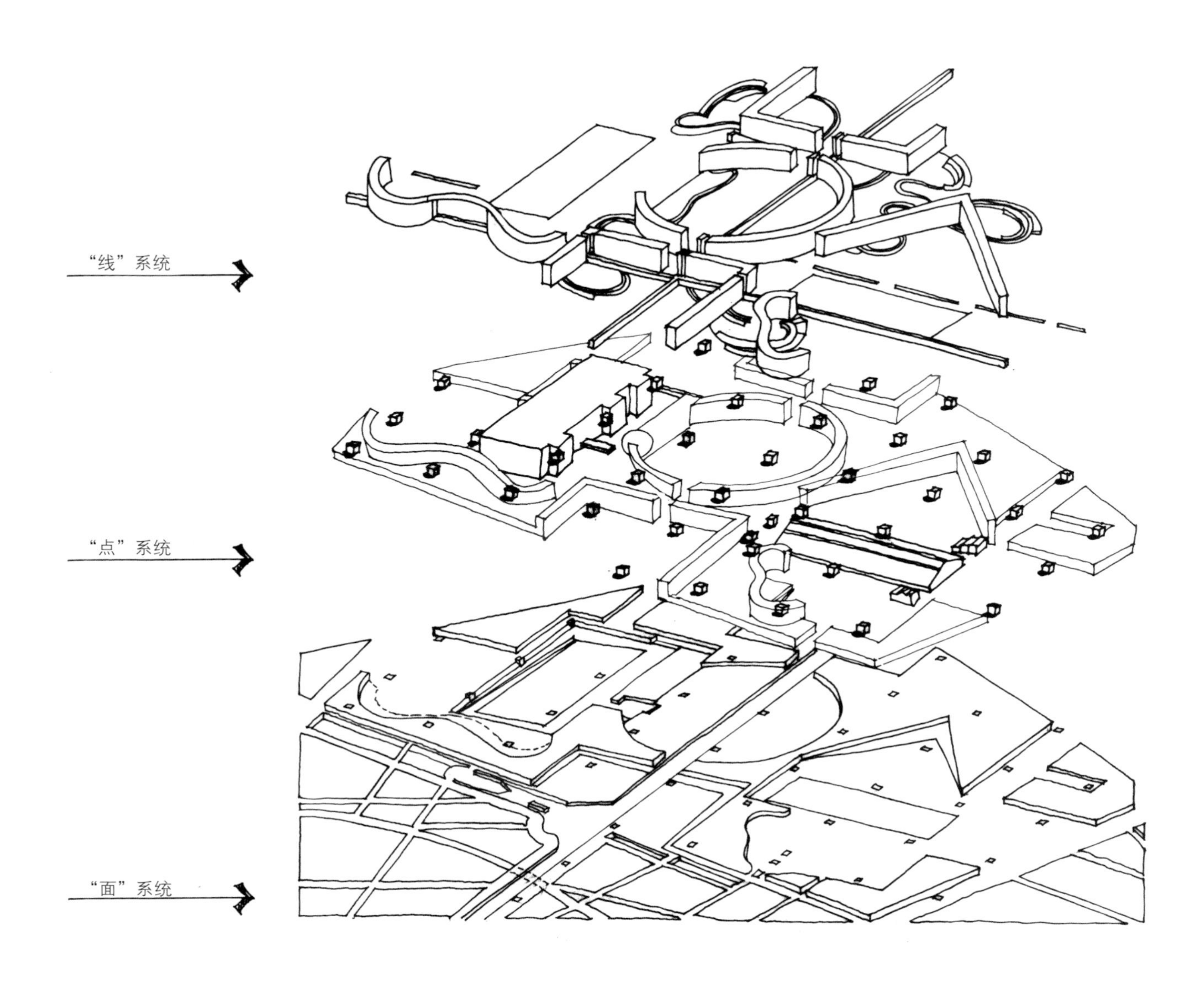

图 2.2.85 拉维莱特公园的平面构成

图 2.2.86 拉维莱特公园景观中的“点”

图 2.2.87 拉维莱特公园景观中的“点”

图 2.2.88 拉维莱特公园景观中的“点”

图 2.2.89 拉维莱特公园景观中的“线”

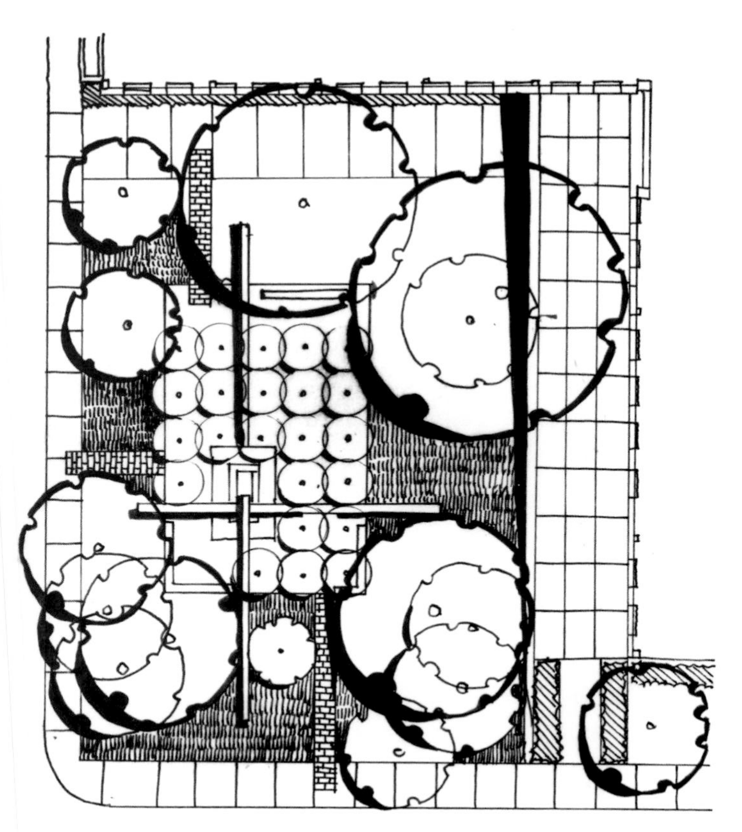

图 2.2.90 美国贝克公园平面图

列中，应是兼备逻辑性和形式感的，应该有主有次，有起有伏，婉转悠扬，节奏鲜明。充分运用空间的围合、渗透、以及多样的组合方式进行设计。

建筑师屈米设计的法国巴黎拉·维莱特公园是经典的解构主义景观的代表作品（图 2.2.84）。设计师以点、线、面的方式营造了一个完整的景观系统（图 2.2.85），既能够满足人们对体育运动、娱乐、自然生态、科学文化与艺术等各种功能的需要，又成为人们休闲交流的场所。景观中的“点”是 26 个红色的构筑物，在 120m×120m 的方格网的交点上，体现了传统的法国巴洛克园林的逻辑与秩序。它们作为信息中心、展览馆、小卖店、咖啡馆、钟塔、手工艺室、医务室等等功能空间（图 2.2.86 ~ 图 2.2.88）。“线”指的是两条长廊、几条笔直的林荫道和一条贯穿全园的弯弯曲曲的小径，这条小径联系着公园的十个主题园，也是一条公园的最佳游览路线（图 2.2.89）。“面”指的是 10 个主题园和其他场地、草坪及树丛。

6. 空间形式美的法则

多样统一作为形式美法则的一条重要规律，反映了景观设计总体布局中各个变化着的要素之间的相互关系。统一是指整个景观在意义、概念上的协调与和谐一致，多样是指局部空间和形式的变化，是在整体统一的前提下各部分要素有序的变化。

主从关系要求景观设计的时候要有主有次，重点突出。可以通过整体景区的空间层次来实现，在每个单独的景区中，对待景观各部分要素时，也要做到有主次之分，或以绿化为主体，或以水体为主体，或以景观构筑物为主体，不能平均对待。

相似与对比是景观设计中常用的形式美法则，可以通过景观构景要素如岩石、水体、建筑和植物等的风格和色调的一致或反差而获得，在总体构图上做到和谐统一，相辅相成，相得益彰。对比与变化多是指两个或多个毗邻的空间，若某方面具有差异性，放在一起比较反而会更加凸显其各自的特征。对比的运用通常表现为：形象对比、体量对比、方向对比、空间开合对比、明暗对比、虚实对比、色彩对比、质感对比、疏密对比、动静对比等。熟练使用这些技巧有助于塑造丰富多样的景

图 2.2.91 贝克公园的动静对比和方向对比

观空间。美国德州达拉斯市的贝克公园，是为了纪念建筑师贝克（Henry C. Beck Jr.）所建（图 2.2.90），该公园运用了贝克常用的建筑材料和方法以表现对他的纪念。在整个公园设计中，充分运用了各种形象、方向、空间、疏密等各种对比手法（图 2.2.91、图 2.2.92）。

节奏和韵律是风景连续构图中达到多样统一的必要手段。 景观中线、形、色彩的反复、重叠，以及错综变化的灵活安排，可使人内心产生轻快、激昂的感觉。简单韵律是指由一种要素按一种或几种节奏方式重复而产生的连续构图。仅适合小规模的景观连续构图或用于变化丰富的景观构图环境中。重复与统一是指连续多次地、或者有规律地反复出现同一种空间的形式，获得一种整体上的韵律感。交错韵律是由两种以上要素按一种或几种节奏方式重复交织、穿插而产生的连续构图。渐变韵律是由连续重复的要素按一定规律有秩序地变化形成的连续构图。渐变韵律常用于景观中一个空间向另一个空间的转变、过渡，使景物易于协调（图 2.2.93）

对称、均衡与稳定是局部与局部或局部与整体之间所取得的视觉力的平衡，是达到景观艺术多样统一的必要条件。

图 2.2.92 贝克公园空间的开合对比

三、景观空间设计程序

景观空间设计程序主要是指设计师在进行空间设计时所遵循的步骤和方法。包括任务书的设定、前期的调研分析、方案的设计等环节。当空间关系和方案确定后，再进行后续的施工图设计、工程建设以及工程建成后评价等环节。景观空间设计的一般程序简而言之就是从问题到设计。设计是发现问题，分析问题，从而解决问题的过程。

1. 了解现状，明确性质、确定对象

景观空间设计在着手方案设计之前，应思考为什么设计（原因与动机）、为谁设计（目标对象）、设计什么（设计对象和内容）、怎么设计（设计思路和方法）这几个问题，同时考虑建造成本等实际问题。通过前期调研需要了解三方面的内容：第一，场地现状。场地所处的自然地理气候环境、地形地貌、人文历史背景和区域文化特质，场地的规模和面积，目前场地内的建筑和景观状况、场地目前的使用功能、场地地质结构等等。需要关注有哪些是可保留的、哪些是可改造的、哪些是可拆除的。第二，周边环境及用地性质。周围建筑的功能、高度和天际线，周围总体景观环境、道路交通情况、场地长远的规划情况，将来打算用作什么功能或什么性质的场所等等。第三，服务对象及设计需求。景观主要的服务对象的人群特征、他们的活动方式及行为习惯、他们在功能和情感上有何特殊需求等等。

对现状场地和环境的分析决定了整个空间设计的基调，可以运用图解的方式进行空间解析（图 2.2.94），并辅以简单的文字，来帮助设计师认知场地，更加直观的与他人沟通。图示化的设计语言往往能为后期设计打下良好的基础，促发多种设计可能，给设计师带来灵感。

2. 构思合理，主题新颖，确定氛围

设计构思与布局是在前期基地分析的基础上进行的，构思之初应结合调研成果，对景观设计的主题或目标有清晰的确定。所谓“设计之始，立意在先”，有了立意，设计才能围绕立意展开，更具集中度，也更容易选择设计元素。

景观设计的主题是设计的核心思想和主要脉络，是通过景观各要素设计想要传达的内容或某种感受。合适的主题能够赋予整个景观以灵魂。当设计主题确定之后，景观空间的布置、界面和造型的运用、色彩和材料的选择都围绕主题展开，以形成一种完整、系统的认知感受。这种感受就是景观所呈现出的氛围，它或许难以用语言形容，却能让身在其中者有深切的感受。

彼得库克景观设计事务所为纪念“9·11 事件”所做的世贸双塔纪念园，整个纪念园的设计充分围绕“纪念”二字做文章。纪念园在事发地原址进行设计，保留了原双子塔的基础，使人能够强烈地感受到双塔原来的存在感，以示纪念（图 2.2.95）。纪念园将双塔原来的基坑设计为庞大的瀑布，游人在瀑布雷鸣般的声音中，沿途可触摸镌刻有受害者的姓名的青铜栏杆（图 2.2.96）。在周边设置由 416 棵橡树组成的森林广场，广场内有简单的草坪、石凳、显得安静（图 2.2.97）。瀑布的冲击与安静的橡树林形成空间上开与合的反差，视觉上疏与密、动与静的反差。整个纪念园除了深刻地表现出对逝者的哀悼和纪念，还着力于营造安静的氛围，在这里能引起人们对战争、灾难的反思。同时，作为一个城市公园，营造了一片尺度适宜的城市开放空间。

设计主题的确定往往是基于对场地历史文化、城市地域文化等人文因素的挖掘，同时综合考虑设计生态性、历史性、人文性和审美性等景观要素设计原则。主题的设定通常会起一个切合的名字，各个景点也配合主题命

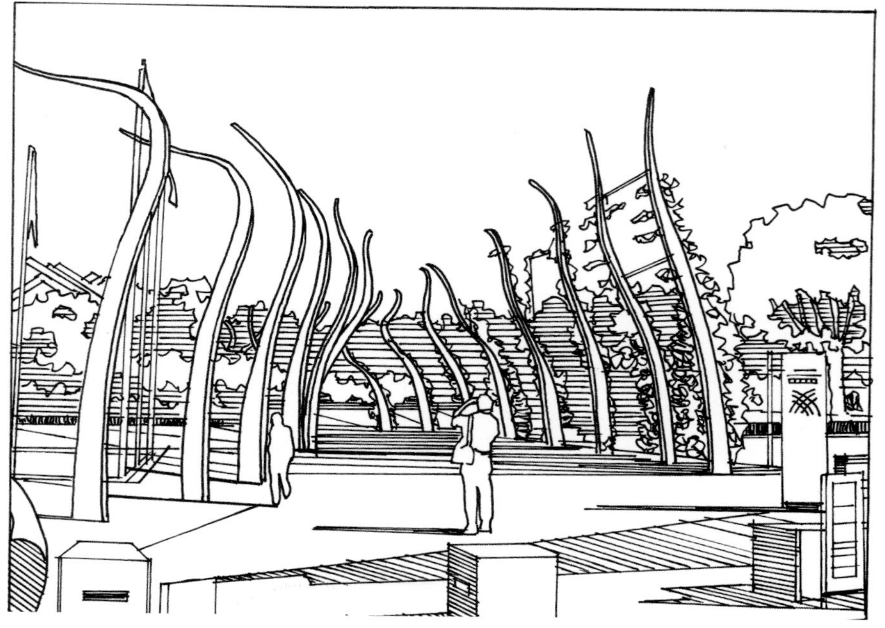

图 2.2.93 澳大利亚布里斯班盛大的藤架

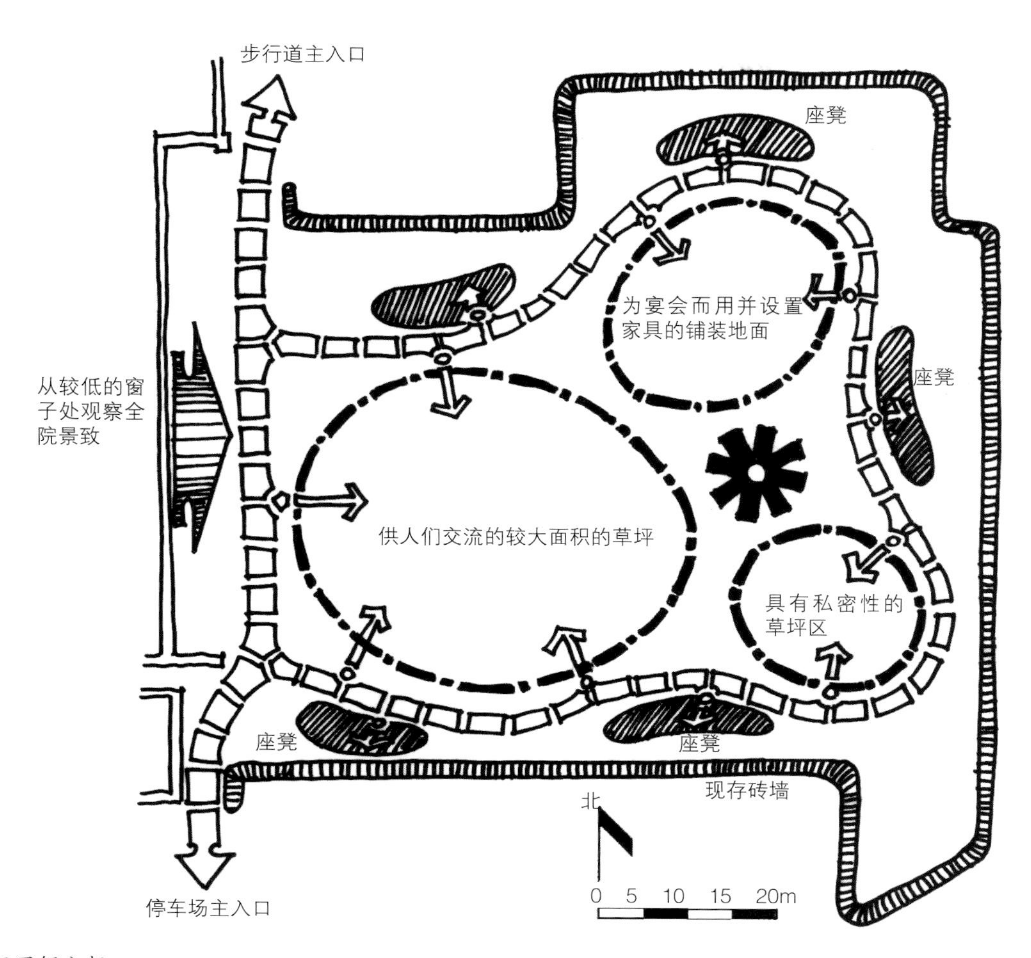

图 2.2.94 空间图解分析

名，以求得整体性和统一性。景观节点的命名可以起到画龙点睛的作用，营造美好的意境。比如中国传统园林中的景点名称就充满了文学性和艺术性。又如西湖十景分别命名为苏堤春晓、曲苑风荷、平湖秋月、断桥残雪、柳浪闻莺、三潭印月、花港观鱼、雷峰夕照、南屏晚钟、双峰插云，通过这些优美的辞藻，人们仿佛已经置身于西湖的湖光山色之中，其重点和难点在于将景观空间在形式和气质上保持一致，将设计的主题立意与设计布局构思完美的融合起来。

3. 功能明确、布局合理、多样统一

当对现场有充分的了解，也基本确定了设计的思路和主题后，明确景观空间功能和布局就成为景观设计的重要内容。首先，确定出入口位置，合理组织交通，并对各个功能空间的位置进行安排。布局功能空间的时候既要考虑到各空间的功能需求、面积规模需求、功能之间的联系、不同设计组团之间的关系、不同活动区域之间的关系，还要考虑功能空间的形式。

不同的景观空间类型其功能需求不同，如城市休闲公园通常有管理区、儿童游乐区、青少年活动区、老年活动区、休闲区、观景区等。但总的来说，一个景观场所包含：动区、静区、动静结合区、后勤管理区和入口区等五大类功能区域。

格兰特·W·里德所著《园林景观设计：从概念到形式》一书中详细的阐述了从功能出发的景观空间的整个设计程序。书中详细描述了从场地条件和功能需求出发对场地进行思考和设计，并运用各种形式要素来延续和再现功能。设计时可运用基本的几何空间模式进行模式的探讨，如矩形模式、三角形及多边形模式、变形及异形网格、圆形模式、曲线和不规则形等（图 2.2.98~ 图 2.2.100），通过构图与功能的重叠形成所需的空间环境设计，是小尺度景观设计时极为实用的设计方法。

对一个场地而言，出于场地和环境的限制，符合场地的景观功能可能是相对单一的，然而其平面构图及表现形式则可以是多种多样，同一个景观场地在同一个功能思路下，完全可能呈现不同的空间设计，这也就是景观形式的多样与功能统一之间的结果（图 2.2.101、图 2.2.102）。

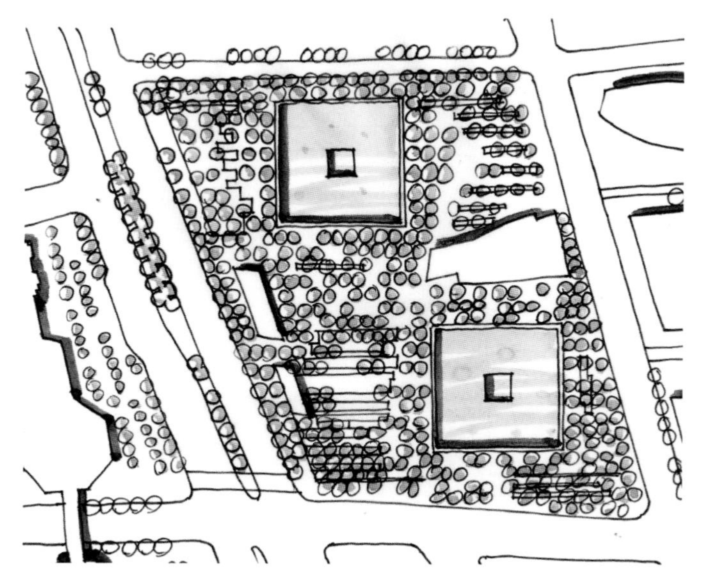

图 2.2.95 美国世贸双塔纪念园平面图

图 2.2.96 世贸双塔纪念园瀑布及栏杆

图 2.2.97 世贸双塔纪念园森林广场

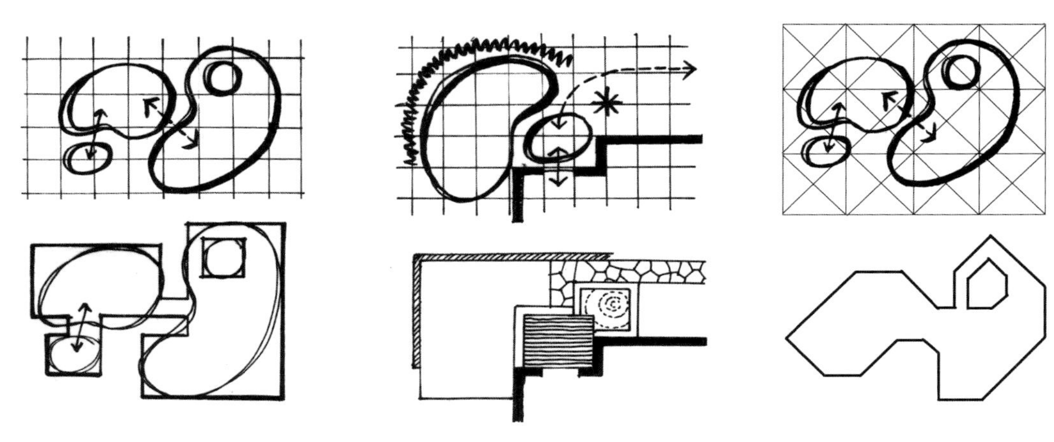

图 2.2.98 各种模式的空间设计方法

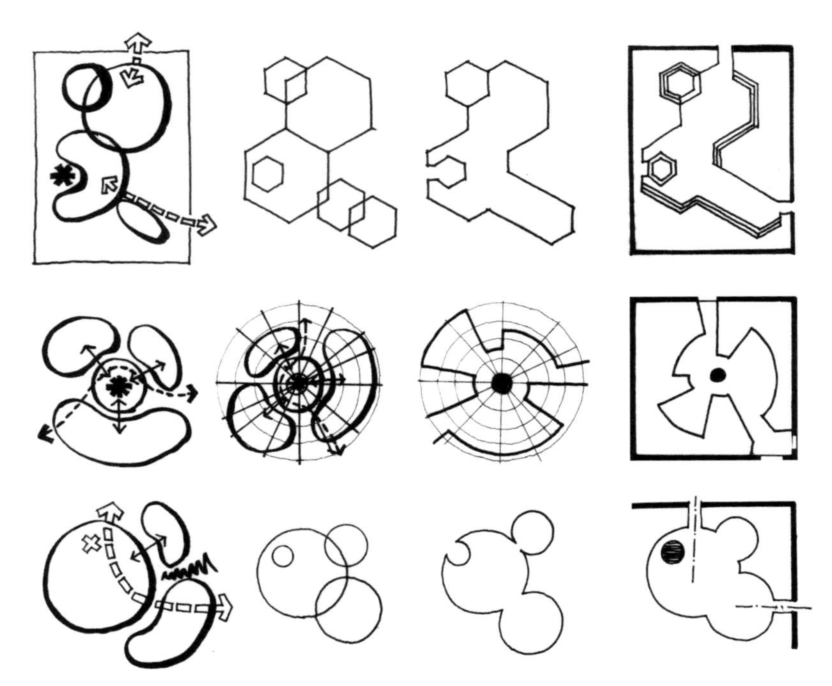

图 2.2.99 各种模式的空间设计方法

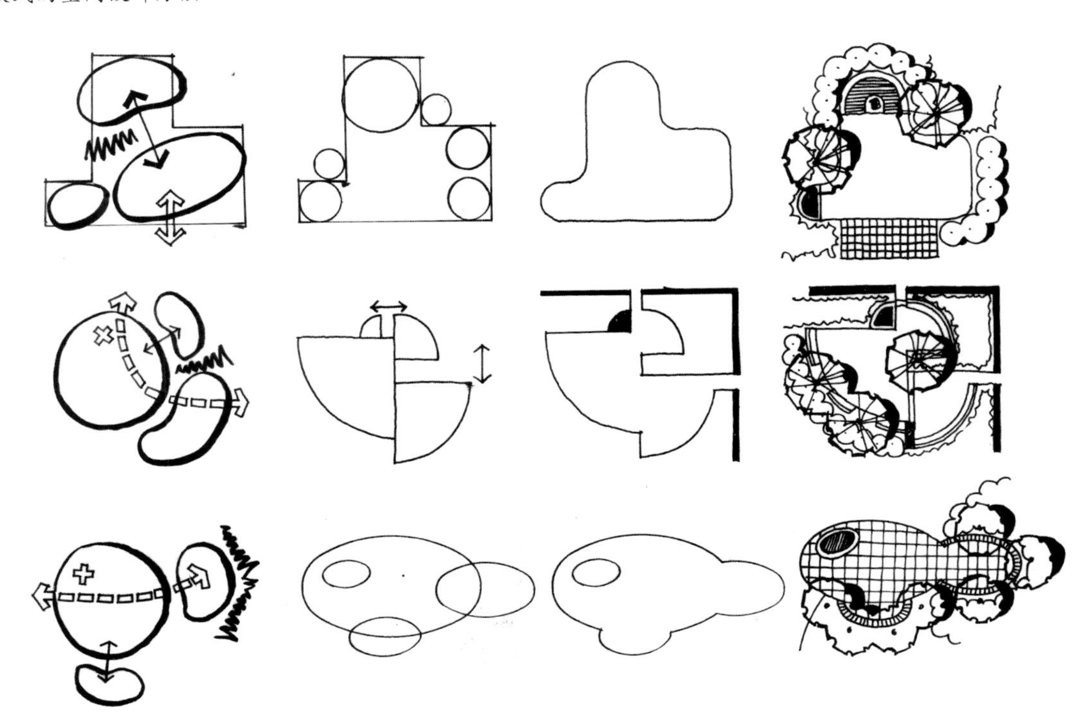

图 2.2.100 各种模式的空间设计方法

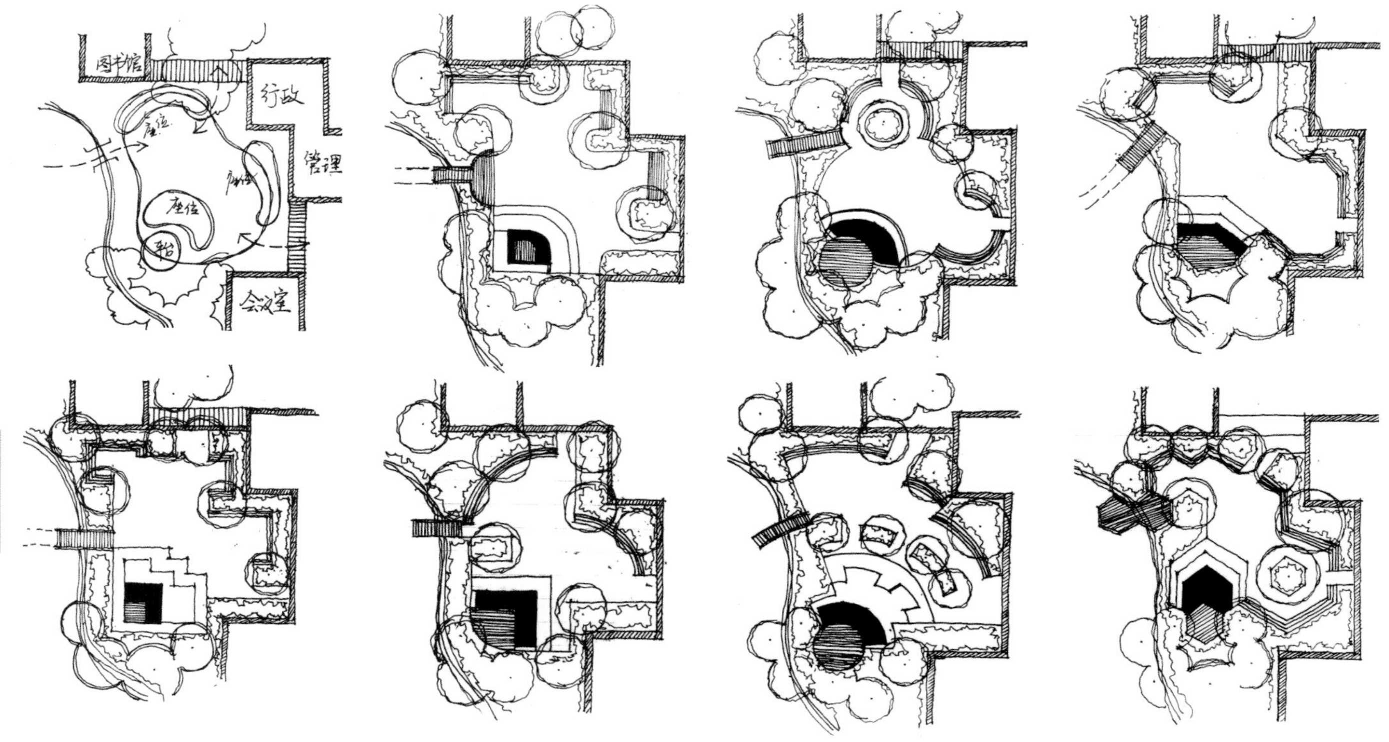

图 2.2. 101 同一功能的多样形式变化

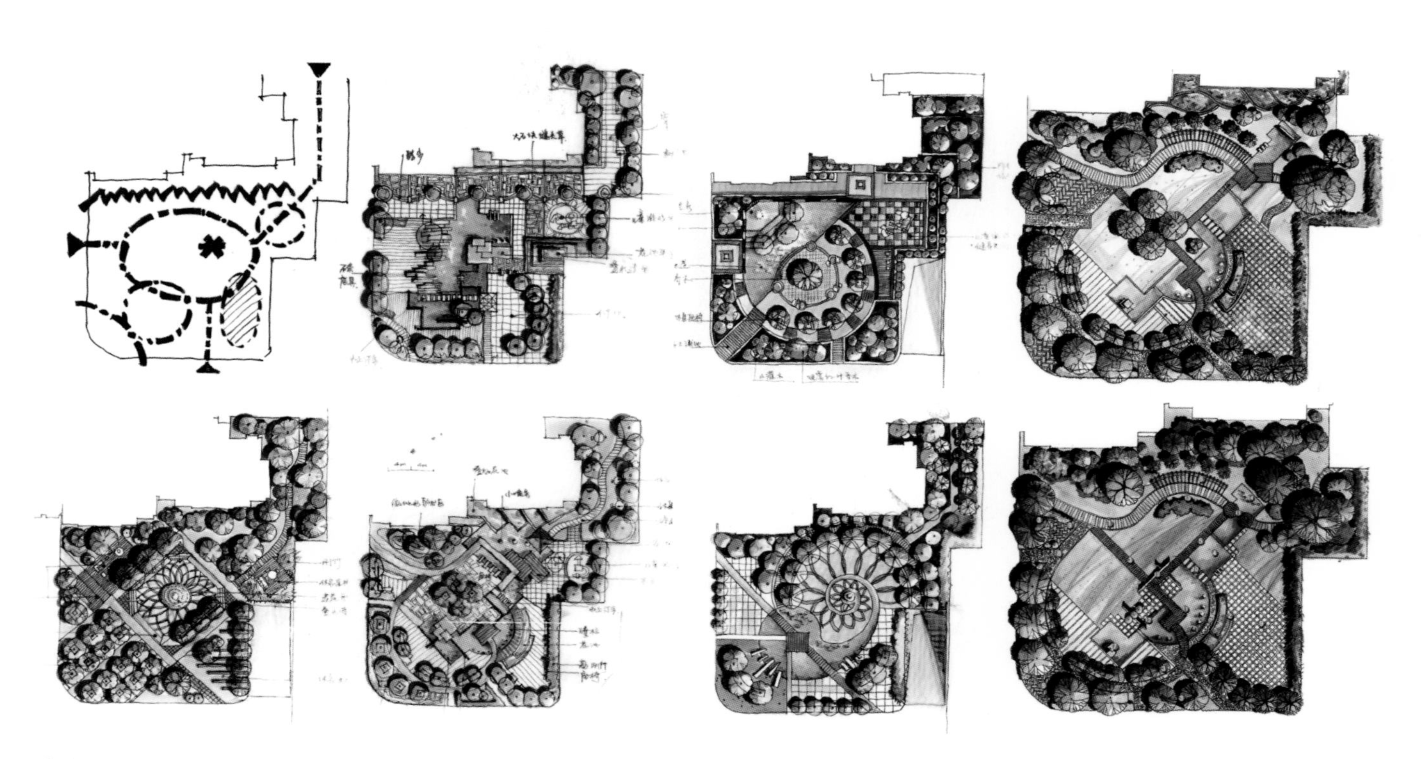

图 2.2.102 同一功能的多样形式变化

第三章 景观植物水体与山石设计及创意表现

第一节　景观植物设计及创意表现

一、景观植物及其种类

1. 景观植物与功能

植物是景观设计中的基本要素，也是最重要、内容最丰富、变化最多样的要素。

景观植物具有生态环保的功能。植物能够保护和调节自然环境，能够保持水土、涵养水源、防灾避险；还能够为自然界提供生物的多样性，保持生态平衡；能够制造氧气，并吸收空气中的有害气体；能有效地调节温度湿度，改善小气候环境；还可以降噪防风，为人类提供舒适的生活环境（图 3.1.1）。

植物具有视觉审美的功能，是景观要素中最重要的观赏对象之一。植物以其姿态、色彩、气味等为游人提供视觉、触觉、嗅觉等多方面的审美享受。植物能够渲染色彩，突出季相，为景观增加时间和空间的表现力和艺术性。植物还有点缀与衬托山水的功能，使景观空间层次更丰富，内容更饱满。植物还可以有效地遮挡不良或无序的景观要素，并通过其绿色的基调，协调其他造景要素，使之和谐统一（图 3.1.2）。此外，植物还可以为人们提供遮阴、休憩等功能。

对于景观造景方法来讲，植物还有一个重要的功能那就是塑造空间。在户外空间中，草坪和地被可视作基面，用来暗示空间的边缘（图 3.1.3）；高大植物的树干可视作墙面，暗示或构成虚空的边缘（图 3.1.4）；叶丛丰富的植物顶盖可视作顶面，形成遮蔽的空间（图 3.1.5）。植物对空间的塑造与植物之间的距离有关，如两棵植物间距为其树冠直径的 1.5 倍之内，基本可以形成一个有顶盖的空间，但距离超过这个数值时，便失去了这种营造空间的效应（图 3.1.6）。植物可以通过框景、障景、夹景等手法，丰富空间层次，拓展空间深度，创造优美画面。

图 3.1.1 常绿植物置于建筑物西北面可以阻挡冬季寒风

水平延展的植物可以有延伸空间的效果，能够表现出一种开放、平和的空间氛围；纵向生长的高大植物可以使空间增高，通过其植物间距的控制表现一种或静谧或幽闭的空间氛围（图 3.1.7）。丰富的植物层次能够营造优美的景观，塑造丰富的植物层次要求有乔木、灌木和草坪及地被植物的配合（图 3.1.8）。

利用各种植物的组合及其位置关系的布置，可以创造出开敞空间、半开敞半封闭、封闭空间（图 3.1.9）。开敞空间通常仅用低矮灌木及地被植物作为空间的限定要素，四周开敞、外向、视线通透。半开敞半封闭空间，空间的一面或多面受到了高于视线的植物的封闭，因此在一定程度上限制了视线的穿透。其方向性指向封闭较弱的开敞面。封闭空间的形成，一方面通过丰富植物在立面上的层次来完成，另一方面通过上层乔木的密度来完成（图 3.1.10）。

植物还可以用来分隔空间（图 3.1.11）。通过植物的布局、疏密的关系，不仅可以有效地控制空间的渗透，还可以形成某种空间上的秩序，如蜿蜒曲折的流线、空

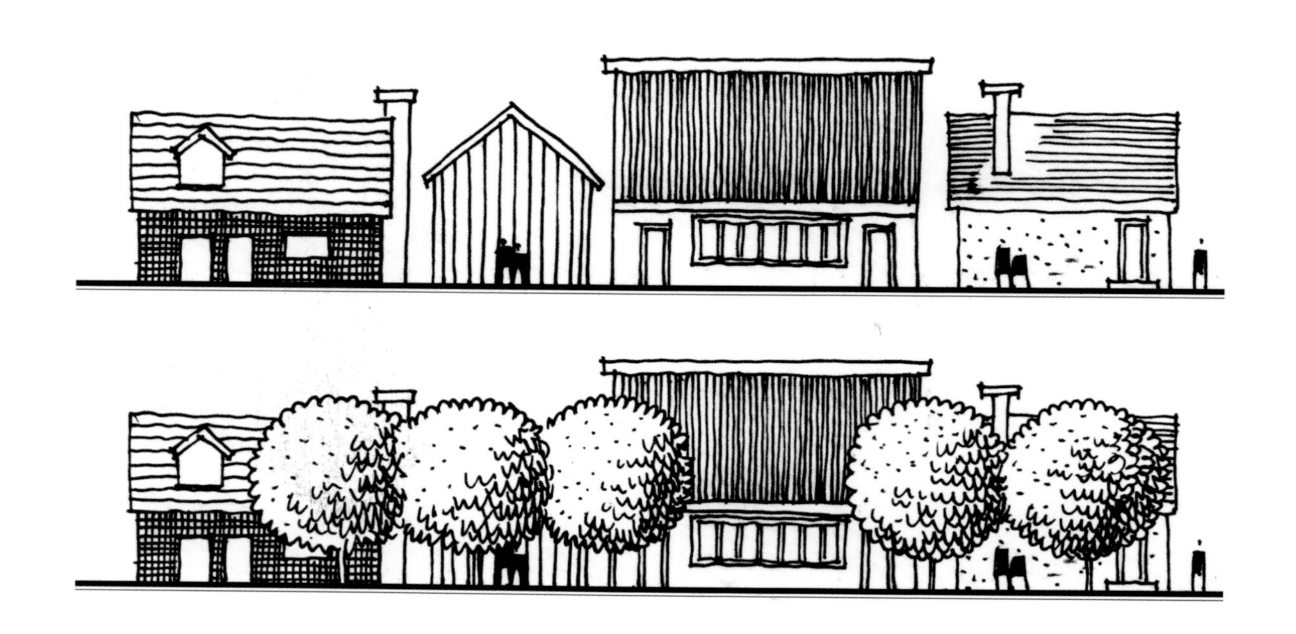

图 3.1.2 植物具有统一环境的作用

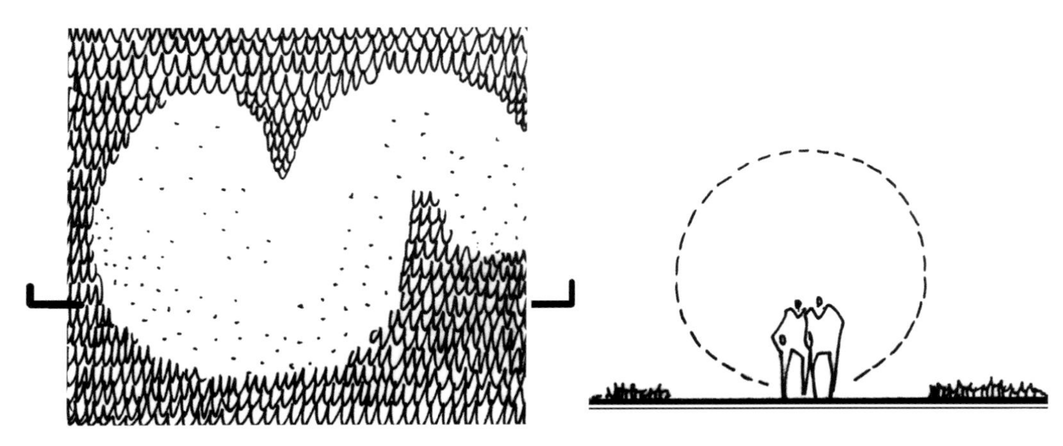

图 3.1.3 草坪和地被植物能够暗示空间边缘

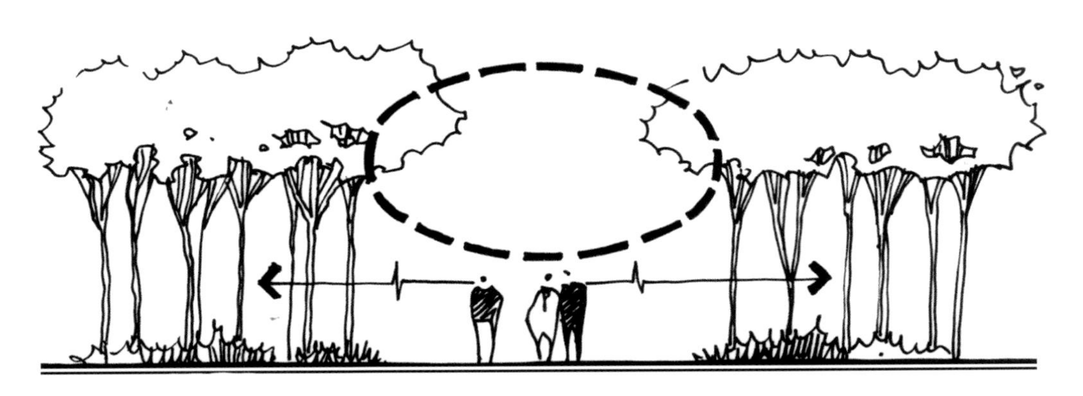

图 3.1.4 高大植物暗示空间边缘

图 3.1.5 植物形成遮蔽空间

图 3.1.6 植物间距限定空间

图 3.1.7 水平向植物与纵向植物所形成的空间

图 3.1.9 植物创造的丰富空间

图 3.1.8 单调的植物层次与丰富的植物层次

图 3.1.10 植物形成封闭空间的方法

图 3.1.11 植物分隔空间

图 3.1.12 植物形成空间秩序

图 3.1.13 植物隐蔽园墙

间明暗变化、空间节奏的变化等（图 3.1.12）。植物还能够有效地拓展空间，如可以通过植物隐蔽园墙等构筑物，采用欲扬先抑的手法达到进一步拓展景深的作用（图 3.1.13）。植物和其他景观要素结合，还能增强或削减其他要素所限定的空间，如植物同地形结合，可以削弱或增强由地形产生的空间变化（图 3.1.14）；植物和水面结合，能够勾勒水面轮廓或扩大水面空间；植物和建筑物结合能增强建筑之间的联系，形成新的空间。

2. 景观植物的类型

景观植物的种类主要包括乔木、灌木、藤本植物、草坪与地被、花卉、竹类等等。不同植物在形态、叶形、花色、果实上都有各自的特点。在种植需求上都有很大差别，需要确定气候、土壤、空气等自然条件是否适合植物的生长，适合哪一类植物的生长。

（1）乔木

乔木的体形较大，主干明显，树冠浓密、分枝点高，寿命长。成年乔木的高度通常在 6m 以上，根据其高度不同又可分为大乔木（20m 以上）、中乔木（8~20m）和小乔木（8m 以下）。根据其叶形可分为阔叶乔木、针叶乔木。根据叶片四季脱落的情况又可分常绿乔木和落叶乔木。因此又有常绿阔叶乔木、常绿针叶乔木、落叶阔叶乔木、落叶针叶乔木等说法。在植物搭配的时候，应该充分考虑各种类型植物的搭配变化。乔木主要有：白桦、榆树、悬铃木、银杏、雪松、垂柳、合欢、国槐、元宝枫、鸡爪槭、栾树、杜英、香樟、水杉、大王椰子、芭蕉、榕树等。

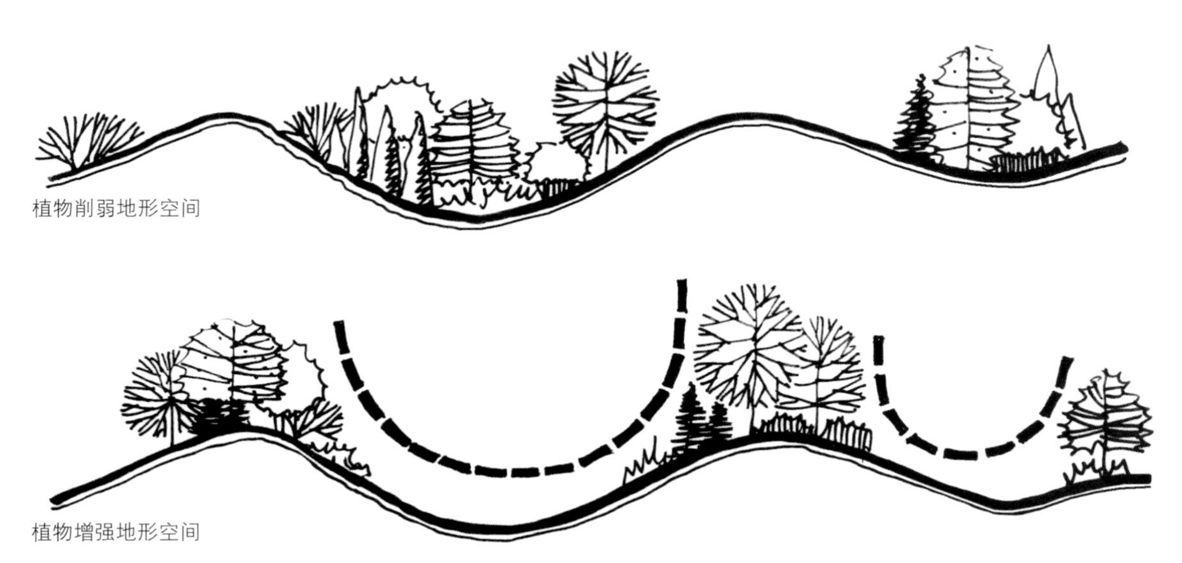

图 3.1.14 植物可削弱或增强由地形产生的空间

乔木通常是景观中的核心植物，成为景观的焦点，有主导作用。乔木还有界定空间、提供绿阴，防止眩光、调节气候等显著功效（图 3.1.15）。各种乔木在色彩、线条、质地和树形方面都有着显著的特点，并且随叶片的生长、凋零、变色可形成丰富的季节性变化，设计时应充分考虑植物的季相变化，展现树形的美。

（2）灌木

灌木呈丛生状，没有明显主干，或自基部分枝，体形通常不大，一般在 6m 以下。灌木也有大灌木（2m 以上）、中灌木（1~2m）、小灌木（1m 以下）之分。灌木成片种植的时候，能够有效地分隔和围合空间（图 3.1.16），或屏蔽不良视野，还能够起到控制风速、噪声、眩光，降低热辐射、防止土壤侵蚀等作用。灌木还可以从视觉上丰富空间层次，作为上层乔木和下层地被植物之间的过渡（图 3.1.17）。不同灌木的叶、花、果都具有不同的特点，其中又以开花灌木观赏价值最高，用途最广。常用的灌木有黄杨、金叶女贞、紫叶小檗、紫荆、海桐、苏铁、南天竹、鹅掌楸、龟背竹等。

（3）藤本植物

藤本植物指具有细长茎蔓，并借助卷须、缠绕茎、吸盘或吸附根等特殊器官，依附于其他物体才能使自身攀缘上升的植物。藤本植物的可分为缠绕类、卷须类、吸附类和蔓生类四种，其根可生长在最小的土壤空间内，因此常常用作垂直绿化或廊架等构筑物的顶部进行遮阳（图 3.1.18）。需要注意的是，藤本植物的攀缘器官，吸盘和吸附根对木制品有腐蚀作用。藤本植物主要有紫藤、葡萄、爬山虎、常春藤、络石、蔷薇、木香等。

（4）草坪与地被

草坪空间具有较好的亲切感，是人们从事各种休闲活动、体育活动以及儿童嬉戏的良好景观场所（图 3.1.19）。草坪草是指覆盖地面的，生长低矮、叶片稠密、叶色美观、耐践踏的多年生草本植物。草坪草可分为暖季型草（-5 ~ 42℃可生存）和冷季型草（15℃至 25℃生长，高于 30℃几乎不生长）。暖季型草主要有马尼拉草、狗牙草、结缕草、天堂草、马蹄金草、台湾草、百慕大草等，冷季型草主要有早熟禾、高羊茅草、黑麦草等。中国北方较适合种野牛草、结缕草、羊胡子草等，南方较适合种狗牙草、假俭草、细叶结缕草等。草坪需要种植在排水良好的中性土壤中，但管理和养护费用较大。

地被植物是用于覆盖地面的矮小植物，包括草本植物、低矮的灌木和藤本植物，高度一般不超过 0.5m，通常与草坪配合以增加绿化层次，地被植物可以有效地联

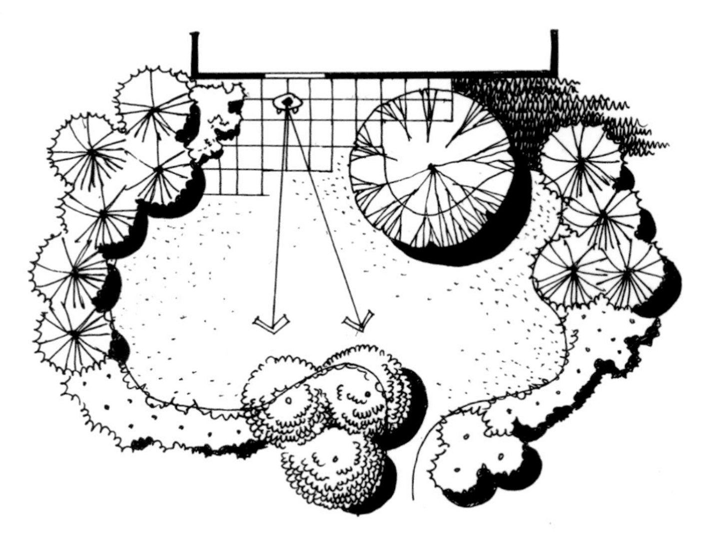

图 3.1.16 灌木能够分隔空间

图 3.1.15 乔木是景观中的核心植物

系其他的植物类型。常用的地被植物主要有：铺地柏、二月兰、平枝栒子等。

（5）花卉

花卉为草本或木本植物，通常多指草本植物，其形态优美，颜色艳丽，具有较高的观赏价值，同时有些花卉芳香扑鼻或可以食用，能提供嗅觉、味觉等多感官的体验。根据花卉的生活类型和生态习性，可分为一、二年生花卉，多年生花卉和水生花卉。常见的一、二年生花卉有：三色堇、雏菊、一串红、石竹、矮牵牛、凤仙花、金盏菊、万寿菊、鸡冠花、百日草等，它们色彩艳丽，但生长周期短，适用于花坛等造景的设计。多年生花卉又有宿根花卉和球根花卉之分，主要有剑叶金鸡菊、黄菖蒲、玉簪、萱草、郁金香、鸢尾、美人蕉、唐菖蒲等。

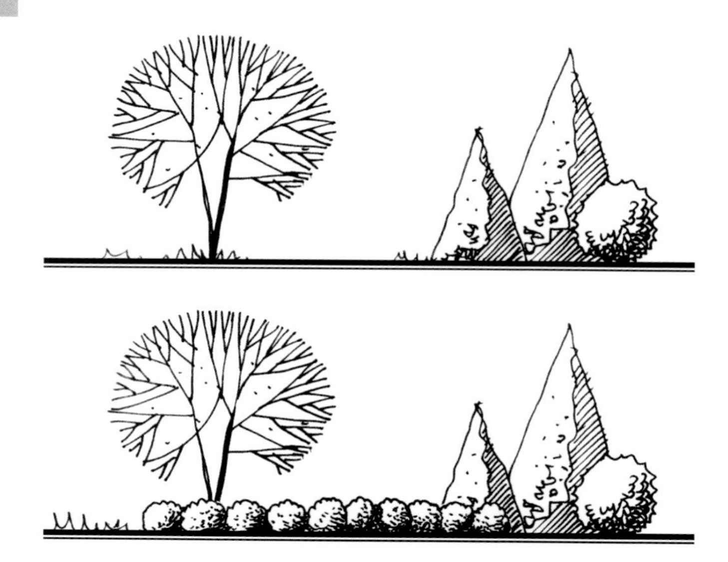

图 3.1.17 灌木能够丰富空间层次

（6）竹类

竹类为禾本科常绿乔木或灌木，最高可达 30m。常见的有毛竹、刚竹、慈孝竹、凤尾竹、紫竹、金竹、斑竹、黄金间碧玉竹等，一旦开花整株死亡。竹类是观赏价值极高的植物类群，不仅能形成较大体量，还常用来表现具有人文气质的景观空间。

图 3.1.18 藤本植物用作墙面绿化

图 3.1.19 草坪空间具有亲切感

二、景观植物种植设计

1. 基本原则

景观植物配置的原则应遵循生态性、功能性、艺术性、文化性和地域性的原则，应该因地制宜地考虑植物的生长环境，发挥植物的功效。同时要遵循美学原理，并注意挖掘景观的内涵，营造美的意境。

首先，植物是有生命力的，任何一种植物都有一定的生态环境要求。不同植物对光照、土壤、水分都有不同的需求。植物根据这些需求可分为阳性植物、耐阴植物、旱生植物、中生植物、湿生植物、水生植物、酸性土植物、中性土植物、碱性土植物、耐修剪植物、耐烟尘植物等。种植的时候还应充分考虑植物的生长空间，植物的密度应根据成年树冠的大小决定。因此，植物种植首先需要尊重植物的生长规律和生态习性。

第二，景观植物种植要符合绿地的性质和功能。如街道的行道树应选择分枝点高、易生长、抗污染且能遮阴的植物；医院的植物应该不仅能净化空气，美化环境，还要考虑防止花粉过敏，并注重轻松的环境营造；工厂绿化应选择能抗噪音、抗毒害气体和抗粉尘的植物；烈士陵园则应选择常青且形态挺拔的松柏类植物；综合性公园应有供市民集体活动的广场和草坪、各种遮阴的乔木、观赏的灌木，并营造密林、疏林等不同的植物空间。

第三，景观植物种植要考虑园林的总体布局、空间节奏和艺术需要，充分遵循颜色、大小、质地、形态的和谐，把握各种植物的观赏特性，如榕树、黄葛树主要观赏其根之美；白桦、梧桐、紫竹则是以观干为主；油松、垂柳、栎树以树枝形态为最美；银杏的美在于秋季金黄色的扇形叶片；荷花、牡丹之美在于其盛开的花朵，等等。同时，植物种植还需注意各种植物形态、色彩、味道、声音以及季相的变化和搭配。

第四，景观植物种植须符合地域文化的特点。首先，景观种植应首先选择地域性的本土植物，这不仅有利于植物本身的生长，也能带给大众一种亲切感和归属感，同时具有较强的标志性。如北京的国槐、洛阳的牡丹、加拿大的枫树、日本的樱花等。另外，植物本身可以体现独特的文化性。如“梅、兰、竹、菊”被誉为四君子，表现了一种“傲、幽、澹、逸”的品质，荷花有“出淤泥而不染”的含义，桂花有折桂、友好、吉祥之意，萱草有“忘忧草”之美誉等等。对各类植物的合理使用能够强调景观的文化特征，营造具有诗情画意、文化意境的户外空间。

景观植物种植并不是简单或漫无目的地种树，如何搭配、如何布置都有很多讲究。在设计之初应该根据场地、功能等各种需求，对植物种植的大致效果有所构想，是树林、树丛、灌木丛还是孤树，是表现开阔的空间草坪空间还是表示幽闭的林间小路，都要精心设计布置（图 3.1.20）。

2. 乔木、灌木的种植设计

乔木和灌木的种植方式主要有孤植、对植、丛植、群植、列植、林植和篱植等。

（1）孤植

孤植是把一棵树或一组树单独种植的手法，通常选择开阔的地点，为树冠留有足够大的空间和观赏距离，一般在距离树高 4 ～ 10 倍的距离内不应再布置其他的景物，才能使其成为景观中心（图 3.1.21）。孤植的树需要具有优美的树形，寿命要长，且有较大的体量的成年树（成熟度在 75% ～ 100%），如银杏、槐树、榕树、

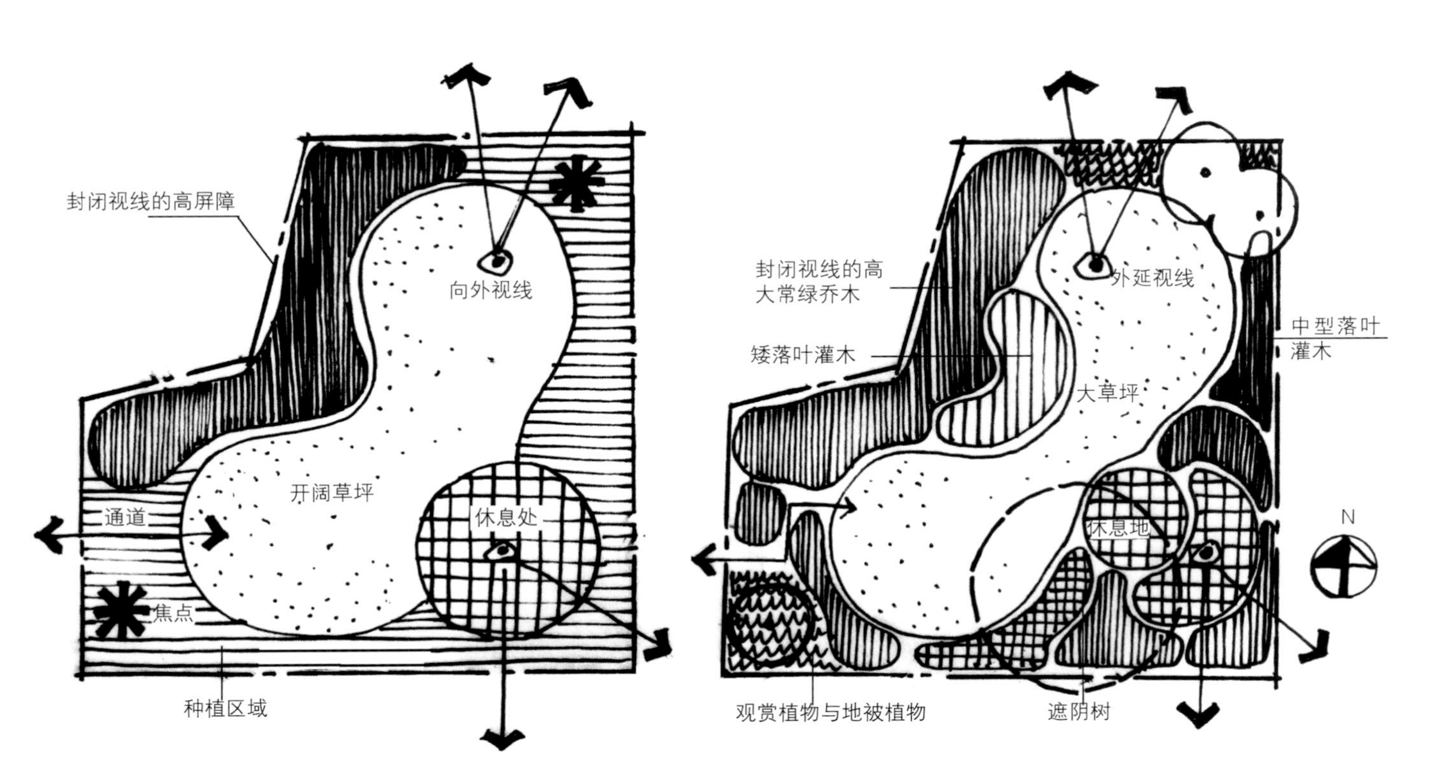

图 3.1.20 设计初期应对场地植物有所设想

图 3.1.21 孤植

图 3.1.22 孤植的树不宜在场地的几何中心

图 3.1.23 孤植树不宜在场地的几何中心

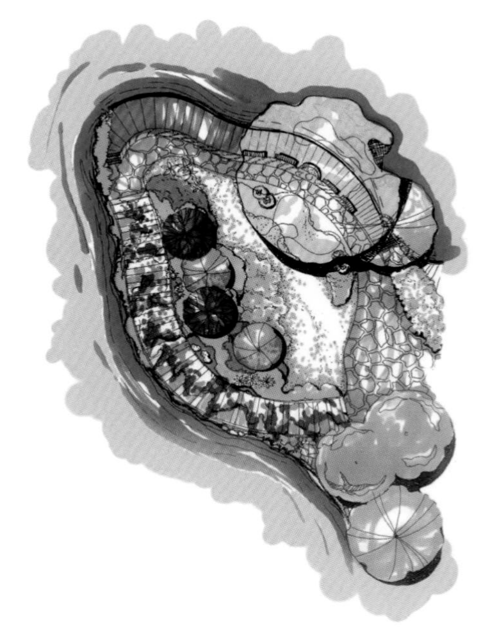

图 3.1.24 孤植树不宜在场地的几何中心

图 3.1.25 孤植树不宜在场地的几何中心

图 3.1.26 对植

图 3.1.27 对称对植

图 3.1.28 均衡对植

图 3.1.29 均衡对植

图 3.1.30 均衡对植

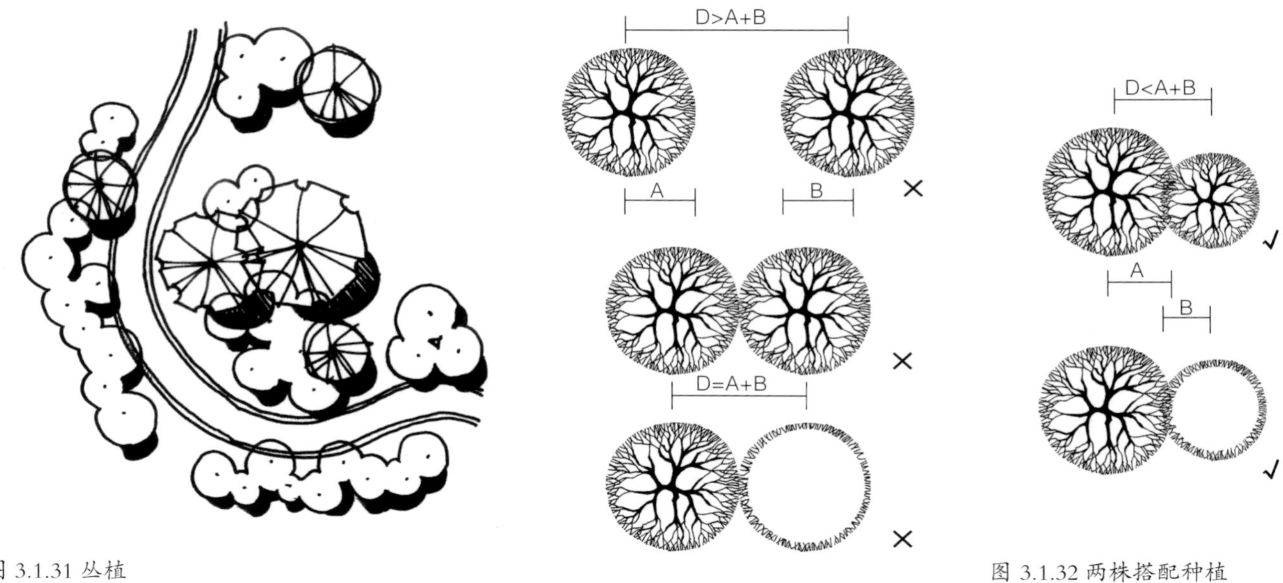

图 3.1.31 丛植

图 3.1.32 两株搭配种植

香樟、悬铃木、白桦、无患子、雪松、鸡爪槭、樱花、紫薇、广玉兰、柿树等。孤植的树作为景观主景，可以起到烘托气氛，引导视线、遮阴休憩、丰富景观廓线和层次的作用。孤植的树一般不宜布置在草坪的几何中心，而是布置在视觉中心，且大小场景用不同方法处理（图 3.1.22 ~图 3.1.25）。

（2）对植

对植是用两株或两丛相同或相似的树，在构图轴线两侧作相互对称或均衡布置的种植方式（图 3.1.26）。两株植物对称种植的时候，要求它们在形态上基本保持一致，体现一种庄严、肃穆的秩序美（图 3.1.27）；两株植物均衡对植的时候，能产生一种相对活泼的相互呼应关系（图 3.1.28、图 3.1.29、图 3.1.30）。对植往往在构图上形成配景和夹景，很少作主景。在广场和园林入口、建筑入口和道路两旁经常运用。

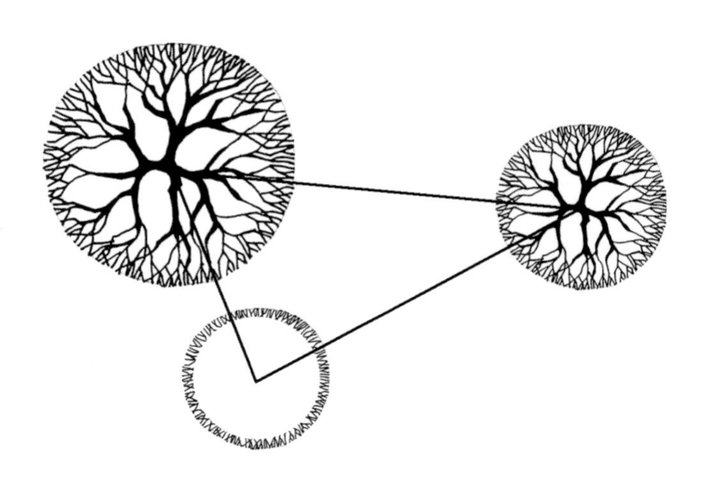

图 3.1.33 三株搭配种植

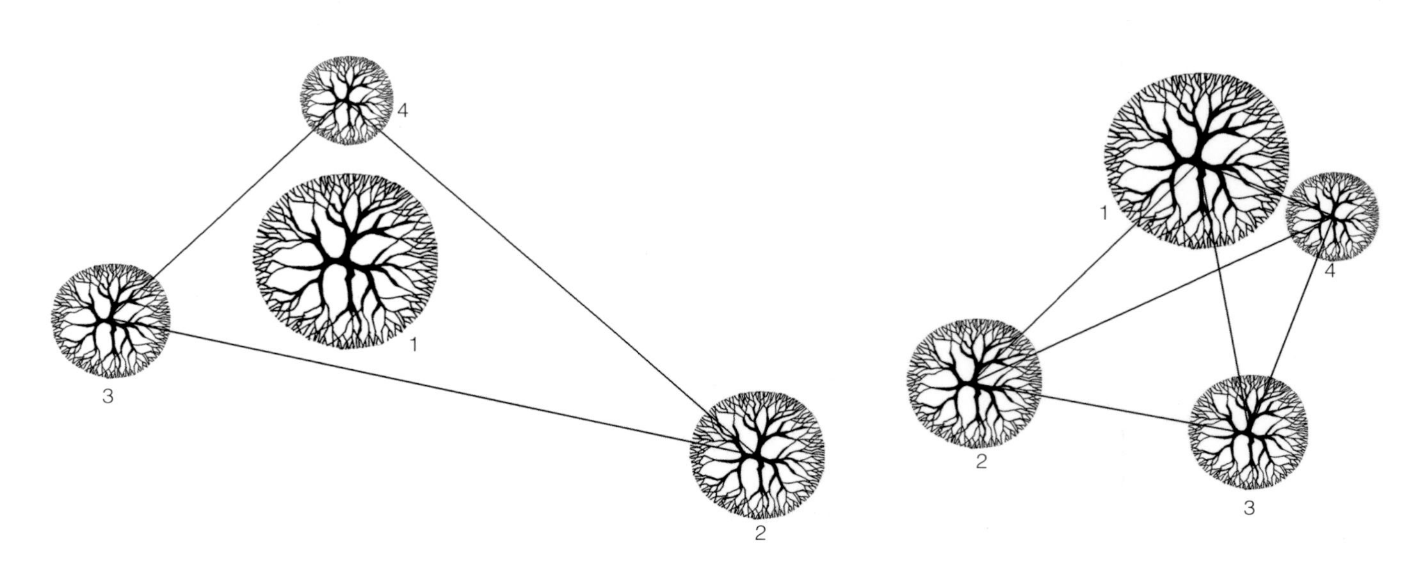

图 3.1.34 四株搭配种植

（3）丛植

丛植是由两株到十几株同种或异种乔木，或乔、灌木组合而成的种植类型（图 3.1.31）。丛植形成的景观较为自然。丛植的植物每一株之间的关系应把握总体适当密植，局部疏密有致的原则；每一种树种之间的关系应把握阳性植物与阴性植物、快长植物与慢长植物、乔木植物与灌木植物之间的搭配，应将它们在形式美的法则下有机地组合成生态相对稳定的树丛。丛植的植物还应注意树形、季相、树种的搭配。

两株植物种植，两树之间的距离不要大于树冠半径之和。 在动势、姿态和体量上有一定的差异，以做到统一中的对比（图 3.1.32）。

三株配植，以不等边三角形为基本种植原则，不要种植在一条直线上，三株中最大的和最小的要靠近。如果采用两种树种，最好树形相近，如水杉与池杉，茶花与桂花等（图 3.1.33）。

四株配合，可以为不等边三角形，最大的一株在三角形以内；也可以是不等边四边形，但不能有任意三株排成一列。四株配合要保持 1:3 的关系，而不能出现 2:2 的组合（图 3.1.34、图 3.1.35）。

在植物种植中，孤植树与两株植物配合成的不等边三角形作为基本单元，三株是两株与一株的组合，四株是三株与一株的组合，五株是三株与两株或四株与一株的组合。一般来讲，七株以下树种不宜超过三种，十五株以下不超过五种（图 3.1.36 、图 3.1.37）。

丛植能够反映植物相互搭配的美感，可作为主景、建筑的配景和背景。树丛作为主景可以成“林”式组合，选择适当种类的乔木可以郁闭成林，若能结合地形的起伏、溪流的走向，则意境更佳。树丛也可作为隔离的配景，用来划分草坪空间，以常绿的、枝叶发达的、枝条开张角度小的灌木为主。若采用乔木，分枝点要低，当灌木以丛植出现的时候，不宜分组过多，应形成面的种植（图 3.1.38）。过分散乱布置乔木和灌木，会使布局琐碎，乔木、灌木应统一布局考虑（图 3.1.39）。结构紧密树种单纯的树丛还可用作环境的背景。树丛若用于遮阴则要注意南北长东西短，要有曲折的林缘线和茂密的树冠，树冠的分枝点最好在 2.5~3.5m 之间。

在丛植的时候，要注意不能忽略乔木树冠下空间的利用，否则会影响空间的连续性和流动性（图 3.1.40 ），并要利用不同的植物组合相互重叠，消除浪费空间（图 3.1.41）。

（4）群植

一般 20 ~ 30 株以上的乔灌木混合，成群栽植而成的类型，一般不允许游人进入（图 3.1.42、图 3.1.43）。分单纯树群和混交树群。群植表现的是植物组合的群落美，形成优美的林冠线、群落层次、树形搭配及色彩的变化。通常最高层为乔木层，是林冠线的主题，要求起伏有变化；亚乔木层，要求叶形、叶色有一定的观赏效果；灌木层要求游人可接近的向阳处，以开花灌木为宜；地被植物层，以多年生花卉为主，最后以草坪为底层。群植各株距应有疏密的变化，构成不等边形，切忌成行、成排布置。人应与树群保持一定的观赏距离。

（5）列植

乔灌木按照一定的株行距成行成排的种植形式（图 3.1.44），常见于有轴线的规则式景观、行道树、广场等场所，列植的空间有方向感和秩序感，比较单纯、整洁，具有较强的空间限定能力（图 3.1.45~ 图 3.1.47）。通常列植选择同一树种，其他树种进行层次上的搭配。列植的乔木株距一般在 3 ~ 8m 之间 ，灌木株距在 1 ~ 5m 之间。

图 3.1.35 四株搭配种植图

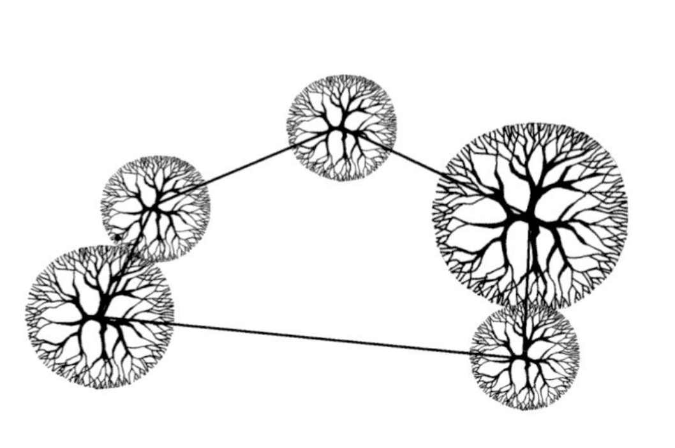

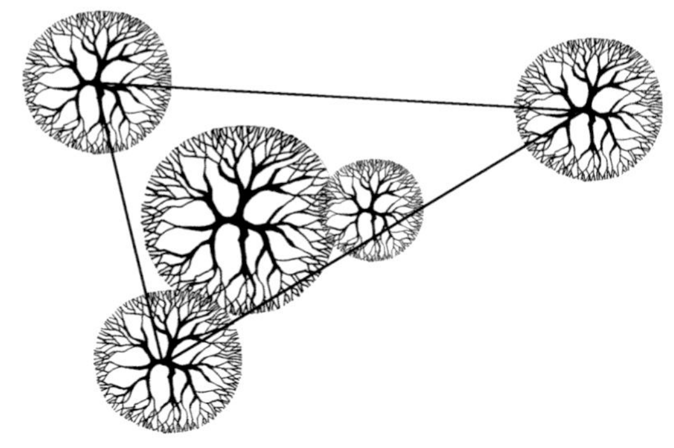

图 3.1.36 多株搭配种植

图 3.1.37 多株搭配种植

图 3.1.38 灌木丛植时不宜分组过多

图 3.1.39 各种植物丛植时不宜散乱

图 3.1.40 丛植时应充分利用乔木下部空间

图 3.1.41 植物组合消除浪费空间

图 3.1.42 群植

图 3.1.43 群植

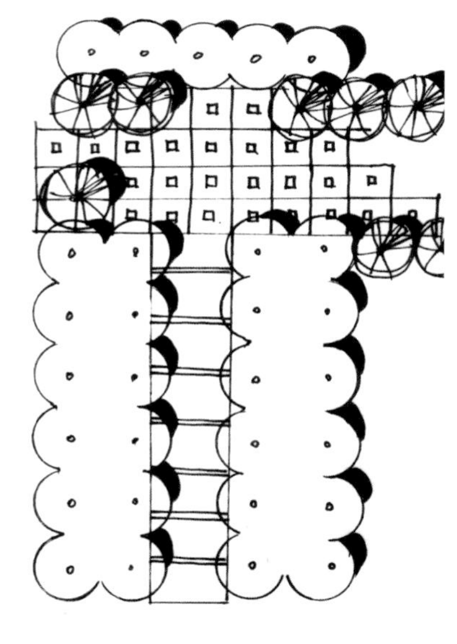

图 3.1.44 列植

图 3.1.45 列植具有较强的限定能力

图 3.1.46 列植具有较强的限定能力

图 3.1.47 列植具有较强的限定能力

（6）林植

林植根据郁闭度又可分为密林和疏林两种，疏林与密林的区别在于其郁闭度的不同，郁闭度即森林中乔木树冠遮蔽地面的程度，它是反映林分密度的指标。密林郁闭度 70%~100%，如果郁闭度在 70%~80% 之间，尚可行人（图 3.1.48、图 3.1.49）。疏林的密闭度 40%~70%，植物种植宜三五成群，疏密相间，与草坪结合可供人进入游玩或休憩（图 3.1.50 ~ 图 3.1.52）。

根据树林的配置方式又可分为单纯林和混交林。单纯林植物的生长速度一致，景观较为平淡，缺乏丰富的景观层次和季相变化，但单纯密林容易营造纯洁、统一的空间感受，常用作防护林。混交林树种多变，树冠起伏，色彩丰富，常用作风景林、观赏林。

（7）篱植

篱植是由耐修剪的灌木或小乔木，以相等距离的株行距，单排或多排种植所构成的绿化带。篱植的作用主要有界定范围与围护景观、分隔空间、屏障视线的作用，同时还能够作为花镜、喷泉、雕像的背景，同时也具有一定的观赏作用（图 3.1.53、图 3.1.54）。

按其高度可以分为绿墙（大于 1.6m）、高绿篱（1.2m~1.6m）、中绿篱（0.5m~1.2m）、矮绿篱（小于 0.5m）。常用作绿篱的植物有：大小叶黄杨、紫叶小檗、金叶女贞、侧柏等。篱植按照其修剪方式可分为自然式和规则式。

按功能及观赏要求可分为：常绿篱，如珊瑚、大叶黄杨、冬青、小叶女贞、海桐、蚊母、龙柏、石楠；花篱，如金丝桃、栀子花、迎春、黄馨、杜鹃；果篱，如十大功劳、南天竹等。另外，还有刺篱、落叶篱、蔓篱、编篱等类型。

3. 花卉种植设计

花坛是在一定范围场地上按照一定的图案栽植观赏植物，以表现花卉群体美的景观设施。花坛按照形态可分为规则式、自然式和混合式；按照观赏季节可分为春、夏、秋、冬花坛；按照栽植植物可分为一、二年生草花花坛，球根花坛，水生花坛和专类花坛；按照表现形式可分为花丛花坛，模纹花坛，混合花坛；按照组合方式可分为单体花坛、连续花坛和组群花坛；等等（图 3.1.55~图 3.1.57）。花坛的植物选择常用：五色苋、雀舌黄杨、金鱼草、雏菊、金盏菊、翠菊、杜鹃、百日菊、鸡冠花、石竹、矮牵牛、一串红、万寿菊、三色堇等。

除了花坛之外，还有多种花卉种植的形式。花池是种植床和地面高程相差不多的园林小品设施；花台则有高低参差，错落有致的变化；花丛是花卉的自然式布置形式，平面轮廓和立面构图都是自然式的。花境是根据自然界中林缘地带多种野生花卉交错生长的状态，加以抽象提炼而成的一种花卉造景形式。花境主要以多年生花卉为主，较适合于带状地段和草坪的边缘、建筑物与道路之间、道路用地上，常与花架、游廊配合造景。

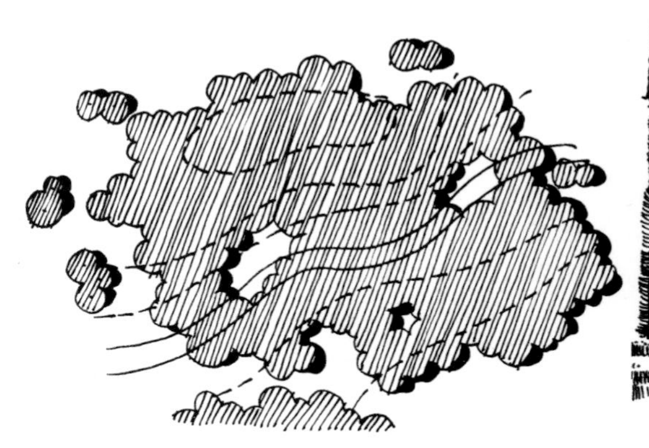

图 3.1.48 密林

图 3.1.49 密林

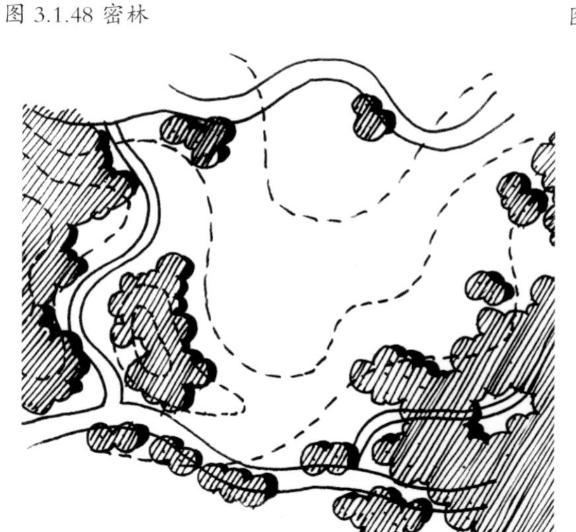

图 3.1.50 疏林

图 3.1.51 疏林

图 3.1.52 疏林

图 3.1.53 篱植

图 3.1.54 篱植

图 3.1.55 花坛的形式

图 3.1.56 花坛的形式

图 3.1.57 花坛的形式

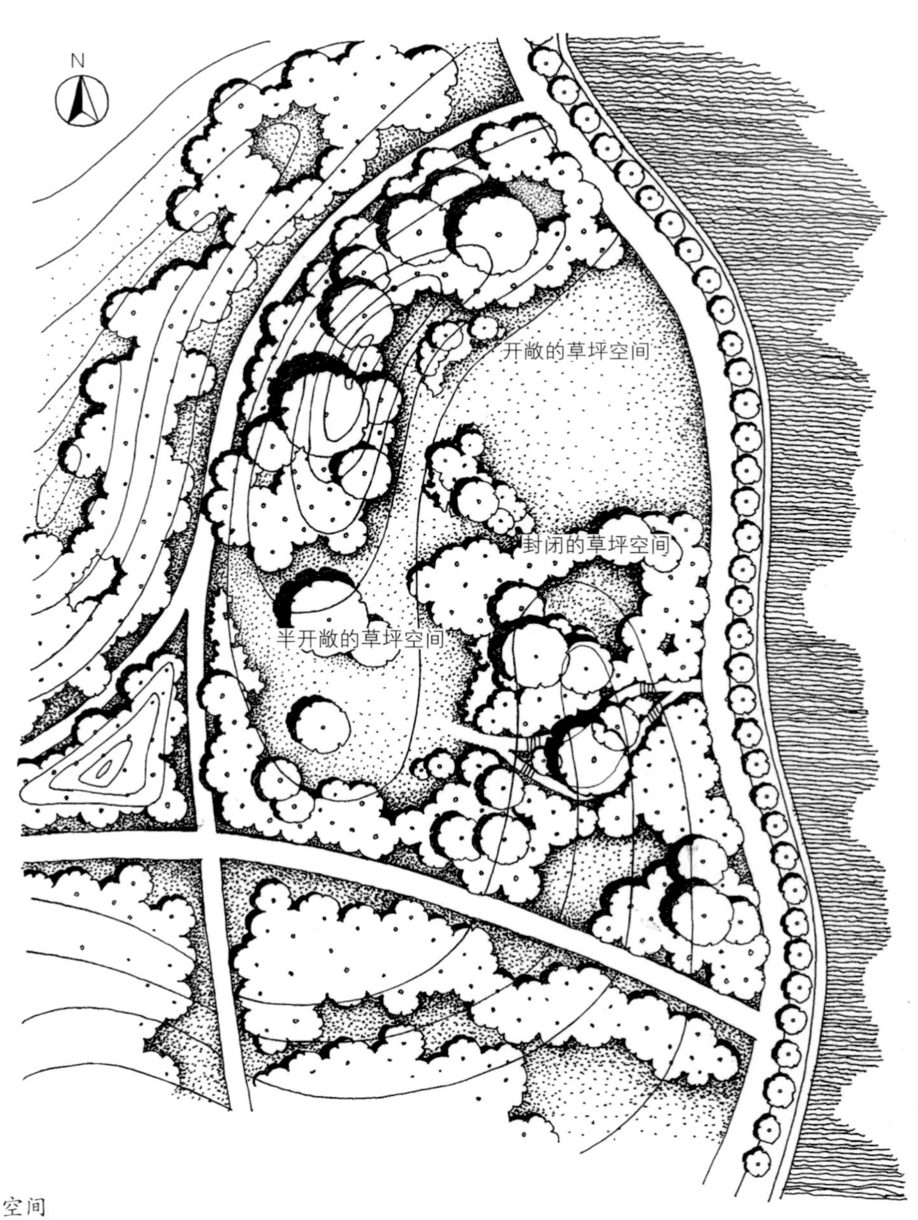

图 3.1.58 多样的草坪空间

4. 草坪种植设计

草坪的类型也多种多样，根据用途可分为游憩草坪、观赏草坪、运动场草坪、交通安全草坪和保土护坡的草坪；根据植物的组成可分为纯一草坪、混交草坪和缀花草坪；根据形式可分为：规则式草坪和自然式草坪，等等。

草坪在景观中主要起基底的作用，草坪还可以呈现或开阔、或封闭、或亲切、或幽静的空间意境。当草坪需要营造开阔的空间时，需借助地形、高大的树木等造园素材，并保留一定的透景面，以获得深远宽广的视域；中间层次的树丛尽量少一些，保持整个林冠线的完整。当草坪营造封闭的空间感时，应缩小草坪面积，周围以密集树丛或绿篱遮挡，不再开辟透景面（图 3.1.58）。

草坪空间中林缘线和林冠线的处理尤为重要。林缘线指树林或树丛边缘上树冠投射的连线，是划分空间、控制景观空间节奏的手段之一（图 3.1.59）。不同林缘线的处理可将面积、形态相近的草坪处理成形式、氛围迥异的空间。曲折的林缘线可以组织透景线，增加草坪景深，创造趣味盎然的草坪空间，平滑无变化的林缘线所组织的空间较为死板，缺少情趣。

林冠线指树林或树丛空间立面构图的轮廓线，能够在立面上控制空间，林冠线的处理首先要结合地形的起伏，另外还要注意和前景、中景和背景的关系(图3.1.60)。

5. 水景植物设计

水景植物是在水中和水边种植的园林植物，其姿态、色彩和倒影能够丰富水岸的边界、强化水体的美感，同时也为水体边界营造了丰富的生态群落（图 3.1.62）。水边常用植物有：垂柳、榆树、乌桕、朴树、枫杨、香樟、无患子、水杉、广玉兰、桂花、重阳木、紫薇、冬青、枇杷、樱花、白皮松、海棠、红叶李、罗汉松、杨梅、茶花、夹竹桃、棣棠、杜鹃、南天竹、蔷薇、棕榈、芭蕉、迎春、连翘、六月雪、珍珠梅等。水中常用植物有荷花、菖蒲、水葱、芦苇 、睡莲、菱浮萍、水浮莲等。

不同的水体对其水景植物有不同的要求。湖景的植物设计，应注意考虑植物的群体造景效果，突出植物季相的变化，使一年四季均有景可看。湖景由于面积较大，湖边植物的尺度和体量不宜太小。河岸景观在使植物突出季相、表现群体效果的同时，应该注意河岸边界轮廓的收放节律，使整个河岸空间有开合变化、景色丰富。池、泉等水体较小的空间中，水景植物一方面可以分隔空间，另一方面应小中见大，突出个体，表现意境。溪涧与峡谷一类的自然线型水体中，植物应以自然式为主，可运用夹景等造景手法，结合各种野生植物，营造一种自然、生态、充满野趣的景观氛围。

水景植物种植时，其平面轮廓应以树木为主景，花草镶边并适当运用各种自然石块，要充分考虑形式、质地的对比和搭配以及层次的高低错落和丰富的变化，且平面植物轮廓不宜与水体边线平行（图 3.1.63）。

创意小贴士

在调整景观平面设计的时候，可以用硫酸纸蒙在设计草稿上，将植物的部分作为“图”，将其他空的部分作为“底”，通过图底关系，能够较为清晰的感受并调整整个设计中空间的开合变化、空间的形态和节奏（图 3.1.61）。

图 3.1.59 林缘线

图 3.1.60 林冠线

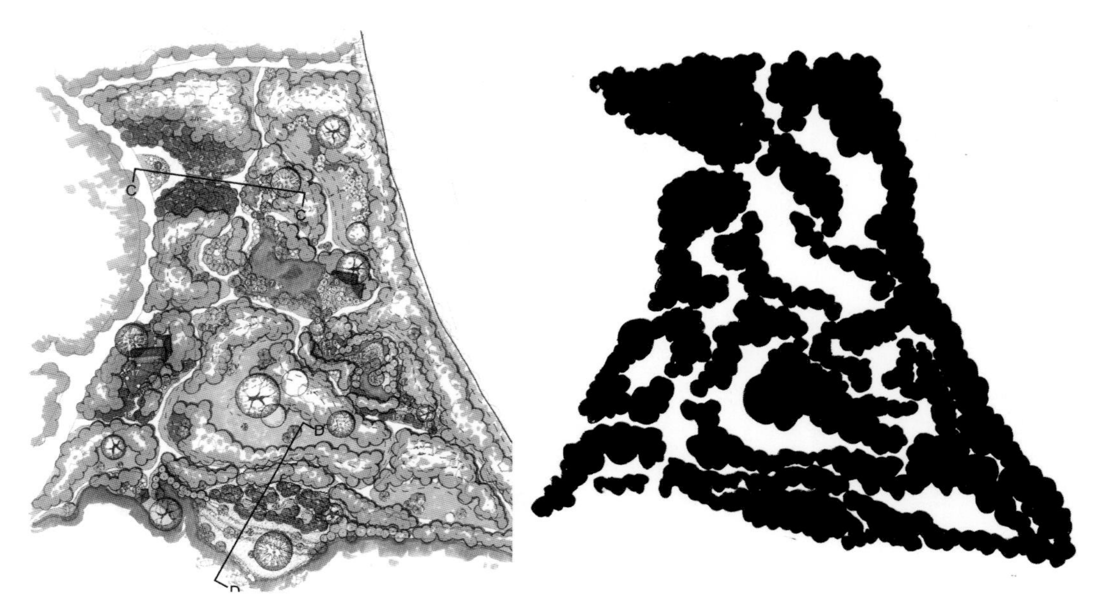

图 3.1.61 借助“图底关系”控制空间节奏

图 3.1.62 水景植物

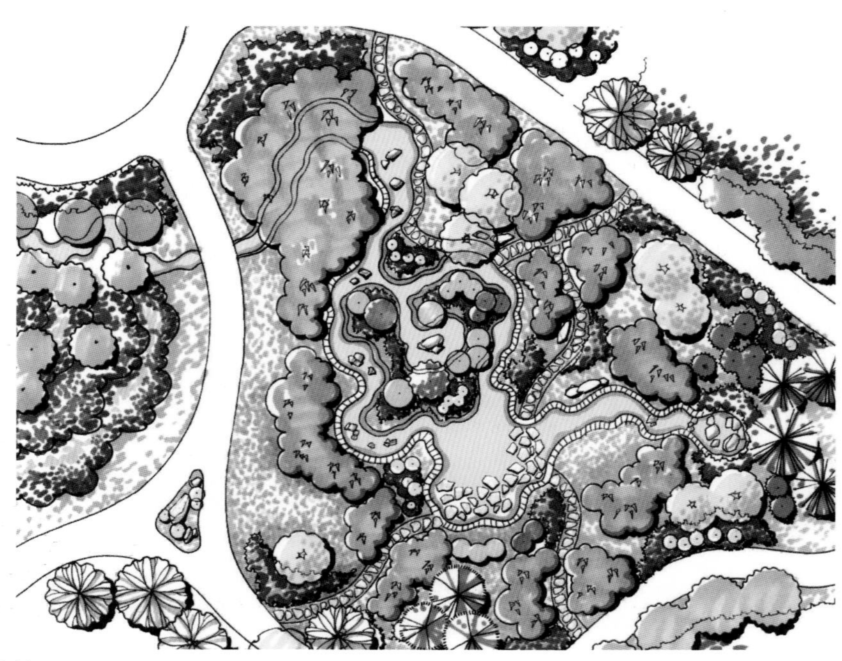

图 3.1.63 水景植物平面种植

三、景观植物平面的创意表现

植物平面的绘制是利用正投影的原理，以树干位置为圆心，以树冠平均半径为半径所做的圆形，具体的形态根据树种的具体不同而有所不同。

1. 树木的表示方法

树木的平面表示可先以树干位置为圆心、树冠平均半径为半径作出圆。但圆边界画法即内部线条画法各不相同。常绿树一般叶子较多，用连续的曲线表示，针叶树则可以在圆的周长上突出尖锐的角，落叶树可以表示其枝干。一般来说，有以下几种表示方法：

①轮廓型：只用线条勾勒轮廓，图形简练、流畅，画法简单（图 3.1.64）。适合于树冠浓密规整的树木。特别适合于构思阶段的快速表现。轮廓可以是规整的圆形，也可以是较为随意的形状，也可以依据树木形态特点而绘制。

②分枝型：分枝型是在轮廓型的基础上，用放射状、交叉状的线条组合来表现树干的分叉，可以是坚挺的直线，也可以是柔软的曲线（图 3.1.65）。

③枝叶型：平面既表示树木的分枝，又绘以树冠的枝叶修饰。在分枝型的基础上加入圆点、三角形、云形或团装的树叶轮廓和质感。枝叶型表示树木的方法多是在景观平面图中绘制主景植物的方法（图 3.1.66）。

④质感型：质感型是根据树冠的形态，用不同的线条组合或点状组合来表示树木的肌理和质感的方法。此种方法表现真实细腻，容易形成视觉中心（图 3.1.67）。

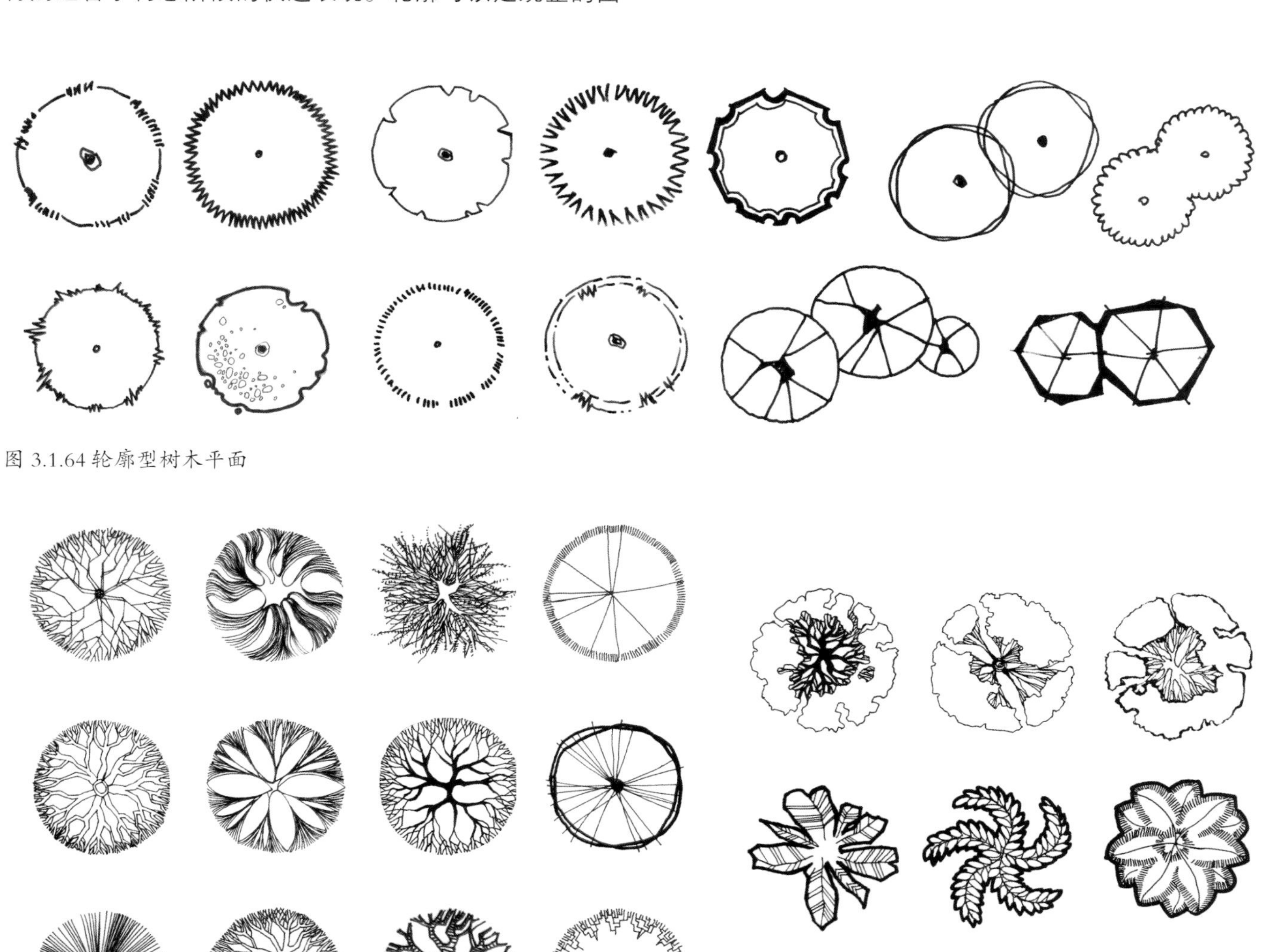

图 3.1.64 轮廓型树木平面

图 3.1.65 分枝型树木平面

图 3.1.66 枝叶型树木平面

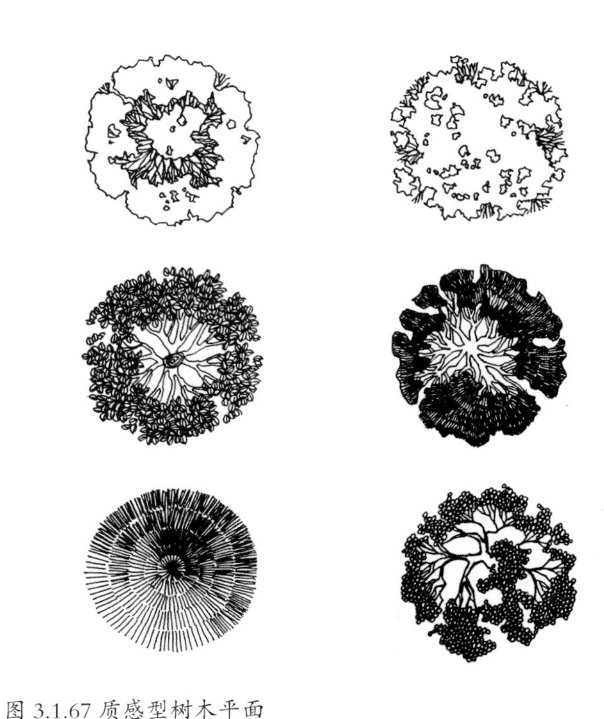

图 3.1.67 质感型树木平面

多株植物连续的画法可基本按照单株植物的表示方法进行，需注意植物间的遮挡关系，也可以将植物外轮廓连续起来绘制。大片植物的画法只需绘制其外轮廓，加上阴影即可，必要的时候需要点出树干的位置（图 3.1.69）。

树木平面的落影尤为重要，可以增加图面的对比，体现植物的立体效果。树木的落影以斜投影的方法进行绘制，先选定光线方向（落影的方向要考虑实际景观指北针的方向，如果指北针指向图面正上方，那么树木落影一般不画在正北方，而画在斜 45° 方向，即西北或东北方），以等圆做树冠圆和落影圆，然后擦去被树冠覆盖的落影圆，剩余部分即为落影（图 3.1.71）。落影的形状需符合树木的树形，如圆球形树冠的落影为圆形或

创意小贴士

分枝型和枝叶型的表示方法绘制时要注意最好不要超出圆的轮廓线太多，边缘要保持正圆形。可以先用铅笔画圆，再用墨水笔画分枝。分枝画完后用橡皮擦掉圆形边界，效果会更活泼一些，不至于死板。

为了使图面清晰，有时可以用小圆圈标出树干位置即可。当属管辖有其他涉及内容时，树木平面不应过于复杂，注意避让，不要挡住下面的内容（图 3.1.68）。

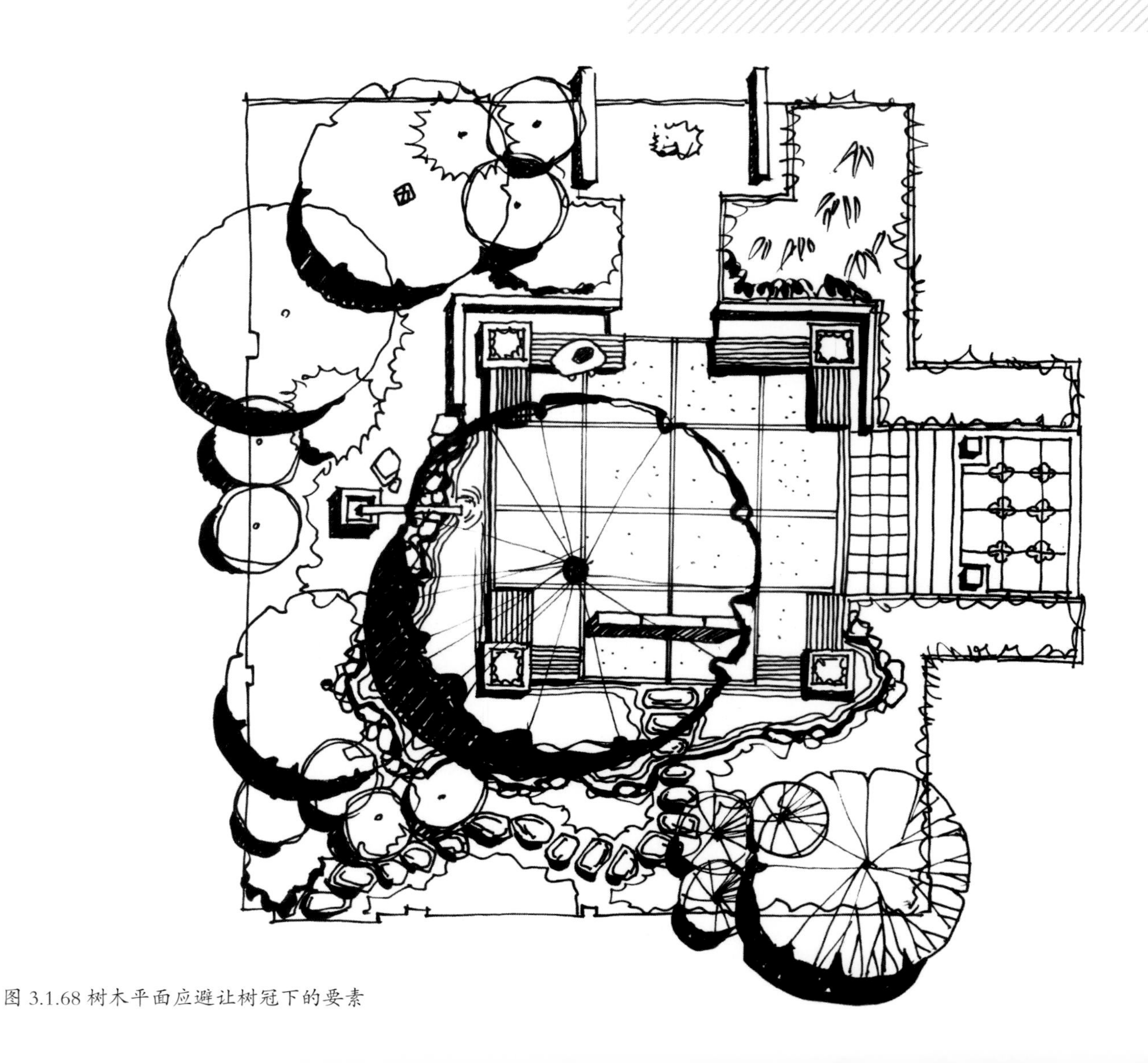

图 3.1.68 树木平面应避让树冠下的要素

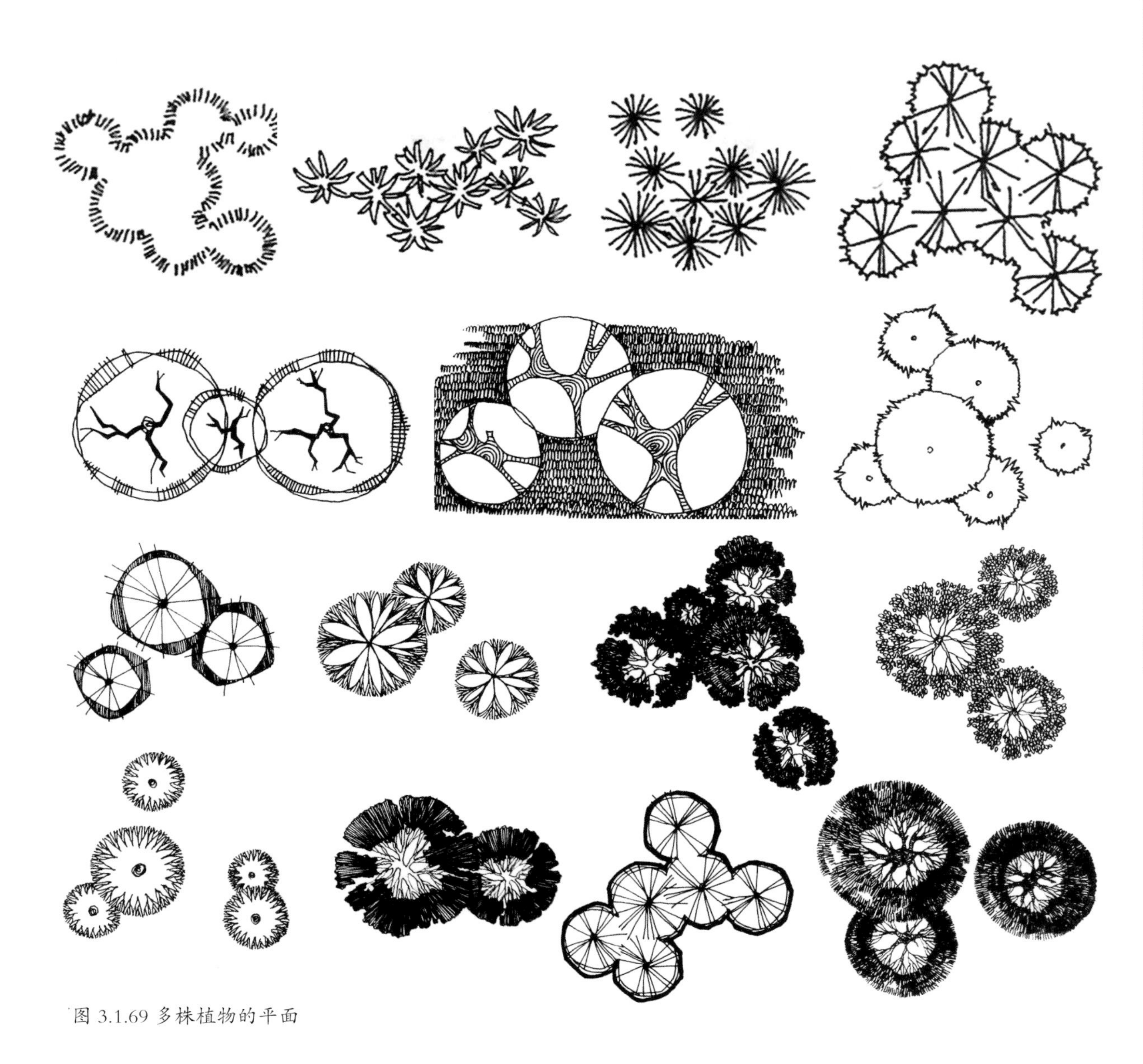

图 3.1.69 多株植物的平面

创意小贴士

画一群树的时候可以先把每一棵树都用铅笔勾勒圆形轮廓，再描外轮廓，擦掉内部多余的交叉线，即可呈现饱满的树丛形态（图3.1.70）。

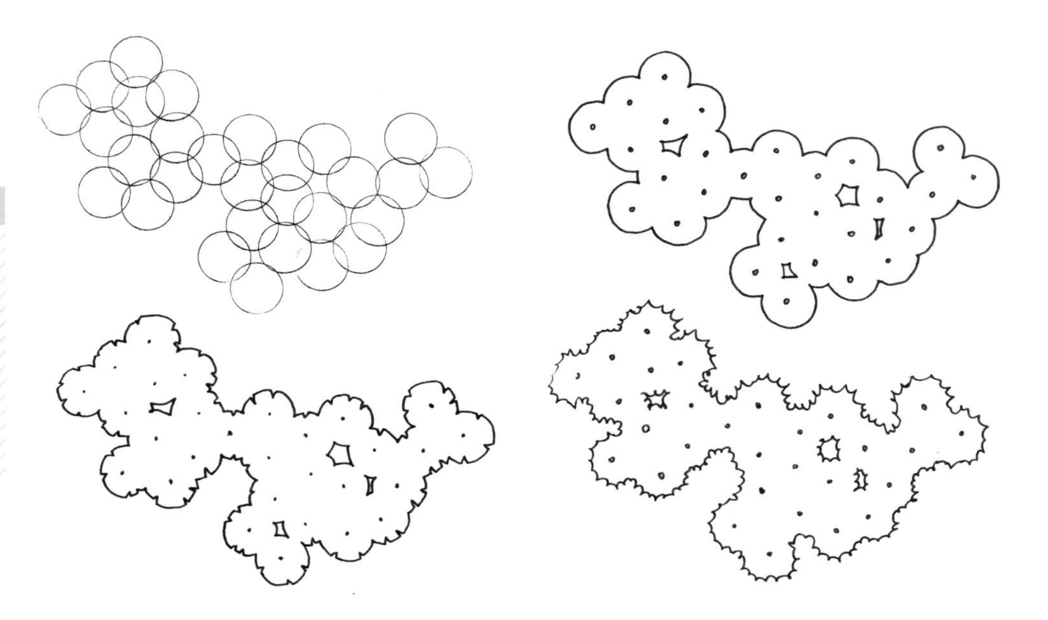

图 3.1.70 树群的画法

椭圆形，圆锥形树冠的落影为锥形（图 3.1.72）。落影的远近应与植物的高度保持一致，植物越高落影越远，植物越低，落影越近。同时不同质感基面落影的表示也不同（图 3.1.73）。

不同尺度的图纸上，树木的表现方法有所不同，如 1:100 的图幅可以将树的品种详细的表示出来，1:200 或 1:500 的较大比例尺图幅，单棵树木可以圆圈表示并简单表示树种，而 1:1000 以上较小的比例尺图幅，表现内容多，可以选择用成组团的闭合波浪线表现树木的群落关系。

树木平面的色彩表现时，首先尊重真正植物的色彩；通常一棵植物的平面只需用两至三种颜色即可，重要的是表现清楚受光面和背光面。靠近阴影一侧为背光面，用深色表示，受光面可用浅色，也可留白，应特别注意几种颜色之间的过渡和衔接（图 3.1.74）。

2. 灌木地被的表示方法

同一张图纸中灌木和地被植物应与乔木风格一致。因为灌木和地被都没有明显的枝干，绘制时要着重把握其外形特征。灌木和地被的平面形状有曲有直，可用轮廓、分枝或枝叶型表示。作图时应以灌木或地被栽植的范围线为依据，用不规则的线勾勒出范围轮廓（图 3.1.75）。灌木和地被还能够起到联系各个乔木和景观要素的作用，常常成片绘制，成片绘制时要把握灌木的外轮廓位置。

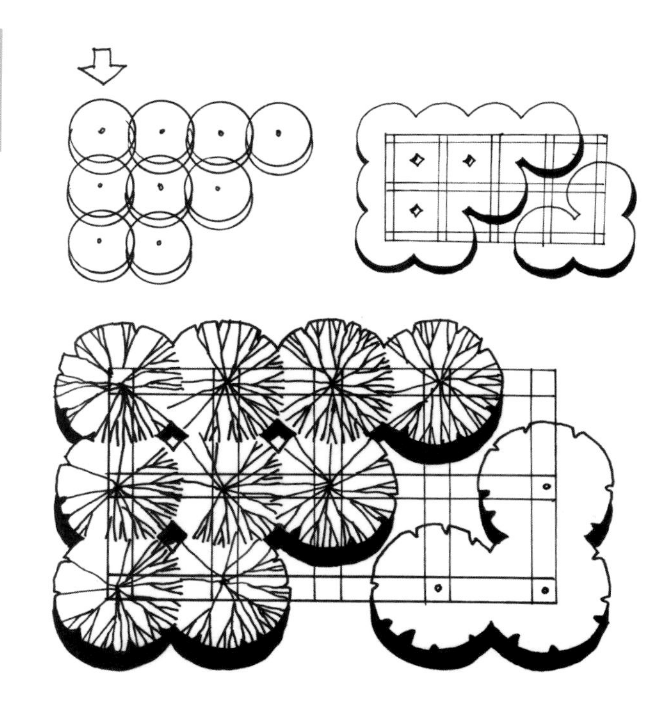

图 3.1.71 绘制树木落影的方法

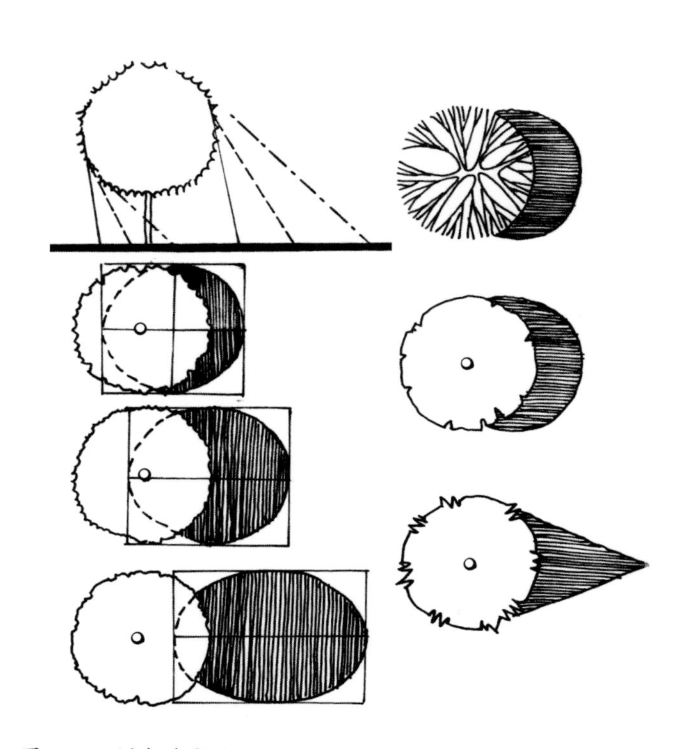

图 3.1.72 树木落影的形状

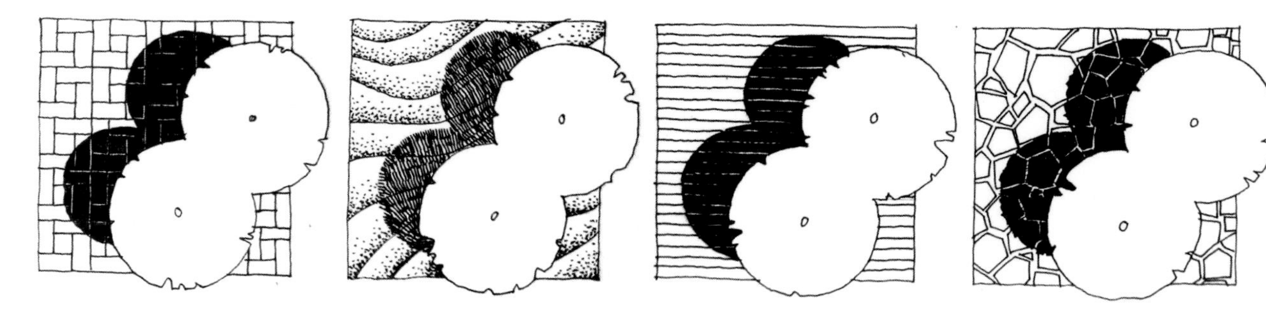

图 3.1.73 不同质感基面的树木落影表达

创意小贴士

为避免颜色污染树木，可以确定圆形轮廓后，先画色彩，再画墨线轮廓和枝干。

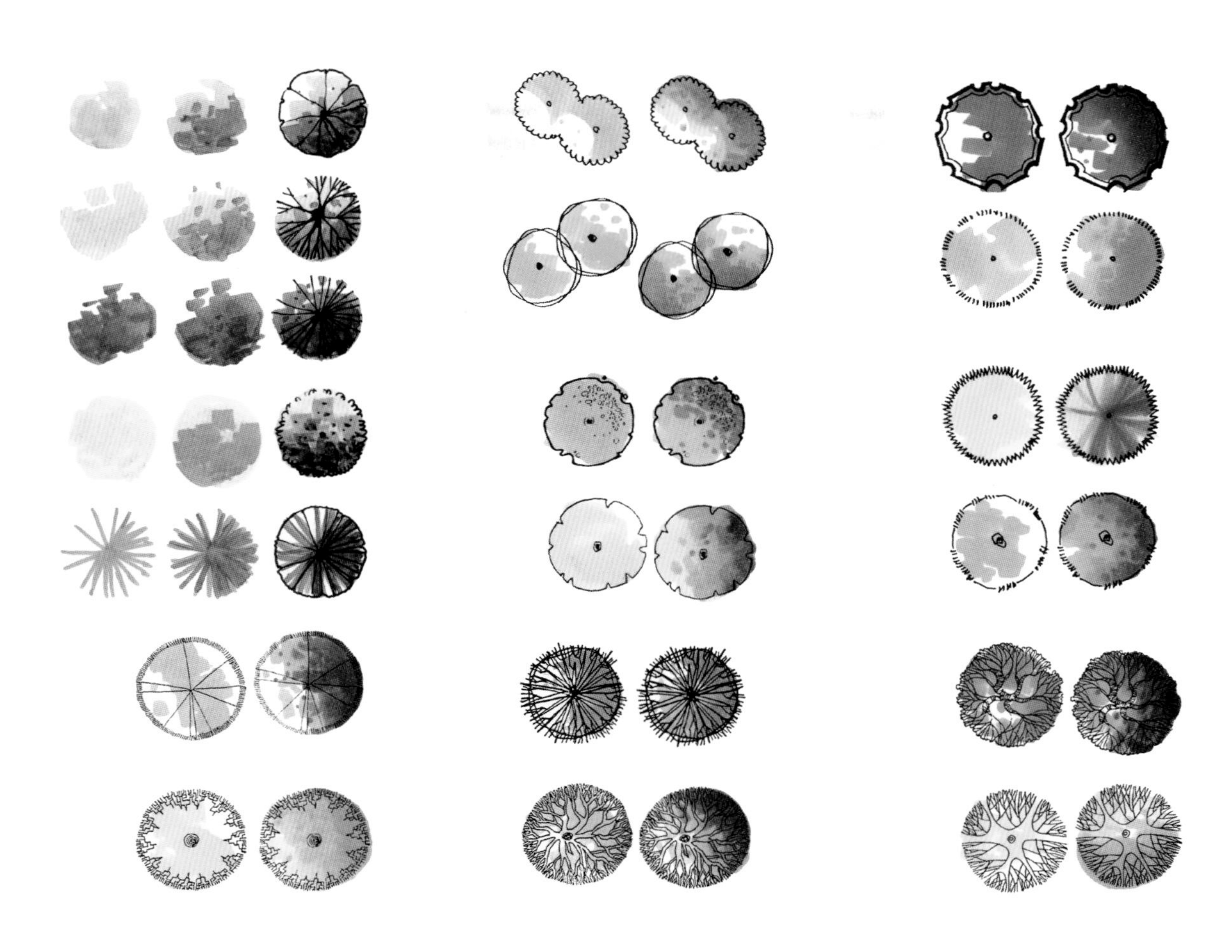

图 3.1.74 植物平面的色彩画法

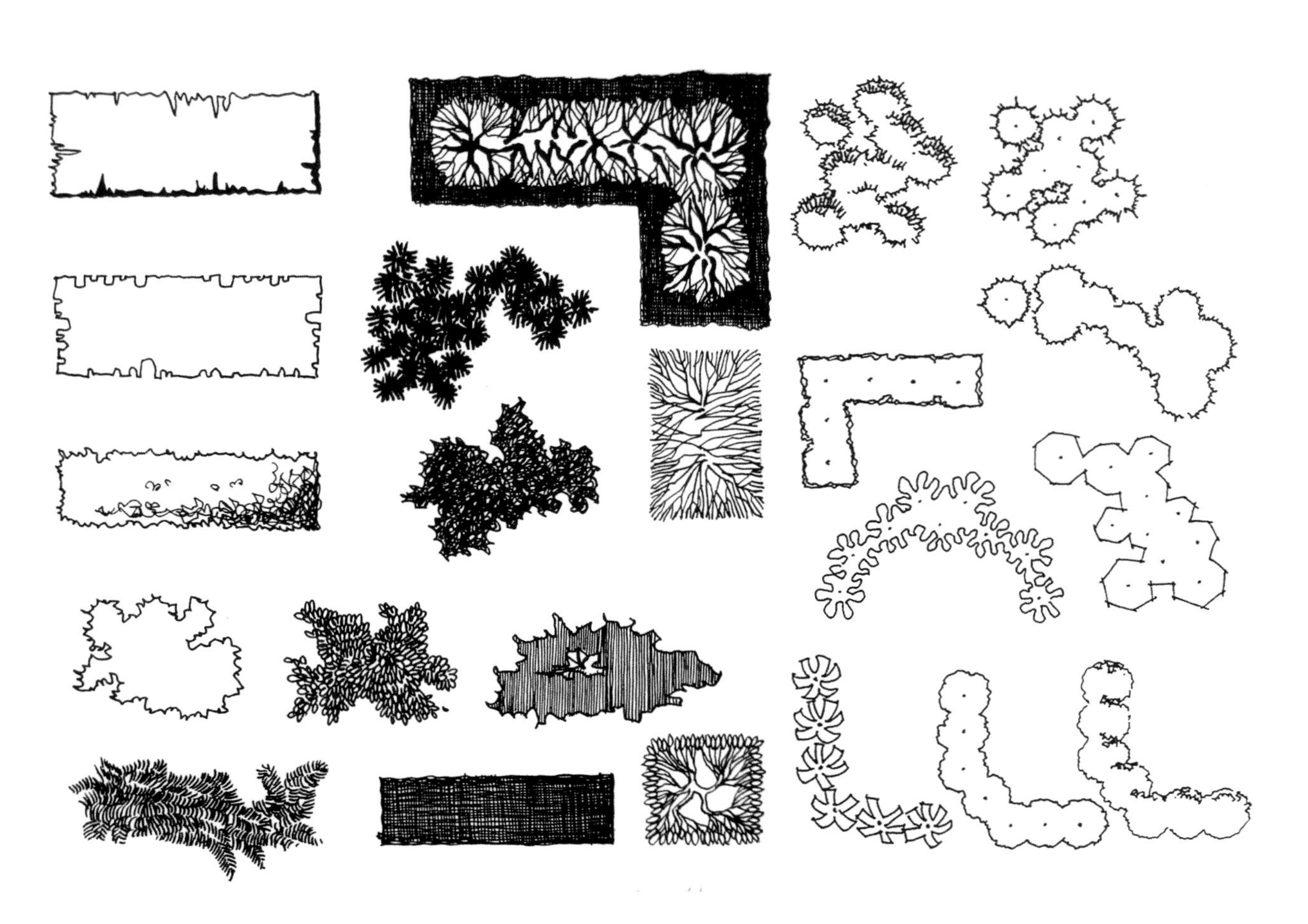

图 3.1.75 灌木和地被的平面画法

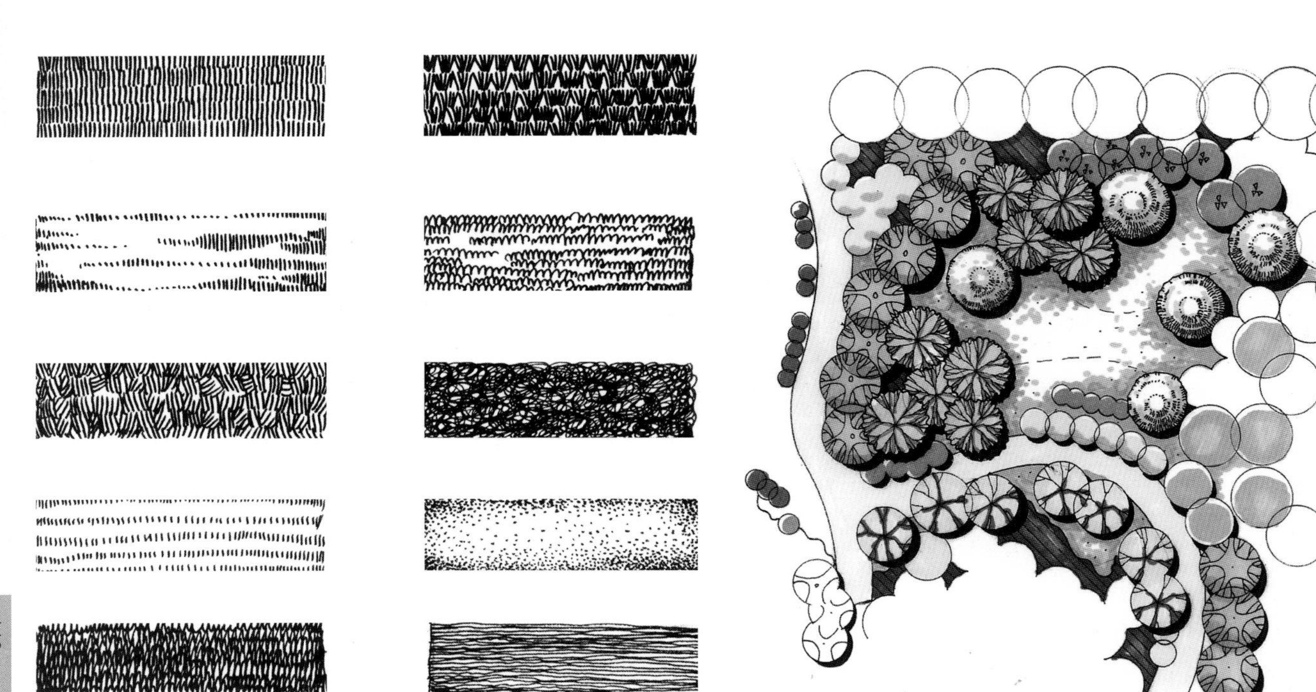

图 3.1.76 草坪的画法

图 3.1.77 草坪的色彩应与其他元素拉开色调

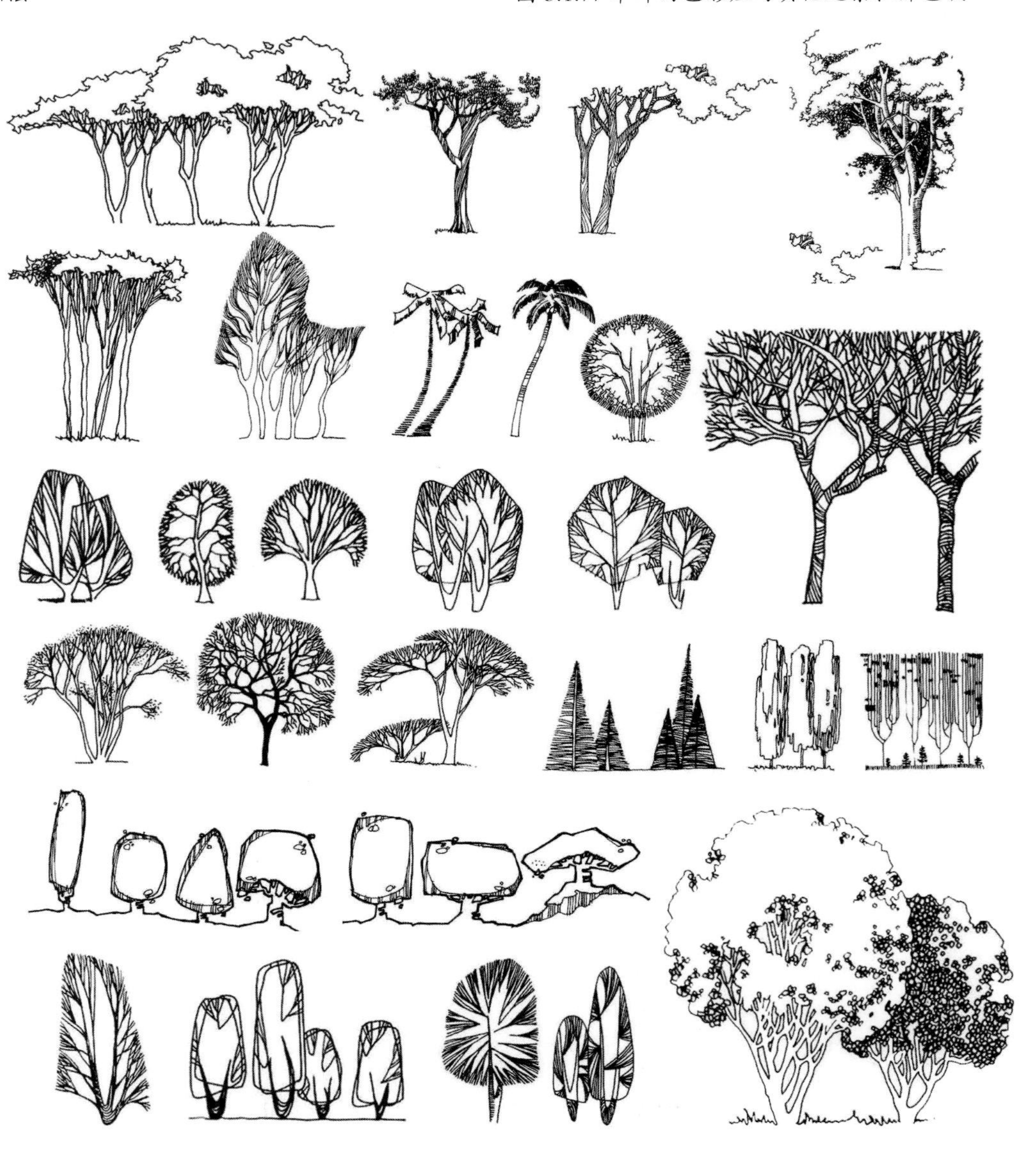

图 3.1.78 各种形态植物的立面

3. 草坪的表示方法

草坪是景观中柔软的背景，其画法以成片平涂或“点到为止”的示意式画法为主，表现较为自由和灵活。草坪具体的表示方法有：打点法、小短线法、线段排列法等（图 3.1.76）。打点或断线排列的时候需要注意整体点的布置位置，注意点的疏密的变化，每一行点或短线要错开一些，在点或短线的两端要注意与空白处的过渡。在图面本身已经较为丰富的时候，草坪可以以点来示意，不需要着重刻画，避免画面重点不突出。

也可以通过色彩的退晕和过渡表现草地，这样更容易勾勒出其他植物或构筑物与草坪的边界。一般靠近草坪的地方颜色较深，草坪中央颜色较浅或不上颜色。草坪的色彩往往能够影响整个平面的效果，草坪作为最底层的植物，应该与上层植物拉开层次。如草坪用冷色，则植物用暖色；反之，草坪用暖色，植物则可以用偏冷一些的色调（图 3.1.77）。

四、景观植物立面的创意表现

植物立面是一幅景观立面图、效果图中的主景，有时候也作为景观节点主景的背景，具有极强的表现力。如果表现的好，还能够创造空间感，成为衡量建筑尺度和场地尺度的重要参照物。按照设计程序，通常植物立面的位置在平面布置的时候就应有所考虑，如果在绘制到立面植物时发现植物种植有问题，应及时调整平面。

1. 立面植物的画法

树木的立面能够体现树木的高度、树干的分枝类型、分枝高度以及树冠的形态特征。无论是以树干表现为主还是以树形表现为主，树木的立面都要保证形态饱满。基本树形主要有球形、纺锤形、卵圆形、扁圆形、圆锥形、圆柱形、不规则形、垂枝形、扇形等等，整个树形要保持中正，稳定（图 3.1.78）。

枝干是植物的骨架，对于细而长的树干，一定要画直，即使分枝点低，也要保持中线的笔直。应从主干上先分两个枝干出来，枝干上再分枝干，每个次级分枝都要与主干或上一级枝干相连，避免“鸡爪形”的分枝，主要的树枝最好用双线绘制以表示立体感（图 3.1.79）。根据不同树种，枝干型的树也有许多具体的画法：枝干可以以主干为中心、垂直于主干呈左右辐射状态；枝干可以在主干顶部呈四周辐射状态；可以没有主干，若干枝干从根部开始分叉，等等。分枝出权的方向有向上、向下、平伸、倒垂等多种方式。枝干型的立面树形一定要饱满，越到树冠的端头分枝越多越密，可使得整个树形看起来形态完整（图 3.1.80）。绘制时可以用铅笔先画一个树冠轮廓，再进行树枝的绘制，绘制完以后擦掉铅笔轮廓，或适当补充一些零散的点作为装饰。

落叶植物应与常绿植物搭配种植，如此景观立面才能有丰富的层次。通常来说，落叶植物在主要观赏面前面，常绿植物在后，以保证落叶时的景观层次。

枝叶型画法的树形，先确定树冠大小和树干位置，

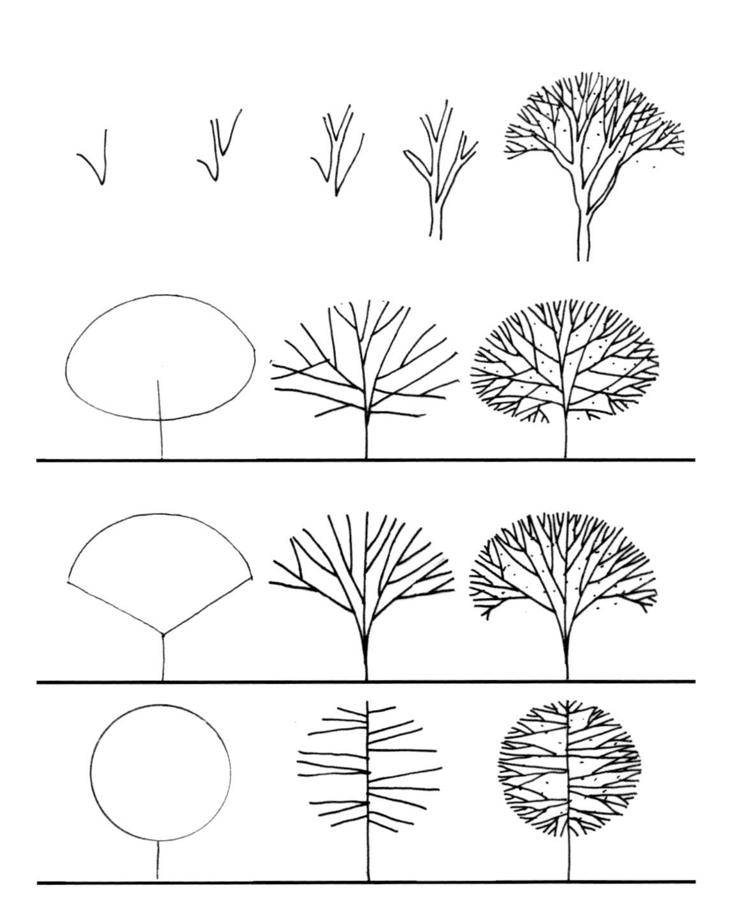

图 3.1.79 植物枝干的画法

图 3.1.80 各种枝干型的树

创意小贴士

在日常训练中，可根据平面图绘制立面图或效果图，或者根据实景照片绘制平面图，不断训练自己的空间能力。

绘制树干及树冠底部的分枝，再绘制树冠。绘制树冠时可以适当绘制镂空的位置，并在镂空处绘制树干。最后在整个树冠的外部绘制飞出的小树叶，以增加树形的活泼感（图 3.1.81）。

除树阵、树丛之外，植物立面一般应具有上中下三个层次，下层为草坪和灌木，中层为大灌木和小乔木，上层为乔木。这种层次关系在同一立面的表现中应做到绘画风格和色彩的一致性。除了上、中、下的层次关系外，还应绘制出远、中、近的层次关系。远景树起到背景和衬托的作用，只需平面化的勾勒轮廓即可；中景树作为画面主体，应较为仔细绘制，主要侧重表示植物的体积感和明暗关系；近景树则需要绘制出具体的枝叶形态（图 3.1.82 植物立面的层次）。

2. 立面与平面的对应关系

无论在种植上还是在表现上，植物的平面与立面应保持较为严格的统一。在一套图纸中，平面的树与立面相对应的树要在树冠尺寸、布局、形式、画法、风格上表现一致（图 3.1.83）。

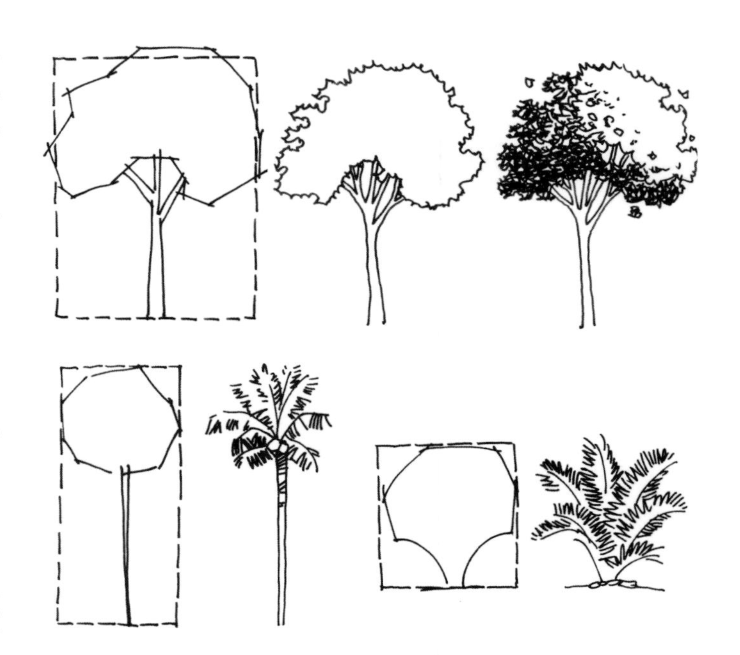

图 3.1.81 枝叶型树的绘制步骤

图 3.1.82 植物立面的层次

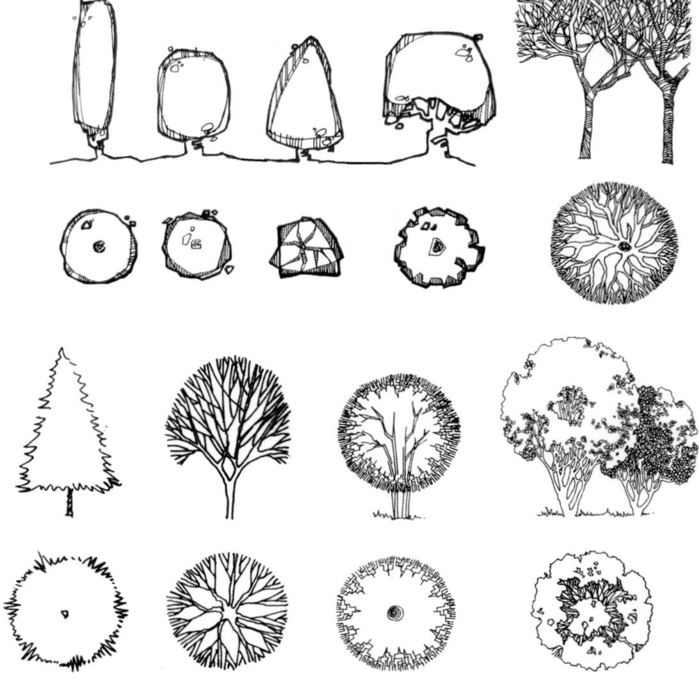

图 3.1.83 植物平面与立面画法对应

五、景观透视图中植物的创意表现

透视图中各种植物的画法基本与立面植物保持一致，往往为了渲染气氛，更注重植物整体氛围的表现。

透视图上往往在画面的一角勾勒植物的轮廓作为近景，目的是为了拉开空间的层次。当然，要尊重设计本身是否有乔木在这个位置，否则这种做法就成为一种式样，而不能表现真实的设计。反过来，也可以通过这种办法检验设计中是否注意了前景、中景、近景的关系（图 3.1.84）。当透视图中表现的内容太多，或植物并非表现的重点的时候，应对植物简略表示，只需绘制轮廓或简单的枝叶即可，应尽量保持画面的“黑白灰”关系，尽量要给画面留出“透气”的地方。

透视图常用色彩来表现，因为植物往往占据画面的很大面积，因此植物的色调往往决定了整幅画面的基调。色彩在尊重植物本身色彩的前提下，画面前面的植物应仔细刻画、多用暖色调，画面后面的植物可以画得稍显粗略，只需绘制轮廓即可，宜用冷色调（图 3.1.85）。

图 3.1.84 透视图中的植物层次

图 3.1.85 用植物的色彩表示空间关系

第二节　景观水体设计及创意表现

一、水体的设计

水体既包括自然界的天然水域，如江河、湖泊、池沼、泉水、潭瀑；也包括人工建造的各种水域，如水库、水池、喷泉等，它们能在一定程度上调节气候、调温增湿、降尘隔噪、维护局部生态平衡，是自然界的重要要素（图3.2.1）。水因其柔软、轻盈、灵动的特性，成为景观设计中最具表现力的部分。

无论是传统园林还是现代景观，水都在其中起到了重要的作用。水是景观中重要的联系纽带，水面可以将零散分布的空间联系起来，相互呼应，共同成景。如瘦西湖的带状水体，将景点串联起来，绵延数千米（图3.2.2）。水可以统一画面，使平面布局更加紧凑，各种景物在水中通过色彩和倒影统一起来，形成统一和谐的画面基调。水可以作为景观中的焦点，喷灌、瀑布等动态水景因其声音很容易吸引人的关注（图3.2.3），静态的水景因其形成的开阔空间也能够形成焦点，凝聚空间（图3.2.4）。大面积的水体与地面一样具有基面的作用，承载了岛屿、建筑等要素（图3.2.5）。水体能够有效地控制空间节奏，水面或开阔、或封闭、或狭长、或蜿蜒、或静谧，能够形成多种多样的空间形态以调整整体空间布局（图3.2.6）。水体还能够起到限制视距的功能，因为水面人无法跨越，因此水岸线的位置可以有效地控制人的观看位置。如要突出假山的尺度，则可以将水面边缘逼近假山，使人仅能站在岸边仰望假山，这样产生了

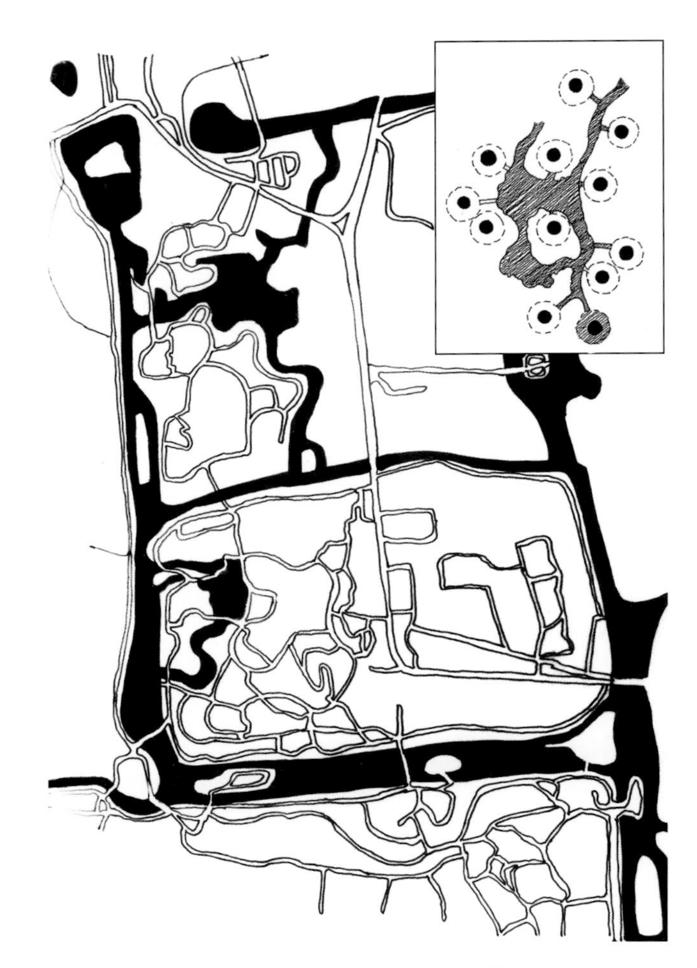

图 3.2.2 扬州瘦西湖水体作为景点的联系纽带

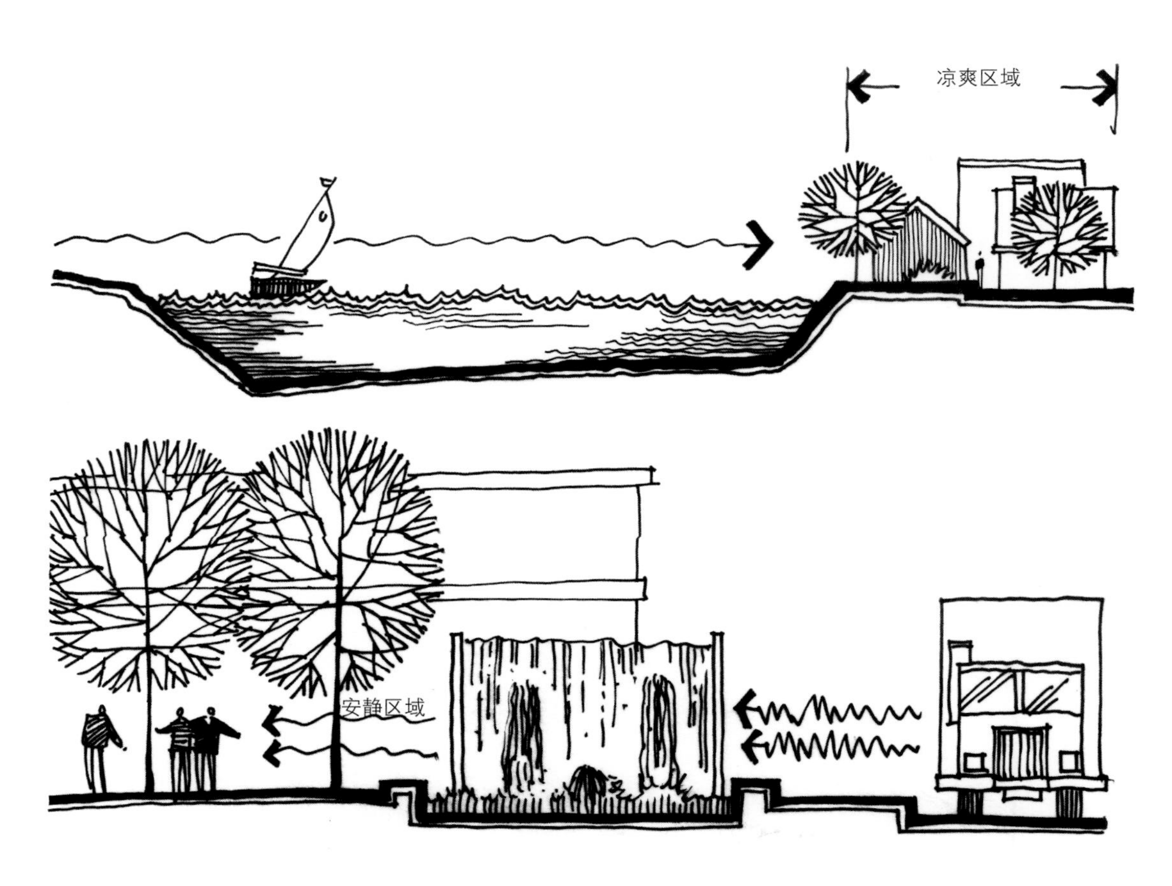

图 3.2.1 景观中水体的功能

图 3.2.3 动态的水景容易吸引人的视线

图 3.2.4 静态的水景可凝聚空间

图 3.2.5 水体作为景观的基面承载其他要素

图 3.2.6 水体可营造丰富的空间

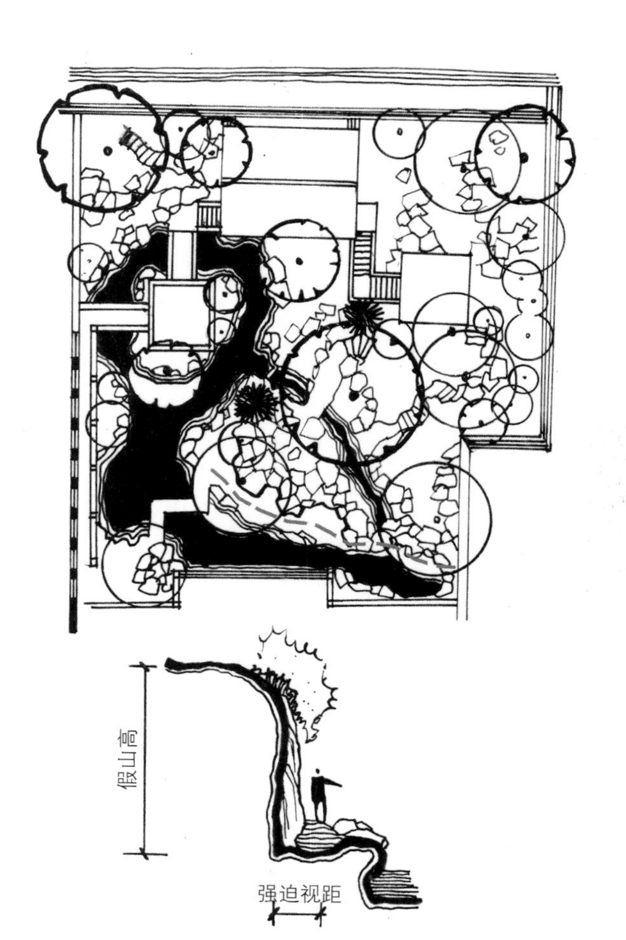

图 3.2.7 水体能够限制视距

图 3.2.8 南京瞻园平面图

强迫视距，以突出假山的高大险峻（图 3.2.7）。另外，在现代娱乐休闲景观中，水体还是展开各种水上娱乐项目的载体。

景观中水体按照形态可分为自然式和人工式。从历史上看，东方景观中常用自然式水体，重视意境的体现，造景手法自然，以曲折幽深为胜（图 3.2.8、图 3.2.9）。自然式水体的形态及走势非常重要，主要靠水体的边界轮廓来控制。特别是总平面图上，水体的形态比植物的形态要更突显水与周围环境的关系。西方景观中常用偏重视觉效果、讲究格局与气势的人工式水景（图 3.2.10）。现代景观中水景的运用则依据场所和功能的不同进行水体形态的选择（图 3.2.11~ 图 3.2.14）。

景观中的水体按照水的形态可分为平静式、流动式、喷涌式和跌落式。平静式水体主要是无流动感或者运动变化较平缓的水体，如河道、湖泊、池塘、水池等（图 3.2.15、图 3.2.16），这一类水景的设计中应充分考虑周围环境的倒影效果，以增加空间层次，平静的水面还能够成为喷泉、雕塑等其他焦点物的基座（图 3.2.17）；流动式水体是具有动态特征的水体，如溪流、水坡、水道、涧流等（图 3.2.18、图 3.2.19），这一类水体要注重水体与周围的交接关系，水体的规模、流量、流向、源头等都是设计应着重考虑的要素；喷涌式水体主要是外力作用下形成的，如水喷泉、旱喷泉等（图 3.2.20~ 图 3.2.22），往往成为景观的中心，极富表现力，有线状、柱状、扇状、球状、雾状、环状和可变动状等形式；跌落式水体是指水从高处跌落到低处所形成的水景，主要有水帘、瀑布、水墙、壁泉和水梯等形式（图 3.2.23~ 图 3.2.27）。跌落式水体不仅气势庞大，灵活多变，具有动感，还是人在景观中感受自然声音的重要来源。

按照水面的大小，景观中的水体可分为较大尺度、中尺度和小尺度水体。大尺度的水体应是以面为主，以线连接，形成湖、池、潭、港、滩、渚、溪等多种形式

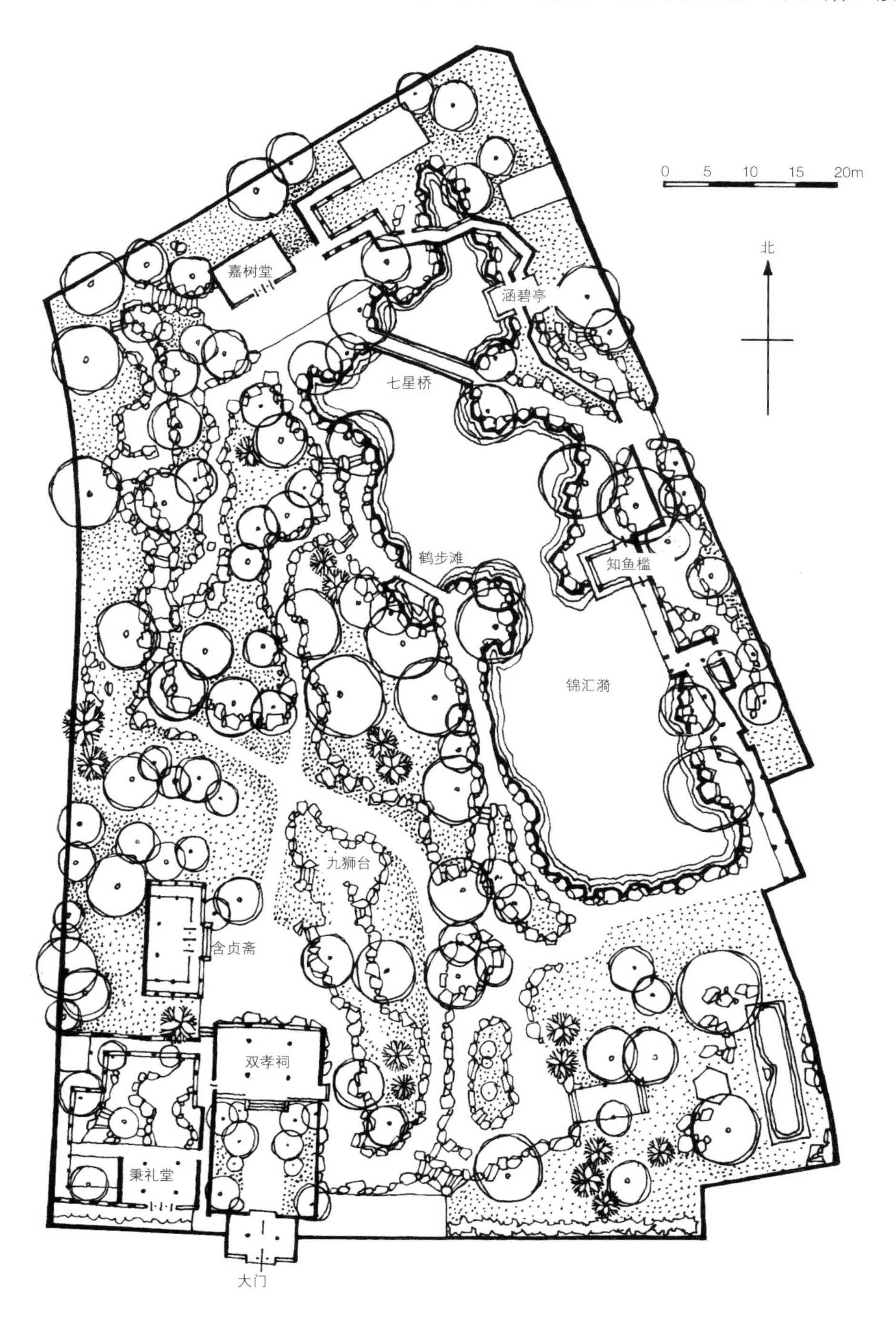

图 3.2.9 无锡寄畅园平面图

图 3.2.10 西方人工式水景

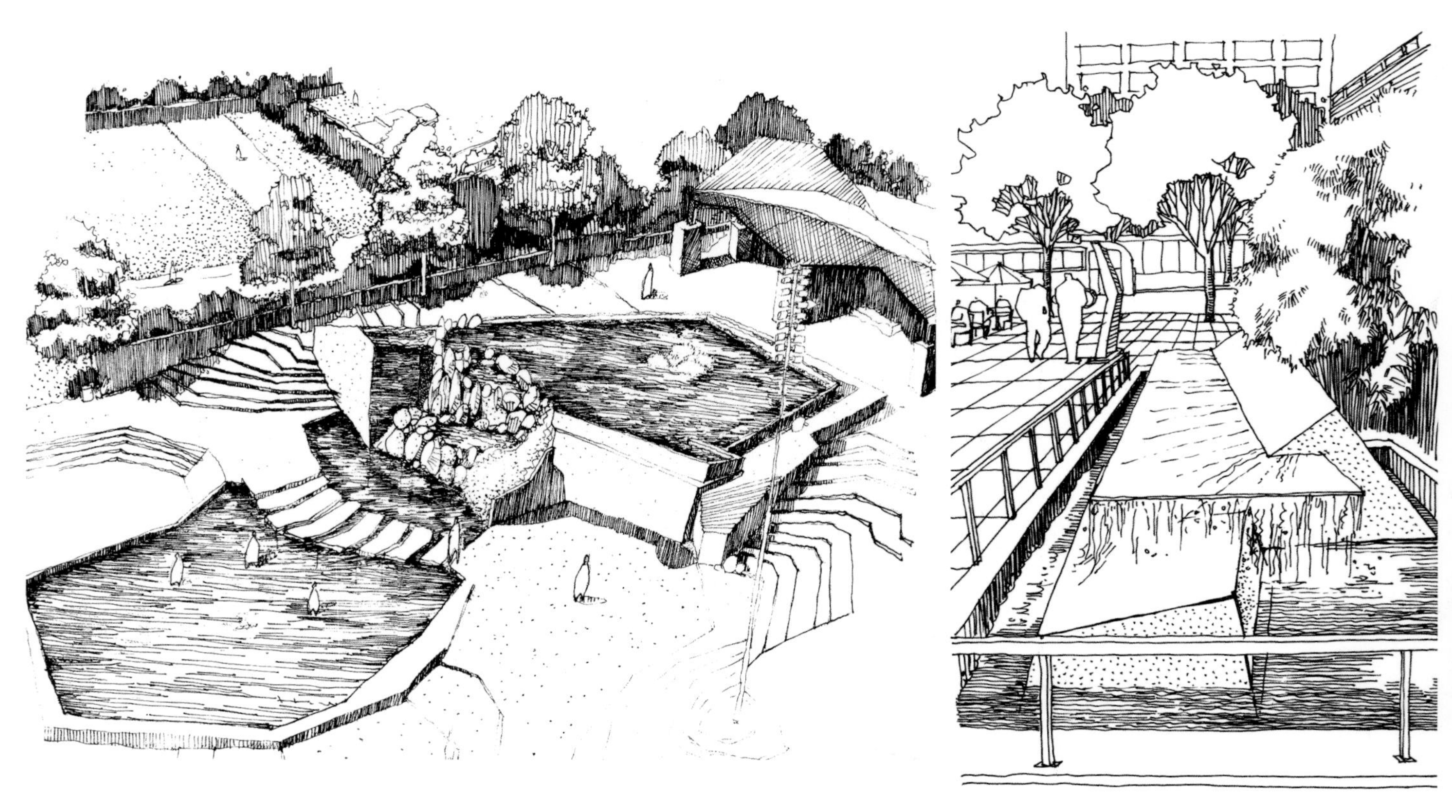

图 3.2.11 现代景观中多样的水体

图 3.2.12 现代景观中多样的水体

图 3.2.13 现代景观中多样的水体

图 3.2.14 现代景观中多样的水体

图 3.2.15 平静式水体

图 3.2.16 平静式水体

图 3.2.17 水池成为雕塑的基座

图 3.2.18 流动式水体

图 3.2.19 流动式水体

图 3.2.20 喷涌式水体

图 3.2.21 喷涌式水体

图 3.2.22 喷涌式水体

图 3.2.23 跌落式水景

图 3.2.24 跌落式水景

图 3.2.25 跌落式水景

图 3.2.26 跌落式水景

图 3.2.27 跌落式水景

图 3.2.28 开阔的大尺度水景

图 3.2.29 亲切的中尺度水景

图 3.2.30 活泼的小尺度水景

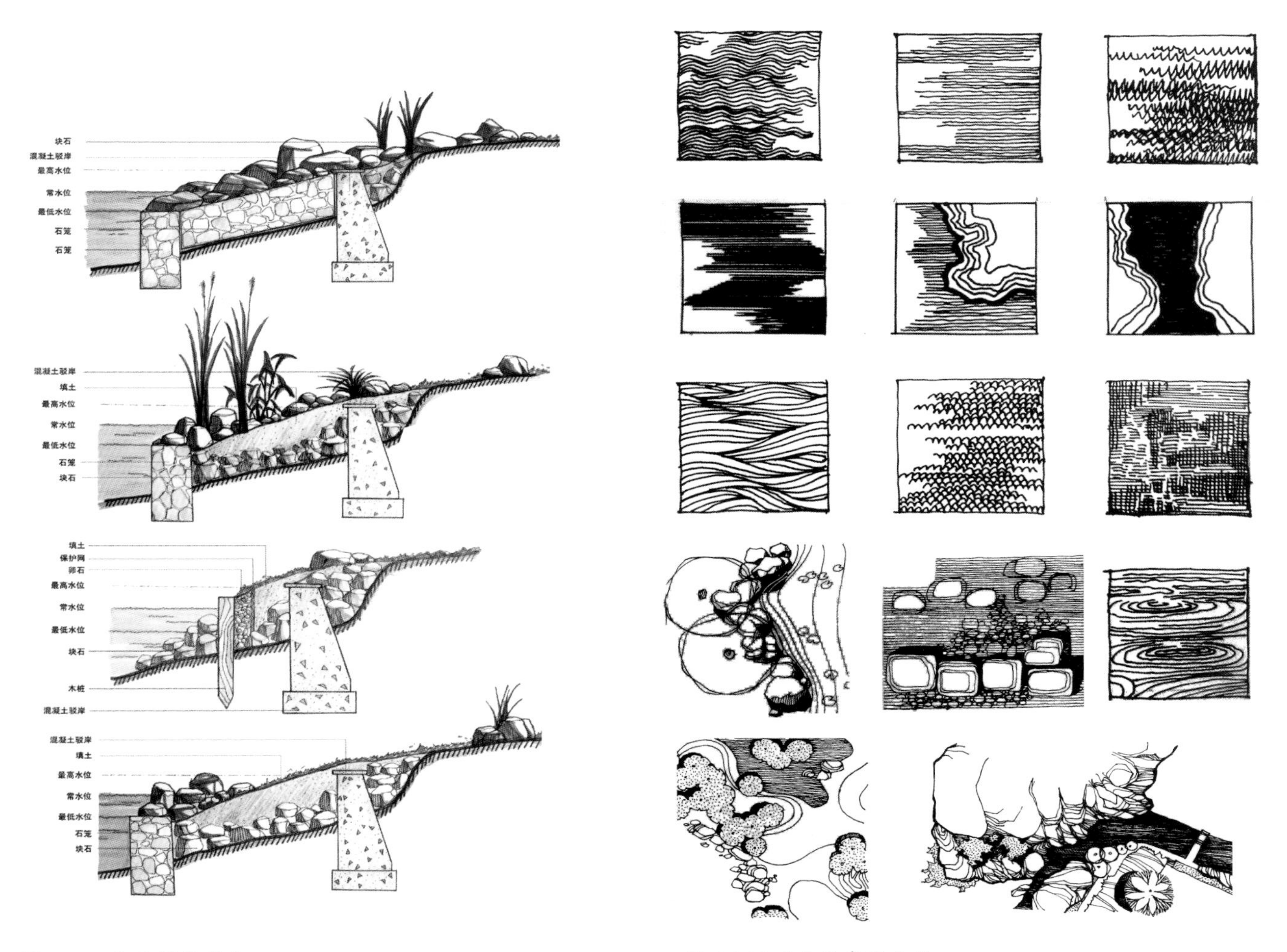

图 3.2.31 部分驳岸形式

图 3.2.32 水体的表现方法

的水体。开阔的水面固然有气势，但难免显得单调，因此零散分布的岛屿、高低错落的背景树丛、水平延展的廊桥、组团种植的水生植物都能给水面增加层次和生气（图 3.2.28）。中尺度的水体应注意水面应有大小主次的变化，以聚为主以散为辅，才能形成空间尺度的对比关系。中尺度水景岸线的处理显得尤为重要，最好是亲切宜人的自然驳岸，配合水生植物、石头、小桥、亭台楼榭等构筑物，形成亲切舒适的滨水景观（图 3.2.29）。小尺度的水体如水池、喷泉、涌泉等，应与构筑物、周围环境等相结合，形成活泼、灵动的小水景（图 3.2.30）。

水体设计特别要注意驳岸的形式。驳岸主要有硬质驳岸、阶梯式硬质驳岸、自然式驳岸、亲水广场、木质栈桥等等（图 3.2.31）。不同的驳岸形式所适应的空间场所也不同，只要能够满足防洪要求，通常驳岸设计考虑能够让人亲近自然的驳岸形式和生态的驳岸形式，尽可能给动植物创造具有多样性的驳岸空间。

图 3.2.33 表现水面的方法

二、水体的表现

水具有光滑、柔软的视觉特性，还具有反光和倒影的特征。水的色彩也受到周围环境的影响，因此用颜色表示水面的时候可以适当考虑环境色，或者通过水面的颜色来统一整幅画面的色彩。因为水具有灵动的特性，在表现水景的时候切忌画的过于死板。

水面常采用线条法、等深线法、平涂法进行绘制（图 3.2.32）。线条法表示水面应注意线条的疏密配合。等深线法绘制的时候，可用细线表示等深线以便区分线性，使图面看上去简单清爽。平涂法应注意水岸边较深，慢慢过渡至水中央较浅或留白的位置。

动态水的表现手法要灵活、利落，可适当借助涂改液来营造浪花的效果，静态水则适宜留白或绘制倒影，充分表现其静谧的氛围。水面大面积的留白不仅可以突出周围的造景要素，也能从构图上使画面更“透气”。

在表现水面的时候，可以运用点、线、面相结合的运笔轨迹。密排线是表现水面的惯用手法，能够表现出水面上波光粼粼的感觉（图 3.2.33~ 图 3.2.35）。可以用与水波纹一致的横向排线，若想表现水中的倒影则可采用垂直方向的排线，或水面排线与地面景物对应的排线方法（图 3.2.36、图 3.2.37）。在靠近驳岸边缘的地方，可以采用交叉排线的方式。在表现水岸线的时候，应对岸线加深，逐渐向水面方面变细减弱，形成过渡（图 3.2.38）。

创意小贴士

平面图在表现喷泉等具有立体效果的水景时，一定要绘制阴影，还要用线条绘制喷泉、瀑布等跌落在水里的波纹，画面才会生动。

图 3.2.34 表现水面的方法

图 3.2.35 表现水面的方法

图 3.2.36 倒影的表现

图 3.2.38 驳岸部分应加深绘制

图 3.2.37 倒影的表现

创意小贴士

在绘制水面波纹的时候，可以运用稍微颤抖的直线（或用波纹线），这样能够表现出水面的波纹感。在与驳岸交接的地方一定要接到驳岸边缘，不要留有空白。在与驳岸交接的另一端的线段应排出不规则的“之”字形边缘，而不是平齐的端头（图 3.2.39）。

图 3.2.39 水面画法注意事项

图 3.3.1 各种山石的形态

第三节　景观山石设计及创意表现

一、山石的设计

山石主要指在景观空间中的具有观赏价值的假山和各种自然石。主要有以下几种：太湖石，以“瘦、皱、漏、透”为主要特色，质地细腻，形态优美，婉约挺拔，适宜做主景；黄石，棱角分明，苍劲古拙，具有一种阳刚之美；房山石，较太湖石而言更加端庄典雅，稳重俊逸；宣石，石色洁白，圆滑厚重。此外，还有灵璧石、英德石、卵石、千层石、青石、石笋等（图 3.3.1）。另外，许多石材被用于花池、边界、铺地等，成为景观中必不可少的功能要素。

景观中山石在造景过程中有着丰富的表现力，起到重要的造景作用。首先，景观中的山石是划分空间和组织空间的重要手段（图 3.3.2）。山石的高度和体量能够有效地划分空间，又可通过障景、漏景等方式有效地连接空间。其次，景观中的山石能够成为自然山石中的地形骨架与主要景色。另外，山石以其独特的形态往往成为视线的焦点，艺术化的造景能够点缀景观空间，点明景观主题（图 3.3.3）。大面积的山石还能够堆山立壁、引水入石，营造瀑布景观，或是与喷水、喷雾等设施共同结合，营造独特的意境和氛围（图 3.3.4）。还有，山石能够做景观的挡土墙，可以阻挡和分散地面径流，达到减少水土流失的目的；可与花台、水体、植物、建筑物等元素相结合，形成景观，并在质感上形成丰富的对比和变化（图 3.3.5、图 3.3.6）。此外，景观中的石块还能够提供休息、指示等作用，或用山石制成各种景观小品供人观赏和使用（图 3.3.7~ 图 3.3.10）。

图 3.3.2 山石划分空间

图 3.3.3 山石点缀空间

图 3.3.4 山石营造瀑布景观（美国波特兰大大会堂前广场）

图 3.3.5 山石与水体、植物的结合形成丰富的质感对比

图 3.3.6 山石与景观亭、植物形成的休憩空间

图 3.3.7 山石作为信息指示设施

图 3.3.8 山石作为景观座椅

山石是中国传统园林中重要的造景要素，凡有园必有山石，古人模仿自然堆山叠石，创造了一个个经典的园林景观。《园冶》中有云：“片山有致，寸石生情。”堆山叠石在中国传统园林中的地位可见一斑。山石不仅是重要的造园要素，还可以通过不同的表现手法表达设计者的艺术造诣和人文情怀。“点石成景”是置山理石的重要手法，有单点、聚点和散点集中形式。单点，即孤置，是指一个姿态优美的石块可以单独成为景观空间的焦点，可布置于水池里、草坪上、园路边，不仅有观看的作用，还形成了视线构图的中心（图 3.3.11）。聚点，即组置，是一组石块的放置，讲求三、五石块呈不等边三角形布置，不易成排布置或零散布置，立面要错落有致（图 3.3.12）。散点，即散置，是指一系列石块连贯组成一片或一群石景。遵循“攒三聚五、散漫离之，有常理而无定势”的做法。应注意石块的排布有高低错落、有疏有密、前后呼应（图 3.3.13、图 3.3.14）。“独石成峰”在景观当中也常常用到，往往采用太湖石之类形态优美的石块，有鹤立鸡群之感，如苏州留园的冠云峰和上海豫园的玉玲珑均以石为庭院核心景观（图 3.3.15）。“堆石成山”也是山石运用的重要手法。如苏州狮子林，虽然整个山体不高却洞壑盘旋，怪石林立，迂回曲折，水池萦绕，游于其中能感受到无尽的趣味（图 3.3.16）。

山石在日本传统园林中也是重要的景观要素。石道、石子铺地、脚踏石、台阶、挡土墙等，都用石材。日本传统园林中的假山是重要的地形骨架，常与池配合，营造出有趣味的空间。石组是指两块以上石头的组合。通过石组的组合形式在一定程度上能够传达庭院表现的感情，或平稳有力、或潇洒自若、或冷静理智等。日本的石组多为奇数，以求吉利，讲求和周围环境的配合。白砂是日本园林中常用的石材，它的使用使整个环境变得单纯安静，表现了禅宗哲学的思想。枯山水庭院是日本著名传统园林，讲求“无池无溪处立石”。枯山水庭院就是以石组为中心的置石手法，常配合白砂造景（图 3.3.17，图 3.3.18）。

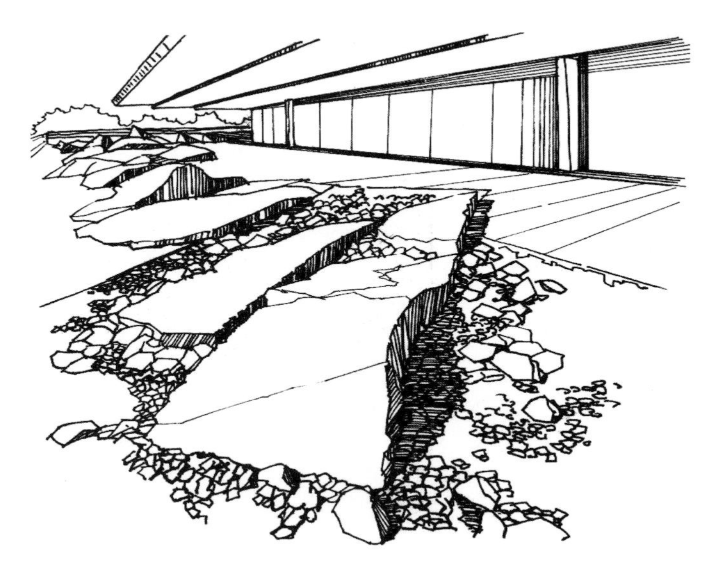

图 3.3.9 山石作为景观座椅

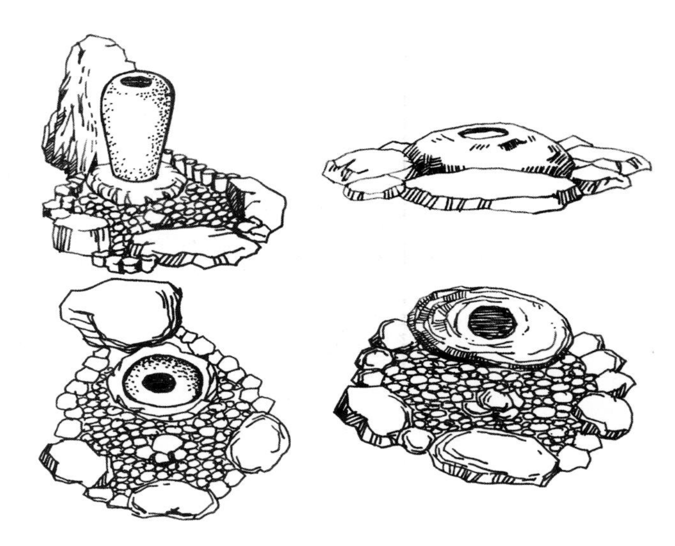

图 3.3.10 山石作为景观小品

图 3.3.11 景观石孤置

图 3.3.12 景观石组置

图 3.3.13 景观石散置

图 3.3.14 景观石散置

图 3.3.15 苏州留园冠云峰

图 3.3.16 苏州狮子林石山

图 3.3.17 日本龙安寺方丈南庭枯山水

图 3.3.18 日本枯山水中石与砂的运用

图 3.3.19 山石平面图的画法

图 3.3.21 立面山石的画法

假山平面图

先画假山立面轮廓

再画主要的转折和交界

添加细部纹理

图 3.3.20 立面山石的绘制步骤

创意小贴士

简易的山石画法只需绘制外轮廓和明暗交界线，然后在暗部用排线或平涂的方式绘制阴影即可，必要的时候在阴影内再画一层阴影，用来表示石头的立体感（图 3.3.25）。

现代景观中山石的组合有各种各样的构图形式，石块组合的原则为主次分明、有聚有散、生动活泼、表现主题。同时应该注意以下几点：首先，山石景观应注重山石的尺度。山石的尺度应与环境相协调，应考虑空间尺度，主要以空间点缀为主，否则山石尺度太大会感觉压抑或笨重；山石尺度太小则起不到山石造景的作用。其次，山石景观的塑造应注意山石在构图上的稳定和均衡感。山石的造型应与整体环境相结合，符合构图的形式美法则，应做到比例恰当、形态均衡、主次明确，错落有致。还有，山石景观的设置应与人的观赏视线、观赏距离相适应。防止山石过高遮挡视线，或对人的主要流线及前进方向形成阻碍。最后，山石景观要与其他要素有机结合。一方面，山石质感较硬，应与植物、水体等软性要素相互对比，形成整体；另一方面山石可以用来提字、制作纪念石等，有效地拓展山石在景观中的作用。

二、山石的表现

平面图中的假山和景石须用粗线勾勒外轮廓，再用稍细的线绘制内轮廓，最后用最细的波纹线绘制假山的纹理（图 3.3.19）。采用不同的笔触与线条表现不同材质、不同纹理的山石形态。

立面图中的假山和景石画法与平面图中山石的画法基本相似，先画外轮廓，再画次级轮廓，最后绘制细部（图 3.3.20）。若假山存在前后遮挡关系，立面上要用加粗的线把前者山体的轮廓线加粗以示区分，需要的时候还应在后面的山体上绘制出阴影（图 3.3.21）。同时，需注意山石立面与平面的对应关系（图 3.3.22）。剖面图中的石块轮廓线剖断线，石块剖面上可加斜纹用来表示剖切面（图 3.3.23）。

山石作为透视图中的主景时，应仔细刻画，注意体积感的表现，用笔和用线应短促有力，表现山石坚硬的质地，也可以用颜色表现石块的体积感（图 3.3.24）。山石作为背景时，只需勾勒轮廓线即可。

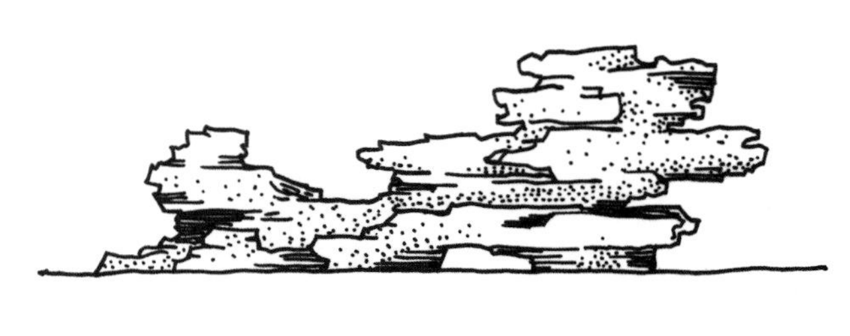

图 3.3.22 山石平立面的对应

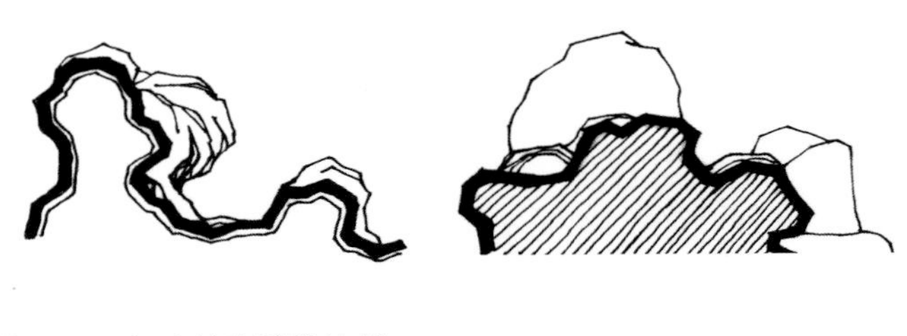

图 3.3.23 山石剖面图的绘制

图 3.3.24 山石的几种画法

图 3.3.25 简易的山石画法

第四章 景观构筑物设施与公共艺术设计及创意表现

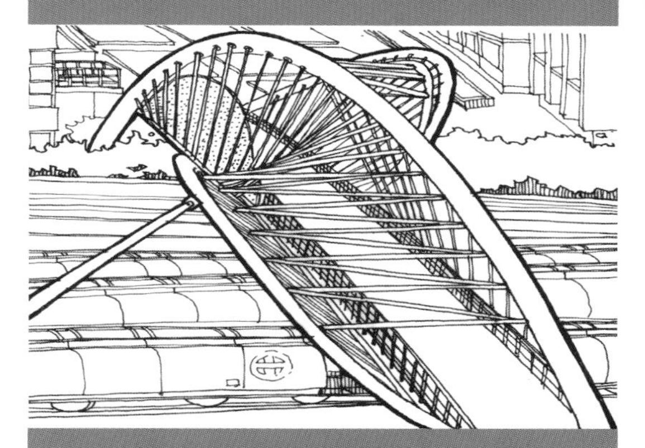

第一节　景观构筑物设计及创意表现

一、景观构筑物的类型及设计

景观构筑物主要是指景观中的建筑、塔、桥、亭、台、楼、阁、榭、廊、池、碑、架、坊、门、墙等等，它们具有较强的功能性，同景观其他要素一起相互配合，能够形成整体、丰富且具有功能性和审美性的景观环境。

景观构筑物首先应满足功能性的需求，应结合人的使用行为和心理进行设计。景观构筑物具有开放性和公共性的特征，要能为人们提供休息、遮蔽、等候、交流等各种功能（图 4.1.1、图 4.1.2）。景观构筑物设计还应力求与环境结合。作为一种兼具功能性与装饰性的景观要素，景观构筑物应在形态、色彩、材质、文化内涵等方面与整体环境相契合，使整个景观空间形成一个有机的系统。在构筑物的尺度设计上，应充分考虑周围环境的尺度，做到不突兀，不怪异，与环境相融合。在空间的布置上应灵活掌握构筑物和植物、水体、山石等景观要素的关系。景观构筑物还应注重艺术与文化的结合，不仅应做到造型优美、比例和谐，还应充分挖掘场地文化和精神内涵，以独特的设计来反应地域特色或历史文化风貌（图 4.1.3）。一个好的景观构筑物设计能够给人们带来愉悦的情感体验和美妙的视觉享受，提升人们的生活品质和审美品位。

景观中的建筑物一般为名胜古迹、寺庙、小型展览馆、小型售卖部、观景室、茶室、管理用房等，其选址应与场地特征和使用功能相适应，造型应与自然环境和人文环境相和谐，是为景观增色的重要元素（图 4.1.4）。

景观亭，是用来提供休憩、驻足、观赏、乘凉、遮风避雨的小建筑（图 4.1.5）。景观亭可以成为景观空间中的焦点，起到画龙点睛的作用。一般来说景观亭没有垂直立面，四面较为开放，形态较为多样。景观亭的形

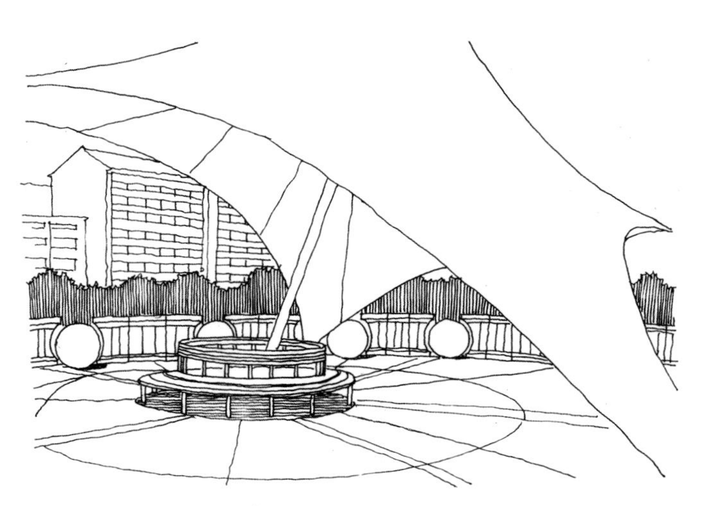

图 4.1.1 张拉膜提供的休闲空间

图 4.1.2 张拉膜提供的休闲空间

图 4.1.3 日本鸟居

图 4.1.4 观景台

图 4.1.5 景观亭

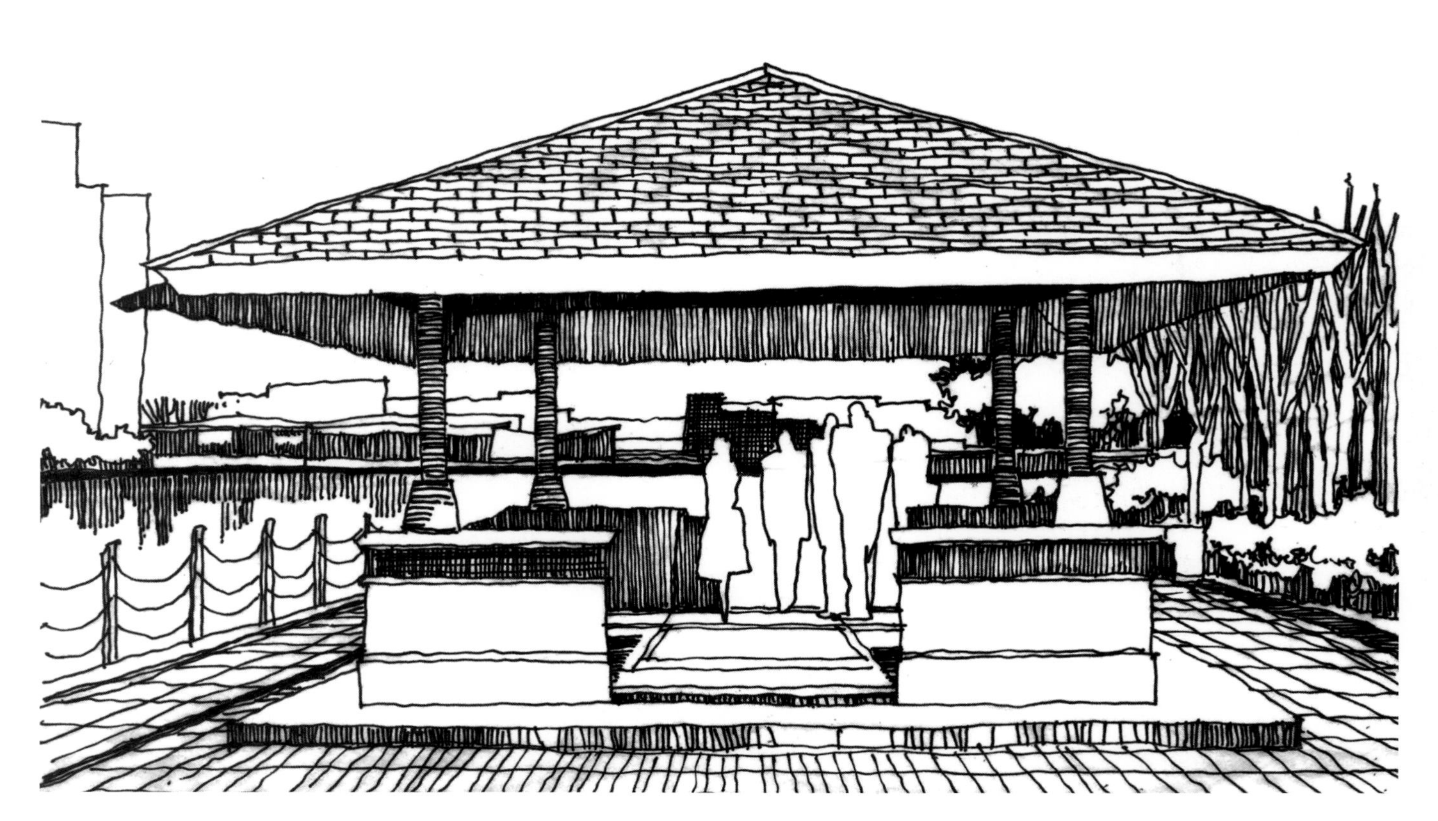

图 4.1.6 多样的景观亭造型

图 4.1.7 多样的景观亭造型

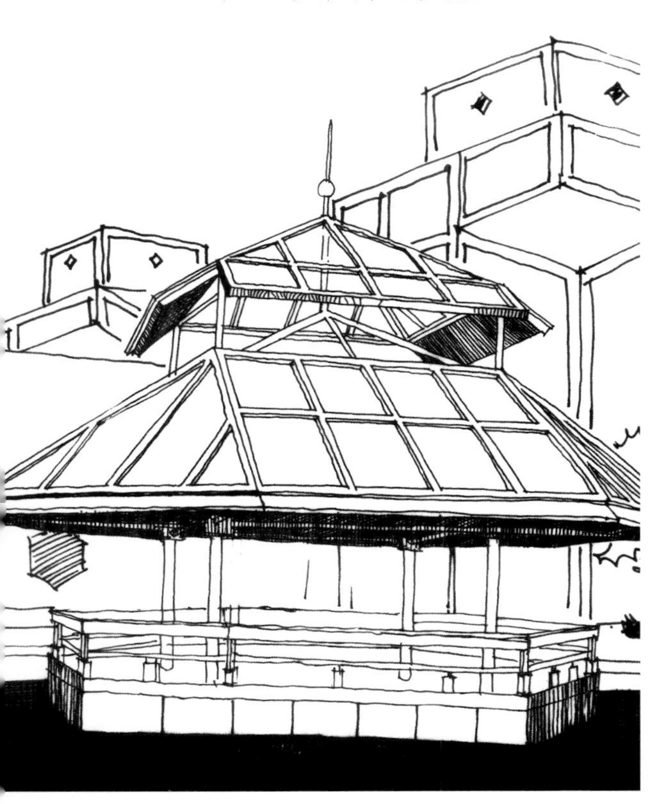

图 4.1.8 苏州博物馆庭院景观亭

态大致可分为中国古典式亭、欧式亭、现代简约式亭等，具体造型极为多样（图 4.1.6、图 4.1.7）。景观亭一般来说，直径应大于 3m，高度不低于 2.3m，但具体尺度需参照周围环境而定。景观亭的设置主要依据总体空间布局、人流方向、景观视线、周围环境等因素，可以山地设亭、平地设亭，也可以临水设亭、水中设亭等。苏州博物馆庭院中的亭子，运用钢和玻璃等现代材料建造，采用双层六角亭造型，尺度较一般亭子大一些，置于水中，用桥连接，既求得与传统木构架亭子的“神似”，又颇具现代设计之感（图 4.1.8）。

廊架，通常具有一定的长度，有顶，供人休憩、遮阳、避雨、观景所用（图 4.1.9）。廊架形态多种多样，可以分隔、联系或组织空间，能起到引导游人和增加景深的作用（图

图 4.1.9 景观廊架

图 4.1.10 多样的景观廊架

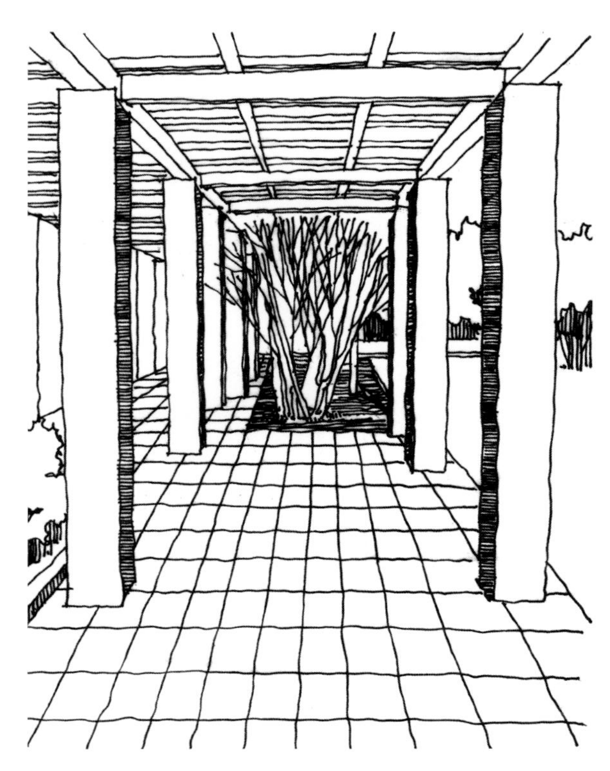

图 4.1.11 多样的景观廊架

图 4.1.12 多样的景观廊架

4.1.10~ 图 4.1.13）。廊架可大可小，可结合地形蜿蜒起伏，也可置于平地，可呈直线型、折线形、弧线形、曲线形等各种形态。廊架的尺度不宜过大，否则不够亲切，会显得笨重。

桥，用来连接空间，通常跨越水面，能够分隔水面空间、划分空间层次，因其尺度、形态之不同，有拱桥、平桥、亭桥、廊桥、汀步等各种造型（图 4.1.14~ 图 4.1.18）。景观中桥的布局和形式的选择要因地制宜，一般来说水面最窄处设桥，桥体宜小不宜大，宜窄不宜宽（图 4.1.19）。

景墙是景观中用来做障景、漏景或用作背景的构筑物，也可以用来遮蔽不良景观，其形式不拘一格，功能因需而设，材料丰富多样（图 4.1.20~ 图 4.1.23）。景墙能够有效地限定和划分景观空间、

图 4.1.13 多样的景观廊架

图 4.1.14 景观中的桥

图 4.1.15 景观中的桥

图 4.1.16 景观中的桥

图 4.1.17 景观中的桥

图 4.1.18 景观中的桥

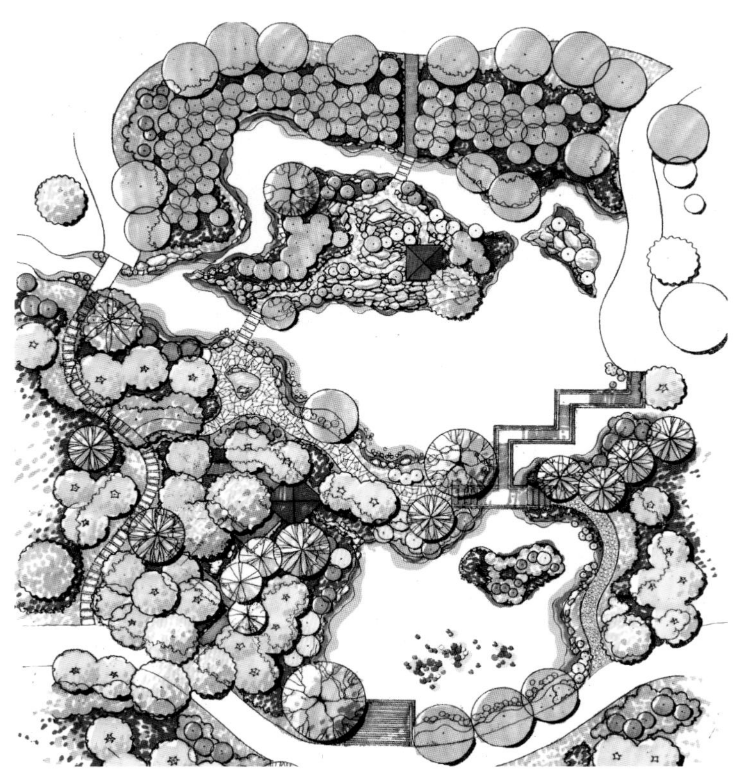

图 4.1.19 通常在水面最窄处设桥

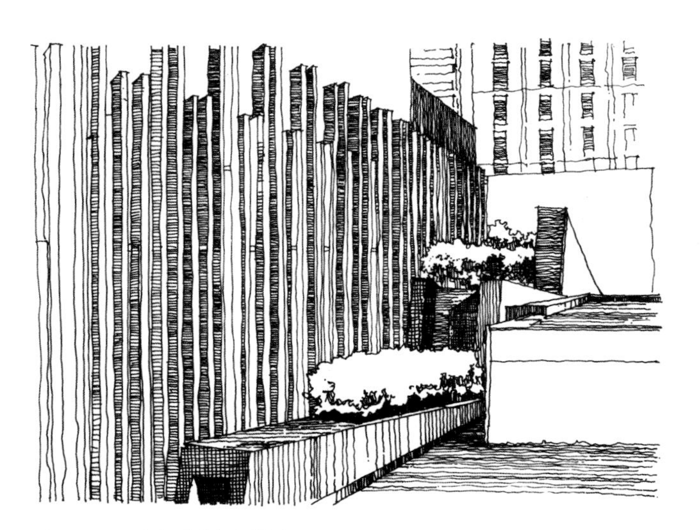

图 4.1.20 形式多样的景墙

图 4.1.21 形式多样的景墙

图 4.1.22 形式多样的景墙

图 4.1.23 形式多样的景墙

组织景观秩序、引导游人行进并美化环境。通过景墙的不同材料和造型，以及景墙上的雕刻、提字等，能够在一定程度上体现场所精神和地域文化的内涵，起到点景的作用。

二、景观构筑物的表现

景观平面图的表现中，构筑物的轮廓应坚挺有力，交界的地方务必画到位，才能充分表现其体积感。景观平面图中出现建筑物的时候，通常采用屋顶平面图，目的是能更加清晰的突出景观的部分，不至于混淆建筑内外的关系（图 4.1.24、图 4.1.25）。但如果以较大比例尺绘制的时候（如庭院景观、园林景观）也可以采用建筑平面图，这样做的目的是能够清晰地看到建筑内部与周围环境的关系，表现更加完整（图 4.1.26）。

在绘制建筑屋顶平面图的时候，如果是平屋顶，可绘制双线表现女儿墙，也可仅绘制外轮廓，内部留白处理。如果是坡屋顶建筑，其平面图应以屋脊为界限，向阳面留白处理，或排疏一些的线，背阳面顺着屋顶方向排密一些的线。这样做的目的是为了使原本平面的屋顶呈现出立体效果（图 4.1.27）。绘制坡屋顶时要注意，相同层高的坡屋顶组合的画法，应表现建筑体块之间的穿插关系（图 4.1.28）。

无论是建筑、景墙、还是亭台楼阁，景观平面图中的构筑物都需要绘制阴影，阴影能够表现空间立体关系，以及建筑的体量、高差及错落关系。但如果高层建筑的阴影较大时，可以不画，否则阴影会遮住部分景观内容，影响图面表现。

在立面图和效果图的表现中，景观构筑物和小品往往是画面的焦点，如果作为主景绘制，应仔细刻画，注意其立体关系和阴影的表现。如果作为背景衬托，则可简单绘制。最远处的建筑物作为背景时可以仅勾勒轮廓线。建、构筑物的效果图表现需要注意其与环境的融合、协调，避免脱节。

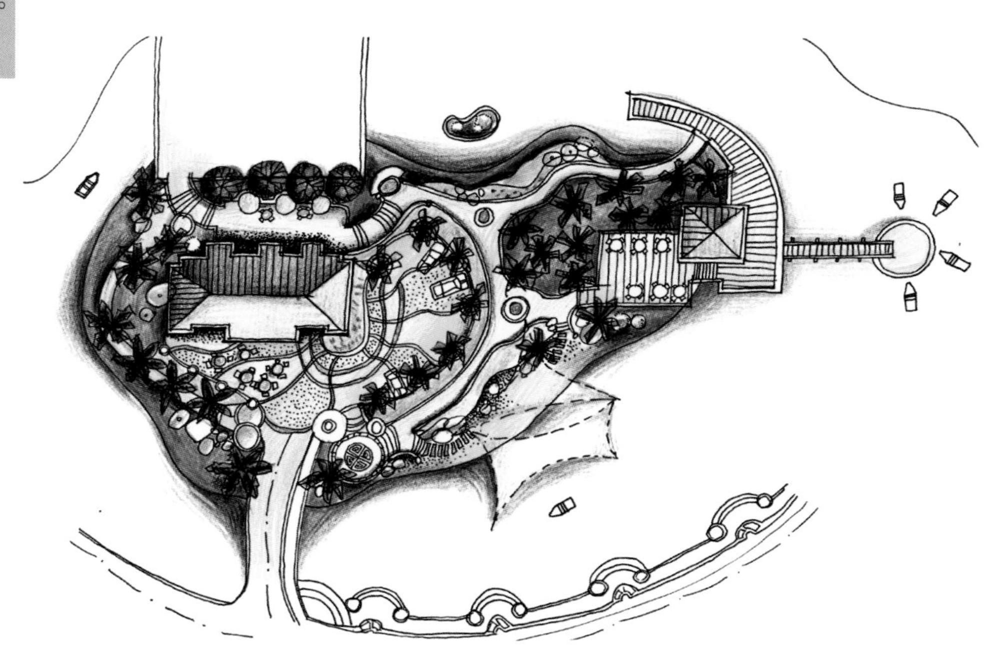

图 4.1.24 景观建筑物用屋顶平面图表示

图 4.1.25 景观建筑物用屋顶平面图表示

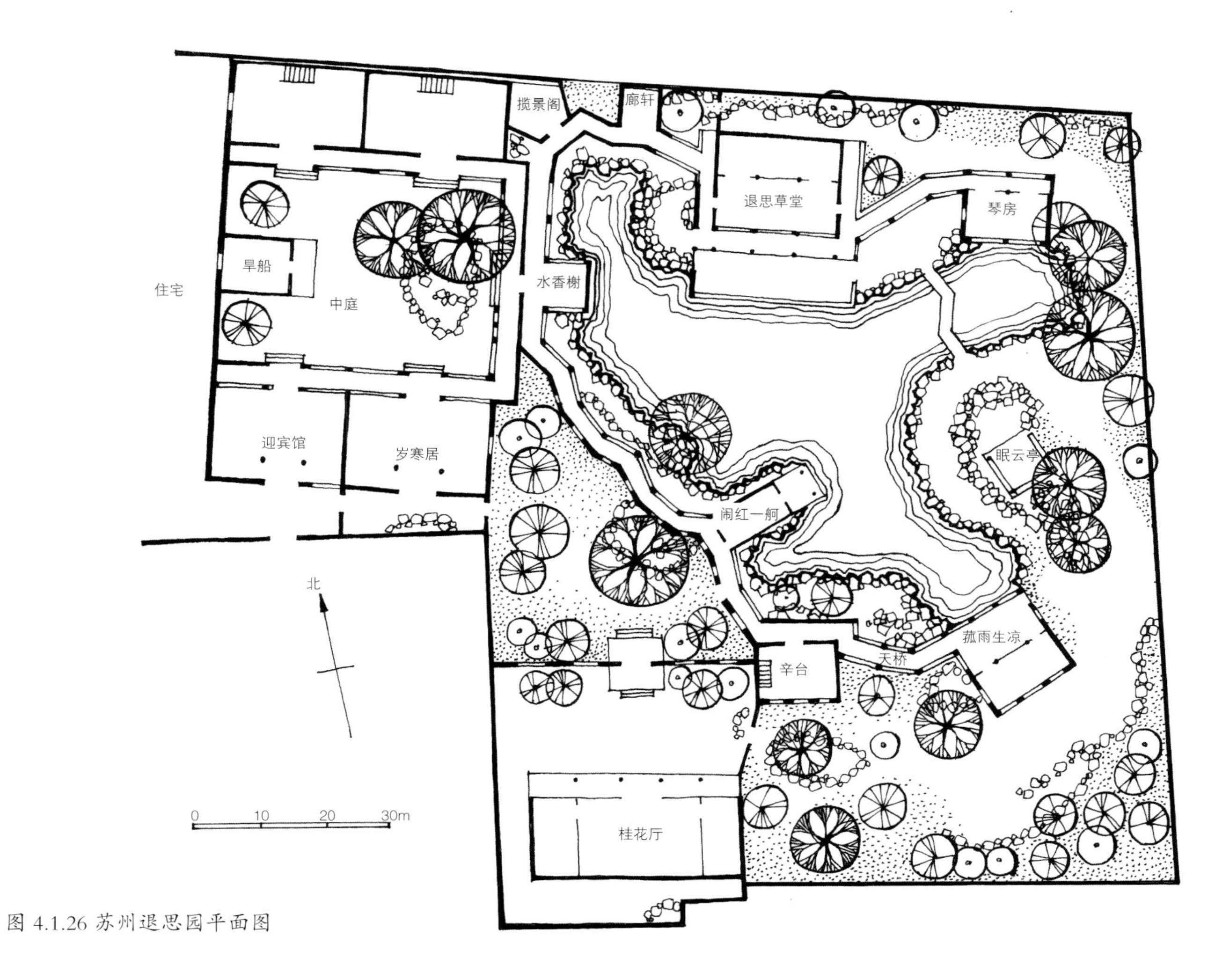

图 4.1.26 苏州退思园平面图

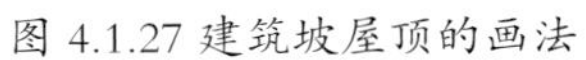

图 4.1.27 建筑坡屋顶的画法

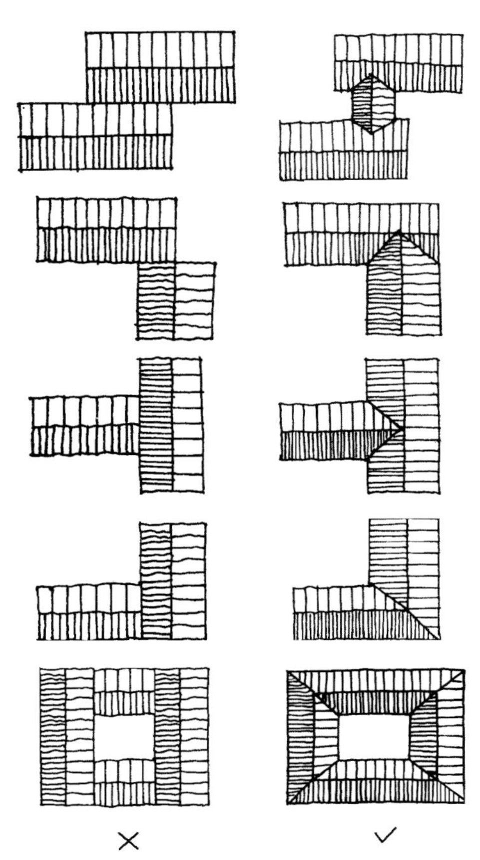

图 4.1.28 坡屋顶组合的画法

第二节　景观设施设计及创意表现

景观设施是公共环境中为人的行为和活动提供方便、服务于社会大众的公用服务设施系统及相应的识别系统。一个景观场所的主题、特色或品质往往体现在景观设施的设计、布置和使用上。景观设施是人参与景观环境、与他人互动的触点，应本着“以人为本”的原则进行设计，围绕公众服务进行展开，尊重人的心理和行为，并在交互设计、情感设计等方面有重要的发展。

景观设施首先应该具有基本实用功能，如防护、隔离、信息、休息、照明、观赏等，设计师需要充分考虑设施的安全性和无障碍性。在适当的场所景观设施需起到分隔景观空间的作用（图 4.2.1~ 图 4.2.3），如商业街设计中常用灯箱、可移动树池、广告牌、路灯等设施划分并左右行人的空间，同时还能提示人前进的方向。具有主题性的设施设计往往能够彰显场所的特色，增强场所的标识性，传达某种文化意向，提升场所的品质，甚至解决一些社会问题，如图 4.2.4 为一个广告牌设计，不仅在形式上加入了地域文化符号，还在夜间为城市的流浪者提供了一个暂时庇护的空间。景观设施还应具有装饰审美的功能，为观者提供一种秩序感和愉悦感，并展示景观的艺术性，提升人们的审美品位。另外，景观设施需要考虑系统性，一个场所的景观设施应具有某种意义上的关联性，而不是各种设施的拼凑，可以通过其造型、色彩或材质的统一来营造和谐的环境（图 4.2.5）。景观设施设计还应该特别注重对历史、文化、宗教、民俗、地域文化特色，以及可持续理念的传达。如韩国首尔绿化工程中引用了一种月亮石（西班牙语：Luna Piedra），内部嵌入发光二极管，夜间提供照明。石头造型与景观融为一体，它们不需要电源供电，置身于河水中，通过水流动能转化为电能。这种小LED灯管发热小，对水温和环境影响最小，且是水中的装饰品，又是环保的照明方式，还可装点夜色。现代景观中的设施还具有促进交往的作用，通过景观设施激发人的活动和行为，为公共空间人的交往创造可能，运用有形的设施与无形的体验相结合，增强人的参与性、互动性，使设施成为空间的主要元素。

图 4.2.1 围栏划分的景观空间

景观设施多种多样，不同空间场所的景观设施设计重点不同。交通性的设施具有快速移动和短暂停留两方面的功能；商业街区的景观设施复杂多样，满足购物、信息传播、短暂休息、交通、照明、卫生等各种功能；住宅小区内的设施应考虑各种信息公告、停车和户外休闲活动；公园内的设施应具有较强的公共性和文化性，注重景观与其他要素的结合。

总的来说，景观设施可以分为以下几类：

安全防护性设施，主要有用于隔离交通或区域的分隔栏、护栏与护柱、交通信号灯、地面标识线、紧急停车点、消防栓、盖板与树篱等（图 4.2.6~ 图 4.2.8）。此类设施要求有结实的材料，醒目的标识，简洁且高效，尺度的把握也尤为重要，若能形成系列设计则有助于增强环境的整体性。

休息性设施主要有椅、桌、伞、亭、廊、榭等，同时不可移动的亭、廊、榭也可以看做是景观中的构筑物。休息性设施设计必须以人为本，考虑人的尺度，并考虑不同人群的使用。休息性设施应具有优美的造型、协调的色彩、适度的比例尺度，以及使用的方便性和舒适度。座椅是休息设施中数量最多，使用频率最大的要素，座椅设计应结合具体场所有所不同，如私密性的户外空间，

图 4.2.2 景观廊划分的景观空间

图 4.2.3 围栏、散座划分的户外休闲空间

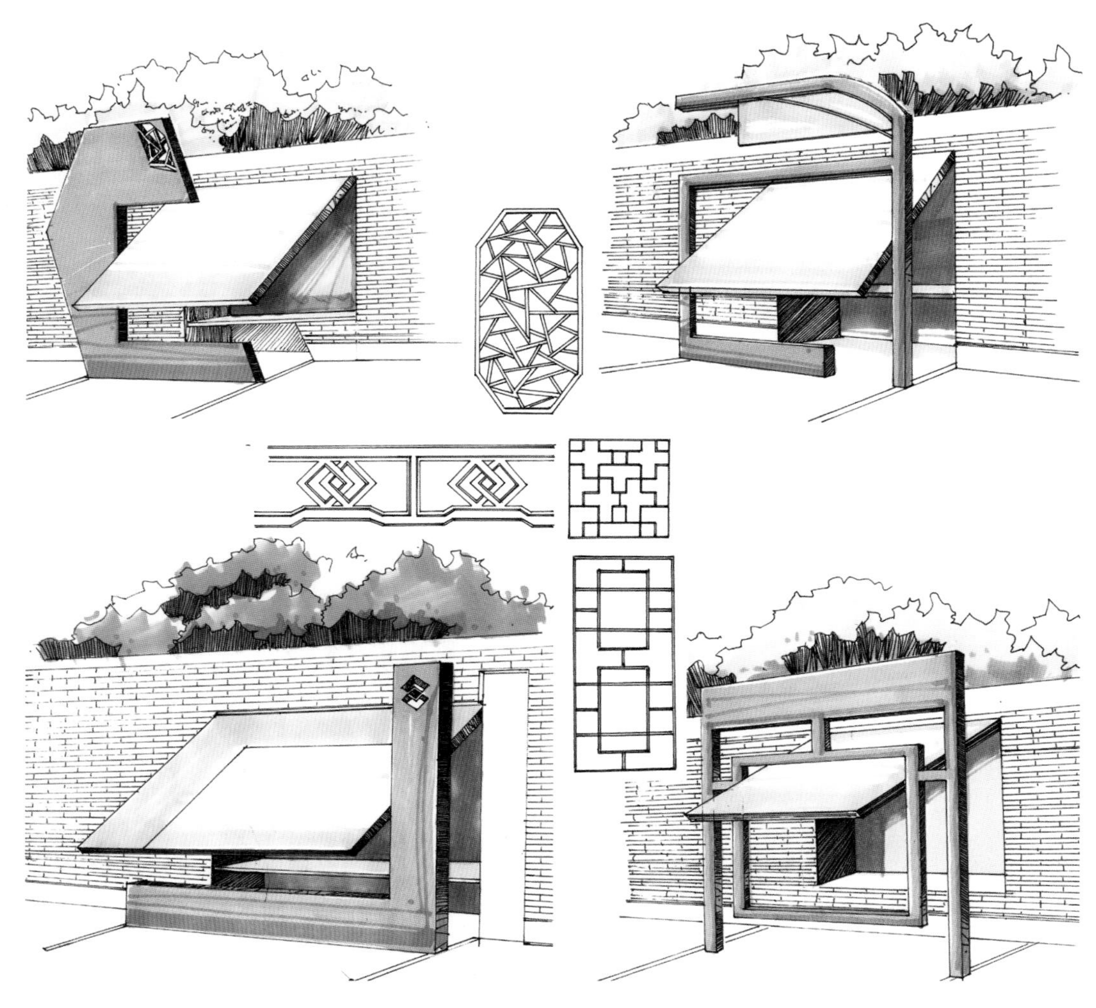

图 4.2.4 广告牌及流浪者庇护设施设计

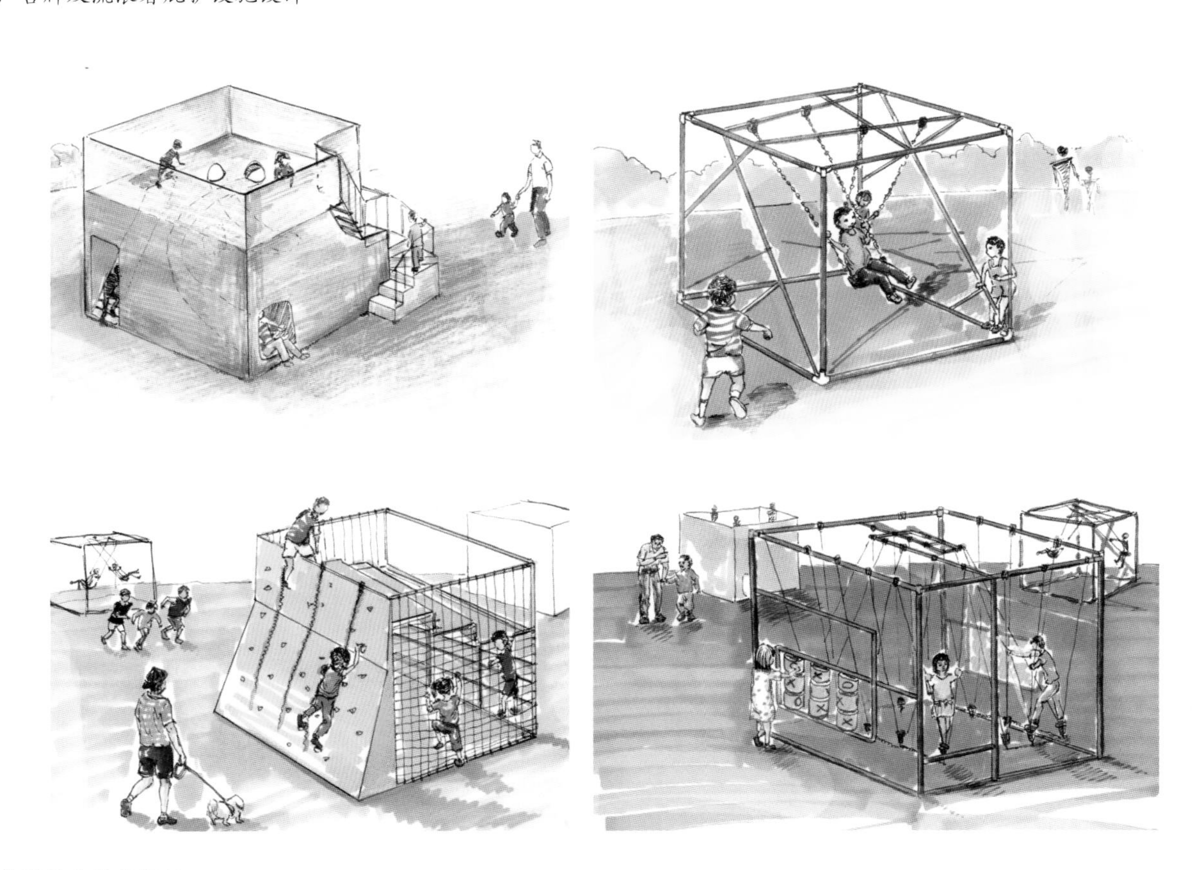

图 4.2.5 景观设施的系统性

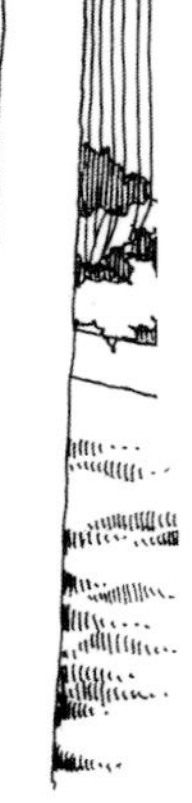

图 4.2.6 安全防护性设施（围栏）

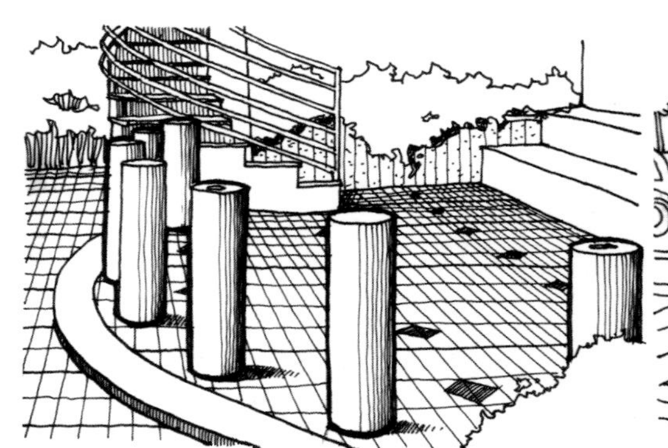

图 4.2.7 安全防护性设施（路障）

图 4.2.8 安全防护性设施（栏杆）

图 4.2.9 私密空间的座椅布置

座椅位置应与行人路径及公共小广场距离较远，座位以 2~3 个为宜，且独立分散设置（图 4.2.9）；开放性的户外空间，设施应考虑使用人数及景观方向，有时候还可以借助景观中的植物、地形、台阶、花池等作为休息性设施（图 4.2.10、图 4.2.11）。座椅的布置和形式某种程度上形成或限制了人们的交往（图 4.2.12）。一般来说，户外座椅的坐面宽为 30~45cm，座面高为 38~40cm，椅背高 30~40cm。座椅可以是直线型排列，但不利于人们的交谈（图 4.2.13）；而“U” 字形的座椅布置则方便人们之间面对面的交流（图 4.2.14）；座椅背后通常不要暴露在外部，应有一定的遮挡（图 4.2.15、图 4.2.16）；座椅也可以是各种形式的可坐面，与公共艺术品或其他设施相结合（图 4.2.17~ 图 4.2.23）。树冠、花架下都是布置座椅的好位置。

图 4.2.10 开放空间的座椅布置

图 4.2.11 开放空间的座椅布置

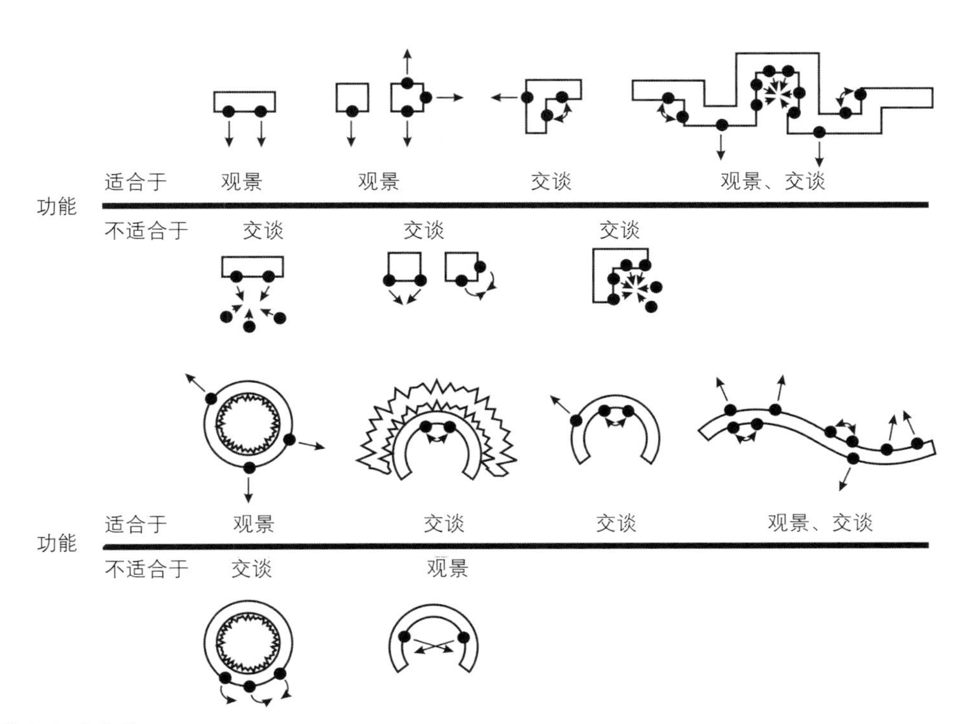

图 4.2.12 座椅形式与人的交往

图 4.2.13 直线排列的座椅

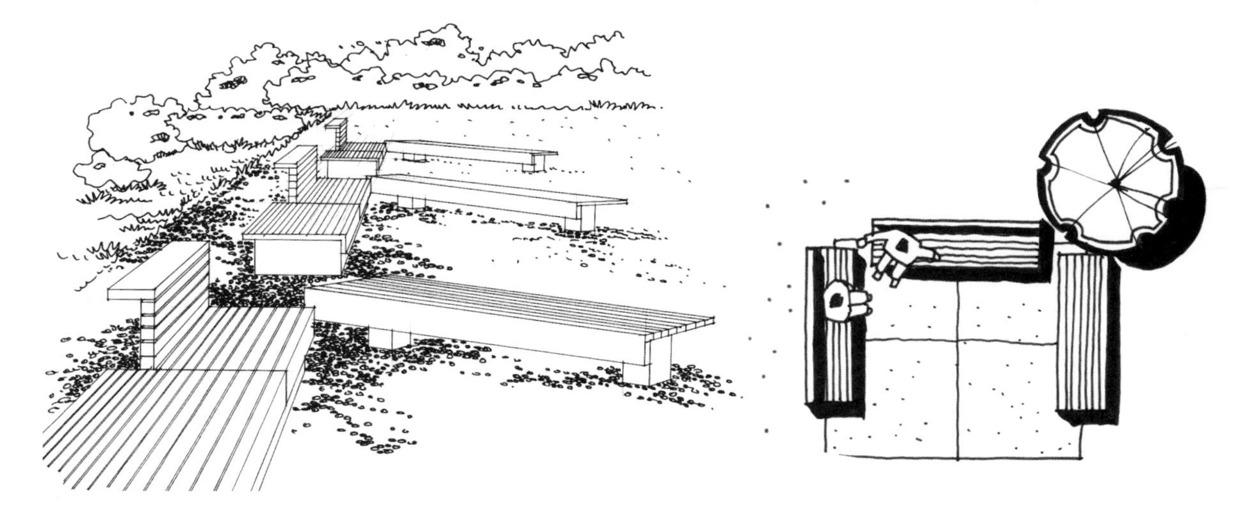

图 4.2.14“U” 字形的座椅

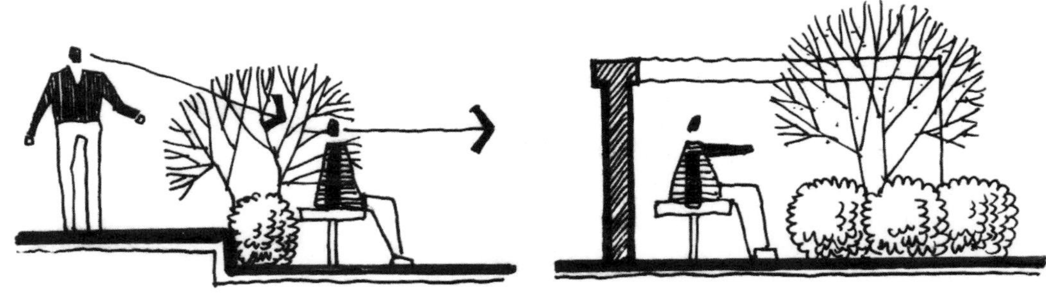

图 4.2.15 座椅背后通常设有遮挡

图 4.2.16 座椅背后通常设有遮挡

图 4.2.17 各种形式的座椅

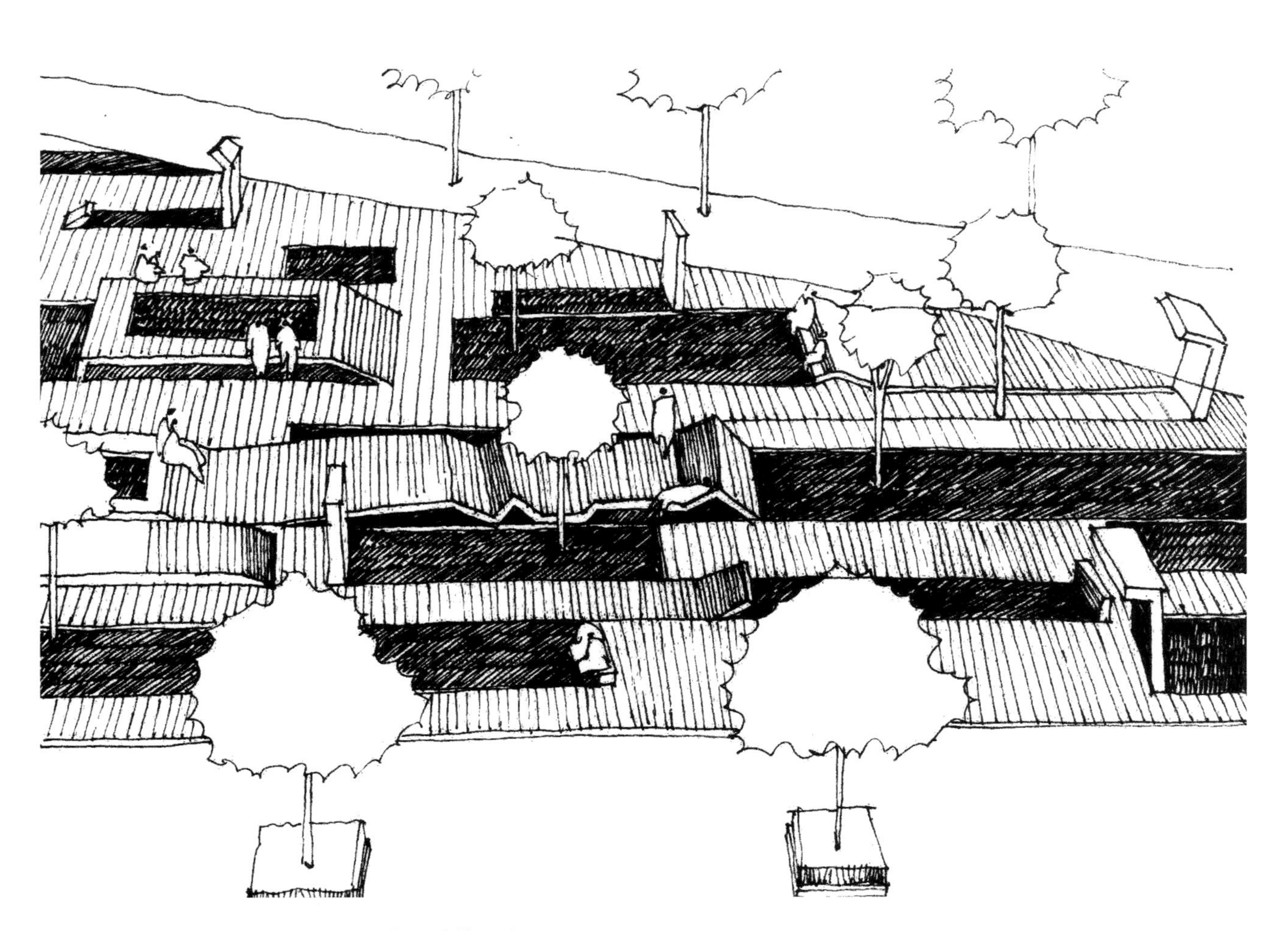

图 4.2.18 可满足各种活动方式和行为方式的座椅设计

图 4.2.19 各种形式的座椅

图 4.2.20 各种形式的座椅

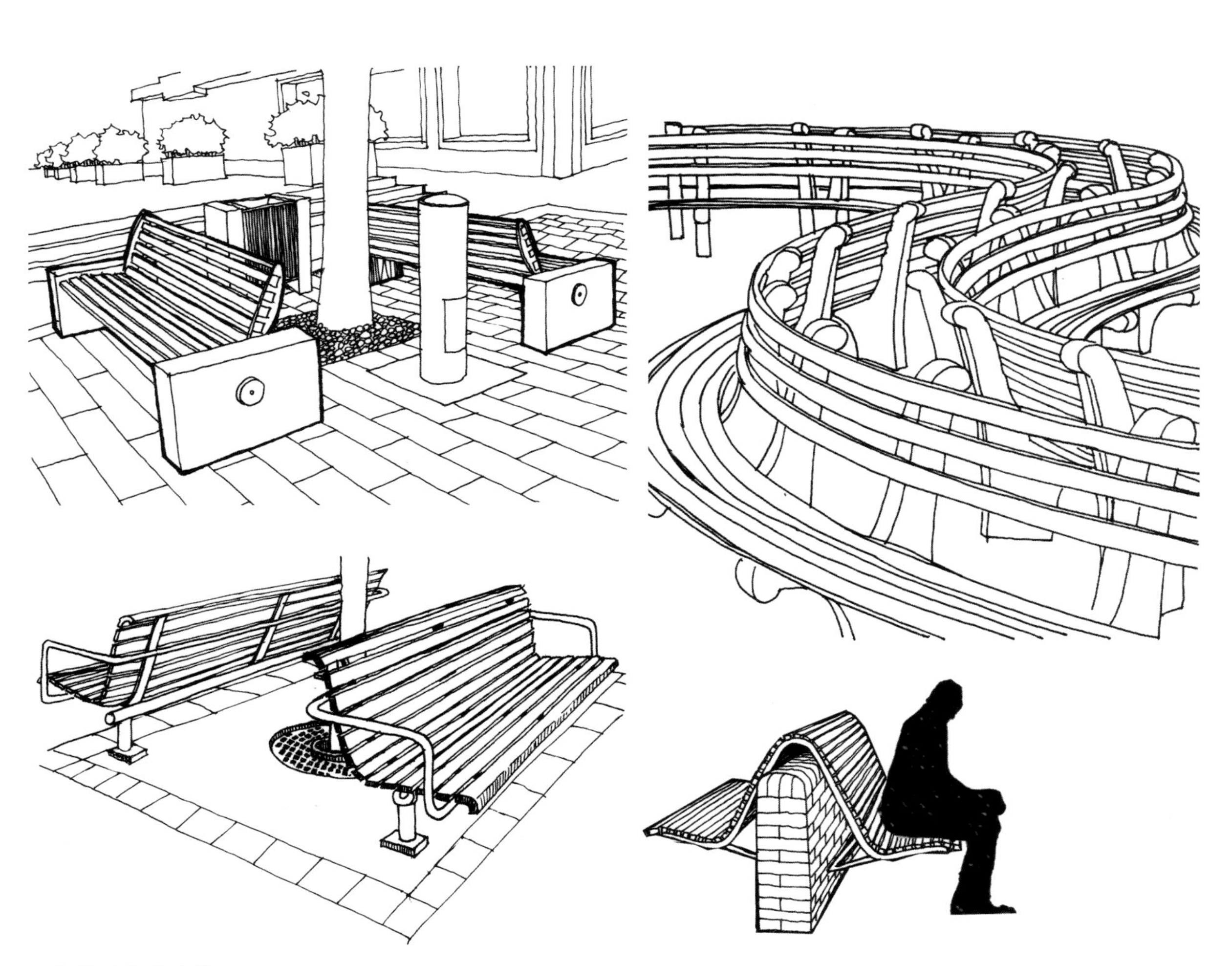

图 4.2.21 各种形式的座椅

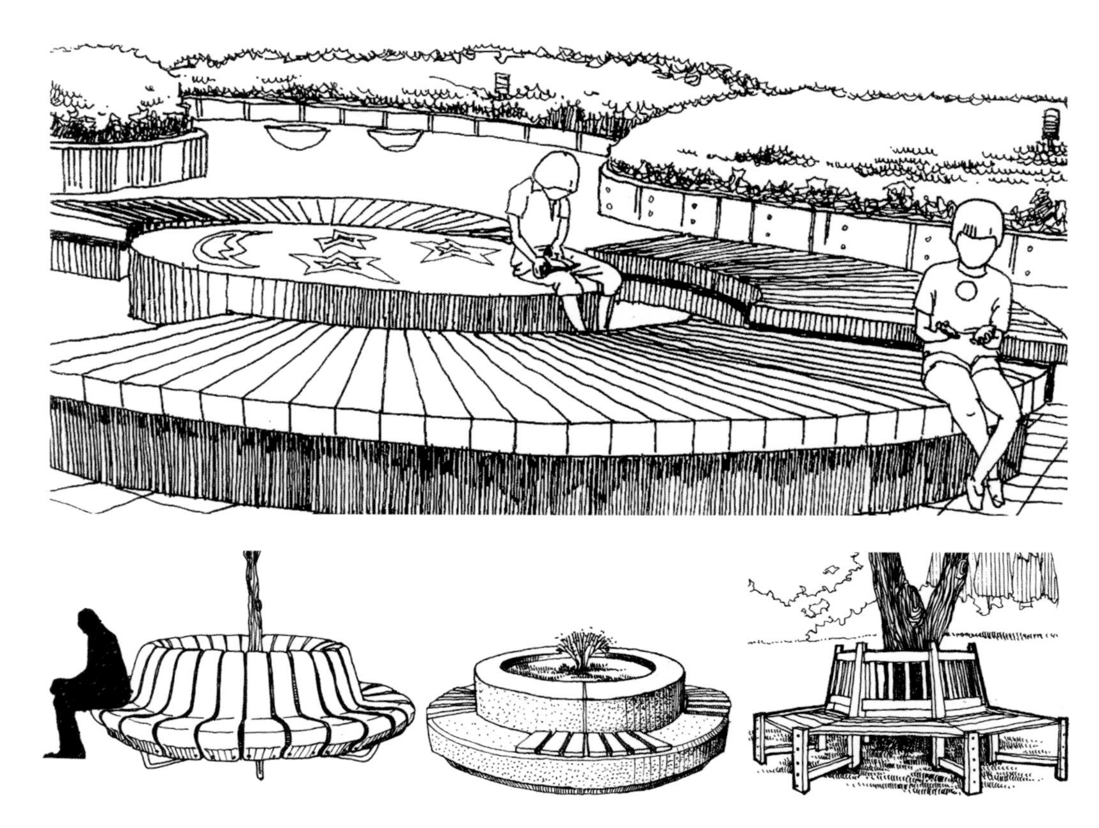

图 4.2.22 各种形式的座椅

图 4.2.23 各种形式的座椅

便利性设施包括卫生、通讯等方面的设施，具体有垃圾箱、卫生间、烟缸、饮水器、售卖处、书报亭、邮筒、公用电话亭等（图 4.2.24~ 图 4.2.30）。这些设施都是为景观中的使用者提供方便的重要内容，它们不仅满足了人们的使用需求，也是现代城市文明的景观特点。这一类设施设计要求分布广、数量多、占地小、体量小、部分设施考虑可移动，结合人流活动路线和行进路线进行设置。

停候性设施主要指自行车、机动车的停放点和候车点，停车场、停车棚以及公交站台等（图 4.2.31、图 4.2.32）。各种停车设施应考虑便利性、注意停车尺寸和间距、注意出入口的布置。候车亭的种类较多，式样各异，整体组合配套一般有标牌、遮篷、座椅。标牌注明时刻、班车路线和站点及价目等基本信息。

信息性设施主要包括广告牌、公共标识、指示图、留言板、书报亭、阅报栏、信息显示屏、街头钟等等（图 4.2.33）。此类设施设计要求内容规范醒目、形式简洁明确、信息传达效率高。信息设施设置的时候还要考虑人体尺度、人观看设施的角度和方式等。

照明设施可分为安全照明、建筑照明和装饰照明等几类，应兼具实用功能与艺术造型（图 4.2.34）。照明性设施主要有道路照明和装饰照明两大类。具体又有散步路灯、专用高杆路灯、草坪灯、庭院灯、地灯、艺术装饰灯等。景观的夜景照明具有一定的灵活性，可以突出主题景观，弱化某些特征，形成与众不同的效果。

景观性设施，包括人工砌筑的花池、花架、花坛等，用于美化环境，同时这些设施本身也可以作为休息性设施（图 4.2.35、图 4.2.36）。

图 4.2.24 垃圾箱

图 4.2.25 卫生间

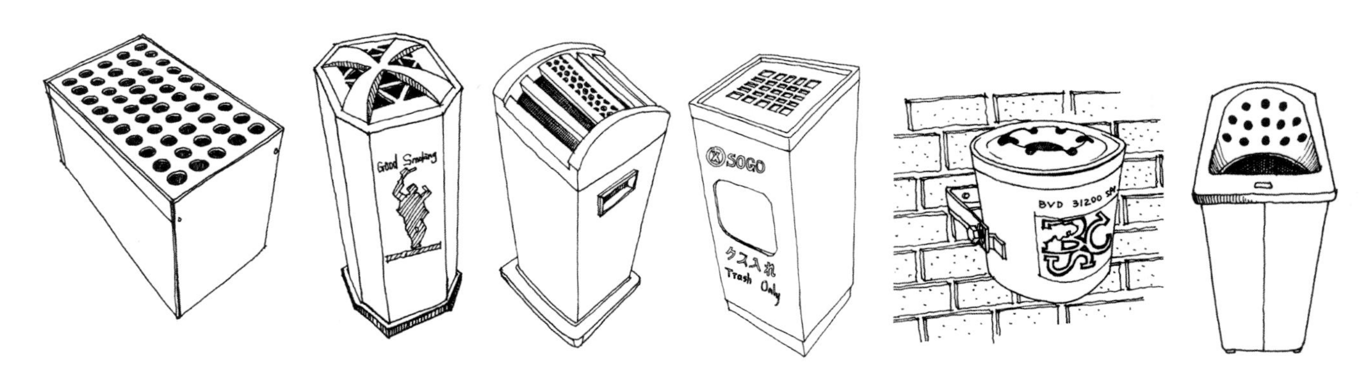

图 4.2.26 烟缸

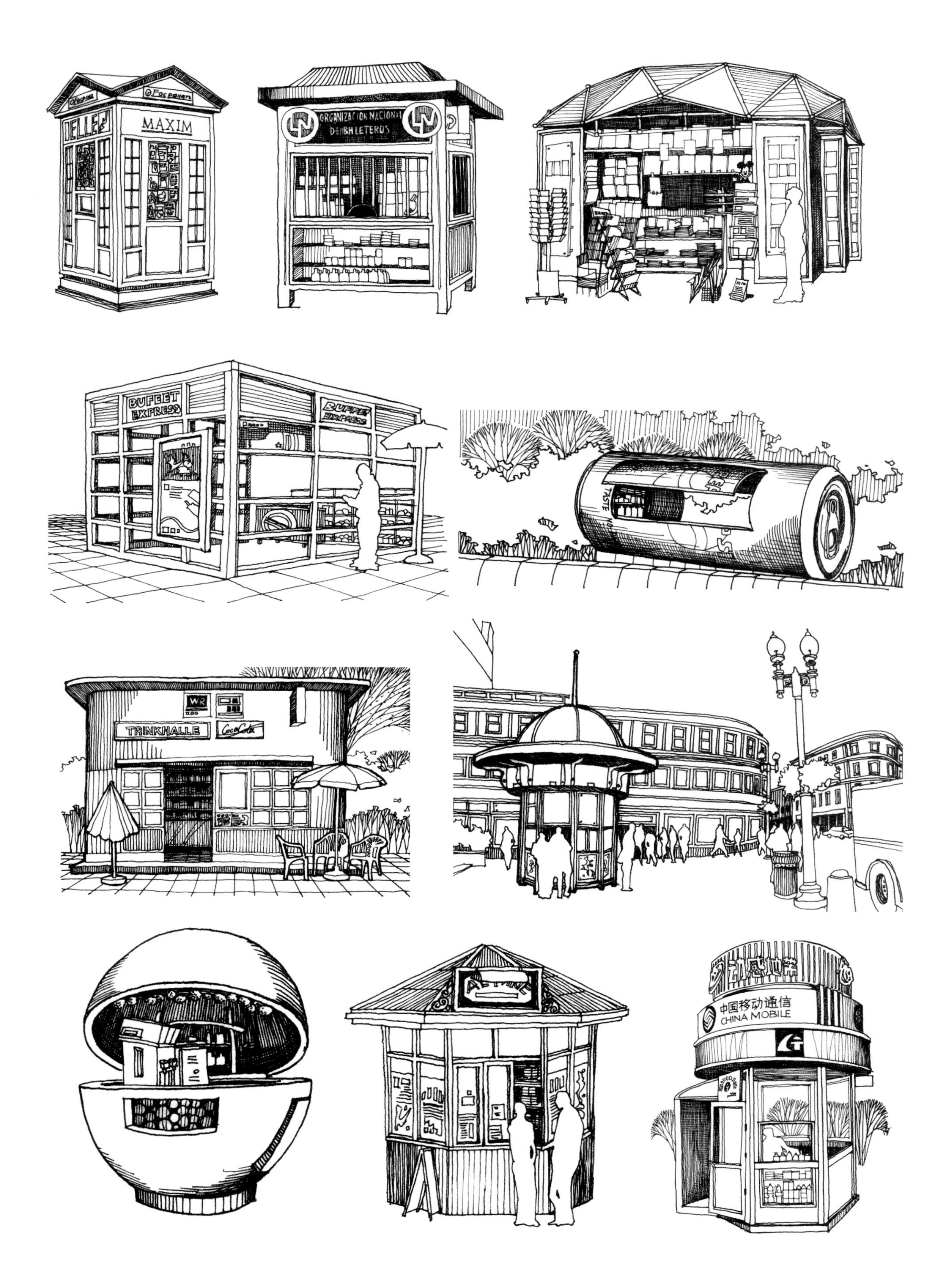
MAXIM
ORGANIZACION NACIONAL
DE BILLETEROS
BUFEET
EXPRESS
TASTE
TRINKHALLE
Coca Cola
中国移动通信
CHINA MOBILE

图 4.2.27 售卖亭

图 4.2.28 公用电话亭

图 4.2.29 饮水器

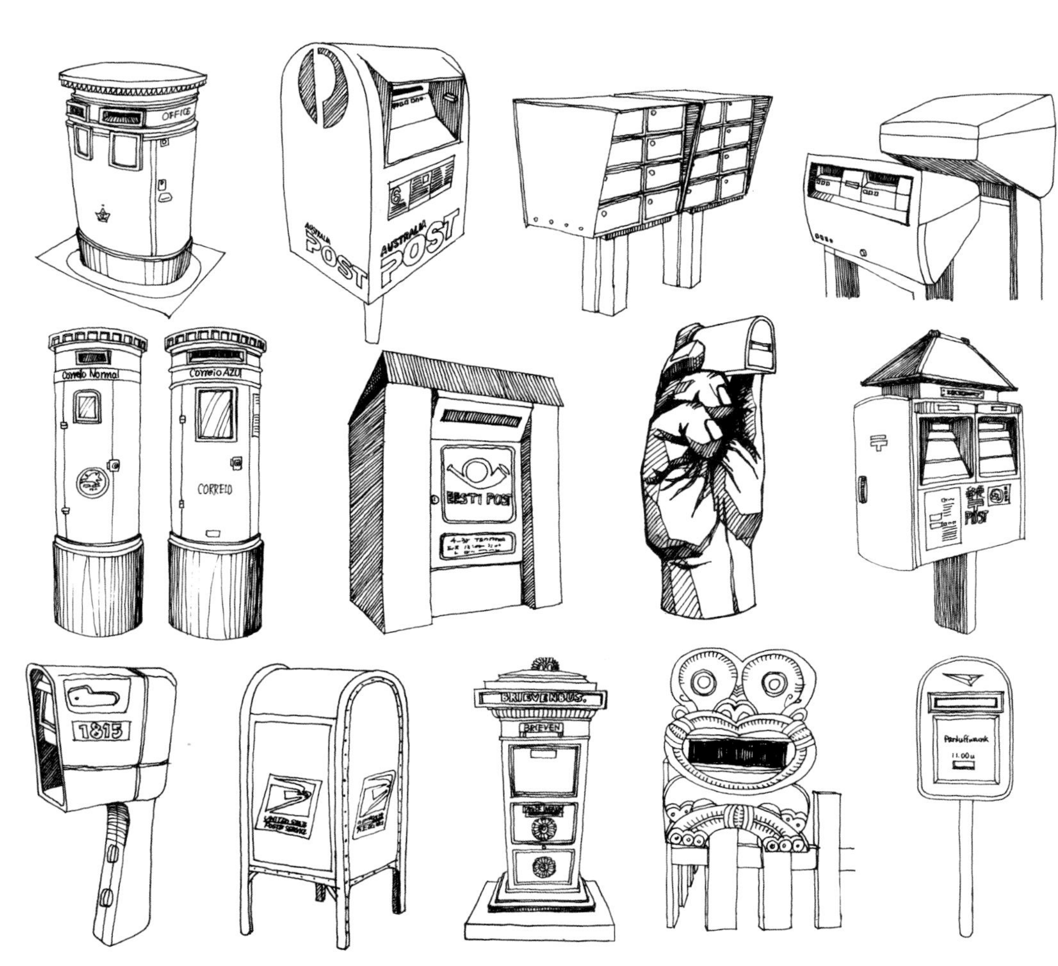

图 4.2.30 邮箱

图 4.2.31 候车亭

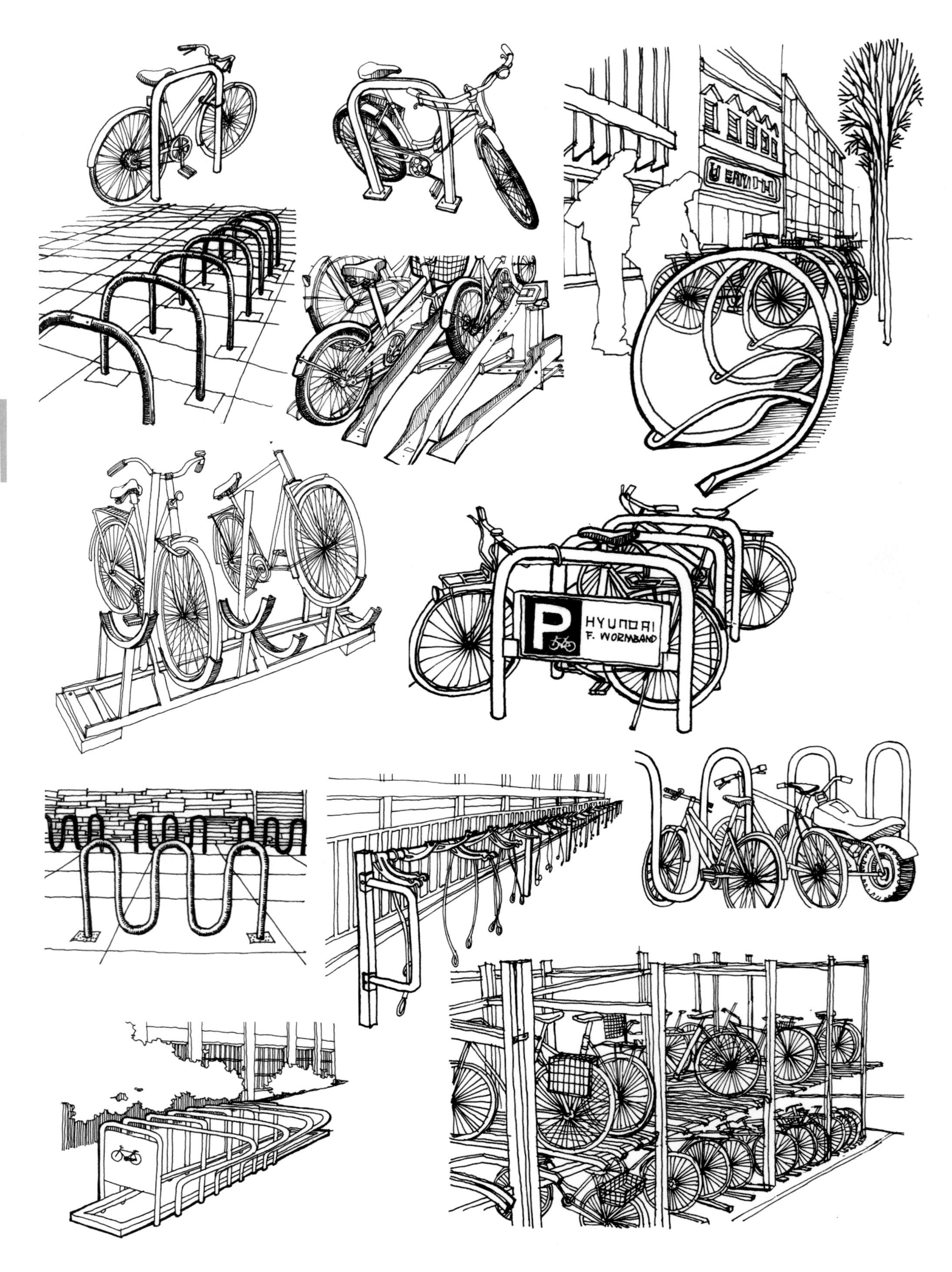

图 4.2.32 自行车停车设施

图 4.2.33 信息性设施

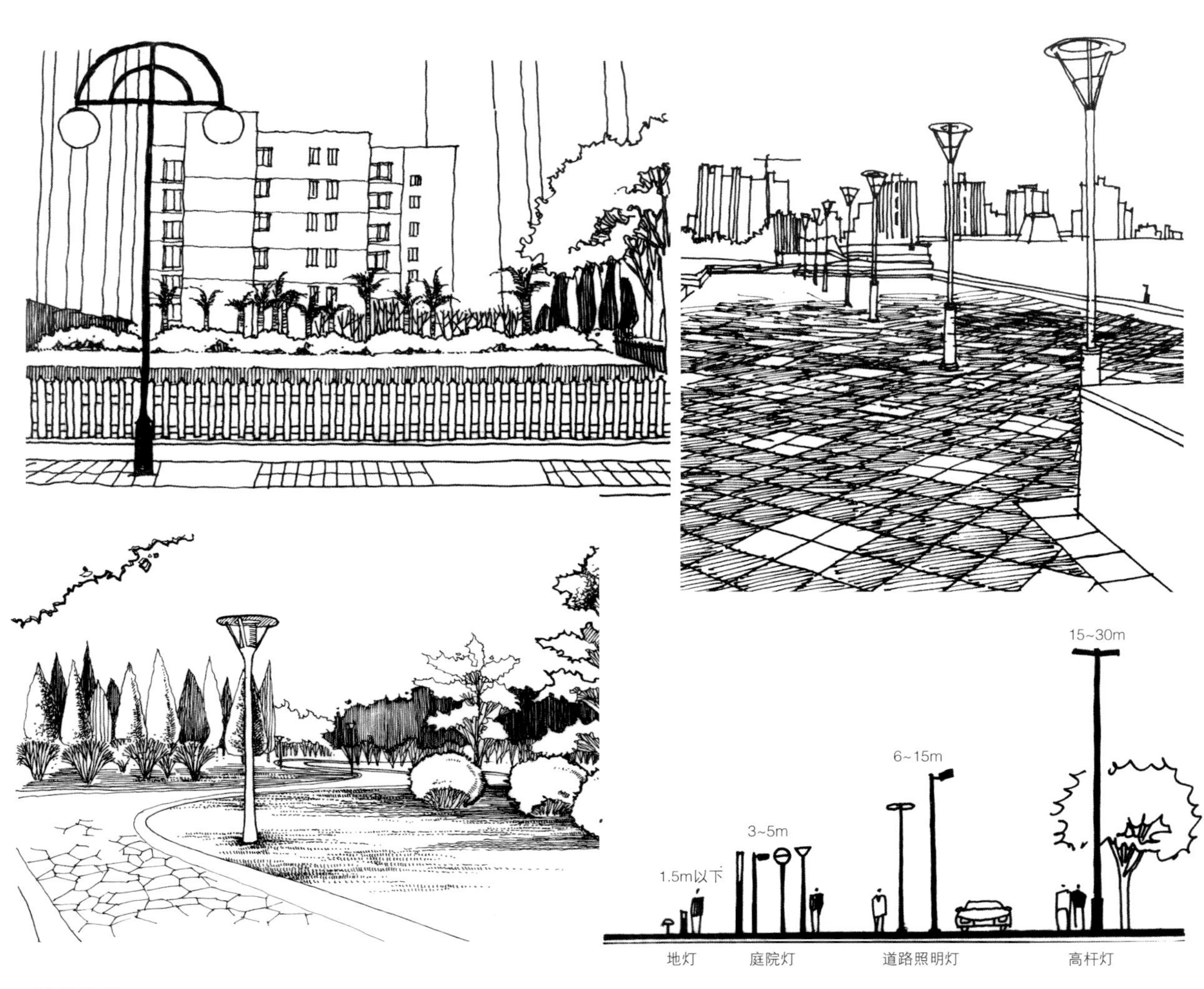

图 4.2.34 照明设施

图 4.2.35 花坛

图 4.2.36 花架

图 4.2.37 健身设施

图 4.2.38 儿童游戏设施

图 4.2.39 景观设施的尺度往往以人为参照

娱乐性设施，包括各种活动设施、健身设施、游戏设施和娱乐设施等，主要用于满足人们在景观中的休闲娱乐活动（图 4.2.37、图 4.2.38）。这类设施的设计具有一定的专业性，同时在场地布局上需要与休息性设施及便利性、照明性设施进行统筹设计。此类设施设计还需考虑安全性，如儿童游乐设施地面通常以软质地面铺设。

景观设施的绘制首先应表现设施的真实造型，注意设施的尺度，一般的景观设施是有相对固定的尺度的，画的过大或过小，都容易使场所尺度失真。通常绘制设施时会以人为配景，表示人的使用，渲染场景氛围，同时也能从人和设施的尺度关系中把握空间的尺度（图 4.2.39，图 4.2.40）。

如果景观设施作为表现画面的主体，应着重刻画，注意细部，交代清楚细节。对于特殊材质和色彩的设施要用不同的笔触或色彩着重表现。

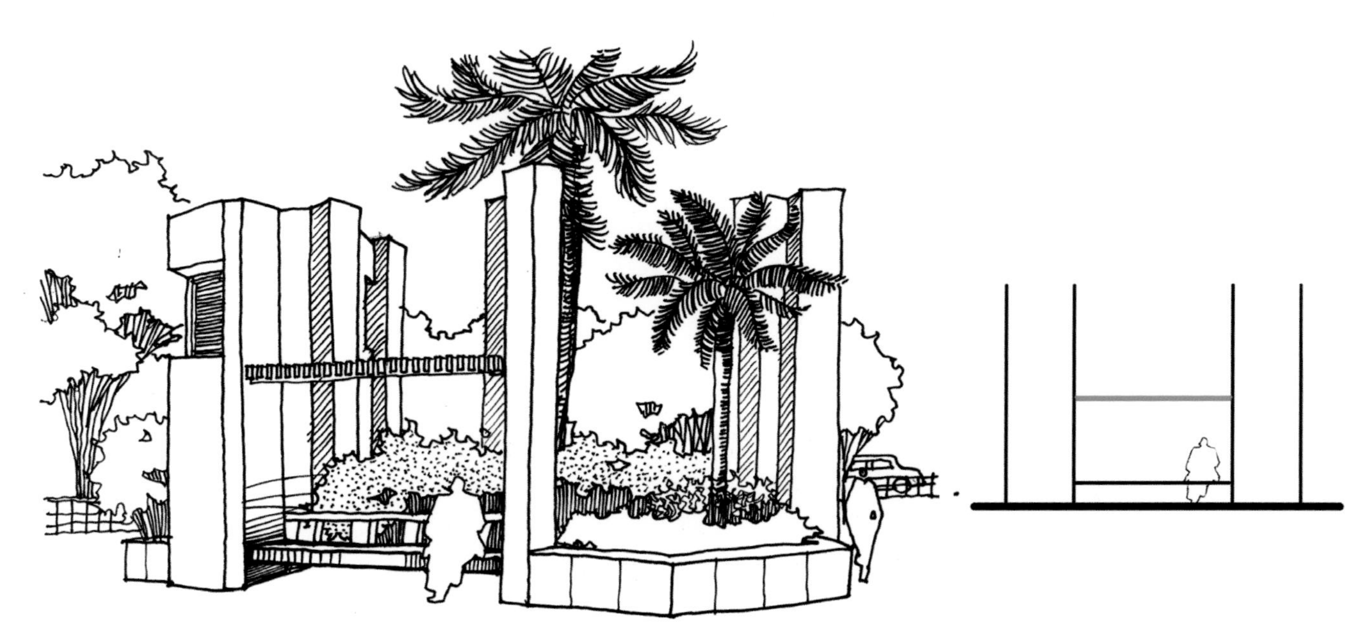

图 4.2.40 通过减小空间尺度的方法来控制景观设施的尺度

第三节　景观公共艺术设计及创意表现

公共艺术设计是在公共空间进行的艺术创作及其相应的环境设计，公共艺术品是其物质表现形式，造型丰富多样。公共艺术是吸取电影、电视、戏剧、音乐、美术等其它艺术领域的创作手法，运用多媒体艺术、行为艺术、光影艺术、大地艺术等形成的一种综合的艺术表现形式。包括城市废弃地设计中经过改造而保留下来的那些建筑物、构筑物，只要设计合理，功能和位置合适，都可以成为景观中的公共艺术品（图 4.3.1 ~ 图 4.3.8）。另外，景观中的公共设施当其在艺术形式的表现上有一定的特殊性时，也可以转换为公共艺术品（图 4.3.9）。

公共艺术品虽不是景观设计中的必要元素，却常常起到点睛的重要作用（图 4.3.10）。公共艺术品的材质可以是石材、金属、玻璃钢、混凝土、各种人造材料等合理的运用，能够产生独特的效果。

公共艺术品介入景观，应遵循以下原则：

首先，公共艺术品应与整体环境相联系，表现场所精神。公共艺术品不是孤立存在的，不仅要在空间和视景的组织上与周围环境融为一体，还应体现具有特色的文化氛围（图 4.3.11）。另外，主题性的公共艺术品设计能够有效地突出景观场所精神，聚集人气，成为场所焦点（图 4.3.12）。

第二，公共艺术品应该具有公共性、开放性和参与性。公共艺术品与雕塑的不同之处在于它具有独特的公共性，是大众共享的艺术形式。一件好的公共艺术品能让大众得到精神上的愉悦和满足，为大多数人所接受。如果能具有参与性则更好地实现了与公众的互动。美国千禧公园的云门（Cloud Gate），由英国艺术家阿尼什 · 卡普尔设计，其灵感来自液态水银，整个雕塑由 168 块不锈钢板焊接而成，长 20 米，宽 13 米，高 10 米，拱底最高处距地面约 4 米，重 100 吨。不锈钢板能够反射周围城

图 4.3.1 天津万科水晶城用废弃物做的艺术品

图 4.3.2 天津万科水晶城用废弃物做的艺术品

图 4.3.3 天津万科水晶城用废弃物做的艺术品

图 4.3.4 天津万科水晶城用废弃物做的艺术品

图 4.3.5 天津万科水晶城用废弃物做的艺术品

图 4.3.6 天津万科水晶城用废弃物做的艺术品

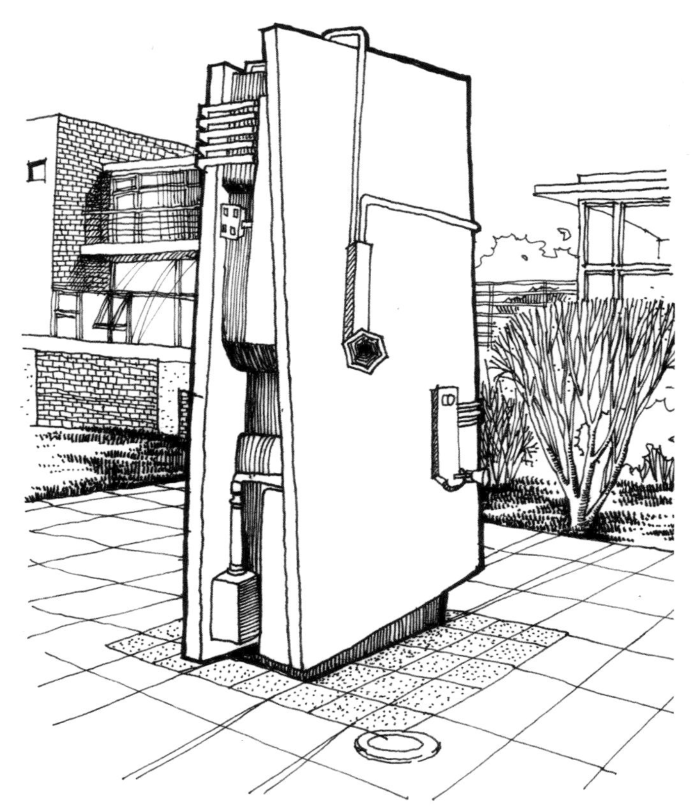

图 4.3.8 天津万科水晶城用废弃物做的艺术品

图 4.3.7 天津万科水晶城用废弃物做的艺术品

图 4.3.9 公共设施兼具公共艺术品的功能

图 4.3.10 公共艺术品点明景观主题

图 4.3.11 公共艺术品应与环境相融

图 4.3.12 主题性的公共艺术品

市景观环境和人，使人忍不住要去触摸。人还可以走到拱底，与这个“银豆子”产生近距离的接触，与观者发生互动，才使这个雕塑成为一种可互动的公共艺术品（图 4.3.13）。

第三，作为户外景观中的人造景观，公共艺术品应有一定的耐久性和稳定性，在设计时通常会选择具有结构持久性、耐腐蚀、易清洗的材料。除了表现特殊动态含义的作品，在视觉上，公共艺术品应该作为空间的中心，具有构图上的均衡性与稳定性，给公众以安全感。（图 4.3.14、图 4.3.15）。

第四，公共艺术品应该具有鲜明的时代特色或地域文化特色。表现城市和场所的历史文化、地域特色、民风民俗，是公共艺术品立意的出发点之一。可以是具象的人物，也可以是抽象的造型，一件好的公共艺术品一定是传达了某种内涵和文化的，不仅仅是表现一种形式（图 4.3.16）。公共艺术品还应该在一定程度上表现时代特点，运用新型的材料和技术，表现具有时代风貌的思想和内容。

第五，公共艺术品应该具有审美性和趣味性。通过景观中的公共艺术品，可以培养人的艺术气质，通过美的熏陶，使大众提高审美眼光，加强对美的认知。同时，应具有一定的趣味性，能够引起观者的兴趣，受到大众欢迎。

景观雕塑是景观公共艺术设计中重要的表达方式，能够成为景观视觉的焦点。景观雕塑常用的材料有大理石、汉白玉、玻璃钢、不锈钢、花岗岩、青铜、金属板、彩色水泥等。景观雕塑可分为主题性雕塑、纪念性雕塑和装饰性雕塑。主题性雕塑能够表现空间主题，具有针对性，能够点明并升华主题，让人有身临其境的感受或在情感上感染他人（图 4.3.17~ 图 4.3.23）。纪念性雕塑主要是以纪念历史人物或重大事件为题材的雕塑，通常体量较大，相对严肃，也常常以系列的形式出现，以达到震撼人心的目的（图 4.3.24）。装饰性雕塑的应用广泛，式样繁多，以美的启迪和感受为最终目标，可通过写实、夸张、变形和借鉴其他艺术形式等手法来设计。

在景观绘图中表现公共艺术的时候，往往作为画面构图的主体，选用一点透视或斜一点透视，将公共艺术置于画面的中心，能够较好的凸显其内容。绘制的时候应注意公共艺术品的质感表现，色彩不宜花哨。

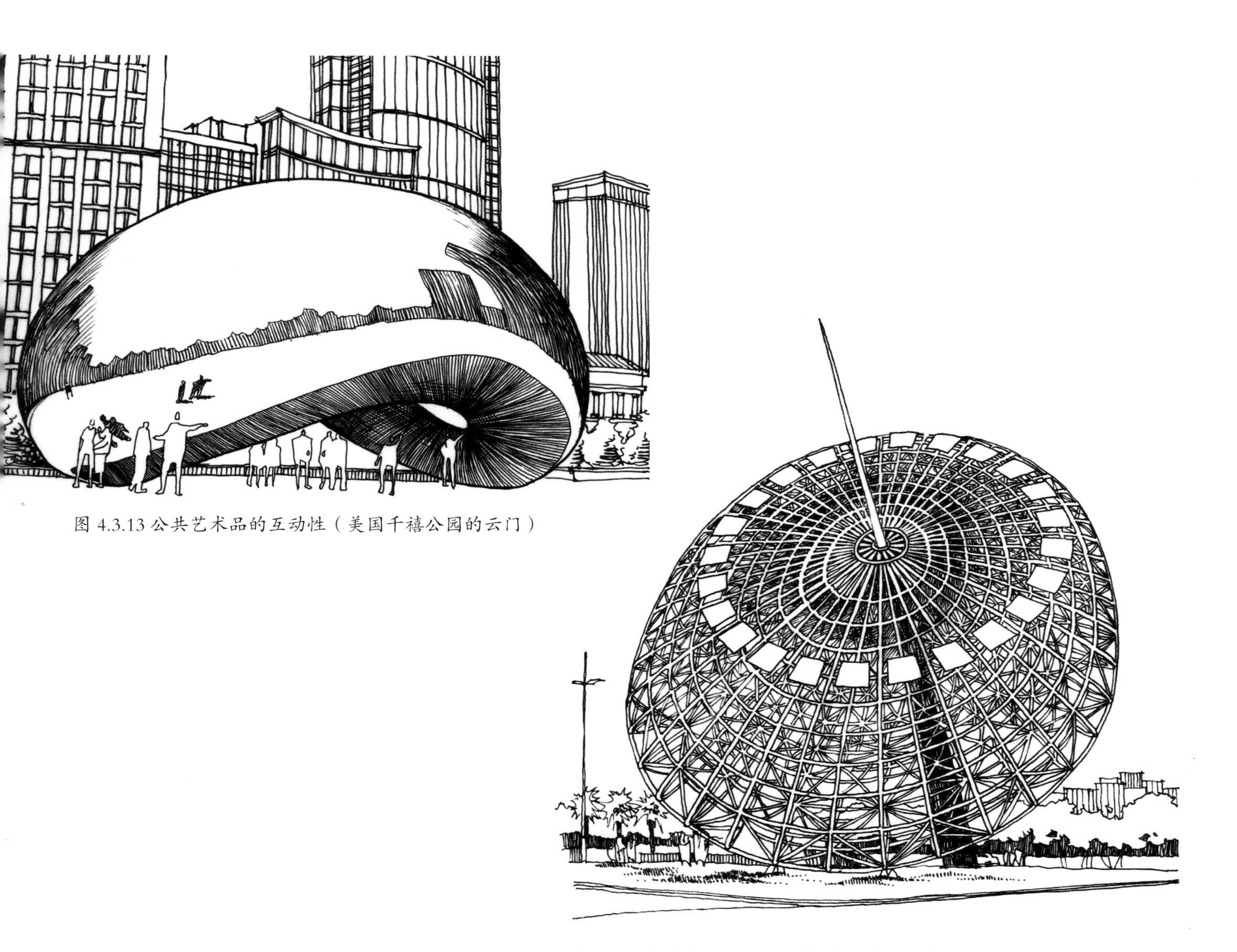

图 4.3.13 公共艺术品的互动性（美国千禧公园的云门）

图 4.3.14 公共艺术品应具有构图上的稳定性

图 4.3.15 公共艺术品应有均衡的构图关系

图 4.3.16 具有文化特色的公共艺术品

图 4.3.17 运用抽象手法设计的景观雕塑

图 4.3.18 运用夸张手法设计的景观雕塑

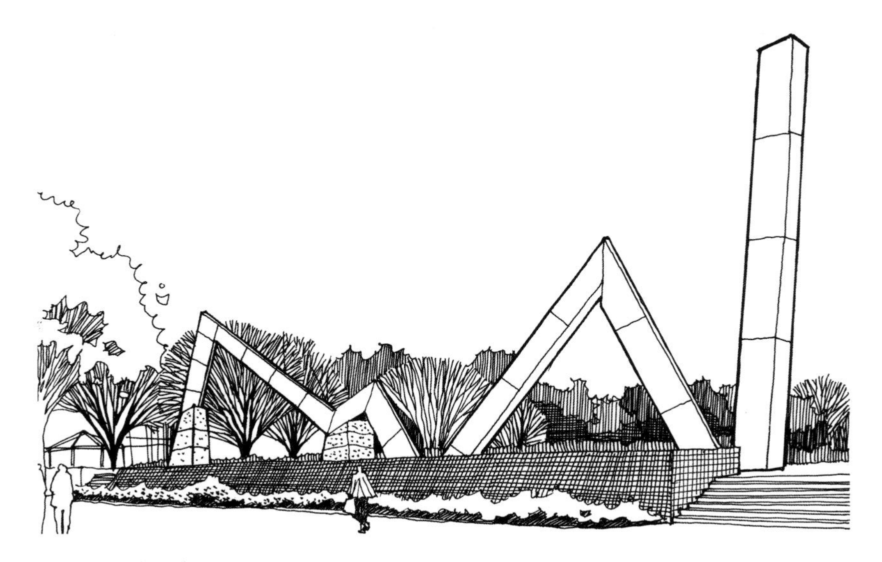

图 4.3.19 景观中的雕塑分隔空间

图 4.3.20 景观中的雕塑塑造空间

图 4.3.21 表达场景主题的景观雕塑

图 4.3.22 景观中的雕塑景墙

图 4.3.23 景观中的各种雕塑造型

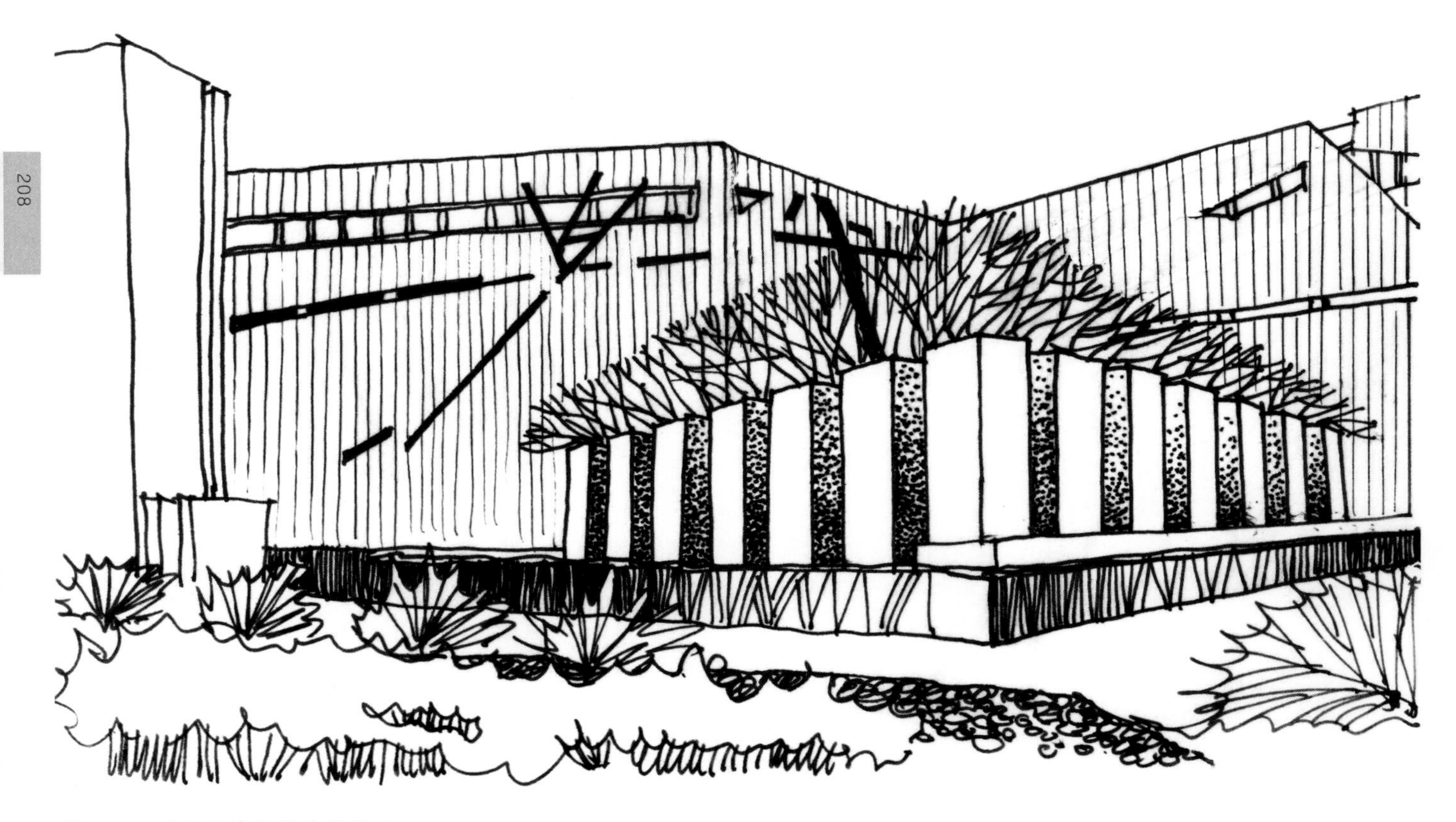

图 4.3.24 犹太人博物馆户外景观

第五章 景观设计创意表现实训

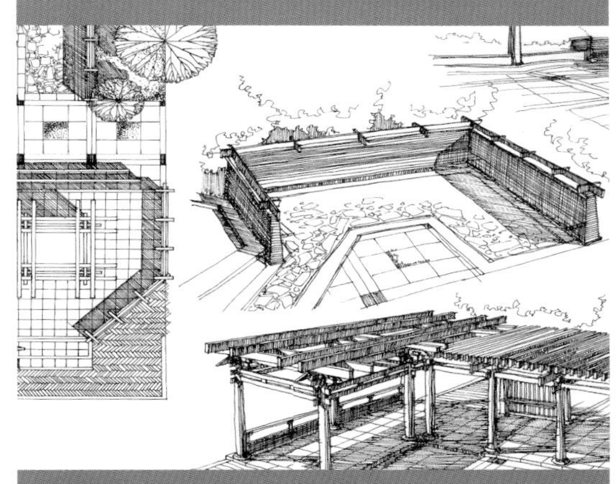

第一节　从空间到设计：根据指定模型构件进行空间营造

该训练旨在使学生掌握景观空间设计的一般方法，强调从场地、周围环境、功能和空间的角度对景观设计进行思考与设计。为了避免形式多样的景观元素的干扰，学生需要用最简单的线和面作为空间设计元素进行设计，在此基础上进行设计元素的扩展和丰富，培养学生理性的思考习惯。同时，通过最后完整的图面排版，加强学生手绘能力的训练和表现。

1. 设计要求

某大学有一景观空地，基地面积为 24m×24m，地面平整，基地一侧面临湖泊。要求设计一个能够满足学校师生日常交流活动的场所，可以是穿行游走的空间，也可以是供师生驻足休憩或交流小聚的场所。

2. 设计要点

（1）考虑基地环境、景观朝向。

（2）考虑空间的功能性、空间序列、节奏、大小和形状的变化。

（3）考虑空间虚实、分隔和构成要素。

（4）充分运用景观要素的特点进行设计。

3. 模型材料

KT 板，白卡纸。

4. 模型制作要求

（1）比例 1 ∶ 100。

（2）底板：24cm×24cm，KT 板制作，以 3cm 为单位打上浅浅的网格，以便把握设计尺度。

（3）空间容积：3cm×3cm×3cm，4-6 个，白卡纸制作。

（4）垂直线：1cm×1cm×5cm，4-6 个，白卡纸制作。

（5）墙体：可分段、可折叠、可弯曲，白卡纸制作。

5. 设计程序

（1）结合设计要求和设计要点，按照给出的模型构件制作抽象空间模型。

（2）根据模型绘制基本平面空间关系图，要求绘制阴影表现体量关系。

（3）深化抽象空间模型，将空间具体化，运用景观各个要素进行设计细化。可以从以下几个方面进行考虑：景观底面的变化（地面的高差、材质、铺地的设计）、顶面的形式（树冠、必要的构筑物）、垂直线与面的形式（柱子、墙体、廊架、灯柱等元素的运用）、各种景观要素的配合（廊架、亭子、水体、植物、山石等）。

（4）在 A2 图纸上以手绘的方式表现设计成果，要求有平面图 1 张，剖面图 2 张，透视图和分析图若干。

6. 作品展示

作业一（图 5.1.1~ 图 5.1.3），该作业首先通过模型推敲了景观内在的空间关系，设计中充分利用了线要素对空间进行限定。线要素既作为景观灯柱又作为景观廊架、墙面等，形成了丰富而统一的视觉效果。整个景观既有开敞的廊架空间面向水面，又有抬升的景观亭限定相对独立的休闲空间，还通过景墙的围合限定出了相对封闭的户外空间，为师生提供多种活动的可能。中央有一个主要乔木孤植，明确了空间的主次关系，形成了主景，其他植物要素配合得当，铺地设计合理。方案独特地运用了木构架这一传统的造景要素，通过对中国传统建筑斗拱的变形和简化处理，创造了独具文化意韵的景观空间。整体表达风格统一，透视准确，黑白灰关系处理较好。

图 5.1.1 作业一模型

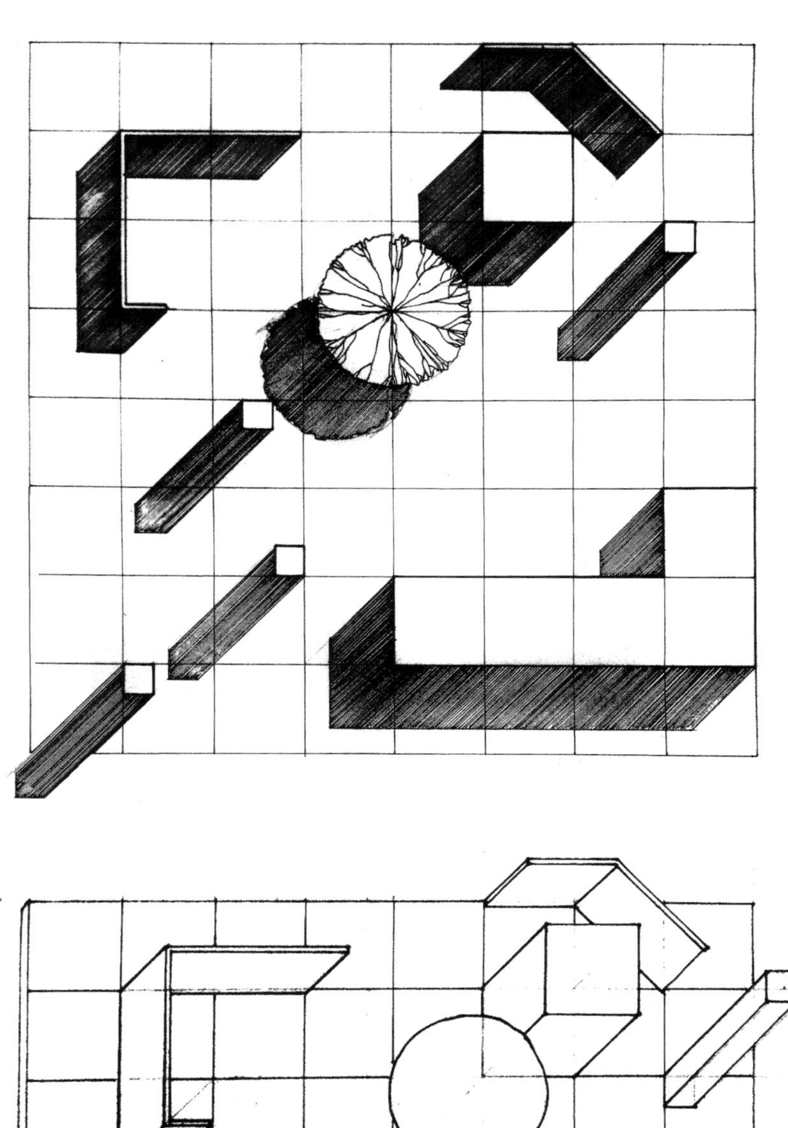

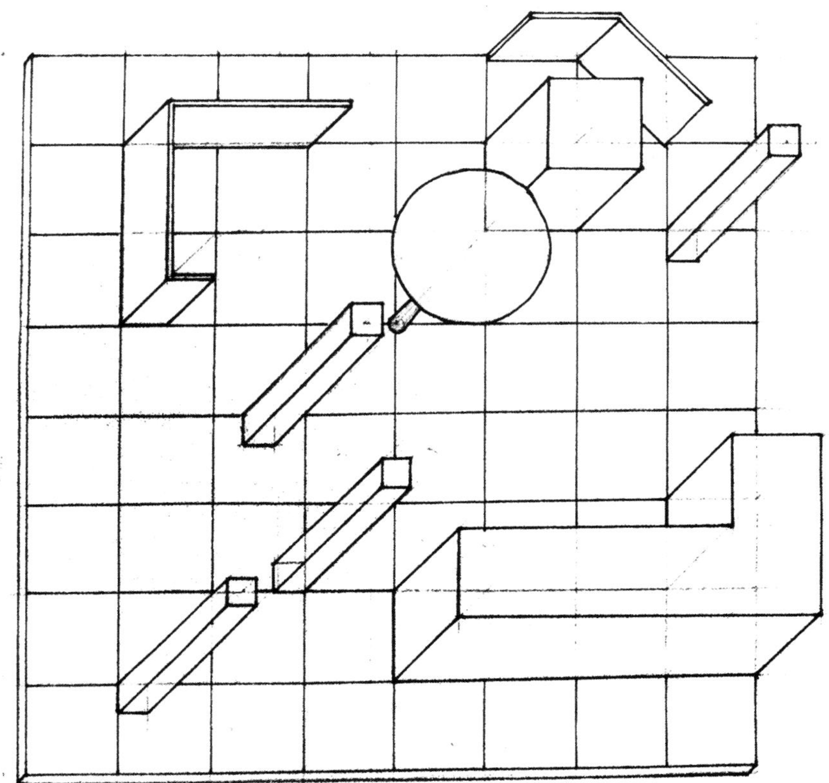

图 5.1.2 作业一基本平面关系图

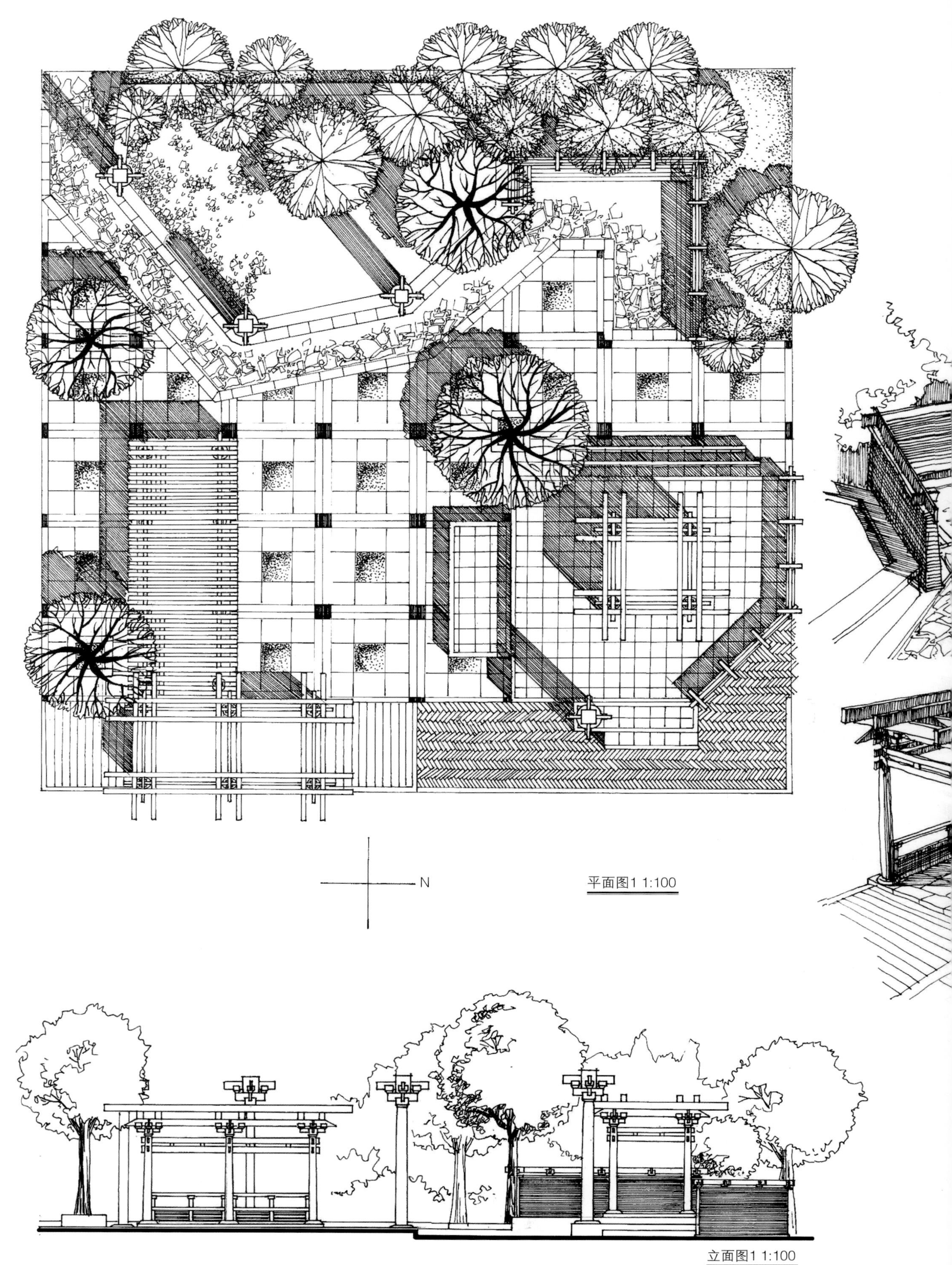

图 5.1.3 作业一版面

立面图2 1:100

图 5.1.4 作业二模型

作业二（图 5.1.4~ 图 5.1.6），该设计运用模型划分出了开敞空间与半开敞空间的关系，将水引入景观中作为核心开敞空间，创造了一个自然式为主的小景观，尺度亲切，空间丰富。为师生提供了一个休息空间，营造了一种安静、悠闲的氛围。方案还特别注意了对景关系的处理，亭子与廊子形成相对的关系，在构图上保持均衡。景观构筑物的造型从中国传统亭、廊中吸取要素，进行简化设计，别具风格。植物种植较为合理，并利用植物、山石等元素较好地处理了水岸的边界。总体表现较好，图面饱满。

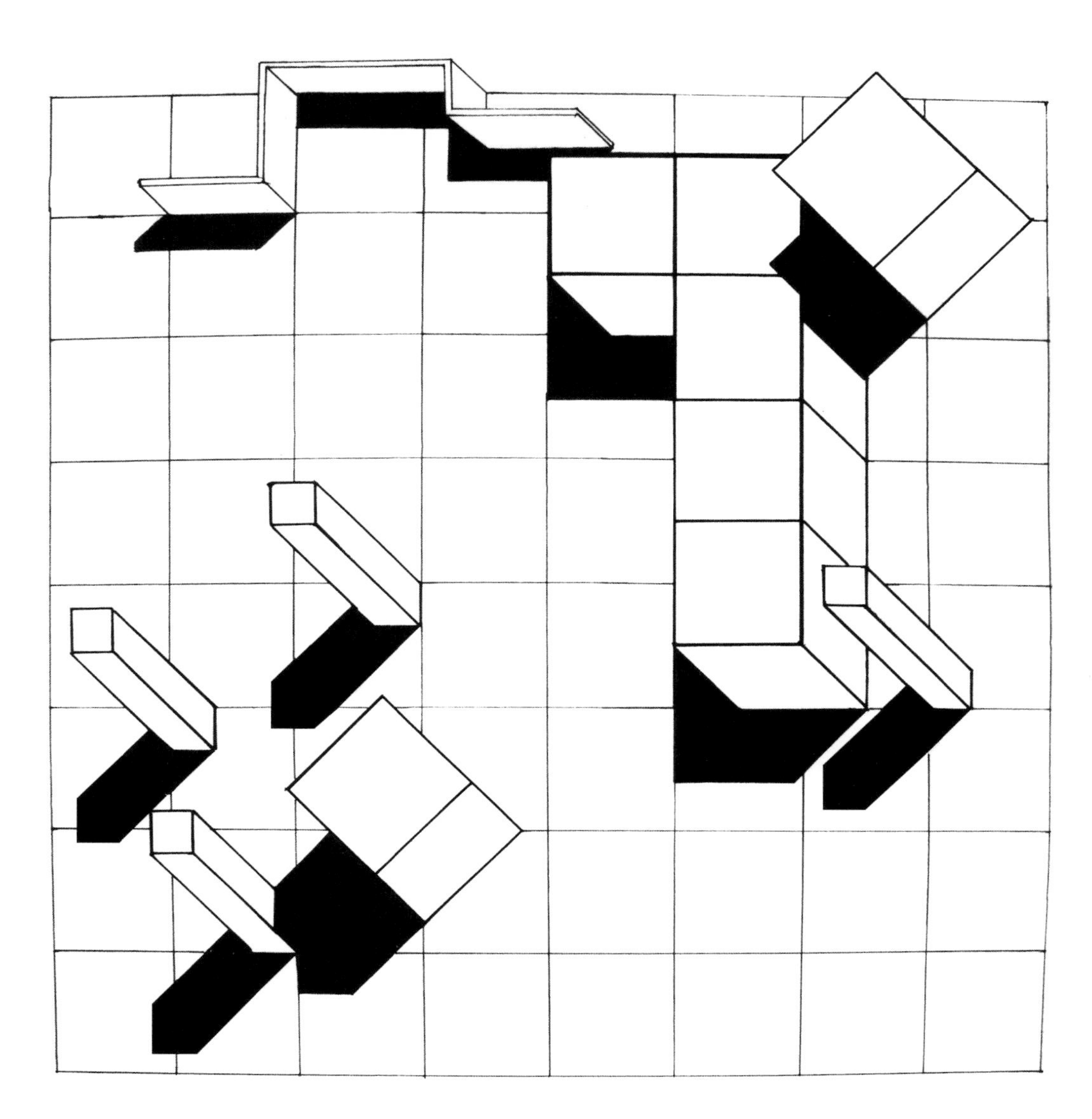

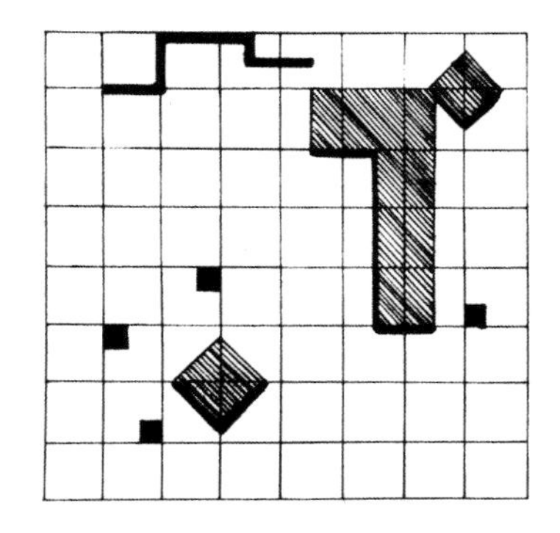

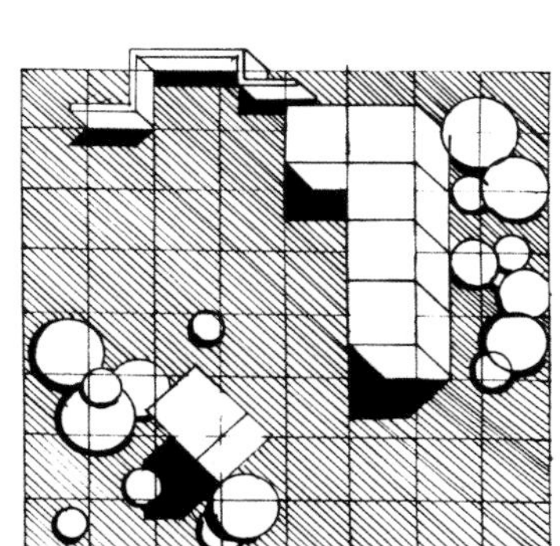

图 5.1.5 作业二基本平面关系图

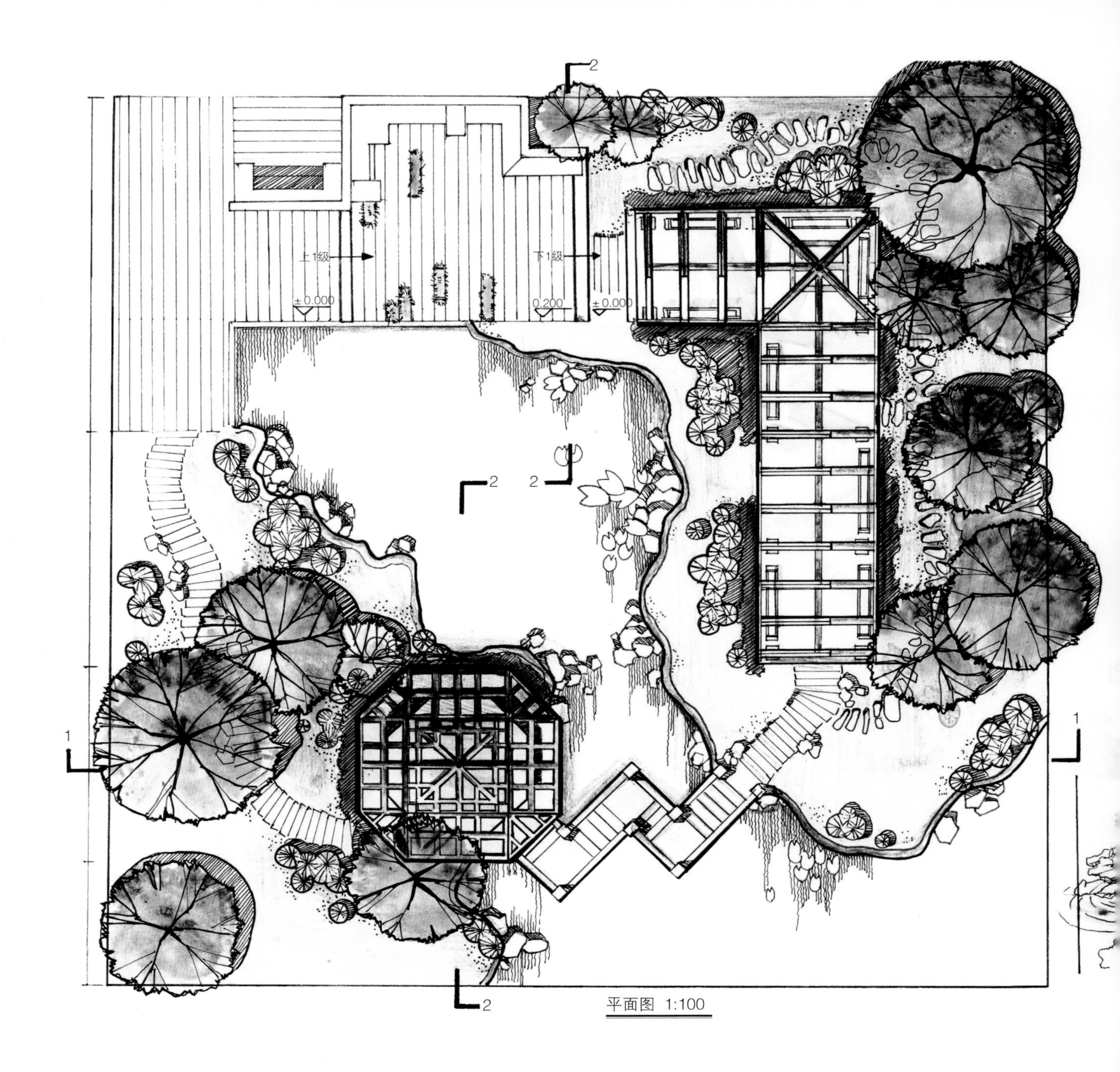

图 5.1.6 作业二版面

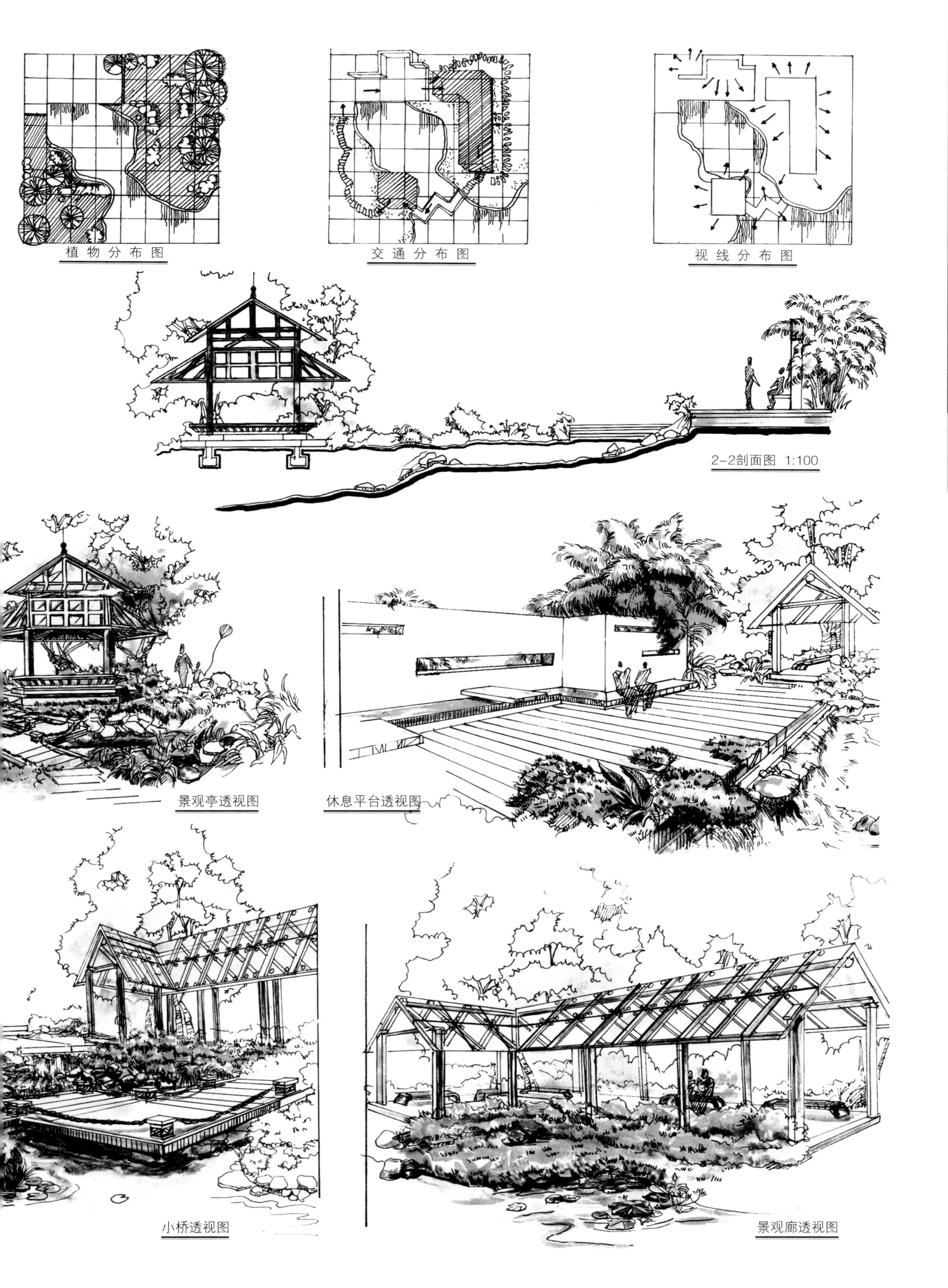
植物分布图
交通分布图
视线分布图
2-2剖面图 1:100
景观亭透视图
休息平台透视图
小桥透视图
景观廊透视图

图 5.1.7 作业三模型

作业三（图 5.1.7~ 图 5.1.9），该设计较好处理了场地与水的关系，面向水面的空间相对开阔，背向水面的空间较为封闭，运用植物的围合创造出多个小空间。并运用廊架、灯柱等构筑物进行空间的围合和限定，创造出了一个亲切、休闲的空间环境。画面表现细腻，在植物上下层之间的关系处理、铺地的表达以及绘图方法等方面做得较好。

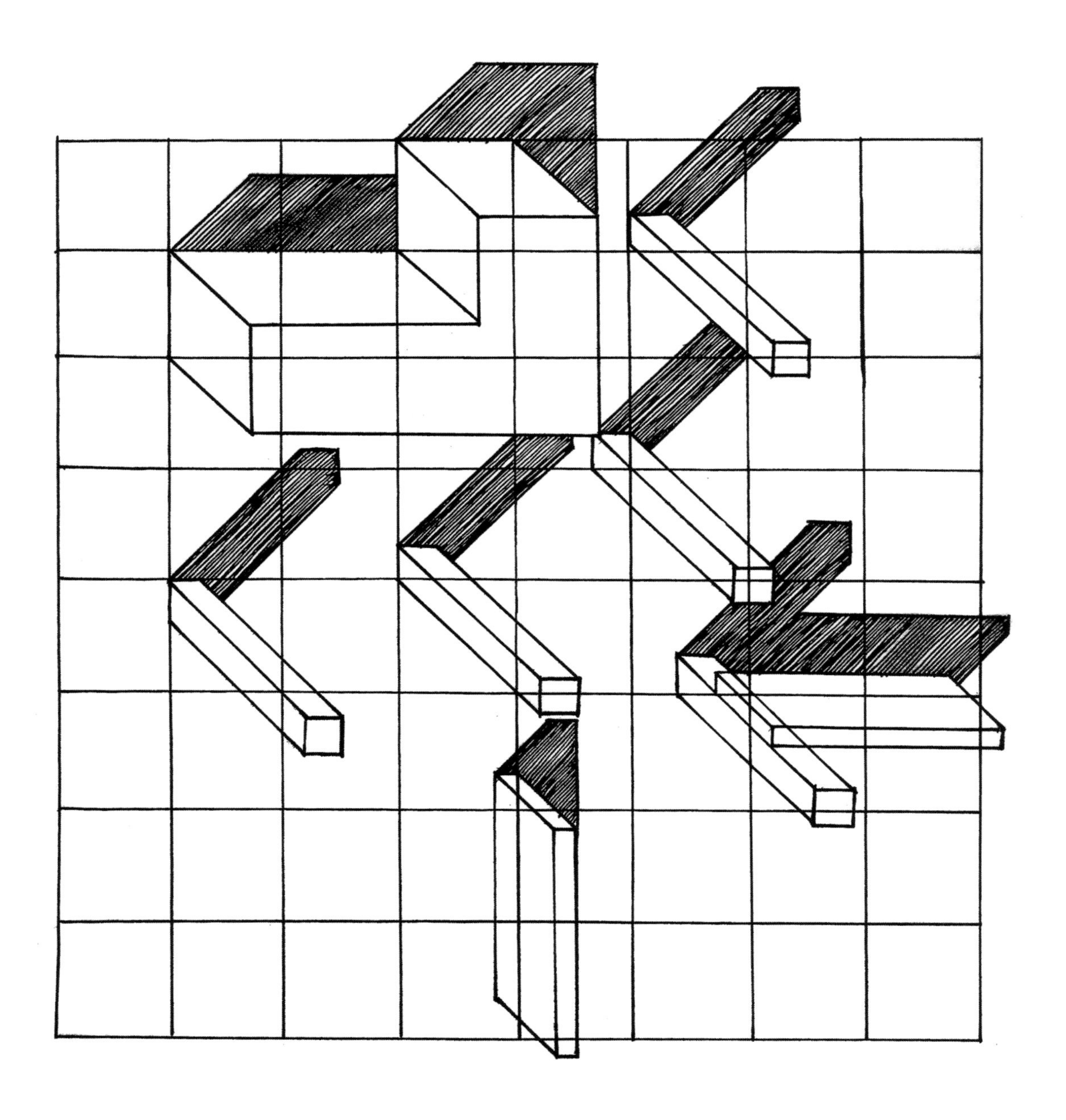

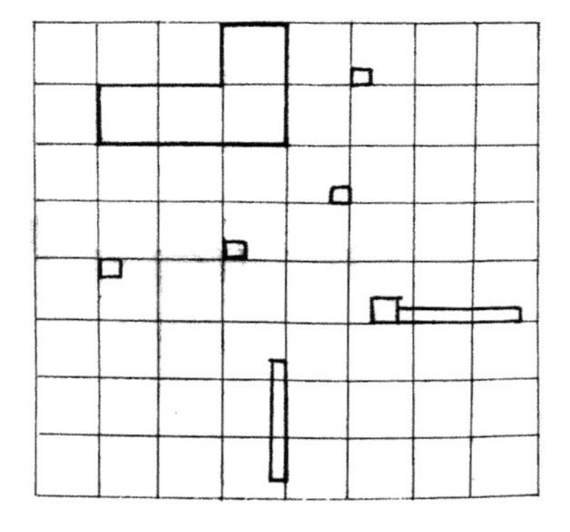

图 5.1.8 作业三基本平面关系图

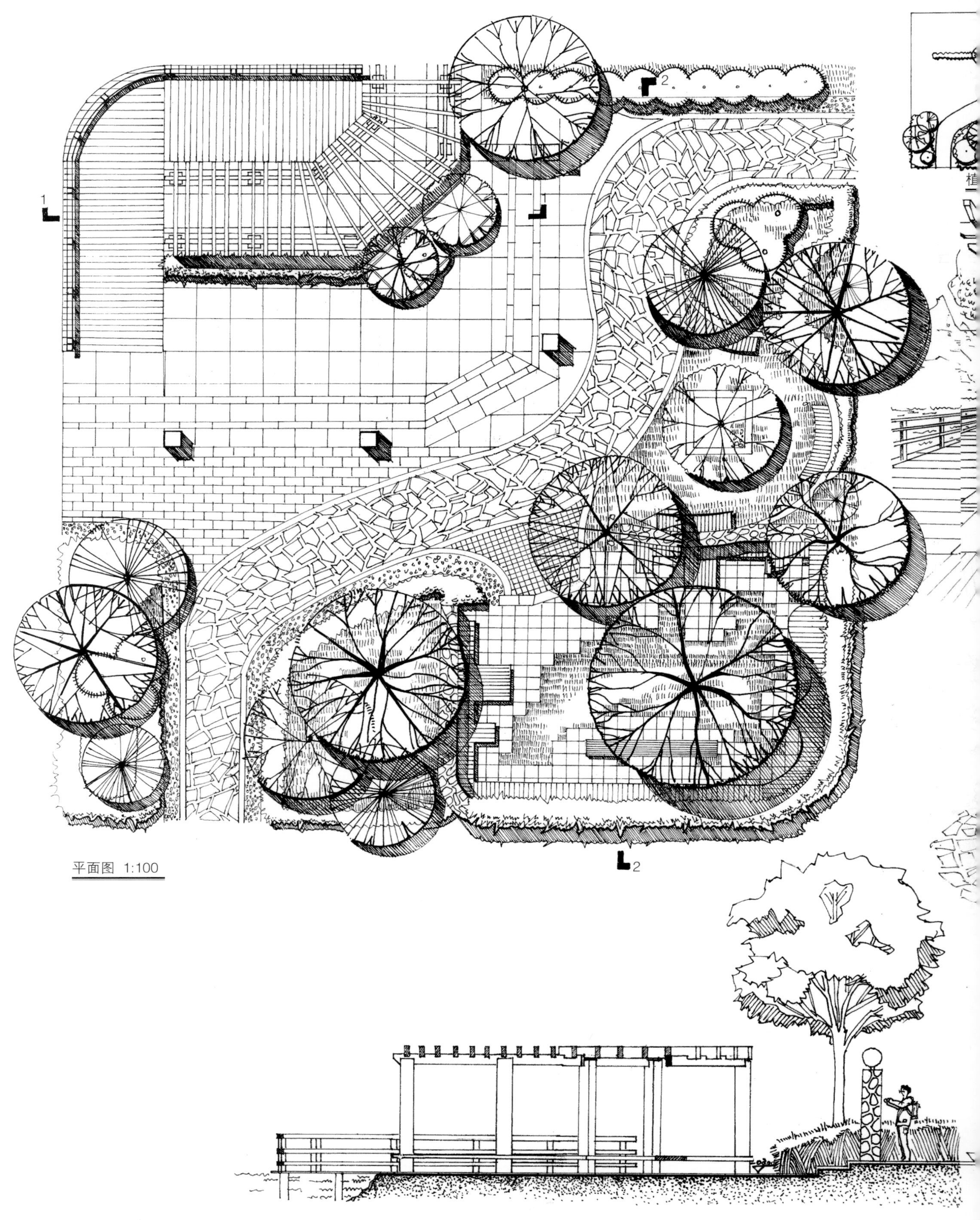

图 5.1.9 作业三版面

功能分区图

流线分布图

视线组织图

2-2剖面图 1:100

第二节　从功能到形式：根据平面图草稿绘制一套完整的景观设计图

某小区内有一块平地，已经有基本的空间设计骨架，场地功能以休闲为主，交通功能为辅。学生需要在已有的基础上进行深入设计。要求学生发挥空间想象力，运用合适的景观要素来完成整套设计。通过训练培养学生对景观要素本身的认知、理解和运用。

1. 设计要求

（1）根据提供的景观平面图的基本构图（图 5.2.1），绘制景观平面图、剖面图及效果图。

（2）充分发挥想象力，运用景观元素进行设计。可考虑地形的高差、植物的配置、景观亭的造型及功能、水体的具体形式等。

（3）在 A2 图纸上，以手绘的方式表现完整的设计成果，比例自拟。

2. 作品展示

如图 5.2.2~ 图 5.2.5 为学生的设计作品，均运用不同的设计元素进行组合。该方法能够有效地训练学生对景观设计元素的灵活运用。

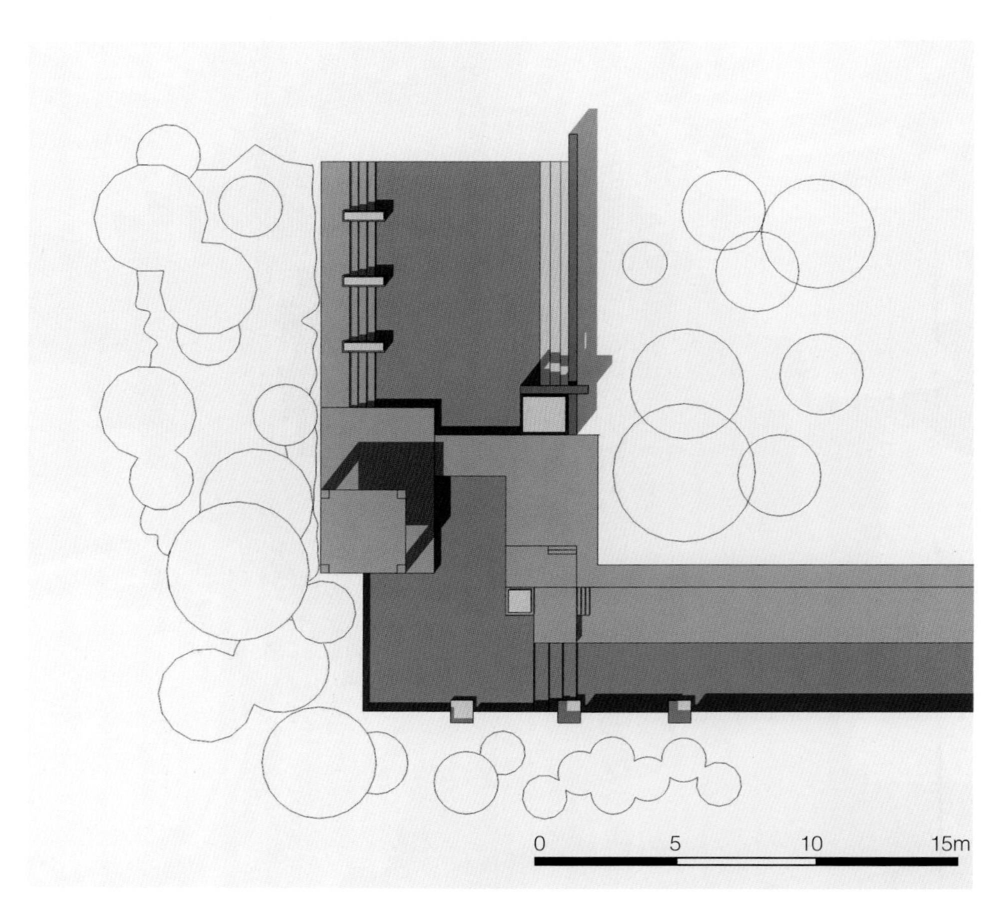

图 5.2.1 景观平面基本构图

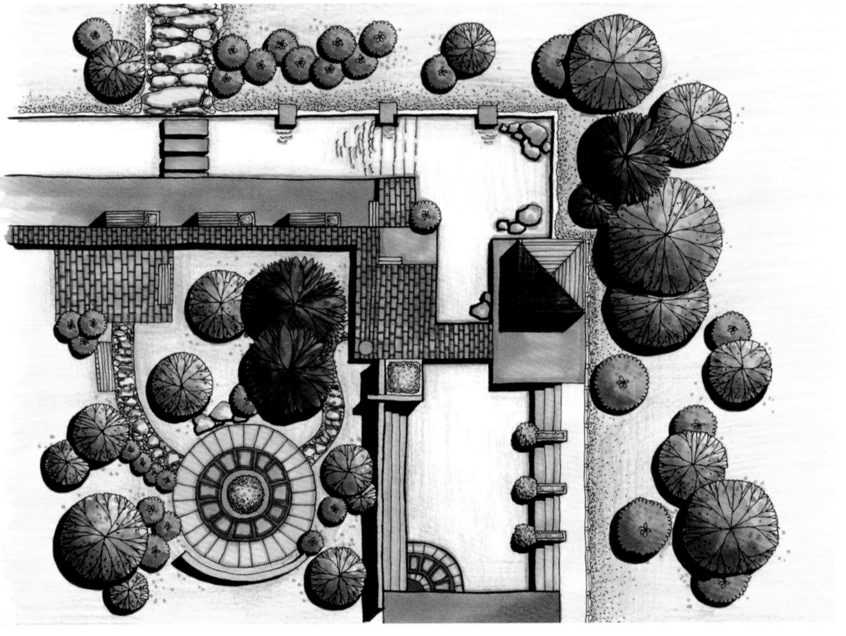

图 5.2.2 设计作品 1

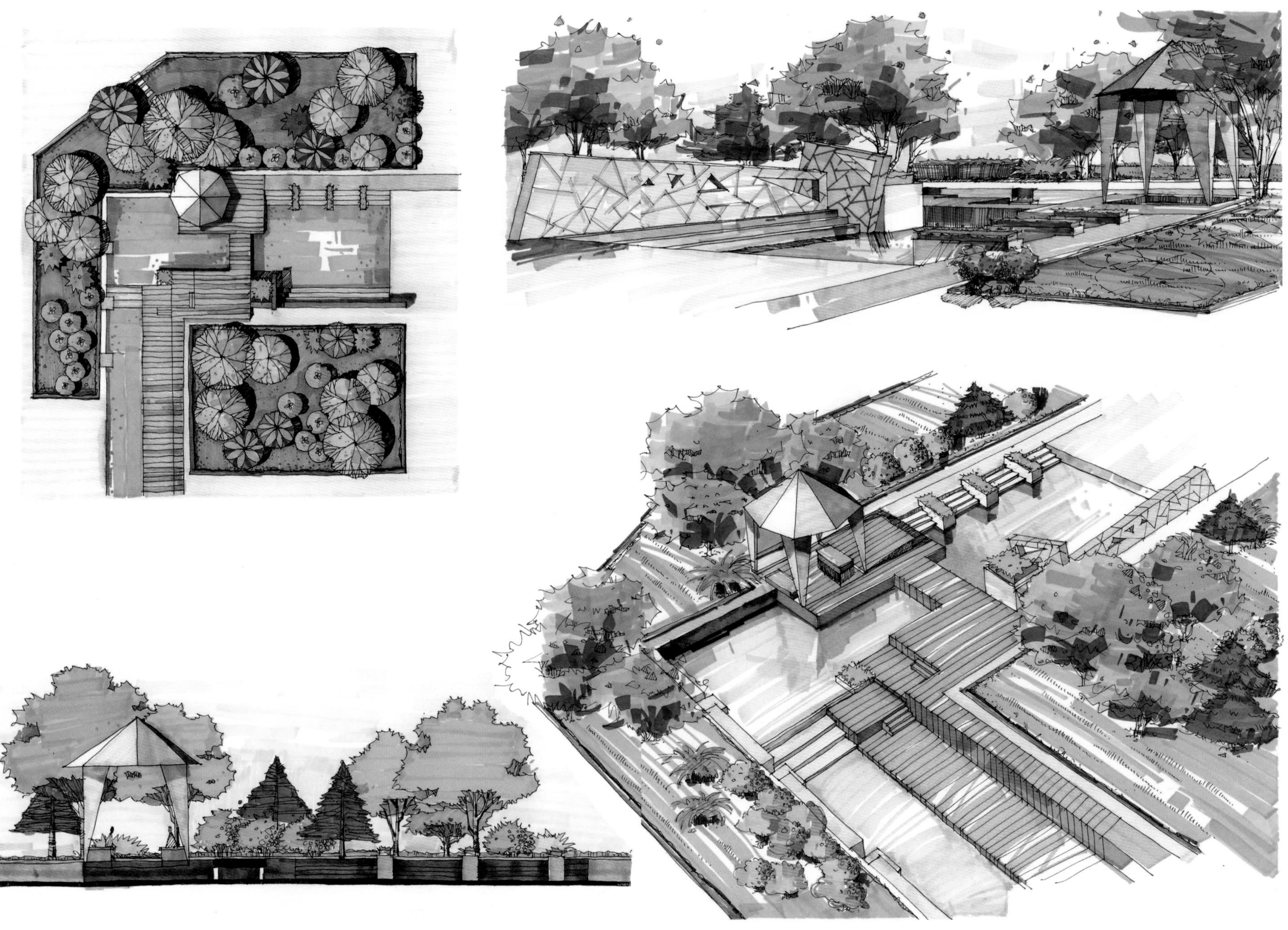

图 5.2.3 设计作品 2

图 5.2.4 设计作品 3

图 5.2.5 设计作品 4

第三节　公园景观设计实训

某市沿湖滨地段一块地形较为平坦的用地，拟建设一个城市休闲公园。该用地是整个城市湖滨风光带的门户位置，是从老城到新城及风景区的过渡区域。该地段东侧为高架桥匝道，北侧为城市主要道路。地块的北面和东面为居民区，地块西面为酒店和风景区，南面为宽广的湖面（图 5.3.1）。主要入口位于东北角，总占地面积约 20 公顷。地段内有自然湖水流入，已有环形道路规划，道路连接了场地内被湖水分隔的各地块。

要求学生在对基地整体环境深入理解和现场调研的基础上，任意选取场地中心的五个地块 A、B、C、D、E 之一进行详细设计，每个地块的面积大约为 2 公顷左右。在设计中运用所学的设计方法和理论知识，充分考虑地块现状、周边环境及用地性质，坚持生态性、功能性、人性化和艺术化的设计原则，采用多种设计元素（尤其是植物元素）对空间进行合理的分划和组织，创造舒适宜人且独具特色的人居环境。设计成果要求构图完整，表达充分。

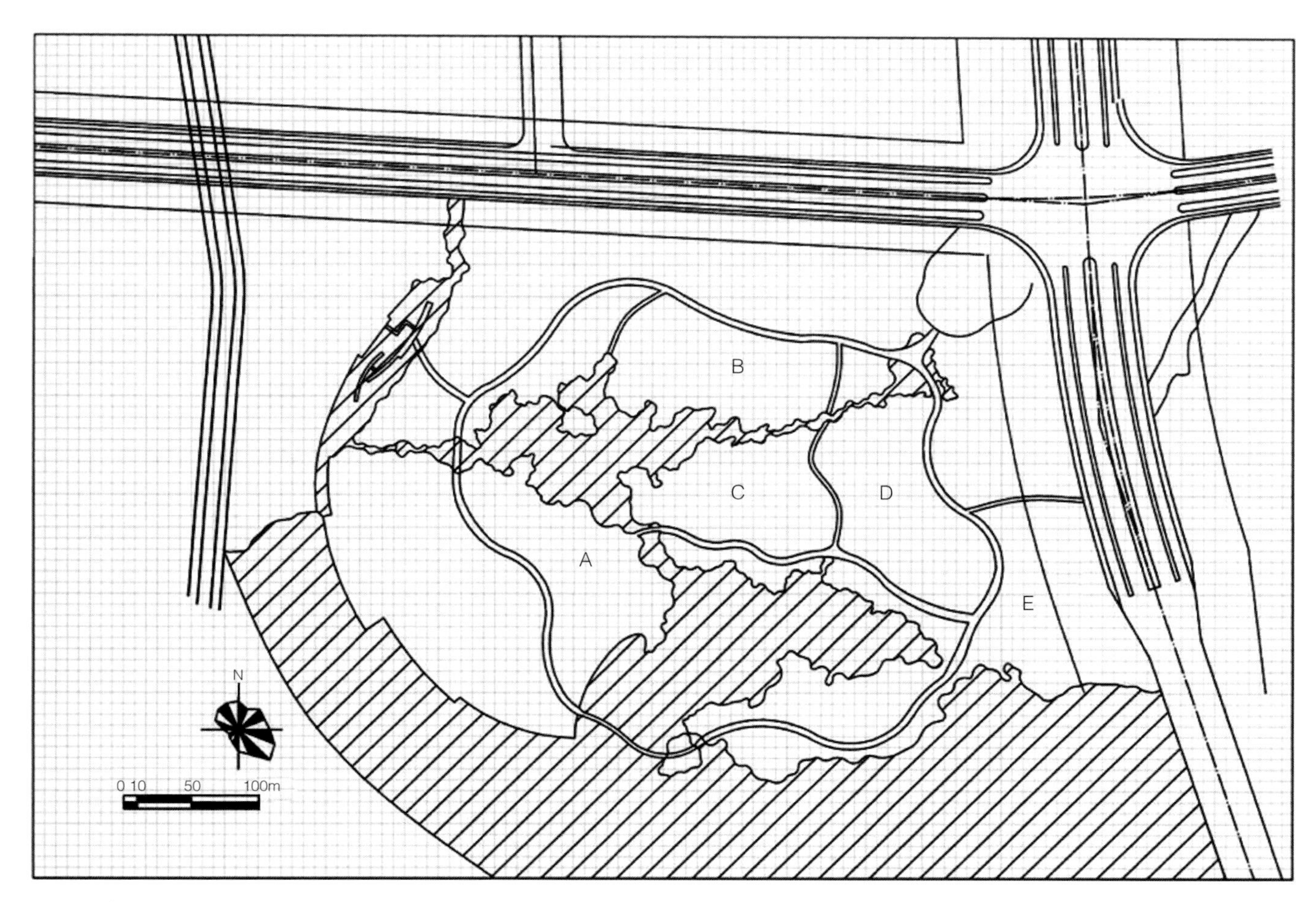

图 5.3.1 基地总平面图

One Part Falls Down 九分秋

蠡湖公园简介

蠡湖公园坐落于无锡市滨湖区蠡湖畔，蠡湖大桥北堍，依桥傍湖，为免费的城市开放公园。公园以水为魂，以植物造景，溪、池、湖交汇，水、林、景辉映，季节转换时空，林木变奏韵律，是人与自然和谐共生的场所。

蠡湖位于无锡市西南，是太湖延伸进无锡的内湖，水域面积8.6平方公里，东南经十里长广溪联通太湖。蠡湖公园绿阴环抱、目前筑有各式亭廊，展示了蠡湖深厚的文化底蕴，也是市民休闲活动的良好场所。同时，这里也是观赏蠡湖大桥的最佳位置。

场地分析

蠡湖公园位于蠡湖畔，拥有良好的地理位置和风景旅游资源，范蠡与西施的爱情故事也源远流长。整个公园周边交通便利，有商业街、酒店等，为本地及外地游客提供了便捷有效的服务。目前该景区以“春之媚、夏之秀、秋之韵、冬之凝”为主题展开景观组织。在整个基地现状的深入调研和了解的基础上，该基地的重建设计中仍将地块定位为“春、夏、秋、冬”的主题，并增加了“昼”与“夜”的区域，形成一个更加完整的景观序列。具体以A地块进行重建设计，取名为“九分秋”。

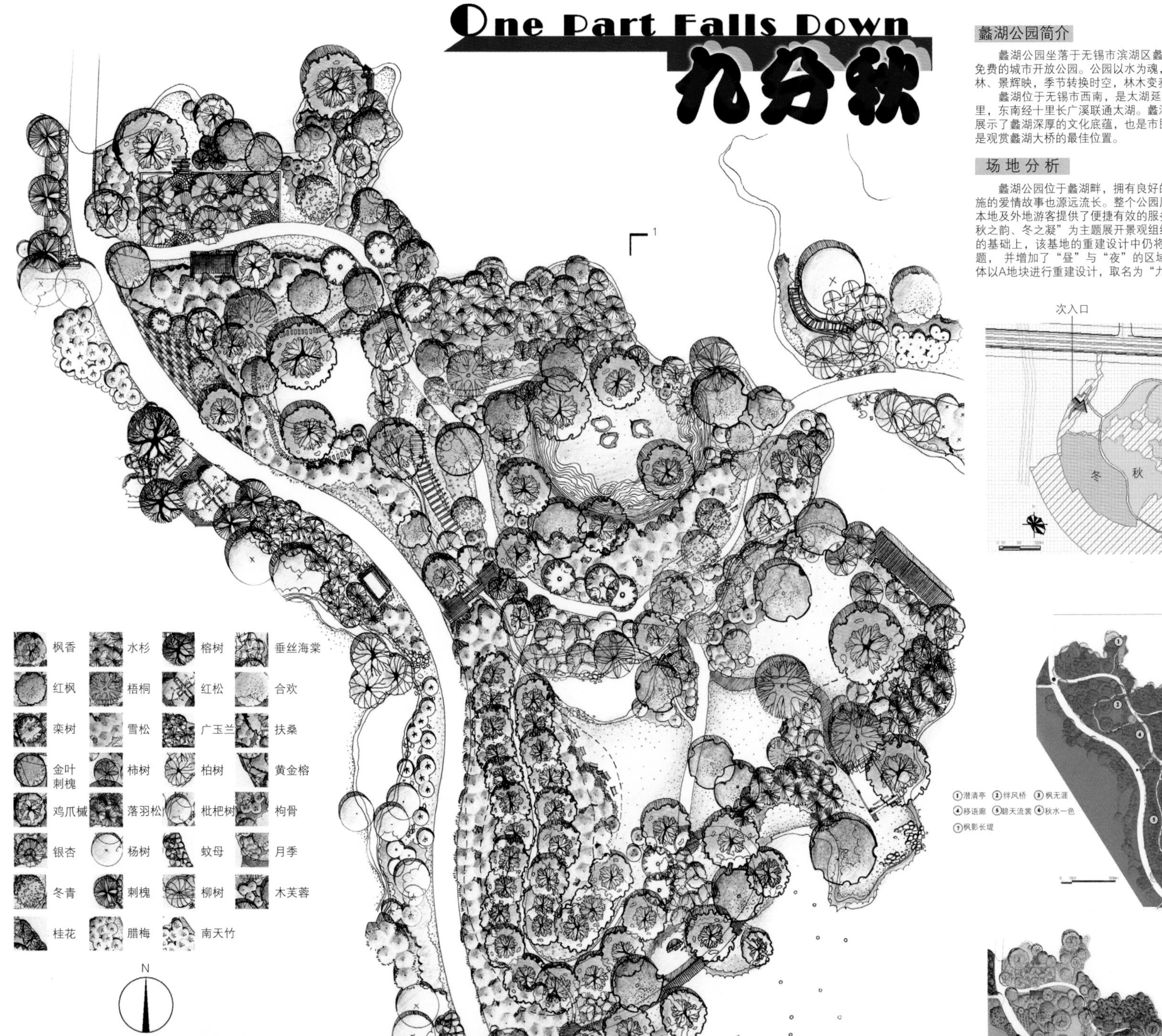

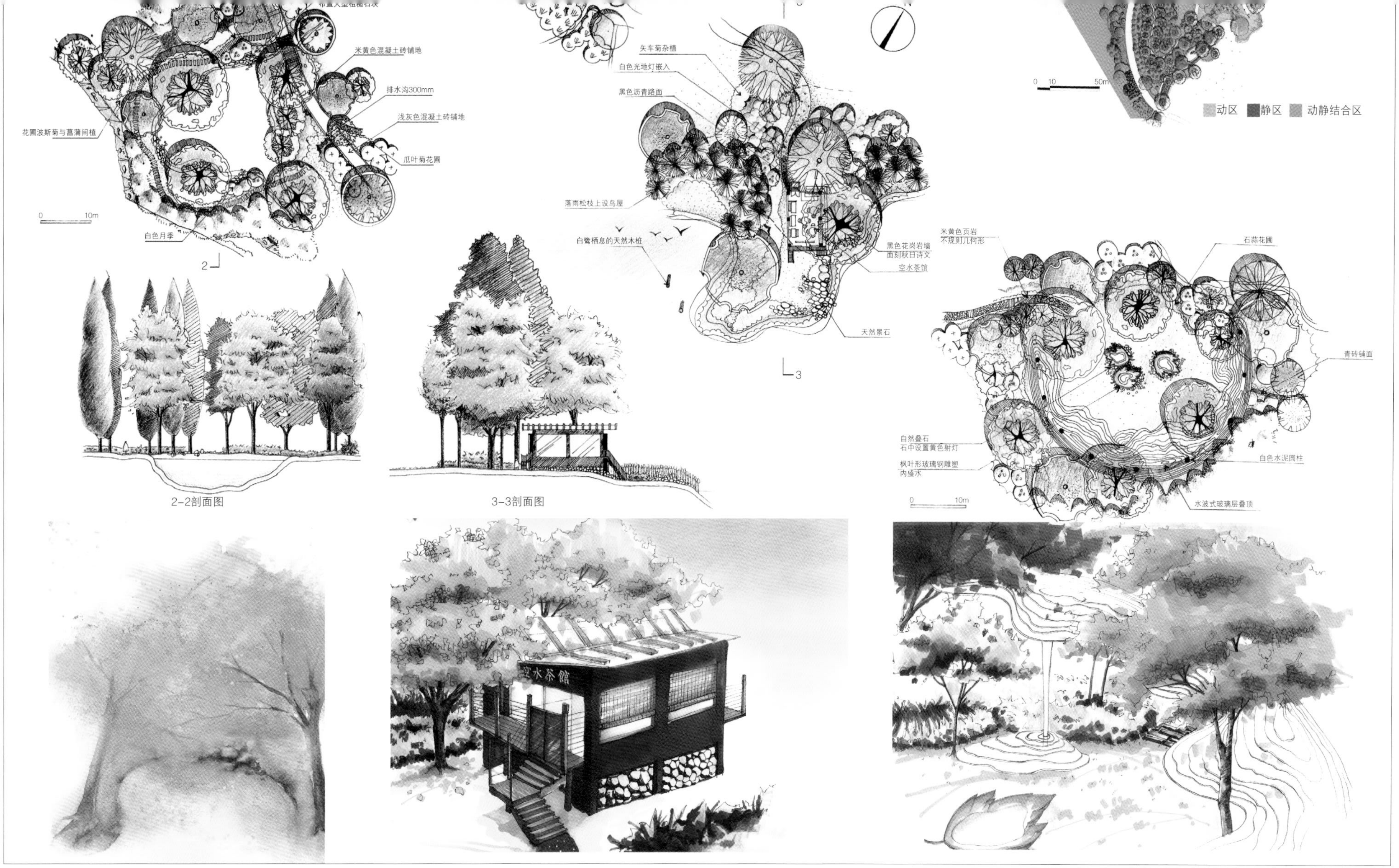

A地块位于整个地块的西侧，属于动静结合区，其东侧滨水，与C地块相邻。该方案将整个公园分为“春之媚、夏之秀、秋之韵、冬之凝”四大景区，并增加了“昼”与“夜”两个主题，意在表现昼夜交替、四季轮回的生命主题意向，使得游览者在不同季节游览时能感受到各个景区典型的季节性景观。A地块为具体设计地块，以“九分秋”为设计主题进行设计。整个设计交通流线合理，较好地控制了空间的开合关系，植物层次较为丰富，各个景点均围绕“九分秋”展开布局，营造了秋意盎然、秋水一色的意境。图面绘制较为清晰，内容多而不乱，色彩运用充分地体现了主题，画面显得统一和谐。

图 5.3.2A 地块设计案例

鸥波萍迹

——慢生活主题公园

节点1 听雨廊

该节点靠近东入口，利用入口植被的部分遮挡，听雨廊若隐若现。廊道顶部种植紫藤，不仅可以遮阴，在下雨或有风的时候还可以清晰地听到树叶摇曳的声音，透过低矮的灌木和乔木可以看到对岸的畅园，两者呼应成趣。桂花和夜来香的种植，使花香沁人心脾。

节点2 流园

该节点位于岔路口，其主体为白色的方盒子，意在表达人在纯净空间里的所思所想，仅可见顶面的一方天空，仅可闻淙淙水声。当你走出方盒子时与池杉林高大挺拔形成对比，运用欲扬先抑的手法，有豁然开朗之感受，使人心情放松愉悦。顶面的植被会根据季节的不同呈现不同的景色，增强了节点的趣味性。从整体来看，方盒子隐藏在池杉林之后，背后以茂密的树林为伴，空间层次丰富。

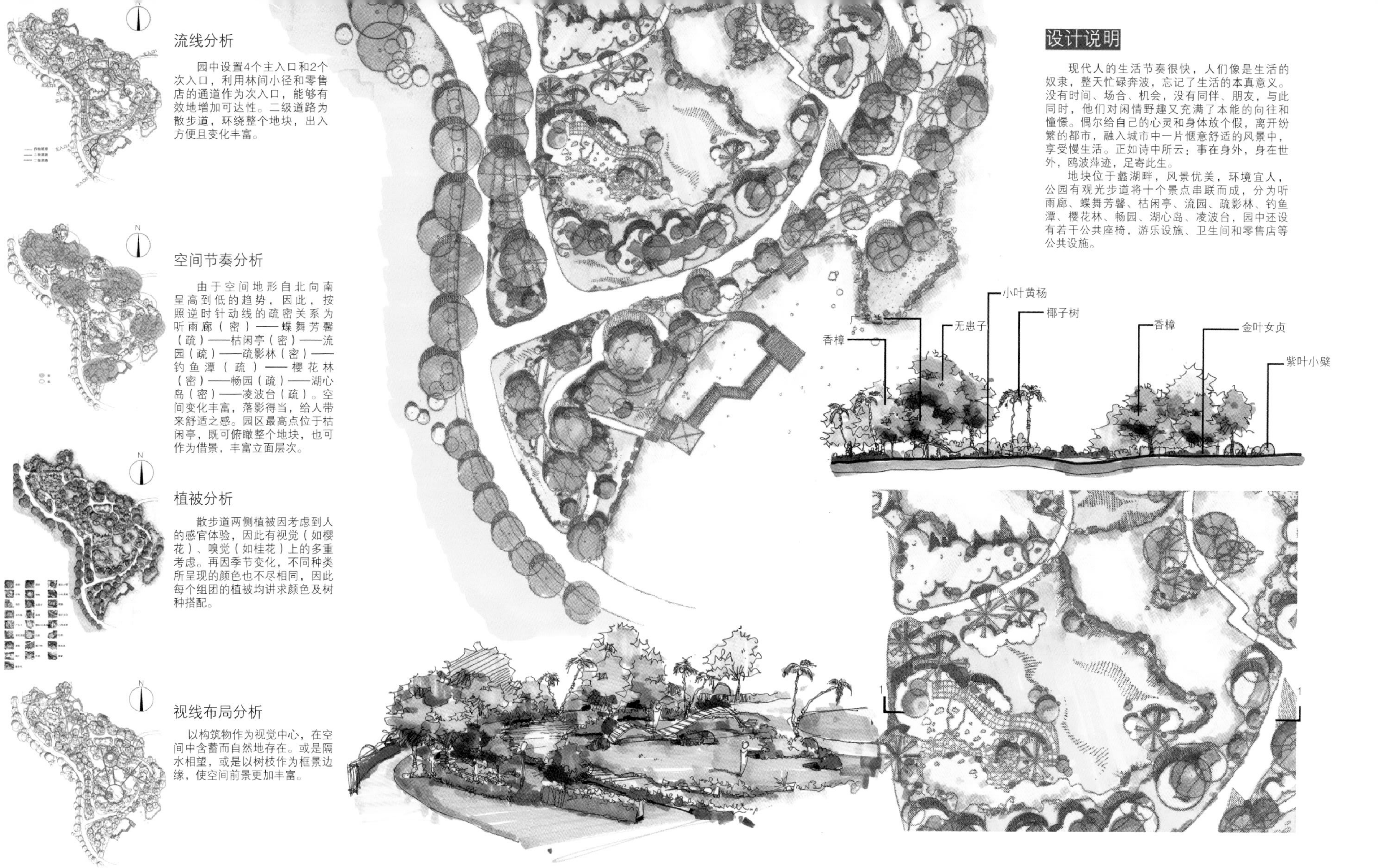

流线分析

园中设置4个主入口和2个次入口，利用林间小径和零售店的通道作为次入口，能够有效地增加可达性。二级道路为散步道，环绕整个地块，出入方便且变化丰富。

空间节奏分析

由于空间地形自北向南呈高到低的趋势，因此，按照逆时针动线的疏密关系为听雨廊（密）——蝶舞芳馨（疏）——枯闲亭（密）——流园（疏）——疏影林（密）——钓鱼潭（疏）——樱花林（密）——畅园（疏）——湖心岛（密）——凌波台（疏）。空间变化丰富，落影得当，给人带来舒适之感。园区最高点位于枯闲亭，既可俯瞰整个地块，也可作为借景，丰富立面层次。

植被分析

散步道两侧植被因考虑到人的感官体验，因此有视觉（如樱花）、嗅觉（如桂花）上的多重考虑。再因季节变化，不同种类所呈现的颜色也不尽相同，因此每个组团的植被均讲求颜色及树种搭配。

视线布局分析

以构筑物作为视觉中心，在空间中含蓄而自然地存在。或是隔水相望，或是以树枝作为框景边缘，使空间前景更加丰富。

设计说明

现代人的生活节奏很快，人们像是生活的奴隶，整天忙碌奔波，忘记了生活的本真意义。没有时间、场合、机会，没有同伴、朋友，与此同时，他们对闲情野趣又充满了本能的向往和憧憬。偶尔给自己的心灵和身体放个假，离开纷繁的都市，融入城市中一片惬意舒适的风景中，享受慢生活。正如诗中所云：事在身外，身在世外，鸥波萍迹，足寄此生。

地块位于蠡湖畔，风景优美，环境宜人，公园有观光步道将十个景点串联而成，分为听雨廊、蝶舞芳馨、枯闲亭、流园、疏影林、钓鱼潭、樱花林、畅园、湖心岛、凌波台，园中还设有若干公共座椅，游乐设施、卫生间和零售店等公共设施。

香樟
无患子
小叶黄杨
椰子树
香樟
金叶女贞
紫叶小檗

该方案以“鸥波萍迹——慢生活”为主题进行设计，定位为休闲公园，主要是针对当下人们快速的生活节奏和忙碌焦虑的生存现状进行设计。该设计希望游人在城市的“钢筋水泥丛林”中，能够享受慢生活，偶尔给自己的心灵和身体放个假，离开纷繁的都市，融入惬意舒适的风景中，放松身心。正如诗中所说：事在身外，身在世外，鸥波萍迹，足寄此生。整个设计注意水体和植物的设计，空间开合有致，节奏分明，以听雨廊、蝶舞芳馨、枯闲亭、流园、疏影林、钓鱼潭、樱花林、畅园、湖心岛、凌波台10个景点串联而成，提供了丰富多样的空间体验。

图 5.3.3A 地块设计案例

地块分析

1.地理位置

公园位于无锡市滨湖区，北临金城西路，东临蠡湖大道。

2.交通

交通便利，两条主干道基本不会出现道路拥堵的情况。

3.受众对象

附近居民为主，外地游客为辅。

4.公园对比

无锡大部分公园多注重自然生态景观的营造，缺少娱乐、科教、锻炼等常规设施，附近没有植物园。

设计说明

1.蠡湖公园规划原则

以植物为主，种植多种类型的花草植物串联整个公园。

2.B地块规划原则

寓教于乐，主要开设与孩童有关的景观，使孩子们在与大自然接触的过程中能够更多的学习本地文化、自然知识。

3.景观特色

为了使儿童更好的在玩乐中接触和了解植物，在植物的旁边都设有详细讲解，尽量减少人为建筑，扩大空间的利用率。

在景点内设有无锡传统特色的阿福阿喜泥人、紫砂壶喷泉、本地名人雕像等等，使儿童在游玩中增添对无锡文化的理解，增强市民的归属感和自豪感。

各个园区还设有古诗牌概括园区：百植区（闲看儿童捉柳花）、小憩区（知有儿童挑促织）、逐乐区（儿童急走追黄蝶）、亲植区（童孙未解供耕织，也傍桑阴学种瓜）

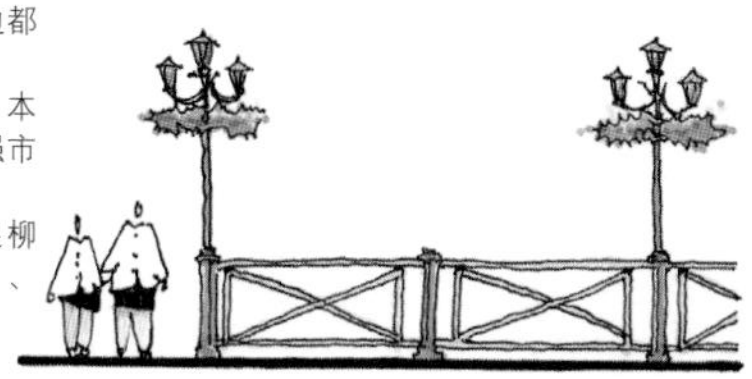

智乐园

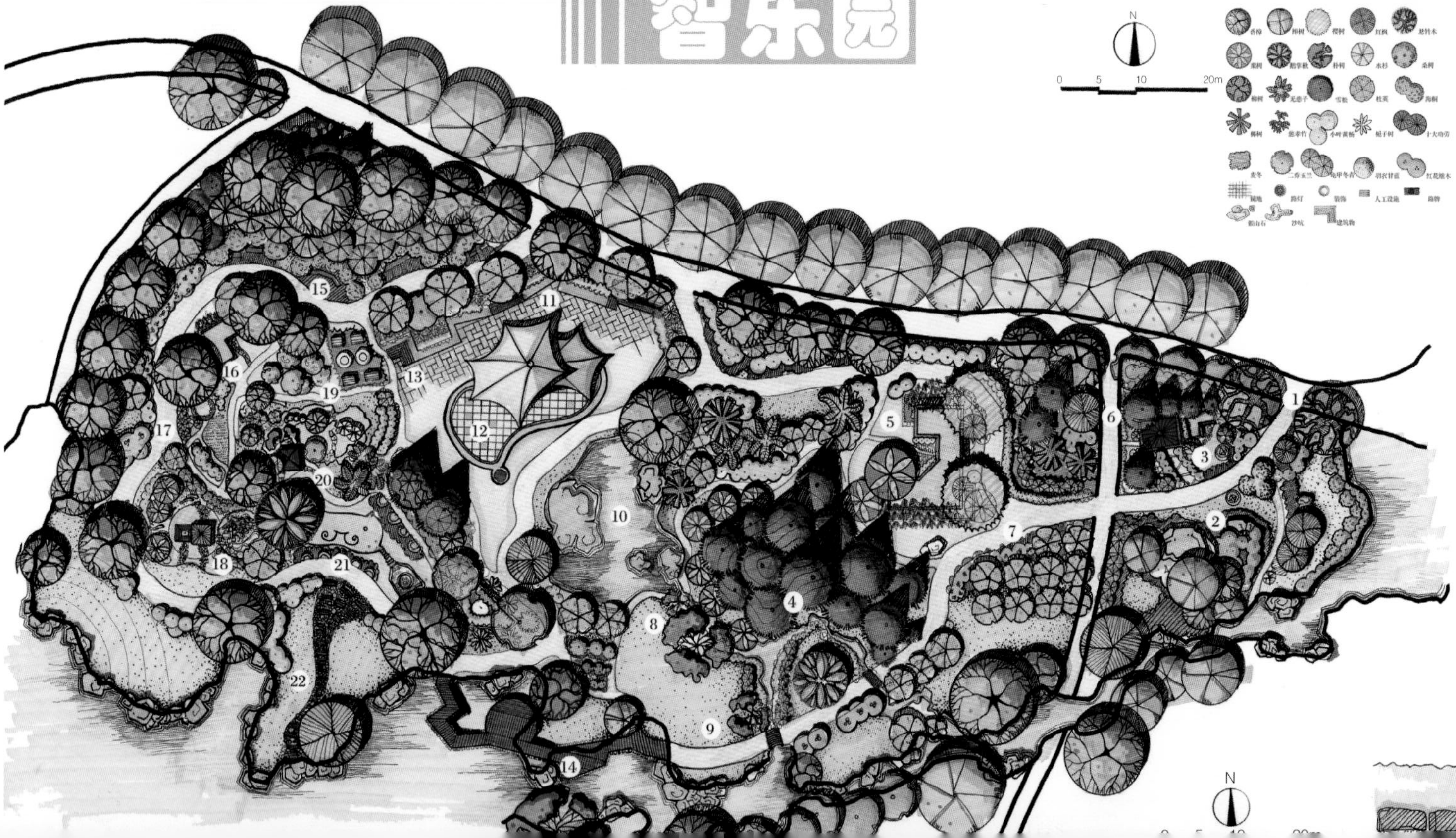

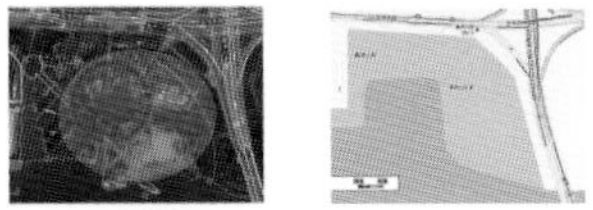

公园区位图

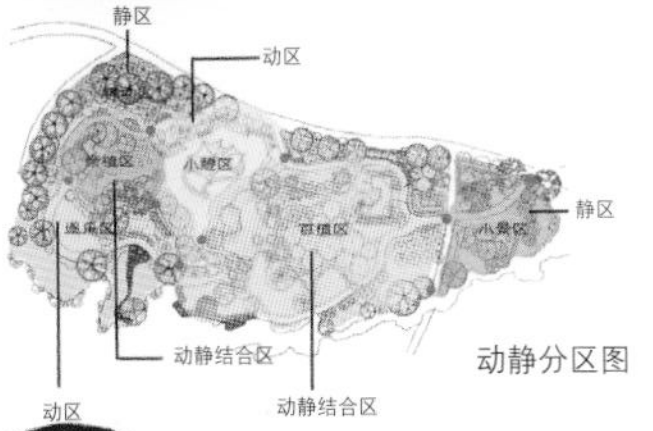

动静分区图

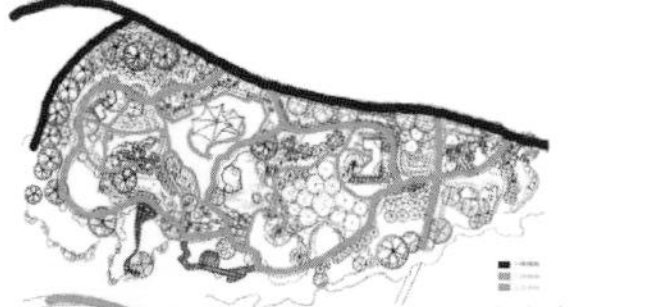

流线分析图

视景分析图

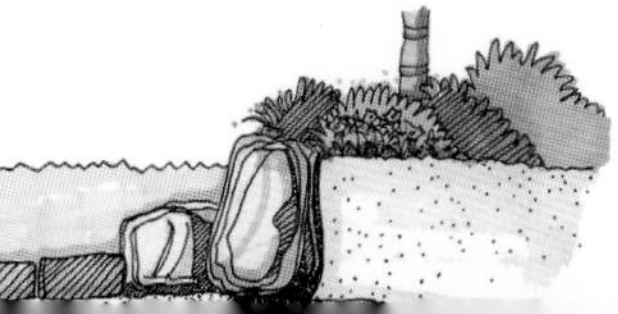

B地块是进入公园后的第一个区域，地块南面滨水，滨水部分主要为动区，北面沿主路地区主要为静区。该方案经过人群的分析调研，将公园定位为具有寓教于乐功能的植物公园。整个设计流线合理，空间节奏把握得当，几个景点之间既有分隔又有联系，围绕寓教于乐的宗旨，以“智乐园”为主题进行设计，并适当地加入了地方特色文化。方案结合科学普及与地域文化两个要素进行设计，为游人提供了多样化的休闲空间。图面表现完整，绘图到位，较好地完成了设计目标，突出了景观特色。

图 5.3.4B 地块设计案例

游园喻水

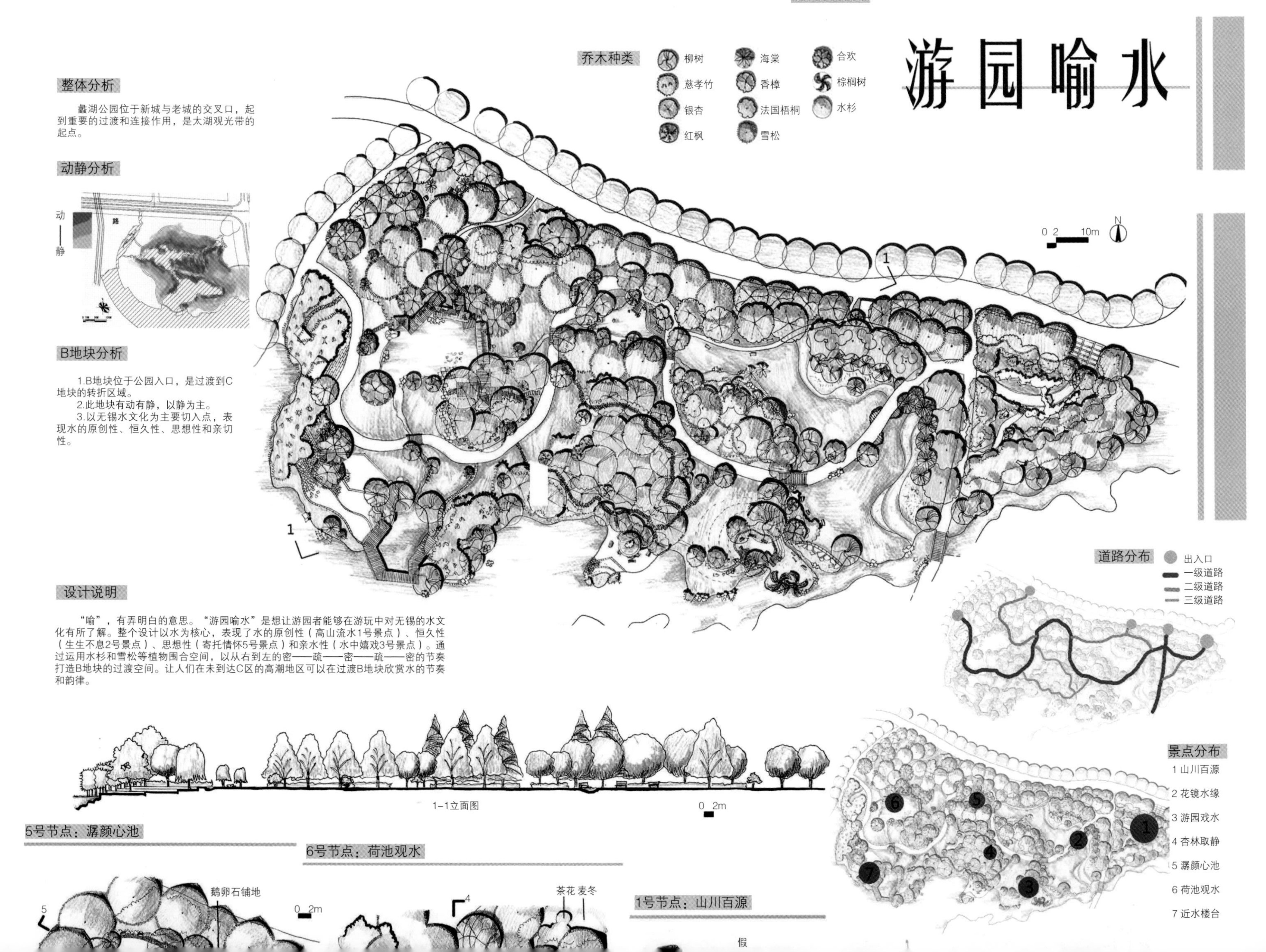

整体分析

蠡湖公园位于新城与老城的交叉口，起到重要的过渡和连接作用，是太湖观光带的起点。

动静分析

B地块分析

1.B地块位于公园入口，是过渡到C地块的转折区域。

2.此地块有动有静，以静为主。

3.以无锡水文化为主要切入点，表现水的原创性、恒久性、思想性和亲切性。

设计说明

“喻”，有弄明白的意思。“游园喻水”是想让游园者能够在游玩中对无锡的水文化有所了解。整个设计以水为核心，表现了水的原创性（高山流水1号景点）、恒久性（生生不息2号景点）、思想性（寄托情怀5号景点）和亲水性（水中嬉戏3号景点）。通过运用水杉和雪松等植物围合空间，以从右到左的密——疏——密——疏——密的节奏打造B地块的过渡空间。让人们在未到达C区的高潮地区可以在过渡B地块欣赏水的节奏和韵律。

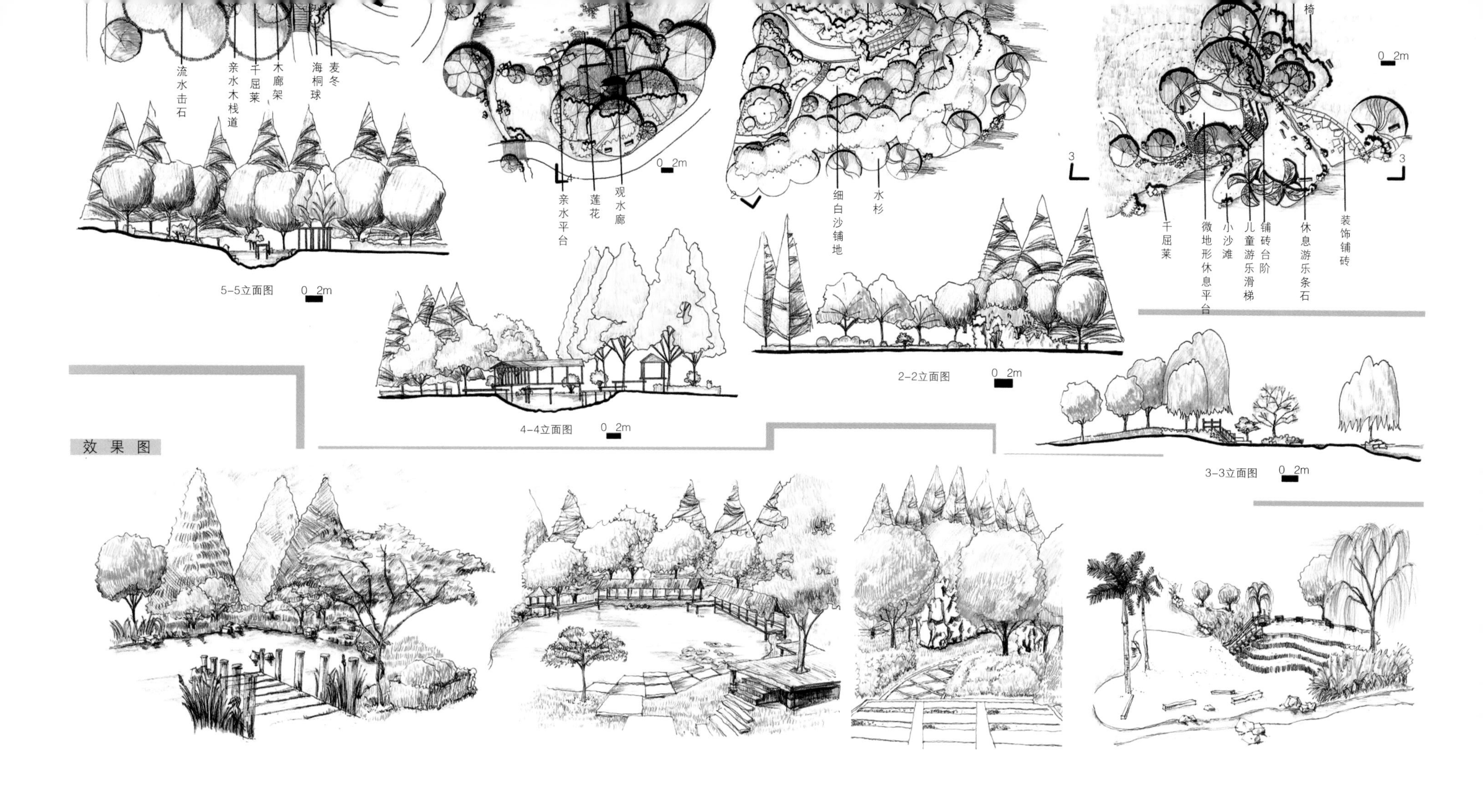

该设计以地域性的水文化作为切入点，以“游园喻水”作为设计主题，引湖水入场所，通过山川百源、花镜水缘、游园戏水、杏林取静、潺颜心池、荷池观水、近水楼台等景点的布置，表达了水的生命性、恒久性、思想性和亲和性。通过植物的组织，营造了疏密适宜、节奏有序的景观空间。整个设计动静有序，空间变化较为丰富，气氛把握较为得当，总体表现完整，若能在绘图表现方面有所加强则更好。

图 5.3.5B 地块设计案例

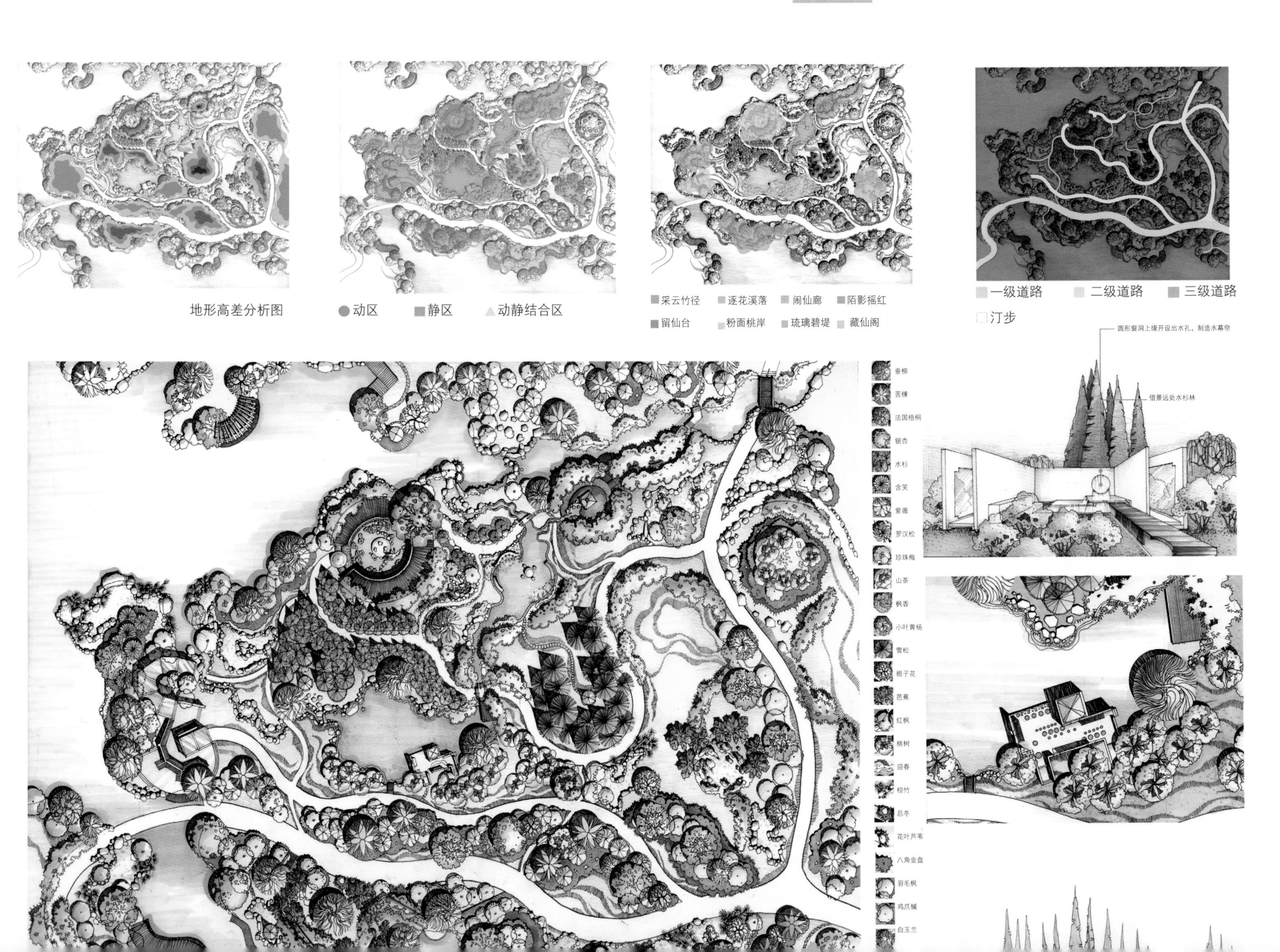

地形高差分析图
动区
静区
动静结合区
采云竹径
逐花溪落
闹仙廊
陌影摇红
留仙台
粉面桃岸
琉璃碧堤
藏仙阁
一级道路
二级道路
三级道路
汀步
圆形窗洞上缘开设出水孔，制造水幕帘
借景远处水杉林
垂柳
苦楝
法国梧桐
银杏
水杉
含笑
紫薇
罗汉松
珍珠梅
山茶
枫香
小叶黄杨
雪松
栀子花
芭蕉
红枫
桃树
迎春
棕竹
忍冬
花叶芦苇
八角金盘
羽毛枫
鸡爪槭
白玉兰

迷境

- 景观以多处微地形和较少的人工痕迹体现自然形态的设计思路。
- 景观以九个动静相交叠的景区为出发点，追求空间形象的收放自如，制造一种“迷局”的意境。
- 闹仙——留仙——画仙——藏仙，四个构筑物串联起其余五处缓冲空间，四种情感意境将仙人藏匿于丛野之中。

C地块是整个公园最核心的一块区域，为动区，应该是聚集人气、交往活动的最重要空间。C地块三面临水，边界蜿蜒曲折，因此水岸的处理尤为重要。该方案以“迷镜”为主题进行设计，通过“闹仙——留仙——画仙——藏仙”几个景点的设计，旨在表现一种收放自如、自然洒脱的景观空间，氛围上将沿湖区域设置为动区，给人提供多样的亲水体验，中心区域则闹中取静，总体上动静结合，布局合理。设计中运用了微地形以及各种造景要素，营造了丰富的空间体验。整体表现到位，对空间意境的表现尤为突出。

图 5.3.6C 地块设计案例

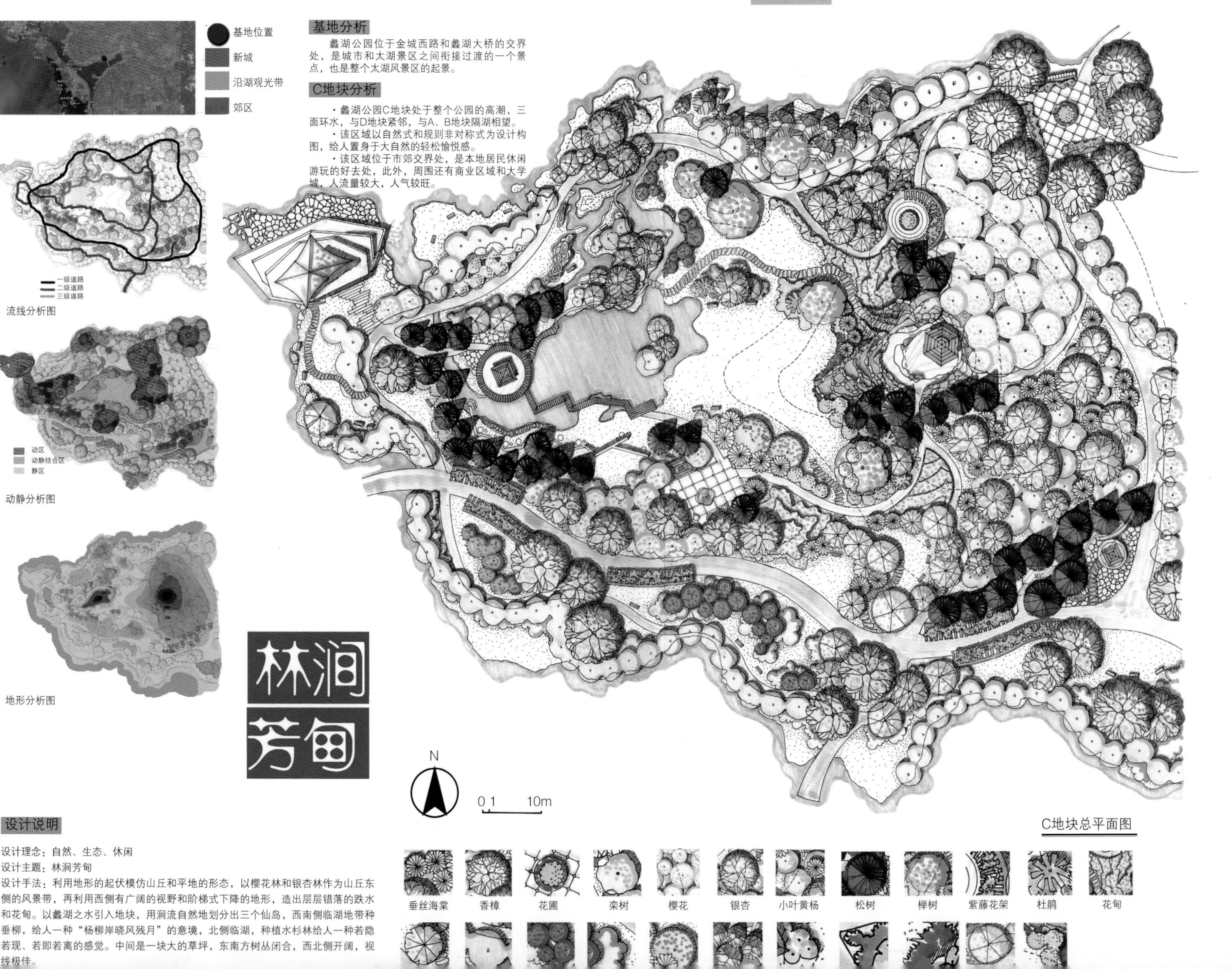

基地分析

蠡湖公园位于金城西路和蠡湖大桥的交界处，是城市和太湖景区之间衔接过渡的一个景点，也是整个太湖风景区的起景。

C地块分析

·蠡湖公园C地块处于整个公园的高潮，三面环水，与D地块紧邻，与A、B地块隔湖相望。

·该区域以自然式和规则非对称式为设计构图，给人置身于大自然的轻松愉悦感。

·该区域位于市郊交界处，是本地居民休闲游玩的好去处，此外，周围还有商业区域和大学城，人流量较大，人气较旺。

设计说明

设计理念：自然、生态、休闲

设计主题：林涧芳甸

设计手法：利用地形的起伏模仿山丘和平地的形态，以樱花林和银杏林作为山丘东侧的风景带，再利用西侧有广阔的视野和阶梯式下降的地形，造出层层错落的跌水和花甸。以蠡湖之水引入地块，用涧流自然地划分出三个仙岛，西南侧临湖地带种垂柳，给人一种“杨柳岸晓风残月”的意境，北侧临湖，种植水杉林给人一种若隐若现、若即若离的感觉。中间是一块大的草坪，东南方树丛闭合，西北侧开阔，视线极佳。

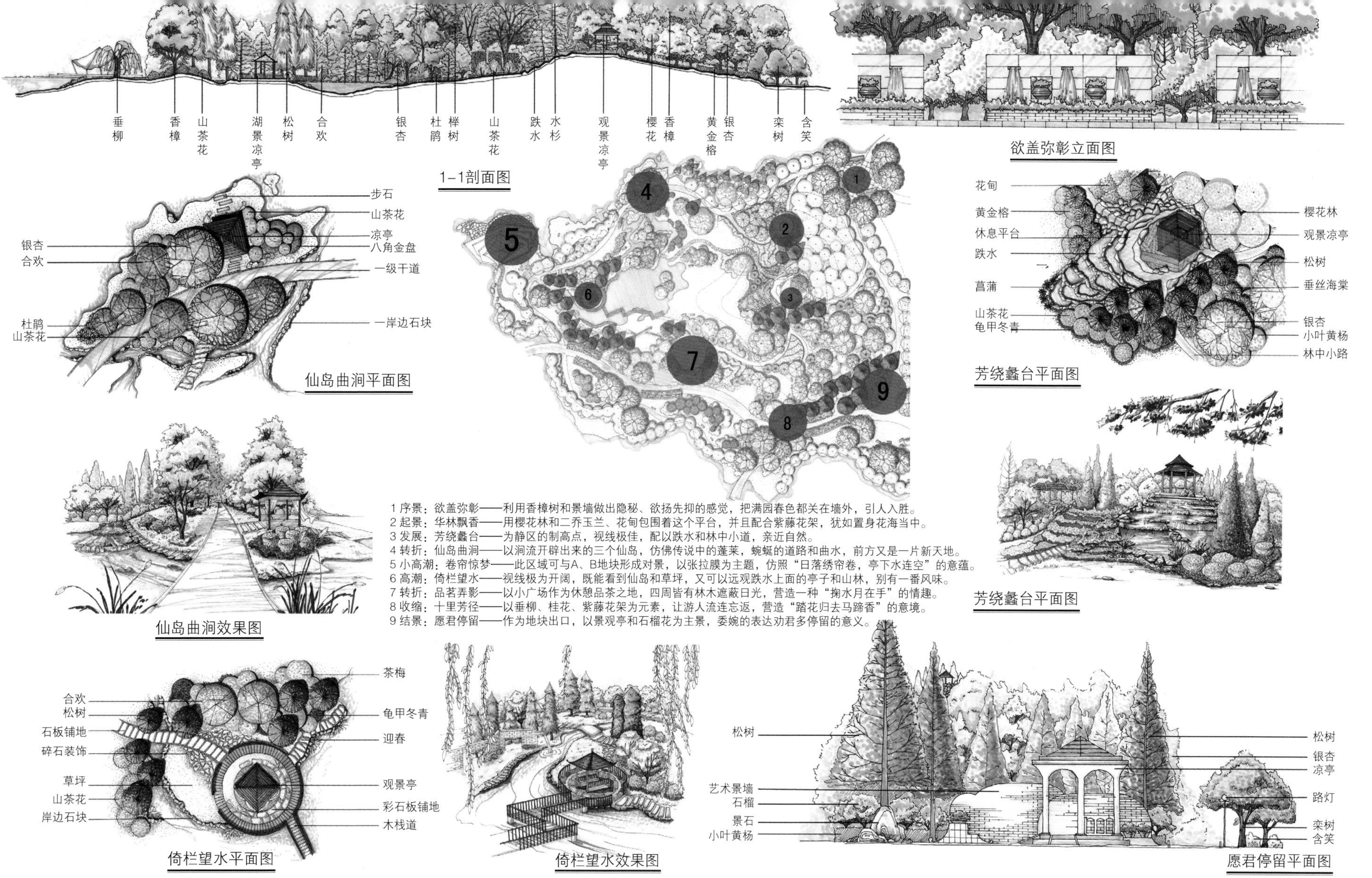

垂柳 香樟 山茶花 湖景凉亭 松树 合欢 银杏 杜鹃 榉树 山茶花 跌水 水杉 观景凉亭 樱花 香樟 黄金榕 银杏 栾树 含笑

1-1剖面图

欲盖弥彰立面图

步石 山茶花 凉亭 八角金盘 银杏 合欢 一级干道 杜鹃 山茶花 岸边石块

仙岛曲涧平面图

花甸 黄金榕 休息平台 跌水 菖蒲 山茶花 龟甲冬青 樱花林 观景凉亭 松树 垂丝海棠 银杏 小叶黄杨 林中小路

芳绕矗台平面图

1 序景：欲盖弥彰——利用香樟树和景墙做出隐秘、欲扬先抑的感觉，把满园春色都关在墙外，引人入胜。
2 起景：华林飘香——用樱花林和二乔玉兰、花甸包围着这个平台，并且配合紫藤花架，犹如置身花海当中。
3 发展：芳绕矗台——为静区的制高点，视线极佳，配以跌水和林中小道，亲近自然。
4 转折：仙岛曲涧——以涧流开辟出来的三个仙岛，仿佛传说中的蓬莱，蜿蜒的道路和曲水，前方又是一片新天地。
5 小高潮：卷帘惊梦——此区域可与A、B地块形成对景，以张拉膜为主题，仿照“日落绣帘卷，亭下水连空”的意蕴。
6 高潮：倚栏望水——视线极为开阔，既能看到仙岛和草坪，又可以远观跌水上面的亭子和山林，别有一番风味。
7 转折：品茗弄影——以小广场作为休憩品茶之地，四周皆有林木遮蔽日光，营造一种“掬水月在手”的情趣。
8 收缩：十里芳径——以垂柳、桂花、紫藤花架为元素，让游人流连忘返，营造“踏花归去马蹄香”的意境。
9 结景：愿君停留——作为地块出口，以景观亭和石榴花为主景，委婉的表达劝君多停留的意义。

仙岛曲涧效果图

芳绕矗台平面图

合欢 松树 石板铺地 碎石装饰 草坪 山茶花 岸边石块 茶梅 龟甲冬青 迎春 观景亭 彩石板铺地 木栈道

倚栏望水平面图

倚栏望水效果图

松树 艺术景墙 石榴 景石 小叶黄杨 松树 银杏 凉亭 路灯 栾树 含笑

愿君停留平面图

该方案把握了C地块作为核心地块的功能，以自然、生态和休闲作为设计切入点，以“林涧芳甸”作为设计的主题，通过地形的凹凸变化丰富了空间层次，樱花林和银杏林作为山丘东侧的风景带，西侧有广阔的视野和阶梯式的下沉空间，配合跌水、仙岛、植物，营造出一种休闲、自然的环境。中部的大草坪作为整个设计的核心部位，空间尺度适宜，视景组织丰富，较好地满足了C地块作为整个公园活动区的功能要求。

图 5.3.7C 地块设计案例

项目名称：遗落的时光

地块分析：该地块为蠡湖公园的D地块，处于公园的过渡地区，动静皆宜，四周交通便利，地块形态较为平整。

设计说明：旨在创造一种人与自然能够进行互动的设计意向，以遗落的时光为主题，通过不同空间的植被种植以及景观小品的设计来营造空间气氛。通过“少年——榕树下”“青年——桃园中”“壮年——密林处”“中年——竹林风”“老年——青草岸”“新生——山坡上”等景点来表现时光的流逝，希望游人能在游园中感受到光阴易逝，珍惜当下的情怀。

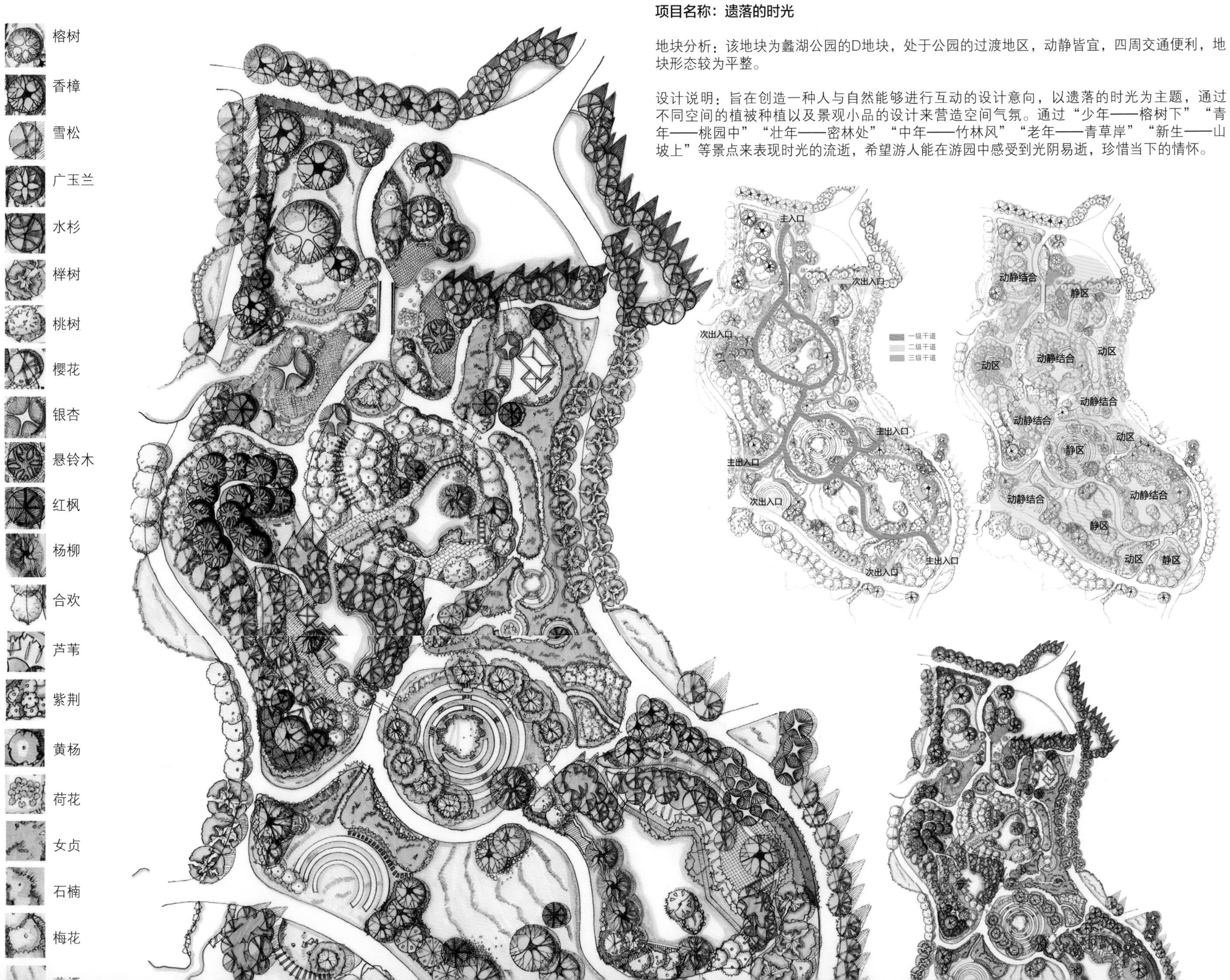

遗落的时光

节点一立面图

节点二立面图

节点三立面图

节点一平面图

节点二平面图

节点三平面图

节点一效果图

节点二效果图

节点三效果图

D地块是从C地块到E地块的过渡地段，为动静结合区，形态较为规整。整个设计以“遗落的时光”为立意，通过“少年——榕树下”“青年——桃园中”“壮年——密林处”“中年——竹林风”“老年——青草岸”“新生——山坡上”等景点来表现时光的流逝，希望游人能在游园中感受到光阴易逝，珍惜当下的情怀。设计引自然湖水入场地，为各个景点添色不少，较好地处理了自然景观与人工景观的衔接关系，空间上开合有致，充分利用各种造景要素表现设计主题。

图 5.3.8D 地块设计案例

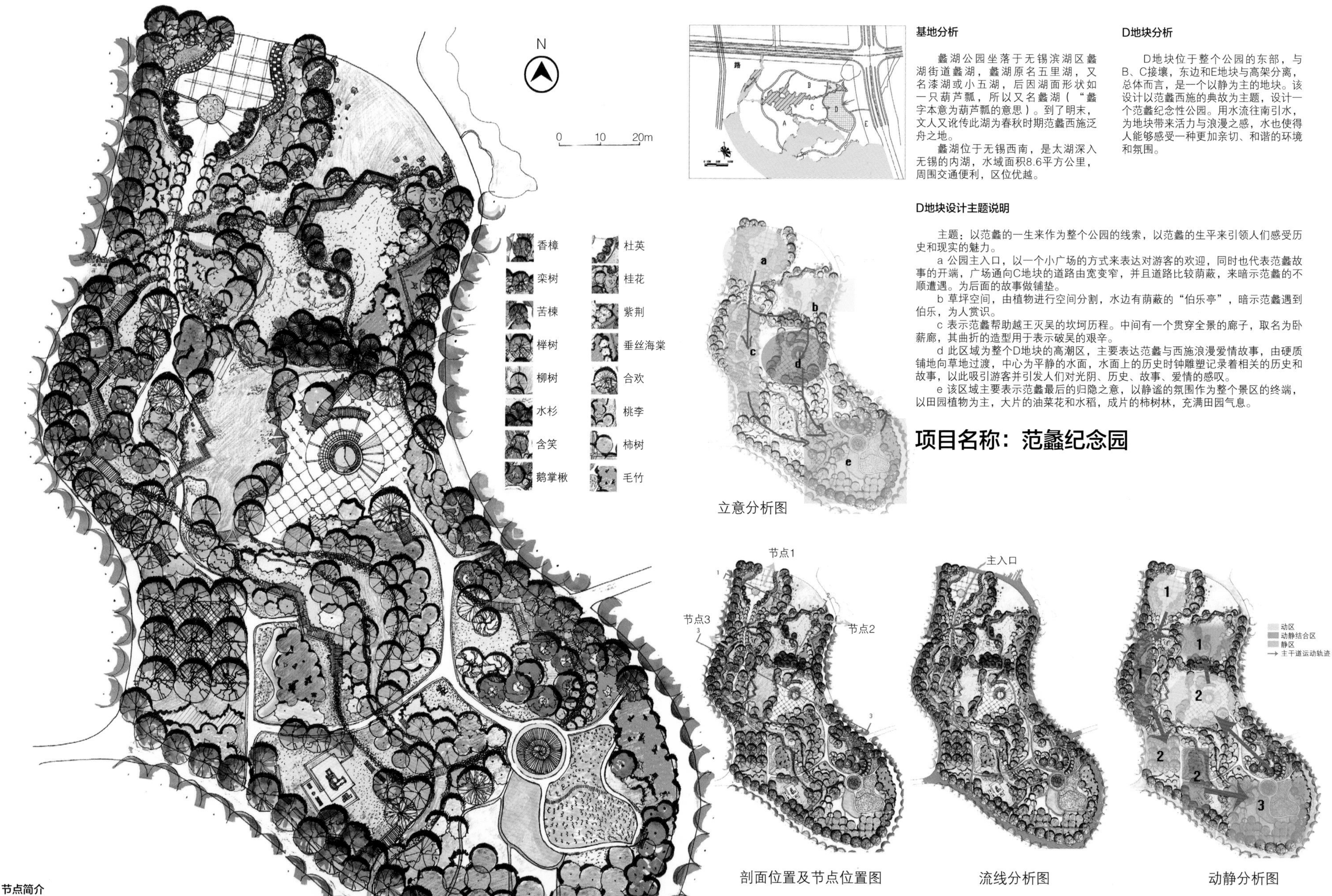

基地分析

蠡湖公园坐落于无锡滨湖区蠡湖街道蠡湖，蠡湖原名五里湖，又名漆湖或小五湖，后因湖面形状如一只葫芦瓢，所以又名蠡湖（"蠡字本意为葫芦瓢的意思）。到了明末，文人又讹传此湖为春秋时期范蠡西施泛舟之地。

蠡湖位于无锡西南，是太湖深入无锡的内湖，水域面积8.6平方公里，周围交通便利，区位优越。

D地块分析

D地块位于整个公园的东部，与B、C接壤，东边和E地块与高架分离，总体而言，是一个以静为主的地块。该设计以范蠡西施的典故为主题，设计一个范蠡纪念性公园。用水流往南引水，为地块带来活力与浪漫之感，水也使得人能够感受一种更加亲切、和谐的环境和氛围。

D地块设计主题说明

主题：以范蠡的一生来作为整个公园的线索，以范蠡的生平来引领人们感受历史和现实的魅力。

a 公园主入口，以一个小广场的方式来表达对游客的欢迎，同时也代表范蠡故事的开端，广场通向C地块的道路由宽变窄，并且道路比较荫蔽，来暗示范蠡的不顺遭遇。为后面的故事做铺垫。

b 草坪空间，由植物进行空间分割，水边有荫蔽的"伯乐亭"，暗示范蠡遇到伯乐，为人赏识。

c 表示范蠡帮助越王灭吴的坎坷历程。中间有一个贯穿全景的廊子，取名为卧薪廊，其曲折的造型用于表示破吴的艰辛。

d 此区域为整个D地块的高潮区，主要表达范蠡与西施浪漫爱情故事，由硬质铺地向草地过渡，中心为平静的水面，水面上的历史时钟雕塑记录着相关的历史和故事，以此吸引游客并引发人们对光阴、历史、故事、爱情的感叹。

e 该区域主要表示范蠡最后的归隐之意，以静谧的氛围作为整个景区的终端，以田园植物为主，大片的油菜花和水稻，成片的柿树林，充满田园气息。

项目名称：范蠡纪念园

立意分析图

剖面位置及节点位置图

流线分析图

动静分析图

节点简介

【史料】相传，西施和范蠡原来是一对有情人。范蠡受越王之令四处寻找美女，在苎萝村找到西施的时候，发现西施美色世上绝无仅有，两人便产生情愫，成了一对有情人。范蠡为了拯救越国，忍痛割爱将西施献给吴王。

【出典】唐·杜牧《杜秋娘》诗曰，西子下姑苏，一舸逐鸱夷

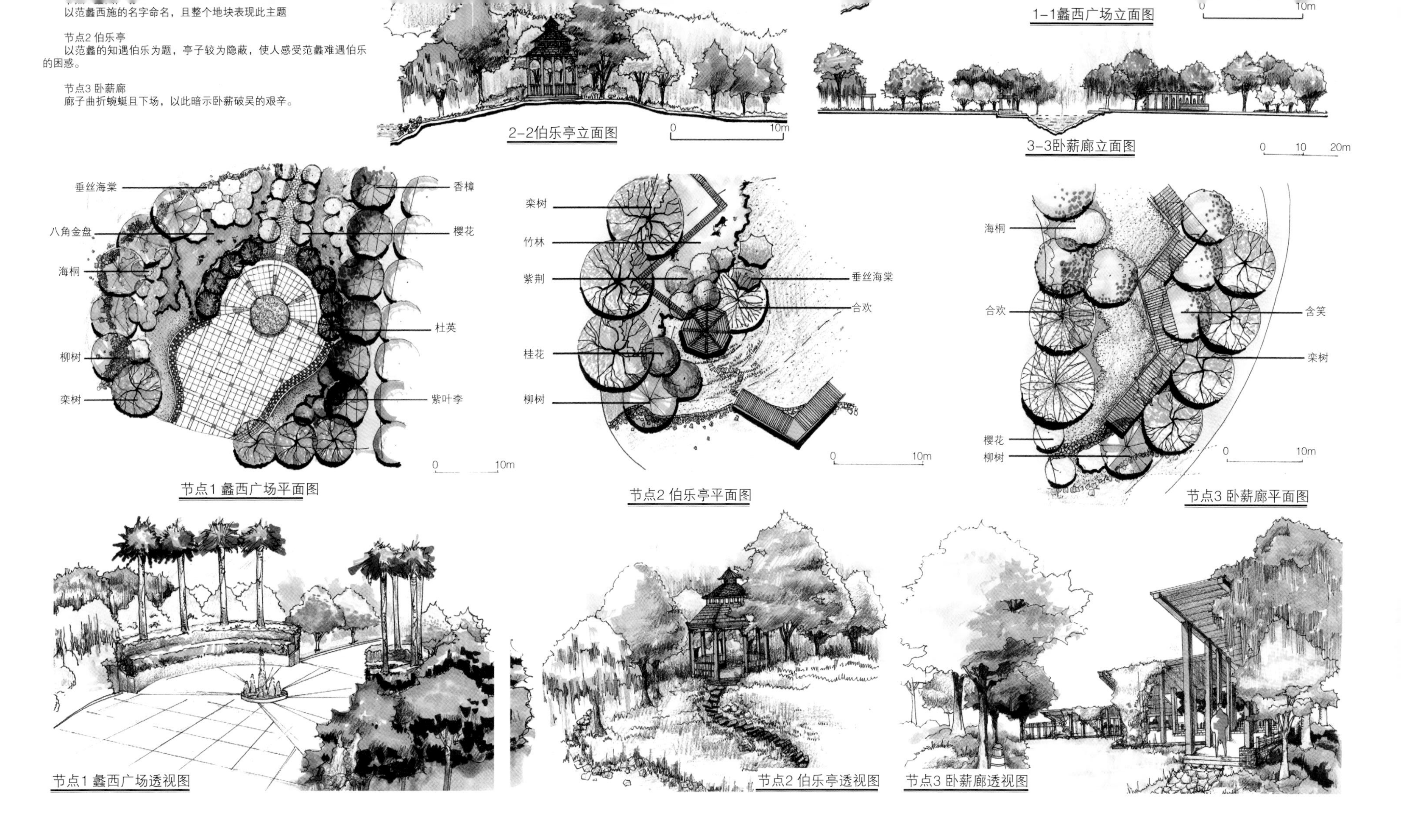

该基地传言为春秋时期范蠡西施泛舟之地，该设计以范蠡的一生作为贯穿公园设计的线索，设计了“范蠡纪念公园”。设计中用位置隐蔽的伯乐亭表示范蠡遇到伯乐，为人赏识的开始；曲折的卧薪廊表示范蠡帮助越王灭吴的坎坷历程；以水池、草坪、时钟等表示范蠡西施的爱情历程；以油菜花、水稻等田园植物表达范蠡生命最后的归隐之意。整个地块设计动静结合，富有节奏和韵律，空间开合得当，主题和氛围把握得较为恰当，但在效果的表现上还有待加强。

图 5.3.9D 地块设计案例

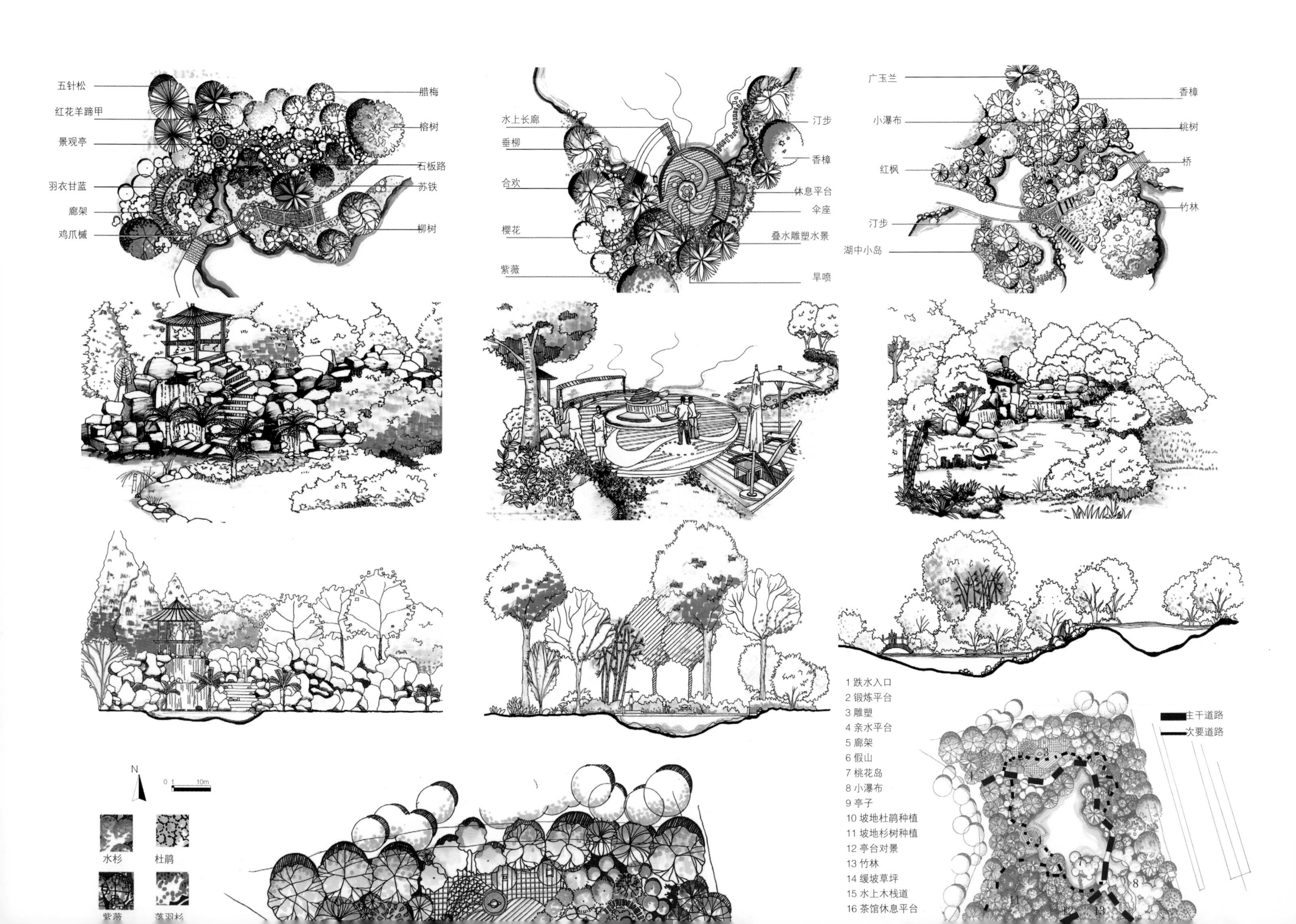
五针松
红花羊蹄甲
景观亭
羽衣甘蓝
廊架
鸡爪槭
腊梅
榕树
石板路
苏铁
柳树
水上长廊
垂柳
合欢
樱花
紫薇
汀步
香樟
休息平台
伞座
叠水雕塑水景
旱喷
广玉兰
小瀑布
红枫
汀步
湖中小岛
香樟
桃树
桥
竹林
N
0 1 10m
水杉
杜鹃
紫薇
落羽杉
1 跌水入口
2 锻炼平台
3 雕塑
4 亲水平台
5 廊架
6 假山
7 桃花岛
8 小瀑布
9 亭子
10 坡地杜鹃种植
11 坡地杉树种植
12 亭台对景
13 竹林
14 缓坡草坪
15 水上木栈道
16 茶馆休息平台
主干道路
次要道路

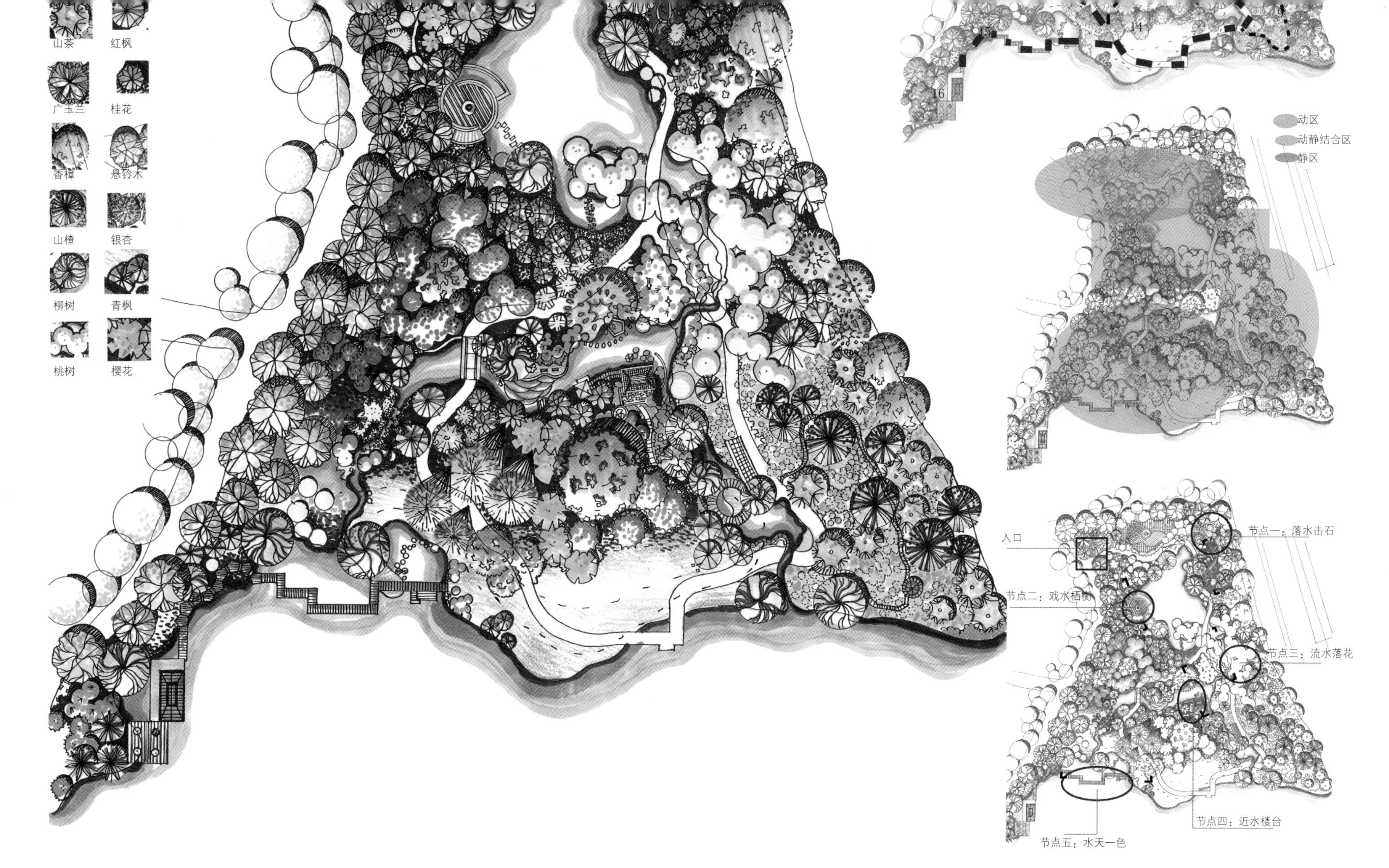

E 地块位于整个地块的最东边，且位于高架桥下，属于整个公园的安静区域。E 地块单面临水，有较长的水岸线，因此该方案设计以“江南水魂”为主题进行设计。整个方案引水进园，通过水面大小和走向，划分了景观空间，并用水体、路、桥将整个景区联系起来。设计在景观空间的营造和要素的选择上，注意了从动区到静区的节奏和秩序，逐步把游客引向湖边，层层递进。整体道路设置合理，植物层次丰富，空间开合关系与节奏把握得较好，自然水岸的景观进行了精心的设计。

图 5.3.10E 地块设计案例

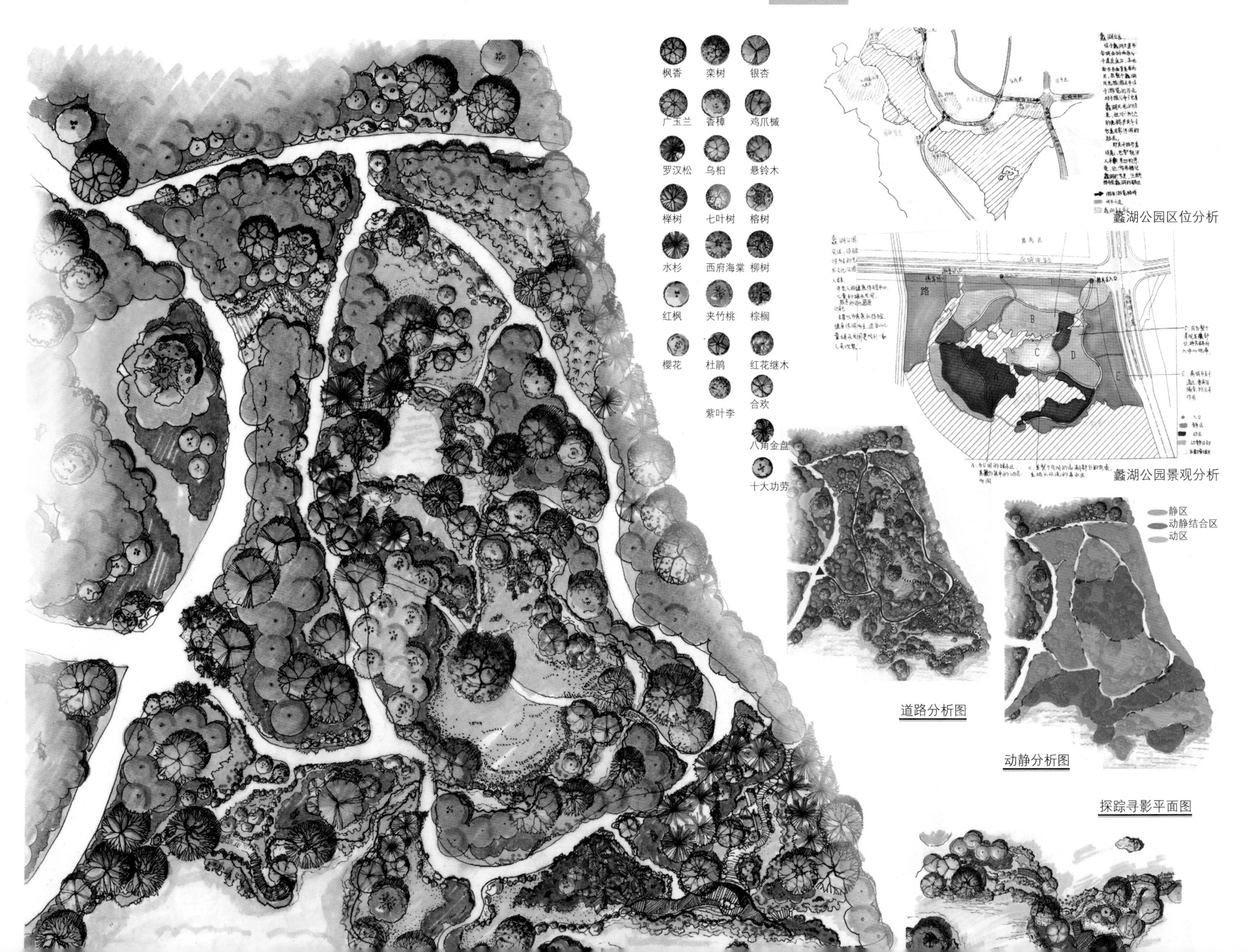

枫香
栾树
银杏
广玉兰
香樟
鸡爪槭
罗汉松
乌桕
悬铃木
榉树
七叶树
榕树
水杉
西府海棠
柳树
红枫
夹竹桃
棕榈
樱花
杜鹃
红花继木
紫叶李
合欢
八角金盘
十大功劳
蠡湖公园区位分析
路
B
C
D
E
蠡湖公园景观分析
静区
动静结合区
动区
道路分析图
动静分析图
探踪寻影平面图

隐·踪

0 10 20 40m

探踪寻影立面图

石影水映节点位置图

石影水映平面图

0 5 10 15m

石影水映立面图

石影水映效果图

层林尽染节点位置图

层林尽染平面图

0 5 10m

层林尽染立面图

层林尽染效果图

该设计将E地块总体定位为安静的区域，因紧邻蠡湖大桥，因此该地块除了具有休闲的功能外，还具有隔音、防尘的作用。设计以中老年人的健康体验以及儿童的娱乐休闲为核心，充分考虑人的亲水心里。设计以“隐、踪”为主题，分为“ 石影水映”“层林尽染”“探踪寻影”等景点，通过密林与群岛、小桥与流水、小径与草地等等，营造一种宁静、隐谧的空间氛围，同时通过设计元素与空间的设计来引导人们体验、寻踪，以表现设计主题。

图 5.3.11E 地块设计案例

The appendix
附　录（图片来源）

图 1.1.1　自然景观（作者：李彬）
图 1.1.2　人造景观（意大利卡布里岛）(作者：习敏慎）
图 1.1.7　沈阳建筑大学稻田景观（作者：徐晓娴）
图 1.1.10　公园入口空间可设置小广场(作者：何璐）
图 1.2.5　钢笔表现图(作者：徐晓娴）
图 1.2.6　中性笔表现图(作者：朱倩倩）
图 1.2.7　中性笔表现图(作者：樊晨爽）
图 1.2.8　中性笔表现图(作者：王子豪）
图 1.2.11　马克笔的绘图步骤(作者：周林）
图 1.2.17　水彩及其表现图(作者：徐晓娴）
图 1.2.23　速写练习(作者：徐晓娴）
图 1.3.3　景观分析图（作者：曹莉莉）
图 1.3.6　景观平面图（作者：钟润娇）
图 1.3.18　景观立面图和剖面图表现了各要素在垂直维度上的形态（作者：何璐）
图 1.3.24　景观效果图(作者：武阳阳）
图 1.3.27　一点透视(作者：易慧恬）
图 1.3.35　成角透视(作者：周林）
图 1.3.49　俯视鸟瞰图(作者：易慧恬）
图 2.1.17　颐和园万寿山佛香阁与环境融为一体(作者：徐晓娴）
图 2.1.42　道路的肌理和质感（作者：武阳阳）
图 2.1.43　公园入口(作者：何璐）
图 2.1.77　铺地不需要全部画满（作者：李萌）
图 2.1.78　铺地不需要全部画满（作者：何璐）
图 3.1.24　孤植树不宜在场地的几何中心（作者：钟知）
图 3.1.25　孤植树不宜在场地的几何中心（作者：钟润娇）
图 3.1.51　疏林(作者：武阳阳）
图 3.1.60　林冠线(作者：武阳阳）
图 3.1.61　水景植物（作者：桑璇）
图 3.1.62　水景植物平面种植（作者：李萌）
图 3.1.77　草坪的色彩应与其他元素拉开色调(作者：武阳阳）
图 3.1.85　用植物的色彩表示空间关系（作者：何璐）
图 3.2.3　动态的水景容易吸引人的视线(作者：何璐）
图 3.2.5　水体作为景观的基面承载其他要素(作者：武阳阳）
图 3.2.15　平静式水体(作者：李萌）
图 3.2.28　开阔的中尺度水景(作者：贾春亮）
图 3.2.29　亲切的中尺度水景(作者：何璐）
图 3.2.30　活泼的小尺度水景(作者：易慧恬）

图 3.3.3　山石点缀空间（作者：徐晓娴）
图 3.3.6　山石与景观亭的结合（作者：武阳阳）
图 3.3.17 日本龙安寺方丈南庭枯山水（作者：梁旸）
图 3.3.18 日本枯山水中石与砂的运用（作者：梁旸）
图 3.3.25　简易的山石画法（作者：刘春羽）
图 4.1.4　观景台（作者：阮姿琳）
图 4.1.19　通常在水面最窄处设桥（作者：李萌）
图 4.1.27　建筑坡屋顶的画法（作者：武阳阳）
图 4.2.4　广告牌及流浪者庇护设施设计（作者：曹璐）
图 4.2.5　景观设施的系统性（作者：陶悦琦）
图 4.3.9　公共设施兼具公共艺术品的功能（作者：周林）
图 4.3.11　公共艺术品应与环境相融（作者：许舒）
图 4.3.12　主题性的公共艺术品（作者：许舒）
图 4.3.16　具有文化特色的公共艺术品（作者：许舒）
图 4.3.20　景观中的雕塑塑造空间（作者：周林）
图 5.1.1~ 图 5.1.3　作业一版面（作者：唐子超）
图 5.1.4~ 图 5.1.6　作业二版面（作者：王馨曼）
图 5.1.7~ 图 5.1.8　作业三版面（作者：邢兆连）
图 5.2.2　设计作品 1（作者：张博闻）
图 5.2.3　设计作品 2（作者：樊晨爽）
图 5.2.4　设计作品 3（作者：吴婧）
图 5.2.5　设计作品 4（作者：刘洁蓉）
图 5.3.2A　地块设计案例（作者：李若照）
图 5.3.3A　地块设计案例（作者：陈时沁）
图 5.3.4B　地块设计案例（作者：李佳颖）
图 5.3.5B　地块设计案例（作者：赵泽婉）
图 5.3.6C　地块设计案例（作者：马云皓）
图 5.3.7C　地块设计案例（作者：赖宣彤）
图 5.3.8D　地块设计案例（作者：张琪）
图 5.3.9D　地块设计案例（作者：汤斯）
图 5.3.10E 地块设计案例（作者：董青）
图 5.3.11E 地块设计案例（作者：廖雅鋆）

其余插图均为作者自绘，或翻画、改画自《中国经典手绘——景观建筑》《EDSA（亚洲）景观手绘图典藏》《中国古典园林分析》《风景园林设计要素》《风景园林设计（增订本）》《景观设计基础与原理》《风景园林景观设计——从概念到形式》《风景园林快题设计与表现》和《景观艺术设计》等书籍，特此表示感谢。

Reference
参考文献

1.[美] 诺曼・K・布思著，曹礼昆、曹德鲲译 . 风景园林设计要素 [M]. 北京：中国林业出版社，2012
2. 王晓俊 . 风景园林设计（增订本）[M]. 南京：江苏科学技术出版社，2006
3. 公伟、武慧兰 . 景观设计基础与原理 [M]. 北京：中国水利水电出版社，2011
4. 史明 . 景观艺术设计 [M]. 南昌 : 江西美术出版社，2008
5. [美] 格兰特・w・里德著，郑淮兵译 . 风景园林景观设计——从概念到形式 [M]. 北京：中国建筑工业出版社，2004
6. [美] 保罗・拉索著，邱贤丰、刘宇光、郭建青译 . 图解思考——建筑表现技法（第三版）[M]. 北京：中国建筑工业出版社，2002
7. 李世华、张其林 . 园林景观创意设计施工图册 [M]. 北京：中国建筑工业出版社，2012
8. 徐振、韩凌云 . 风景园林快题设计与表现 [M]. 沈阳：辽宁技术出版社，2012
9. 刘志成 . 风景园林快速设计与表现 [M]. 北京：中国林业出版社，2012
10. 上林国际文化有限公司 .EDSA（亚洲）景观手绘图典藏 [M]. 北京：中国科学技术出版社，2005
11.《中国经典手绘》编委会 . 中国经典手绘——景观建筑 [M]. 天津：天津大学出版社，2004
12. 王向荣，林菁 . 西方现代景观设计的理论与实践 [M]. 北京：中国建筑工业出版社，2002
13.[日] 芦原义信著 , 尹培桐译 . 外部空间设计 [M]. 北京中国建筑工业出版社，1985
14. 彭一刚 . 中国古典园林分析 [M]. 北京：中国建筑工业出版社，2006
15.[美] 弗朗西斯・D・K・钦著，邹德侬、方千里译 . 建筑：形式、空间和秩序 [M]. 北京：中国建筑工业出版社，1987
16.[丹麦] 扬・盖尔著，何人可译 . 交往与空间 [M]. 北京：中国建筑工业出版社，2002
17. 过伟敏、刘佳 . 基本空间设计 [M]. 武汉：华中科技大学出版社，2011
18. 同济大学建筑制图教研室 . 画法几何 [M]. 上海：同济大学出版社，2001
19. 邵龙、赵晓龙 . 设计表现 [M]. 北京：中国建筑工业出版社，2006
20. 严健、张源 . 手绘景园 [M]. 乌鲁木齐：新疆科技卫生出版社，2002
21. 姚宏韬 . 场地设计 [M]. 沈阳：辽宁科学技术出版社，1999
22. 许浩 . 景观设计：从构思到过程 [M]. 北京：中国电力出版社，2011
23. 刘滨谊 . 现代景观规划设计 [M]. 南京：东南大学出版社，2002
24. 李开然 . 景观设计基础 [M]. 上海：上海人民美术出版社，2006
25. 公伟、张丽敏 . 景观设计基础 [M]. 北京：北京理工大学出版社，2009
26. 于正伦 . 城市环境创造 [M]. 天津：天津大学出版社，2003
27. 过伟敏、史明 . 城市景观形象的视觉设计 [M]. 南京：东南大学出版社，2005
28. 张吉祥 . 园林植物种植设计 [M]. 北京：中国建筑工业出版社，2001